DAS EISENBAHN BUCH

147

DAS EISENBAHN BUCH

Die große Chronik mit über 400 Fahrzeugen

DK

DK Penguin Random House

DK London / Delhi
Lektorat Gareth Jones, Saumya Agarwal, Saloni Singh, Sam Atkinson, Jemima Dunne, Kathryn Hennessy, Suhel Ahmed, Rod Green, Alison Sturgeon, Miezen van Zyl, Alexandra Beeden, Esther Ripley, Pakshalika Jayaprakash, Rohan Sinha, Anita Kahar, Antara Moitra, Vibha Malhotra,Liz Wheeler, Jonathan Metcalf

Gestaltung und Bildredaktion Lee Griffiths, Nidhi Mehra, Romi Chakraborty, Sumedha Chopra, Sharon Spencer, Amy Child, Alex Lloyd, Nic Dean, Claire Bowers, Claire Cordier, Romaine Werblow, Arunesh Talapatra, Sudakshina Basu, Chhaya Sajwan, Mahua Sharma, Vaibhav Rastogi, Namita, Supriya Mahajan, Divya PR, Devan Das, Roshni Kapur, Vansh Kohli, Riti Sodhi, Sachin Singh, Jagtar Singh, Nand Kishor Acharya, Bimlesh Tiwary, Aditya Katyal, Taiyaba Khatoon, Karen Self, Phil Ormerod

Herstellung Nikoleta Parasaki, Linda Dare, Pankaj Sharma, Balwant Singh

Fotos Gary Ombler

Fachberater Tony Streeter

Mit Beiträgen von Julian Holland, Keith Fender, Gary Boyd-Hope, Jonathan Randle Falconer, Peter Herring, Keith Langston, Ashwani Lohani, Malcolm McKay, David Wilcock

Aktualisierte Neuausgabe bearbeitet von Dynamo Ltd.

Für die deutsche Ausgabe:
Projektbetreuung Andrea Göppner, Dr. Kerstin Schlieker
Herstellungskoordination Claudia Rode
Herstellung Inga Reinke

Titel der englischen Originalausgabe:
The Train Book

Übersetzung Burkhard Schäfer
Lektorat Claus Keller
Satz Roman Bold & Black, Köln

ISBN 978-3-8310-4877-9
5902-334041-23506-03

Druck und Bindung Leo Paper Products, China

MIX
Papier | Fördert gute Waldnutzung
FSC® C018179

www.dk-verlag.de

Inhalt

1870–1894: DAMPF TREIBT DIE WELT AN

Das rasche Wachstum der Eisenbahnstrecken zeigt, was sich durch menschliche Anstrengung erreichen ließ. Die Strecken passierten schwierigstes Gelände, überbrückten enorme Entfernungen und ermöglichten Bahnreisen über ganze Kontinente hinweg. Großartige Bahnhöfe und luxuriöse Dienstleistungen verkörperten das glanzvolle Bahnfahren.

1895–1913: DAS GOLDENE ZEITALTER

In Nordamerika und Europa kamen elektrisch angetriebene Bahnen auf, zahlreiche Neuerungen steigerten die Leistungsfähigkeit der Dampflokomotive. Nach London führten nun auch Paris und New York Untergrundbahnen ein.

1914–1939: DAMPF AUF DEM HÖHEPUNKT

Im Ersten Weltkrieg trugen Eisenbahnen maßgeblich zum Transport von Soldaten und Munition bei. Nach dem Krieg wurden Dampfzüge schneller und stromlinienförmiger, in den USA und in Europa erschienen erste Dieselantriebe.

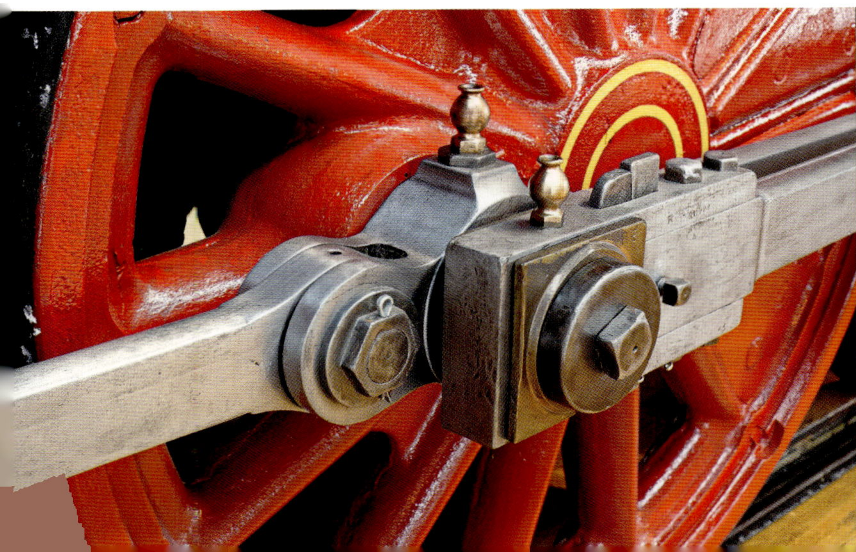

1940–1959: KRIEG UND FRIEDEN

Die Zerstörung vieler europäischer Eisenbahnstrecken im Zweiten Weltkrieg und neue Landesgrenzen nach Kriegsende zwangen Regierungen, ihre Streckennetze neu auszurichten. Technisch fortschrittliche Diesel- und Elektroantriebe verdrängten allmählich die Dampflokomotive.

1960–1979: GESCHWINDIGKEIT ZÄHLT

Mit den japanischen »Geschosszügen« begann ein neues Zeitalter schneller Bahnreisen, auch westliche Länder modernisierten ihre Eisenbahnen. Starker Wettbewerb von Straßen- und Luftverkehr beschleunigten den Prozess noch.

1980–1999: NEUE WEGE

Neue Technik ließ auf der ganzen Welt Hochgeschwindigkeitsstrecken entstehen, gleichzeitig wurden neue Luxuszüge eingeführt. Die Eröffnung des Kanaltunnels verband Großbritannien mit dem europäischen Festland.

NACH 2000: EISENBAHN NEU BELEBT

Im neuen Jahrtausend trieb China den Ausbau seines Streckennetzes in beispiellosem Ausmaß voran und führte neue Hochgeschwindigkeitszüge ein, darunter einen besonders schnellen Magnetschwebezug. Weltweit boten Bahnreisen eine glanzvollere und luxuriösere Alternative zu Flugreisen.

SO FUNKTIONIEREN EISENBAHNEN: LOKOMOTIVEN, GLEISE, SIGNALE

Dieses Kapitel vermittelt einige Grundlagen der Eisenbahntechnik, von Schienen und Gleisen über Achsfolgen und Bremsen bis zu historischen und modernen Signalsystemen. Auch die Funktionsprinzipien von Dampf-, Diesel- und Elektrolokomotiven werden erläutert.

Die Eisenbahn – eine Revolution

Das Klack-klack der Räder auf den Schienen, der Duft von Kohlerauch und Öl, ein Pfeifen in der Ferne, das Gefühl von Erwartung und Erregung am Beginn einer langen Reise …

Eisenbahnen fesseln unsere Vorstellung. Sie sprechen unsere Seele an. Mit der elementaren Anziehungskraft von Feuer und Dampf, der Faszination der Technik und dem Glanz der Verbindung ferner Orte sichern sich Eisenbahnen einen Platz im Herzen der Menschen. Seit über 200 Jahren befeuern Züge den Ehrgeiz kühner, bahnbrechender Ingenieure und haben sie zu Erfindungen inspiriert, die dem menschlichen Wunsch folgten, voranzukommen und eine Welt voller Möglichkeiten zu öffnen.

Vor allem haben Eisenbahnen zur jüngeren Geschichte auf ganz prosaische, praktische Weise beigetragen. Wohl kein einziges Werkzeug hat die heutige industrielle Welt so sehr beeinflusst. Von den ersten unsicheren Versuchen in Cornwall und Wales über den Bau von Bahnen, die ganze Kontinente zugänglich gemacht und zum Entstehen von Nationen beigetragen haben, wie in Nordamerika und anderswo, bis zu ihrer Fähigkeit, die moderne Kriegführung erst zu ermöglichen: Die Erfindung der Lokomotive hat die Erde im Guten wie im Schlechten geformt.

Vor der Eisenbahn lief das Leben langsamer ab. Die meisten Menschen legten nur kurze Strecken zurück. Autos und Flugzeuge gab es nicht, nicht einmal moderne Straßen. Bis zum Auftauchen der Eisenbahn gab es keine vereinheitlichte Zeit und auch keinen zwingenden Grund für ihre Einführung. Kleine und große Städte legten ihre eigene Zeit fest, bis die starren Eisenbahnfahrpläne eine Standardisierung erforderten. Die neue Technik förderte die Verstädterung: Wachsende Ballungszentren waren per Bahn aus immer größerer Entfernung billig zu erreichen. Jetzt ließen sich Waren befördern, die zuvor keine langen Transporte vertragen hatten: Verderbliche Früchte, Zeitungen, Blumen und frische Milch wurden den Massen pünktlich geliefert.

So trugen Eisenbahnen entscheidend und mit Elan zum Entstehen der modernen Lebensweise bei. Bahngesellschaften gaben ihren Lokomotiven und Dienstleistungen klangvolle Namen, entwarfen attraktive Farbschemata und bemühten sich, ihre Lokomotiven nicht nur funktionell, sondern auch elegant, imposant oder dynamisch aussehen zu lassen. Auch der Fortschrittsglaube formte die Eisenbahnen. Mit dem Aufkommen neuer Technologien ließen die Bahnbauer neue Strecken höher steigen, sie gruben tiefer, bauten weiter und durchquerten dabei das unwirtlichste Gelände. Der Drang, immer schneller, sicherer und effizienter zu sein, beförderte diesen Fortschritt noch.

Weltweit bemühten sich Eisenbahnen, höhere Geschwindigkeiten zu erreichen, den Luxus ihrer exklusivsten Züge zu

»Die **Lokomotive** ist der **wahre Herold der Zivilisation.**«

HENRY MORTON STANLEY, BRITISCHER JOURNALIST UND ENTDECKER, 9. MAI 1867

vermarkten und die Menschen von ihren Dienstleistungen für geschäftliche und private Reisen zu überzeugen. Modernes Marketing, Werbung, Ferien an der See – in all diesen Bereichen war die Eisenbahn das Mittel der Veränderung und eine der treibenden Kräfte. Kein Wunder, dass Schuljungen davon träumten, Lokomotivführer zu werden, dass so verschiedene Schriftsteller wie Leo Tolstoi, Émile Zola, Agatha Christie und Sir Arthur Conan Doyle Eisenbahnen in ihre Dramen und Krimis eingebunden haben oder dass beliebte, Eisenbahnen thematisierende Lieder wie »Chattanooga Choo Choo« und »The Loco-Motion« die Zeit überdauerten.

Im »Goldenen Zeitalter« der Bahnreisen berichteten Zeitungen und Wochenschauen atemlos über die neuesten Fortschritte – sowie über die blutigen Details von Unglücken. Neue Schnellzuglokomotiven beschrieb man eingehend, Lokführer und Konstrukteure wurden zu Helden, der Wettbewerb um die Schlagzeilen war hart. Lokomotiven wie die riesige »Big Boy«-Reihe in den USA oder die britische *Mallard*, die seit 1938 den Geschwindigkeitsrekord für Dampflokomotiven hält, wurden weltweite Berühmtheiten. Ein halbes Jahrhundert nach dem Verschwinden der Dampfloks in den meisten Teilen der Welt wecken sie immer noch Emotionen – auch bei Menschen, die sie nicht mehr im Betrieb erlebt haben. Engagierte Enthusiasten spüren die letzten Überlebenden des Dampfzeitalters an den entlegensten Orten auf oder restaurieren und bewahren Lokomotiven, Wagen und sogar ganze Strecken.

Doch die Eisenbahn hatte auch ihre dunklen Seiten. Mit ihr ließen sich riesige Armeen über weite Strecken verlegen und versorgen sowie im Zweiten Weltkrieg Millionen Menschen in die NS-Vernichtungslager transportieren. Da der Krieg global und tödlicher wurde, blieb es unvermeidlich, dass in modernen Konflikten die Eisenbahnnetze selbst Ziele wurden und enorme Zerstörung verkraften mussten.

Während die Eisenbahnen nach dem Zweiten Weltkrieg vielen als langweilig, monoton und überholt galten, widersetzten sie sich immer dem Trend, als Ding der Vergangenheit angesehen zu werden. In den letzten Jahren gab es eine Renaissance: Immer mehr Länder bauen neue Hochgeschwindigkeitsstrecken und verringern ihre Abhängigkeit vom Auto.

Lange Containerzüge sind heute eine wichtige Komponente des Warentransports. Fahrgäste rasen über Grenzen hinweg, ohne sich von ihren Plätzen erheben zu müssen; die Idee, Menschen über große Entfernungen hinweg schnell und bequem zu transportieren, ist einmal mehr in Mode. Die technische Entwicklung geht weiter, der Glanz ist zurückgekehrt, und viele Menschen sehen Eisenbahnen wieder als die kultivierte Art des Reisens an. Zwei Jahrhunderte nach den ersten »eisernen Pferden« geht die aufregende Fahrt der Eisenbahnen weiter.

TONY STREETER
FACHBERATER

1804-1838

DAS EISERNE PFERD

DAS EISERNE PFERD

In Südwales gewann im Februar 1804 eine neue Maschine eine Wette: Die Dampflokomotive von Pen-y-darren zog mit Eisen und Personen beladene Wagen fast 16 km weit. Die Maschine von Richard Trevithick war langsam und schwerfällig, aber das Erreichte sollte die Welt verändern – die Vorteile des Dampfantriebs zeigten sich bald, und die Innovation verlief rasch. 1808 konnte man mit Trevithicks *Catch Me Who Can* in London ein kurzes Stück im Kreis fahren, doch erst im September 1825 wurde zwischen Stockton und Darlington in Nordostengland die erste Personenzugstrecke der Welt eröffnet, die durch Anleihen finanziert wurde. Ihre erste Lokomotive, *Locomotion No. 1*, wurde von George und Robert Stephenson konstruiert, Vater und Sohn. Die neue Technologie verbreitete sich rasch international; in Frankreich baute der Ingenieur Marc Seguin 1828 seine Lokomotive, 1829 begann mit der in England gebauten *Stourbridge Lion* in den USA das Dampfzeitalter auf der Delaware-and-Hudson-Strecke. Mit dem berühmten »Rennen von Rainhill« sollte 1829 in England entschieden werden, welche Lokomotiven für die weltweit erste Fernbahn zwischen Großstädten, der Liverpool & Manchester Railway (1830), gebaut werden sollten. Viele Neuerungen der siegreichen *Rocket* waren so erfolgreich, dass diese Stephenson-Maschine die grundlegende Auslegung aller zukünftigen Dampflokomotiven bis zum Ende des Dampfzeitalters bestimmte. Beiderseits des Atlantiks begannen Ingenieure, Entwürfe ihren örtlichen Gegebenheiten anzupassen. 1830 feierte die in den USA gebaute *Tom Thumb* ihr Debüt bei der Baltimore & Ohio Railroad.

△ **Stephensons Maschinen**
Die *Rocket* war nicht die einzige erfolgreiche Stephenson-Lokomotive. Die *North Star* lief auf der Great Western Railway von 1838 bis 1871.

»Was die Dampfschifffahrt für den See- und Flußverkehr, ist der Eisenbahn-Dampfwagentransport für den Landverkehr, ein Herkules in der Wiege […].«

FRIEDRICH LIST

Wichtige Ereignisse

- ▷ **1804** Eine Lokomotive der Eisenhütte Pen-y-darren in Südwales eröffnet das Dampfzeitalter.
- ▷ **1808** Trevithicks *Catch Me Who Can* wird in London vorgeführt.
- ▷ **1813/14** William Hedley baut *Puffing Billy* für die Wylam-Kohlengrube in Nordostengland.
- ▷ **1814** George Stephenson baut seine erste Lokomotive für die Killingworth-Kohlengrube bei Newcastle-upon-Tyne. Sie erhält den Namen *Blücher*.
- ▷ **1825** Eröffnung der nordenglischen Stockton & Darlington Railway, der ersten durch Anleihen finanzierten Personenzugstrecke der Welt.
- ▷ **1828** Marc Seguin baut die erste Lokomotive in Frankreich.
- ▷ **1829** *Rocket*, die Vorlage für zukünftige Lokomotiven, gewinnt die Wettfahrten von Rainhill.
- ▷ **1830** Mit *Tom Thumb* und *The Best Friend of Charleston* beginnt der Lokomotivbau in den USA.

△ **Tom Thumb**
Bei ihrer (hier nachgestellten) Probefahrt zog die von Peter Cooper gebaute *Tom Thumb* 1830 einen Wagen mit 18 Direktoren der B&O Railroad.

- ▷ **1834** Zwischen Dublin und Kingstown fährt die erste Eisenbahn Irlands.
- ▷ **1835** Zwischen Nürnberg und Fürth fährt die erste deutsche Eisenbahn.
- ▷ **1835** In Großbritannien wird die Great Western Railway gegründet.

◁ **Die schräge Bogenbrücke von Rainhill** wurde 1830 eröffnet, ein Jahr nach den berühmten Wettfahrten.

Richard Trevithick 1771–1833

Obwohl Richard Trevithick die ersten funktionsfähigen Dampflokomotiven der Welt baute, ist sein Name weniger geläufig als der anderer britischer Eisenbahnpioniere. Trevithicks Schicksal war es, dass er viele seiner Maschinen 20 Jahre zu früh konstruierte: Die Welt war dafür noch nicht bereit. Neben Lokomotiven verfolgte Trevithick weitere Ingenieurprojekte, darunter einen Lastkahn mit Schaufelradantrieb, einen Dampfhammer, ein dampfbetriebenes Walzwerk und einen Tunnel unter der Themse. Er verbrachte auch zehn Jahre in Südamerika, wo er Dampfmaschinen zur Wasserhaltung in Silberbergwerken konstruierte. 1827 kehrte er nach England zurück, starb jedoch sechs Jahre später mittellos.

ENTWICKLUNG DER ENTWÜRFE

Zu Beginn seiner Karriere arbeitete Trevithick als Ingenieur in den Kohlengruben Cornwalls. Seine Vertrautheit mit stationären Dampfmaschinen zum Heben und Ziehen war eine gute Voraussetzung für Versuche mit »Hochdruckmaschinen«, die den Lokomotiven eine höhere Zugkraft verliehen. 1801 baute er sein erstes Dampffahrzeug, *Puffer*, das auf der Straße fuhr. Allerdings krachte es in Camborne in Cornwall in ein Haus und geriet in Brand.

1803 baute Trevithick eine Hochdruckmaschine, die auf eisernen Schienen fahren konnte. Die Pen-y-darren-Lokomotive zog 10 t Eisen und 70 Fahrgäste über eine 15,3 km lange Strecke aus Eisenschienen und bewies damit ihre Nützlichkeit. Obwohl die Maschine mit ihrem Gewicht letztlich das Gleis beschädigte, war dies ein Meilenstein in der Entwicklung von Lokomotiven.

Seine dritte und letzte Lokomotive entwickelte Trevithick 1808. Die *Catch Me Who Can* zog Fahrgäste über einen Rundkurs aus Gusseisenschienen, den er in London gebaut hatte. Immer wieder brachen die Schienen unter dem Gewicht des Zuges, die Lokomotive entgleiste schließlich. Doch da hatte Trevithick der Welt bereits bewiesen, dass eine Dampflokomotive auf Schienen fahren konnte.

Der Zug verdient Geld
Catch Me Who Can (1808) war der erste Personenzug, für den ein Fahrpreis verlangt wurde. Einen Shilling musste man bezahlen, um mit dem Zug mit etwa 19 km/h auf der kreisrunden Vorführstrecke in London zu fahren.

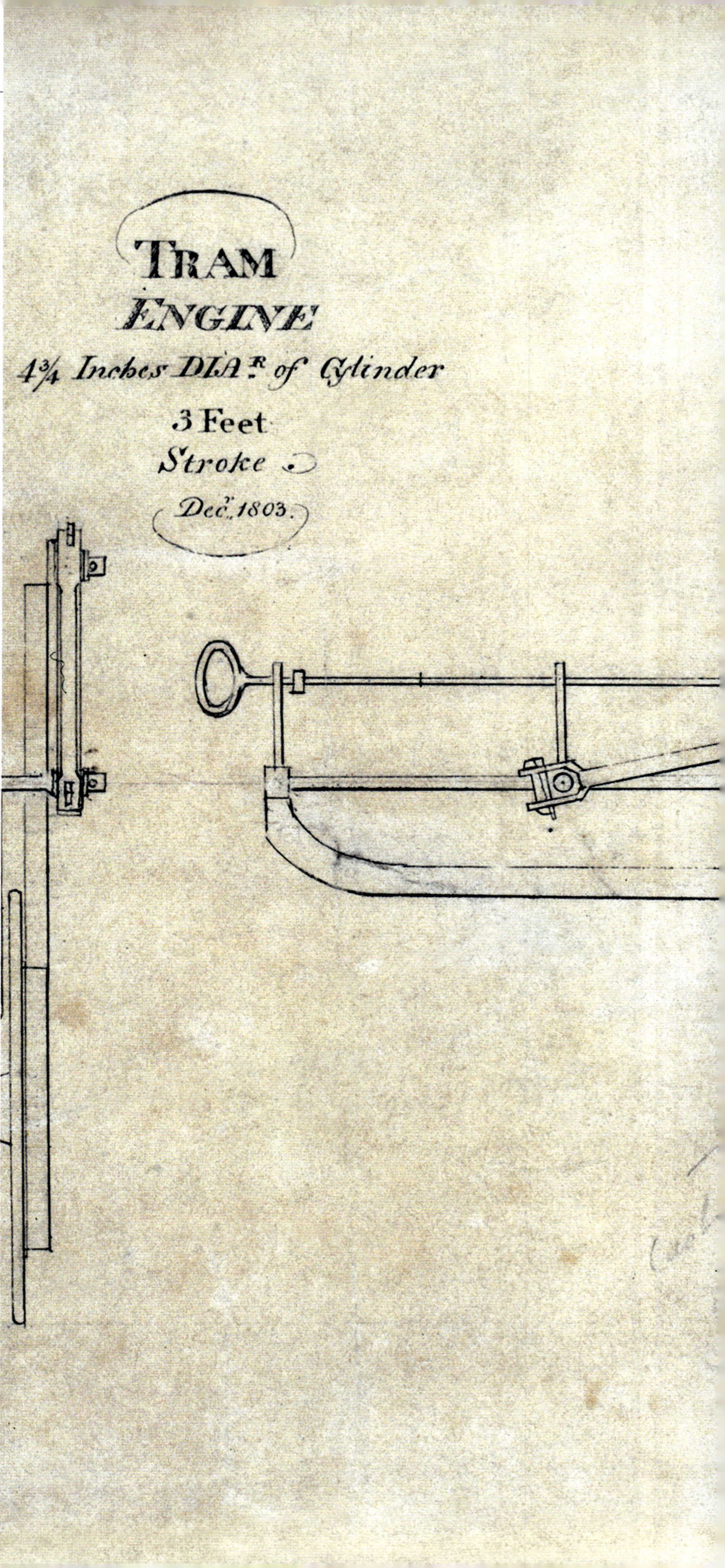

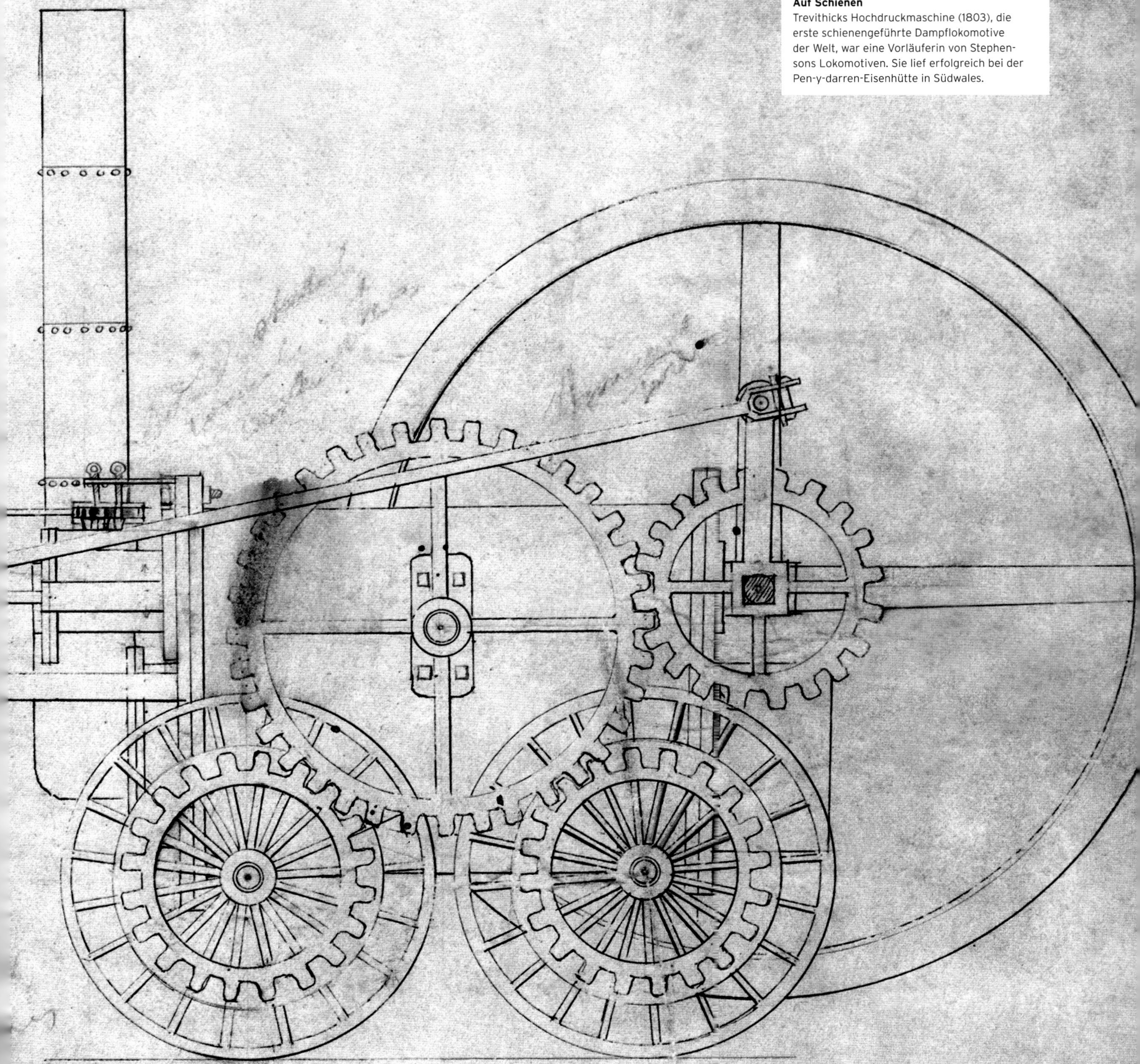

Auf Schienen
Trevithicks Hochdruckmaschine (1803), die erste schienengeführte Dampflokomotive der Welt, war eine Vorläuferin von Stephensons Lokomotiven. Sie lief erfolgreich bei der Pen-y-darren-Eisenhütte in Südwales.

Eine britische Erfindung

Im 18. Jh. waren die britischen Erfinder Thomas Newcomen und James Watt führend bei der Entwicklung von stationären Niederdruckdampfmaschinen, die in den Anfangsjahren der industriellen Revolution eine wichtige Rolle spielten. Den entscheidenden Durchbruch erzielte zu Beginn des 19. Jh. Richard Trevithick aus Cornwall mit der ersten funktionsfähigen Hochdruckdampflokomotive. Von da an ließ britischer Erfindergeist, angeführt von George Stephenson, dem »Vater der Eisenbahn«, die Entwicklung rasch verlaufen. Den ersten Höhepunkt erreichte sie 1830 mit der Eröffnung der ersten Eisenbahnstrecke zwischen zwei Großstädten, von Liverpool nach Manchester.

△ ***Pen-y-darren*-Lokomotive, 1804**

Achsfolge	B
Zylinder	1
Kesseldruck	1,7 bar
Treibraddurchmesser	1220 mm
Geschwindigkeit	Etwa 8 km/h

Die Hochdruckdampflokomotive von Richard Trevithick zog am 21. Februar 1804 auf den Eisenschienen der Werkbahn der Eisenhütte Pen-y-darren in Merthyr Tydfil in Südwales den ersten Eisenbahnzug der Welt. Neben 10 t Eisen beförderte er 70 Personen.

◁ ***Catch Me Who Can*, 1808**

Achsfolge	1A
Zylinder	1
Kesseldruck	1,7 bar
Treibraddurchmesser	1220 mm
Geschwindigkeit	Etwa 19 km/h

Die »Fang mich, wer kann« stellte Trevithick 1808 im Rahmen eines »Dampfzirkusses« auf einer Kreisstrecke in Bloomsbury, London vor. Allerdings stürzte der Zug nach einem Schienenbruch um; die Öffentlichkeit war nicht überzeugt.

◁ ***Puffing Billy*, 1813**

Achsfolge	B (zeitweise D)
Zylinder	2
Kesseldruck	2,8 bar
Treibraddurchmesser	1220 mm
Geschwindigkeit	Etwa 8 km/h

Die von William Hedley für die Wylam-Kohlengrube in Northumberland gebaute *Puffing Billy* wog gut 8 t. Diese erste im Reibungsbetrieb kommerziell eingesetzte Dampflok steht heute im Londoner Science Museum und gilt als älteste erhaltene Lokomotive.

▷ ***Locomotion No. 1*, 1825**

Achsfolge	B
Zylinder	2
Kesseldruck	3,5 bar
Treibraddurchmesser	1220 mm
Geschwindigkeit	Etwa 24 km/h

Die von George und Robert Stephenson gebaute *Locomotion No. 1* zog 1825 den ersten Zug der Stockton & Darlington Railway, der ersten öffentlichen Eisenbahn der Welt. Die erhaltene Lokomotive ist im Locomotion Museum in Shildon, County Durham, ausgestellt.

△ ***Rocket*, 1829**

Achsfolge A1
Zylinder 2
Kesseldruck 3,5 bar
Treibraddurchmesser 1435 mm
Geschwindigkeit Etwa 48 km/h

Die fortschrittliche und innovative »Rakete« von Robert Stephenson & Co. gewann 1829 die Versuchsfahrten von Rainhill auf der Liverpool & Manchester Railway. Hier ist sie mit einem 1.-Klasse-Wagen abgebildet, das Gepäck wurde auf dem Dach befördert.

▷ ***Agenoria*, 1829**

Achsfolge B
Zylinder 2
Kesseldruck 2,8 bar
Treibraddurchmesser 1220 mm
Geschwindigkeit Etwa 13 km/h

Die *Agenoria* war eine von nur vier von Foster, Rastrick & Co. in Stourbridge gebauten Lokomotiven und fuhr 35 Jahre lang auf der Werkbahn der Shutt-End-Kohlengrube in Staffordshire. Dieselbe Firma baute auch die *Stourbridge Lion*, die erste in die USA exportierte Lokomotive.

◁ ***Sans Pareil*, 1829**

Achsfolge B
Zylinder 2
Kesseldruck 3,5 bar
Treibraddurchmesser 1372 mm
Geschwindigkeit Etwa 29 km/h

Die von Timothy Hackworth gebaute *Sans Pareil* (»Ohnegleichen«) nahm 1829 an den Rainhill-Versuchen der Liverpool & Manchester Railway teil. Sie war jedoch schwerer als zulässig, außerdem riss einer ihrer beiden Zylinder.

▷ ***Novelty*, 1829**

Achsfolge A1t
Zylinder 2
Kesseldruck 3,5 bar
Treibraddurchmesser 1372 mm
Geschwindigkeit Etwa 45 km/h

Die von John Ericsson und John Braithwaite gebaute leichte *Novelty* (»Neuheit«) war zwar eine der schnellsten Lokomotiven bei den Rainhill-Versuchen, erwies sich jedoch als unzuverlässig. Bei ihr lagen die Zylinder erstmals innerhalb des Rahmens.

Rocket

Mit den Versuchsfahrten von Rainhill sollten 1829 die Lokomotiven für die erste Personenzugstrecke zwischen zwei Großstädten, der am 15. September 1830 eröffneten Liverpool & Manchester Railway (L&MR), ermittelt werden. Die von Robert Stephenson konstruierte *Rocket* erreichte dabei knapp 50 km/h. Als unbestrittene Gewinnerin errang die *Rocket* den begehrten Auftrag und brachte Stephenson Ruhm und universelle Anerkennung ein.

DIE ROCKET VERFÜGTE über eine Reihe konstruktiver Neuerungen, die ihren Erfolg beim »Rennen von Rainhill« ermöglichten. Ihre beiderseits der Feuerbüchse schräg angebauten Zylinder trieben die Antriebsräder über kurze Stangen an und lieferten damit mehr Schubkraft als die Hebelsysteme früherer Maschinen. Als erste Lokomotive hatte sie einen Röhrenkessel und ein Blasrohr im Schornstein, das die Dampferzeugung erheblich verbesserte. Die Entwurfsprinzipien der *Rocket* blieben bis zu den letzten Dampflokomotiven bestehen. Die ursprüngliche, jedoch stark veränderte *Rocket* steht im Londoner Science Museum. Der hier gezeigte Nachbau gibt ihren Zustand von 1829 genauer wieder. Ein funktionsfähiger Nachbau, der 1979 zum 150. Jubiläum der L&MR entstand, steht im National Railway Museum in York. Er umfasst die Nachlauf- und Tenderradsätze sowie den eisernen Rahmen eines Nachbaus, den die Werkstatt Crewe 1880 anlässlich des 100. Geburtstags von George Stephenson schuf.

TECHNISCHE DATEN DER URSPRÜNGLICHEN *ROCKET*	
Baureihe	Rocket
Achsfolge	A1
Herkunft	Großbritannien
Hersteller	Robert Stephenson & Co.
Stückzahl	5
Einsatz	1830-1840
Zylinder	2, um 35 Grad geneigt
Kesseldruck	3,5 bar
Treibraddurchmesser	1435 mm
Geschwindigkeit	Etwa 50 km/h

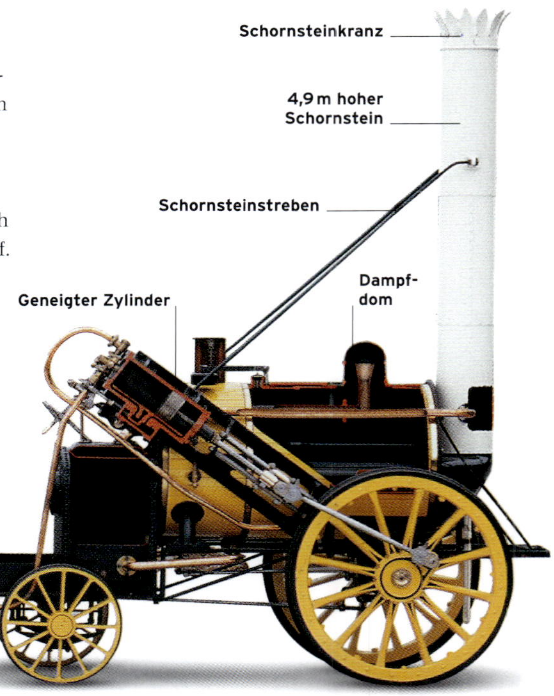

QUERSCHNITT DER *ROCKET* MIT TENDER (OBEN)   1.-KLASSE-WAGEN (UNTEN)

Revolutionäre Lokomotive
Dieser Nachbau zeigt viele der Merkmale, die die Geschwindigkeit des Originals bei den Versuchsfahrten möglich machten. Die *Rocket* hatte als erste Lokomotive ein voll funktionsfähiges Blasrohr, das den Abdampf durch den Schornstein blies. Eine Bremse gab es dagegen nicht: Zum Bremsen diente ein Pedal zum Umsteuern der Dampfmaschine.

SEITENANSICHT

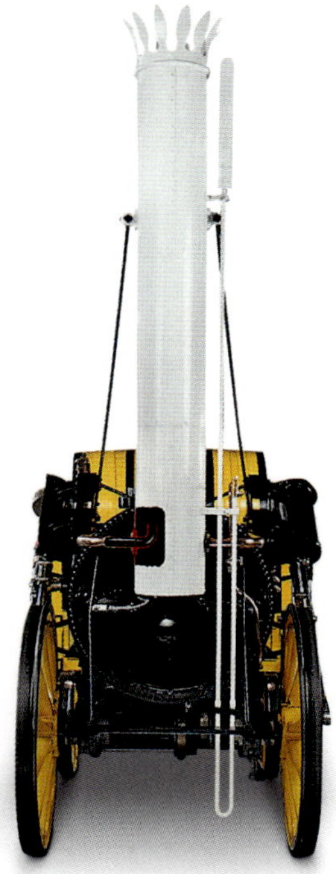

VORDERANSICHT

DAS ÄUSSERE

Der funktionsfähige *Rocket*-Nachbau von 1979 wich insofern vom Original ab, als er heutigen Sicherheitsbestimmungen und Betriebsbedingungen entsprechen musste. Ursprünglich hatte der Nachbau hölzerne Treibräder, die jedoch durch stählerne ersetzt wurden. Im Mai 1980 war die Lok bei Probefahrten auf den unebenen Gleisen einer Kohlengrube entgleist, weil sich die hölzernen Räder verformt hatten. Dadurch verpasste der Nachbau den Beginn der *Rocket-150*-Feiern. Der »Wasserbehälter« des Nachbaus war ein 245 l fassendes »Hogshead«-Bierfass aus der Wadworth-Brauerei in Devizes, Wiltshire.

1. Messingschild am Langkessel **2.** Schornsteinkranz **3.** Absperrventil des Druckmessers **4.** Prüfhähne zur Kontrolle des Kesselwasserstands **5.** Kreuzkopf mit Treibstange und Kolbenstange **6.** Hölzernes Treibrad mit Treibstange **7.** Ansatz der Treibstange am Treibzapfen **8.** Fabrikschild **9.** Linke Ventilsteuerung **10.** Exzenter der Ventilsteuerung auf der Treibachse **11.** Wasserfass **12.** Tenderrad und Sicherungskette

5

1

2
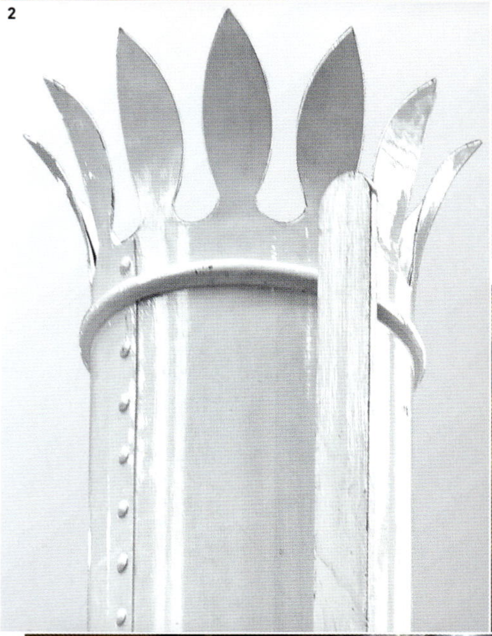

3

4

6

7

8

9

10

11

12

FÜHRERSTAND

Die *Rocket* hat nur einen kleinen Führerstand ohne Wetterschutz für das Personal. Im Betrieb rüttelt und schiebt sich die Tenderbrücke, die die Lücke zwischen Lokomotive und Tender abdeckt, hin und her, sodass sich der Lokführer bei Wind und Nässe wie auf hoher See fühlt. Die Tendenz heruntergefallener Koks- oder Kohlestücke, sich unter dem Pedal für die Ventilsteuerung und für die Luftklappen der Feuerbüchse zu verklemmen, erleichterte die Arbeitsbedingungen nicht.

13. Feuerbüchse mit oben herausführenden kupfernen Dampfleitungen **14.** Pedal zur Ventilsteuerung **15.** Dampfregler **16.** Feuertür **17.** Linksseitige Verstellhebel der Ventilsteuerung

13

15

16

17

14

PERSONENWAGEN

Die Wagen hinter dem *Rocket*-Nachbau entstanden 1930 zum 100. Jubiläum der Bahnstrecke nach Vorbildern von 1.-Klasse-Wagen der L&MR von 1834. Die Wagen mit je drei sechssitzigen Abteilen heißen *Traveller* (»Reisender«) und *Huskisson*, Letzterer nach dem Liverpooler Abgeordneten William Huskisson, der 1830 bei der Eröffnungsfeier der L&MR von der Lokomotive erfasst und getötet wurde.

18. Wagenpuffer **19.** Pufferfeder unter dem Wagenkasten **20.** Handgriff aus Messing **21.** Wagenname in Blattgold **22.** Trittstufe für Fahrgäste **23.** Wagenrad, Achslagergehäuse und Blattfederpaket **24.** Sitz des Zugbegleiters **25.** Fensterriemen **26.** 1.-Klasse-Polstersitze

18

19

20

21

22

23

24

25

26

LIVERPOOL
TIMES
MANCHESTER
RAILWAY COMPANY
LIVERPOOL
MANCHESTER
NORTH STAR
JUPITER

Die Liverpool & Manchester Railway

Die 1830 eröffnete Liverpool & Manchester Railway (L&MR) beförderte als erste Gesellschaft der Welt neben zahlenden Fahrgästen auch Güter gegen Gebühr. Sie bot einen günstigeren und leistungsfähigeren Anschluss der Fabriken in Manchester und Lancashire an den Hafen Liverpool – zur großen Freude der Fabrikbesitzer, die eine schnellere und billigere Alternative zu den Kähnen auf dem Bridgewater Canal suchten.

TECHNISCHE HERAUSFORDERUNG

Als Ingenieur für die zweigleisige, 51,5 km lange Strecke berief man George Stephenson. Besonders das 6,5 km lange Teilstück durch das Torfmoor von Chat Moss bei Manchester forderte sein ganzes Geschick: Die Bodenbeschaffenheit brachte das Projekt fast zum Erliegen. Stephenson löste das Problem schließlich durch eine Kombination aus einem Damm und einem »schwimmenden« Unterbau aus Holz und Stein über den weicheren Stellen.

Innerhalb von drei Jahren baute man 64 Brücken und Viadukte, darunter den Sankey-Viadukt mit neun Bogen, ferner den gut 2 km langen Wapping-Tunnel in Liverpool sowie einen 3,2 km langen Einschnitt durch den felsigen Olive Mount. An beiden Enden der Strecke entstanden Personenbahnhöfe. Im ersten Halbjahr 1831 beförderte die L&MR 188 726 Fahrgäste und fast 36 600 t Güter.

Von oben nach unten: *Liverpool* mit 1.-Klasse-Wagen und einer Postkutsche auf einem Flachwagen; *Fury* mit 2.-Klasse-Wagen; *North Star* mit einem Güterzug; *Jupiter* befördert Vieh.

Dampf für England und den Export

Der Erfolg von Stephensons *Rocket* und die Eröffnung der ersten öffentlichen Eisenbahnstrecke 1825 sowie der ersten Städteverbindung 1830 förderten die Nachfrage nach britischen Lokomotiven in der Heimat und im Ausland. Der erfolgreichste der frühen Hersteller war Robert Stephenson & Company aus Newcastle-upon-Tyne, gegründet 1823 von George und Robert Stephenson. Ihre ersten Lokomotiven bauten sie für die Stockton & Darlington Railway, sie belieferten aber auch die ersten Eisenbahnen in Ägypten, Deutschland und den USA.

◁ ***Invicta*, 1829/30**

Achsfolge B
Zylinder 2
Kesseldruck 2,8 bar
Treibraddurchmesser 1220 mm
Geschwindigkeit Etwa 32 km/h

Stephenson & Co. baute *Invicta* in Newcastle und verschiffte sie dann in das südenglische Kent. 1830 zog *Invicta* den ersten Zug der Canterbury & Whitstable Railway. Benannt wurde sie nach dem Motto »invicta« (»unbesiegt«) auf der Flagge von Kent. Die Lok ist heute im Canterbury Museum in Kent ausgestellt.

▽ ***John Bull*, 1831**

Achsfolge B (bei Lieferung), 1'1A (nach Umbau)
Zylinder 2 (innen liegend)
Kesseldruck 3,1 bar
Treibraddurchmesser 1372 mm
Geschwindigkeit Etwa 48 km/h

Die von Stephenson & Co. in die USA exportierte *John Bull* fuhr dort bis 1866 auf der Camden & Amboy Railroad. Der US-Ingenieur Isaac Dripps versah sie mit einem einachsigen Laufgestell mit dem ersten »Kuhfänger« sowie mit Scheinwerfer, Funkenfänger im Schornstein, umschlossenem Tender und Führerstandsdach.

▷ ***Planet*, 1830**

Achsfolge 1A
Zylinder 2 (innen liegend)
Kesseldruck 3,1 bar
Treibraddurchmesser 1676 mm
Geschwindigkeit Etwa 56 km/h

Die *Planet* war die erste Lokomotive mit innen liegenden Zylindern und die neunte für die Liverpool & Manchester Railway. Von Robert Stephenson & Co. entworfen, wurde sie der erste in größeren Stückzahlen gebaute Lokomotivtyp.

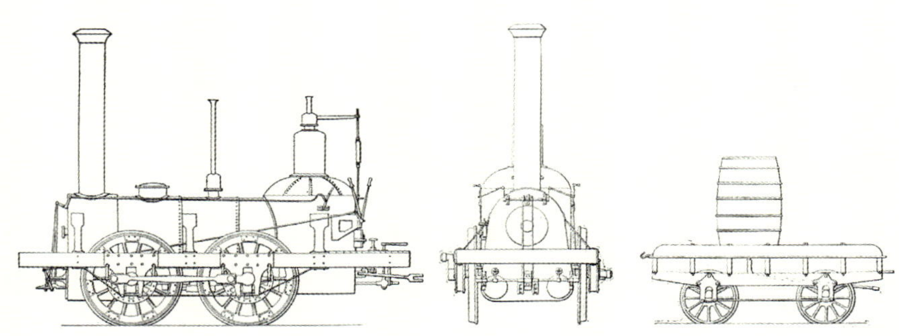

***JOHN BULL* IM ABLIEFERUNGSZUSTAND, 1831**

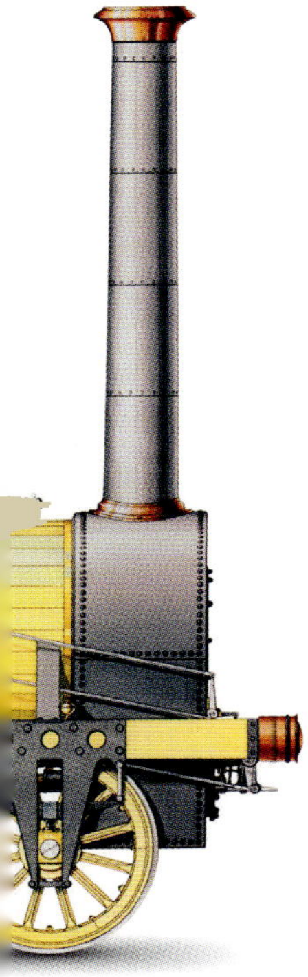

▽ ***Adler*, 1835**

Achsfolge 1A1
Zylinder 2 (innen liegend)
Kesseldruck 3,3 bar
Treibraddurchmesser 1372 mm
Geschwindigkeit Etwa 27 km/h

Stephenson & Co. baute die *Adler* für die am 7. Dezember 1835 zwischen Nürnberg und Fürth eröffnete bayerische Ludwigsbahn. Die erste in Deutschland erfolgreiche Lokomotive blieb bis 1857 in Betrieb. 1935 entstand zum 100. Jubiläum der deutschen Eisenbahnen ein betriebsfähiger Nachbau.

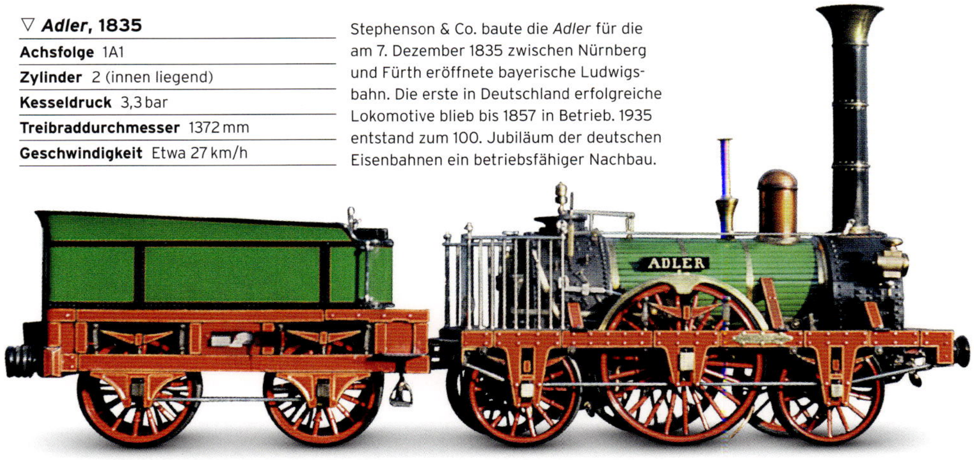

▽ **Bury, 1831**

Achsfolge B
Zylinder 2 (innen liegend)
Kesseldruck 3,5 bar
Treibraddurchmesser 1676 mm
Geschwindigkeit Etwa 64 km/h

Die Lokomotiven von Edward Bury & Co. zeichneten sich durch gewichtsreduzierende Barrenrahmen und kuppelförmige Feuerbüchsen aus. Der Typ war in den USA beliebt, wo man leichte Gleise rasch verlegte, um große Entfernungen zu überbrücken.

△ **Hawthorn *Sunbeam*, 1837**

Achsfolge 1A
Zylinder 2 (innen liegend)
Kesseldruck 3,5 bar
Treibraddurchmesser 1524 mm
Geschwindigkeit Etwa 64 km/h

R. & W. Hawthorn & Co. in Newcastle baute die *Sunbeam* für die Stockton & Darlington Railway. Hawthorn stellte auch stationäre und Schiffsdampfmaschinen her sowie Lokomotiven für die breitspurige Great Western Railway.

◁ ***North Star*, 1838**

Achsfolge 1A1
Zylinder 2 (innen liegend)
Kesseldruck 3,5 bar
Treibraddurchmesser 2134 mm
Geschwindigkeit Etwa 64 km/h

Die von Robert Stephenson & Co. gebaute *North Star* zog 1838 den Eröffnungszug mit den Direktoren der breitspurigen Great Western Railway. Sie wurde 1854 umgebaut und 1871 außer Dienst gestellt.

▷ ***Lion*, 1838**

Achsfolge B1
Zylinder 2 (innen liegend)
Kesseldruck 3,5 bar
Treibraddurchmesser 1524 mm
Geschwindigkeit Etwa 56 km/h

Lion (»Löwe«) und *Tiger* hießen die ersten beiden Lokomotiven, die bei Todd, Kitson & Laird entstanden. *Lion* fuhr bis 1859 bei der Liverpool & Manchester Railway und war danach als stationäre Pumpmaschine im Hafen von Liverpool im Einsatz.

Die Stephensons 1781-1848/1803-1859

GEORGE STEPHENSON 1781-1848

ROBERT STEPHENSON 1803-1859

Mit der Eröffnung der ersten Fernbahn für Reisezüge zwischen Liverpool und Manchester 1830 begann das Zeitalter des mechanisierten Transports. Verantwortlich dafür war George Stephenson, ein Autodidakt, der für seine wegbereitenden Leistungen im Ingenieur- und Maschinenbau als »Vater der Eisenbahn« gilt. Gemeinsam mit seinem Sohn Robert, einem ausgebildeten Ingenieur, schuf er eine Reihe von Dampflokomotiven. Auch 1825 beim Bau der Stockton & Darlington Railway arbeiteten sie zusammen, George führte hier die noch heute weltweit verwendete Normalspur von 1435 mm (4 Fuß 8 ½ Zoll) ein.

WACHSENDE REPUTATION

George Stephenson war von Anfang an ein Neuerer. 1814 baute er seine erste Lokomotive, *Blücher*, die als erste auf Rädern mit Spurkranz auf Schienen fuhr. 1823 gründete er mit Robert eine Lokomotivfabrik in Newcastle, die die ersten Dampflokomotiven für kommerziell genutzte Eisenbahnen baute. Das erste Produkt der neuen Firma war die *Locomotion No. 1*, das bekannteste dürfte aber die *Rocket* sein, die nach dem Gewinn der Rainhill-Versuche 1829 bei der Liverpool & Manchester Railway fuhr.

Mit ihrem steigenden Ansehen waren die Stephensons als Oberingenieure des schnell wachsenden britischen Eisenbahnnetzes gefragt, auf Liverpool–Manchester folgte 1833 London–Birmingham. Selbst zu Bahnsystemen im Ausland, in Ägypten, Italien und Norwegen, wurden sie konsultiert. Roberts Fachwissen erstreckte sich daneben auch auf Eisenbahnbrücken: Er konstruierte u.a. die High Level Bridge in Newcastle (1849) und die Royal Border Bridge in Northumberland (1850).

Tiefer Einschnitt
Etwa 367 000 m^2 Gestein mussten für den 3,2 km langen Einschnitt des Olive Mount beseitigt werden. Der Einschnitt durch den felsigen Hügel auf der Strecke Liverpool-Manchester ist stellenweise bis zu 21 m tief.

Der unbestrittene Sieger
Im Oktober 1829 fanden in Rainhill bei Liverpool Versuchsfahrten statt, um die geeignete Dampflokomotive für die Strecke Liverpool–Manchester zu ermitteln. Stephensons *Rocket* setzte sich gegen vier Konkurrenten durch.

Pioniere weltweit

Mitte der 1820er-Jahre experimentierten Erfinder in Kontinentaleuropa und in den USA mit eigenen Entwürfen. Einige dieser Entwicklungen, wie das führende Drehgestell des US-Ingenieurs John B. Jervis oder der Röhrenkessel des Franzosen Marc Seguin, sollten sich bald in Lokomotiven auf der ganzen Welt finden. Ende der 1830er-Jahre führten die raschen technischen Fortschritte im Dampflokomotivbau zu einem massiven Ausbau der Bahnnetze. In den USA betrieb die Baltimore & Ohio Railroad die ersten fahrplanmäßigen Personen- und Güterzugdienste. Bis 1837 hatte die Gesellschaft von Baltimore aus über den markanten Thomas-Viadukt hinweg Washington, D.C., erreicht sowie über den Potomac auch Harper's Ferry.

△ **Lokomotive von Marc Seguin, 1829**

Achsfolge	B
Zylinder	2
Kesseldruck	Etwa 2,4 bar
Treibraddurchmesser	Etwa 1372 mm
Geschwindigkeit	Etwa 24 km/h

Die mit einem Röhrenkessel, enormen Rotationsgebläsen und einer großen Feuerbüchse ausgestattete innovative Lokomotive von Seguin war die erste in Frankreich gebaute. Sie wurde im November 1829 auf der Strecke Saint-Étienne-Lyon erprobt und 1830 in Dienst gestellt.

△ ***Best Friend of Charleston*, 1830**

Achsfolge	B
Zylinder	2
Kesseldruck	Etwa 2,4 bar
Treibraddurchmesser	Etwa 1450 mm
Geschwindigkeit	Etwa 40 km/h

Die erste vollständig in den USA konstruierte und gebaute Lokomotive entstand in der West-Point-Gießerei in New York. Sie zog Personenzüge auf der South Carolina Railroad, bis sie 1831 durch einen Kesselzerknall zerstört wurde.

▽ ***Steam Waggon* von John Stevens, 1825**

Achsfolge	Zahnradantrieb
Zylinder	1
Kesseldruck	Gut 7 bar
Treibraddurchmesser	1450 mm
Geschwindigkeit	Etwa 19 km/h

Mit dem »Dampfwagen« zeigte Colonel John Stevens die Brauchbarkeit sehr hoher Dampfdrücke für Lokomotiven. Stevens führte die erste auf Schienen fahrende Lokomotive in den USA auf einer Kreisstrecke auf seinem Anwesen in Hoboken, New Jersey vor.

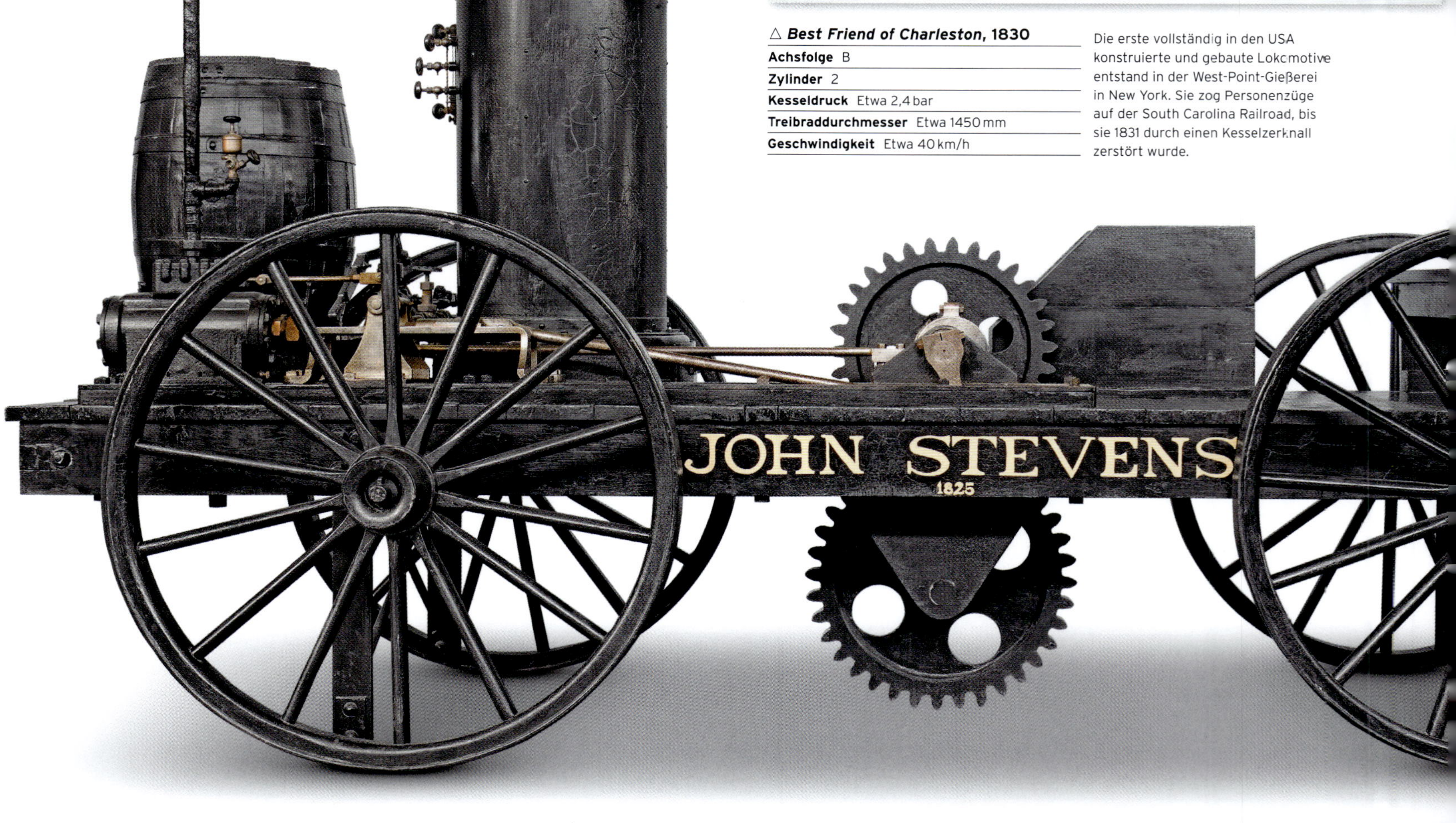

PIONIERE

Marc Seguin, 1786-1875

Der in der südfranzösischen Ardèche geborene Ingenieur, Erfinder und Unternehmer baute innovative Dampflokomotiven für die Eisenbahn Saint-Étienne-Lyon. Seine Lokomotiven erhielten den genialen Röhrenkessel, den er sich 1827 patentieren ließ, ferner mechanisch angetriebene Gebläse zur Verbesserung der Luftzufuhr für das Feuer sowie eine von Wasser umschlossene Feuerbüchse zur Vergrößerung der Heizfläche. Seguin entwickelte die erste Hängebrücke in Kontinentaleuropa und baute 186 Brücken.

Innovative Konstruktion Marc Seguin wurde von George Stephensons *Locomotion No. 1* angeregt, die er 1825 bei der Stockton & Darlington Railway in Betrieb gesehen hatte.

◁ ***Tom Thumb*, 1830**

Achsfolge	1A
Zylinder	1
Kesseldruck	Etwa 2,4 bar
Treibraddurchmesser	Etwa 840 mm
Geschwindigkeit	23 km/h

Diese Lokomotive baute der Erfinder und spätere US-Präsidentschaftskandidat Peter Cooper. Der Legende nach verlor bei einem spontanen Wettrennen zwischen *Tom Thumb* und einem Pferdewagen zwar der Dampfzug, doch erkannte die Baltimore & Ohio Railroad sein Potenzial. Die nur 1 t wiegende *Tom Thumb* hatte einen stehenden Kessel mit Röhren, die aus Gewehrläufen bestanden.

▷ ***DeWitt Clinton*, 1831**

Achsfolge	B
Zylinder	2
Kesseldruck	Etwa 2,4 bar
Treibraddurchmesser	Etwa 1520 mm
Geschwindigkeit	Etwa 32 km/h

Die erste im US-Bundesstaat New York betriebene Dampflokomotive wurde für die Mohawk & Hudson Railroad gebaut. Die Fahrgäste saßen in umgebauten Postkutschen. Ihren Namen erhielt die Lokomotive nach einem Gouverneur des Bundesstaats, der den Bau des Eriekanals veranlasst hatte.

◁ ***Experiment*, 1832**

Achsfolge	2'A
Zylinder	2
Kesseldruck	Etwa 3,5 bar
Treibraddurchmesser	Etwa 1830 mm
Geschwindigkeit	Etwa 96 km/h

Die von John B. Jervis, dem Oberingenieur der Delaware & Hudson Canal & Railroad, konstruierte Lokomotive wurde von der West-Point-Gießerei in New York für den Einsatz auf der Mohawk & Hudson Railroad gebaut. Später in *Brother Jonathan* umbenannt, hatte sie als erste Lokomotive ein zweiachsiges vorderes Drehgestell.

Ausbreitung der Eisenbahnen

Die ersten US-Eisenbahnen wurden mit Pferden betrieben. Als eine der ersten führte die Baltimore & Ohio Railroad (B&O) 1830 den Dampfbetrieb ein. Während manche Bahngesellschaften Entwürfe der neu entstehenden Hersteller wie Baldwin kauften, baute B&O selbst Lokomotiven, darunter die langlebigen »Grashüpfer«. Das 1836 von William Norris eingeführte vordere Zweiachsdrehgestell wurde bis zum Ende des Dampfzeitalters im 20. Jh. weltweit verwendet. Die *Saxonia* von Johann Schubert war 1838 die erste erfolgreiche in Deutschland gebaute und betriebene Dampflokomotive.

△ ***Old Ironsides* von Baldwin, 1832**

Achsfolge 1A
Zylinder 2
Kesseldruck 3,5 bar
Treibraddurchmesser 1372 mm
Geschwindigkeit Etwa 45 km/h

Die von dem Erfinder Matthias Baldwin konstruierte *Old Ironsides* für die Philadelphia, Germantown & Norristown Railroad war die erste bei den Baldwin Locomotive Works in Auftrag gegebene Dampflokomotive.

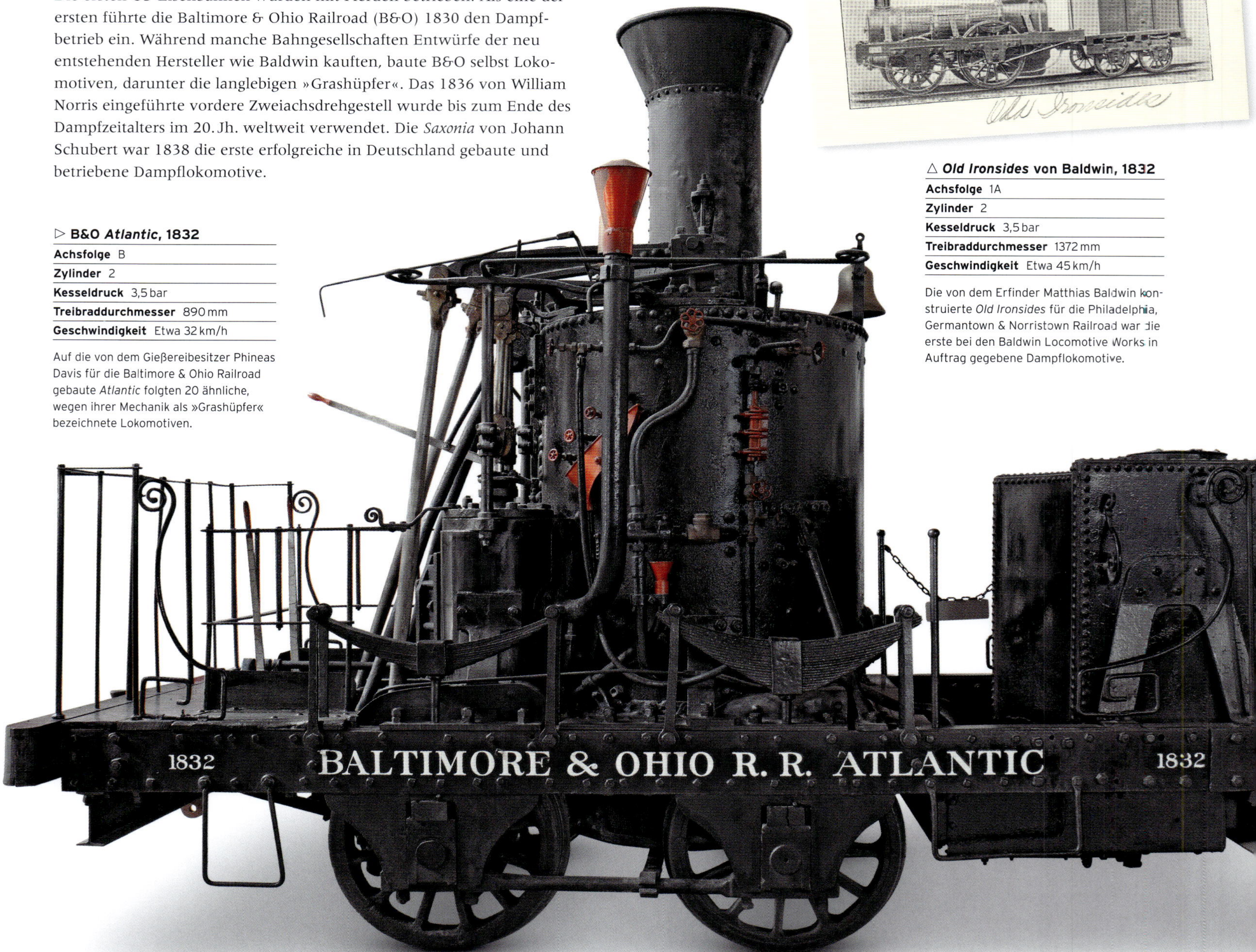

▷ **B&O *Atlantic*, 1832**

Achsfolge B
Zylinder 2
Kesseldruck 3,5 bar
Treibraddurchmesser 890 mm
Geschwindigkeit Etwa 32 km/h

Auf die von dem Gießereibesitzer Phineas Davis für die Baltimore & Ohio Railroad gebaute *Atlantic* folgten 20 ähnliche, wegen ihrer Mechanik als »Grashüpfer« bezeichnete Lokomotiven.

Frühe Personenwagen

Die ersten Personenwagen waren recht primitiv: Sie basierten häufig auf Postkutschen und waren ursprünglich für langsame Pferdebahnen gedacht. Die Bahngesellschaften erkannten die Mängel rasch: Die Sitze waren unbequem, in den offenen Wagen waren die Fahrgäste nicht nur dem Wetter, sondern auch Qualm und heißer Asche aus dem Schornstein der ebenso primitiven Dampflokomotiven ausgesetzt.

◁ **Direktorenwagen, 1828**

Bauart Zweiachsig
Kapazität 12 Personen
Bauweise Eisen und Holz
Gesellschaft Baltimore & Ohio Railroad

Der ursprünglich von einem Pferd gezogene Wagen beförderte im August 1830 hinter der *Tom Thumb* die Direktoren der Baltimore & Ohio im ersten Dampfzug der Gesellschaft nach Ellicott's Mills. Dieser Nachbau von 1926 für die Ausstellung zum 100. Jubiläum der B&O ist im B&O-Museum in Baltimore ausgestellt.

△ **B&O »Grasshopper« *John Hancock*, 1836**

Achsfolge B

Zylinder 2

Kesseldruck 3,5 bar

Treibraddurchmesser 890 mm

Geschwindigkeit Etwa 32 km/h

Die mit einem Führerhaus versehene *John Hancock* war eine von 20 »Grashüpfer«-Lokomotiven für die Baltimore & Ohio Railroad. Sie blieb als Rangierlok bis 1892 im Einsatz.

▷ **B&O *Lafayette*, 1837**

Achsfolge 2'A

Zylinder 2

Kesseldruck 4,1 bar

Treibraddurchmesser 1372 mm

Geschwindigkeit Etwa 56 km/h

Die *Lafayette* von William Norris verfügte als weltweit erster Serientyp über ein führendes zweiachsiges Drehgestell. Ein 1927 entstandener Nachbau steht im Museum der Baltimore & Ohio Railroad in Baltimore.

▷ ***Saxonia*, 1838**

Achsfolge B1

Zylinder 2

Kesseldruck 4,1 bar

Treibraddurchmesser 1500 mm

Geschwindigkeit Etwa 60 km/h

Die von Johann Schubert entworfene *Saxonia* war die erste praktisch einsetzbare Dampflokomotive, die vollständig in Deutschland gebaut wurde. Sie kam auf der ersten deutschen Fernbahn von Leipzig nach Dresden zum Einsatz und hatte bis 1843 über 8500 km zurückgelegt.

◁ **Maryland-Wagen, 1830**

Bauart Zweiachsig

Kapazität 14 Personen

Bauweise Eisen und Holz

Gesellschaft Baltimore & Ohio Railroad

Der auf einer Postkutsche basierende Doppeldecker von Richard Imlay war einer von sechs für den Eröffnungsdampfzug der Baltimore & Ohio Railroad. Der Wagenkasten hing an Lederriemen über dem Rahmen mit ungefederten Rädern, er schaukelte stark und bot den Fahrgästen auf dem Oberdeck wenig Schutz.

▷ **Nova-Scotia-Wagen, 1838**

Bauart Zweiachsig

Kapazität 6 Personen

Bauweise Eisen und Holz

Gesellschaft General Mining Association of Nova Scotia

Der von Timothy Hackworth im englischen London gebaute Wagen beförderte den Direktor der General Mining Association auf der Grubenbahn auf der kanadischen Kap-Breton-Insel. Er war auch als »Brautwagen« bekannt, weil darin ursprünglich die Ehefrau des Direktors nach der Trauung zu ihrem neuen Zuhause gereist sein soll.

1839-1869

NATIONEN ENTSTEHEN

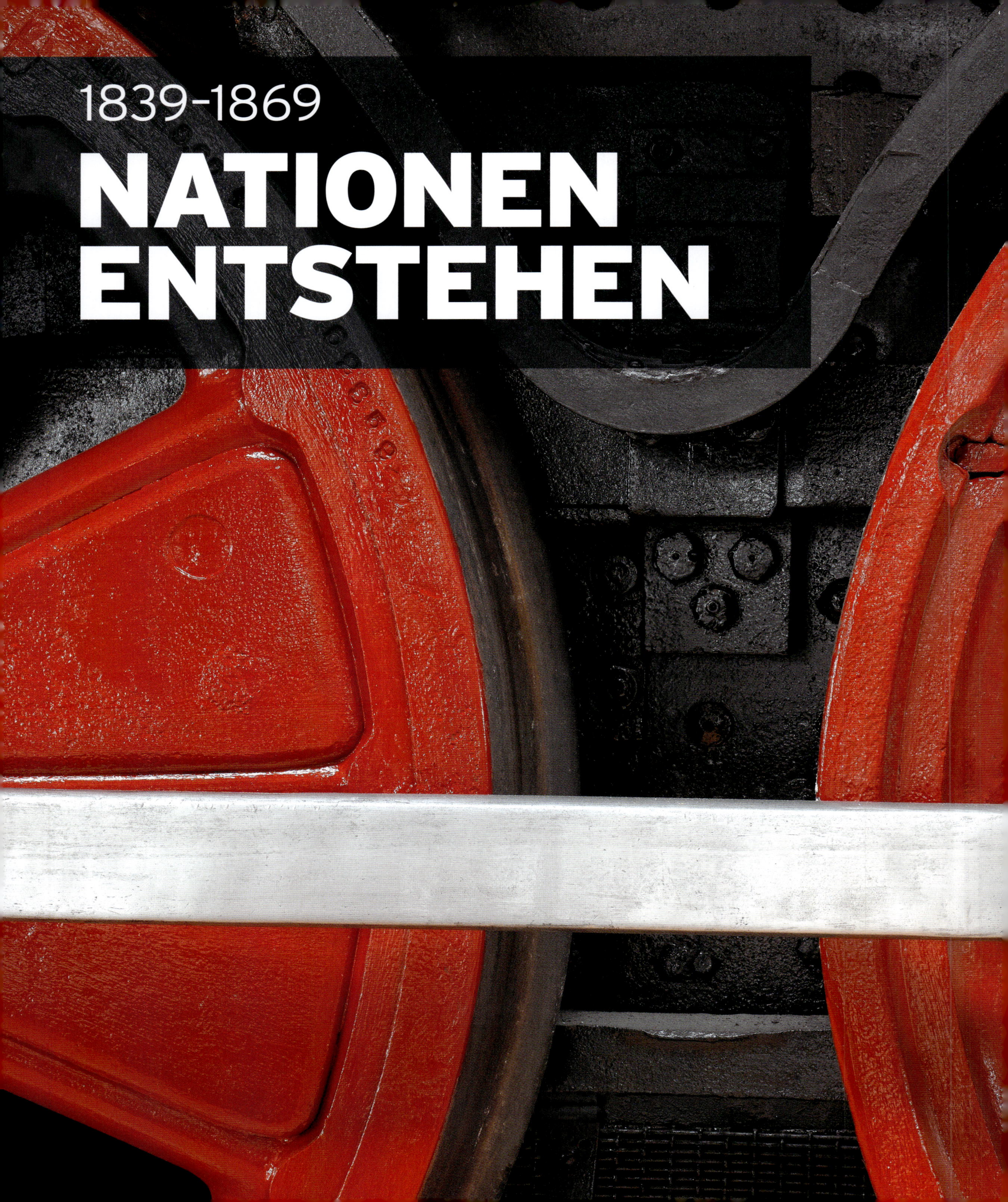

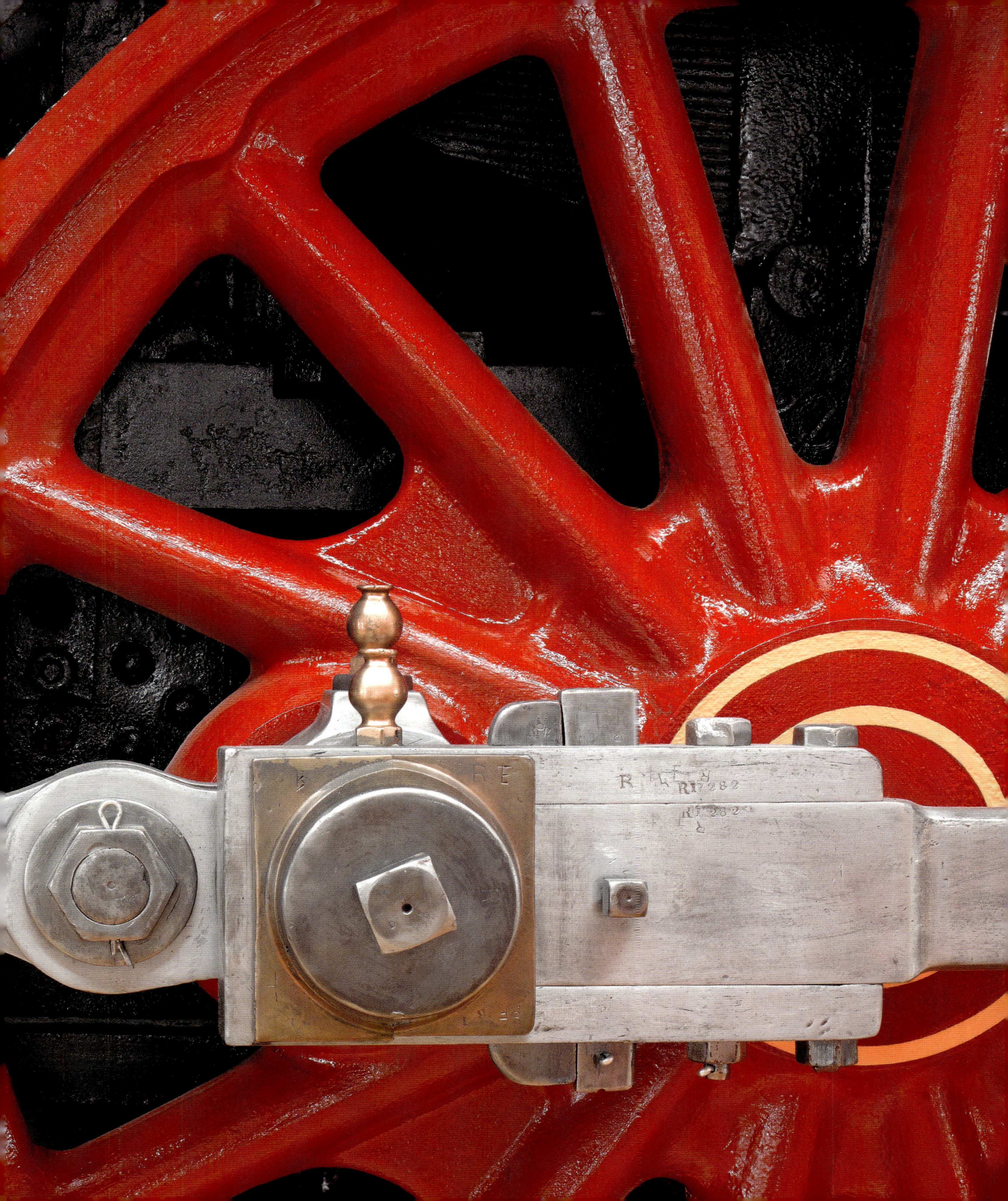

NATIONEN ENTSTEHEN

Am 10. Mai 1869 wurde ein »goldener Nagel« in eine Schwelle bei Promontory getrieben, in einem staubigen Teil von Utah in den USA. Zwei Lokomotiven rollten langsam aufeinander zu. Die einfache Zeremonie markierte die Fertigstellung der ersten transkontinentalen Eisenbahn – einen Meilenstein in der Entstehung der USA. Mitte des 19. Jh. sollten Eisenbahnen die treibende Kraft des Fortschritts werden, nicht nur in den USA, sondern weltweit. In Europa drangen Gleise in immer unzugänglichere Regionen vor. In Indien, das eine der größten Bahnnationen werden sollte, verließ im April 1853 der erste Personenzug Bombay.

△ **Indiens erster Personenzug**
Am 16. April 1853 beförderte GIP Nr. 1 der Great Indian Peninsular Railway Fahrgäste von Bombay (heute Mumbai) nach Tannah (Thane).

Doch immer noch wurde experimentiert. In Großbritannien baute der geniale Ingenieur Isambard Kingdom Brunel die Great Western Railway (GWR) nicht mit der normalen Spurweite von 1435 mm, sondern mit 2140 mm. Die breitere Spur erlaubte höhere Geschwindigkeiten und geräumigere Züge. Allerdings waren bereits zu viele Strecken mit Stephensons Normalspur entstanden. Die im »Spurweitenkrieg« vermittelnde britische Regierung entschied schließlich gegen Brunels Konzept.

Andere Erfindungen überdauerten: Der Telegraf und die »mechanische Verriegelung«, die Signale und Weichen verknüpfte, wurden in den 1850er-Jahren entwickelt. 1869 führte George Westinghouse die Druckluftbremse ein, die heute weltweit Standard ist. Die sich ausbreitende Eisenbahn reichte auch immer weiter in die Gesellschaft hinein; 1842 fuhr Königin Victoria erstmals mit einem Zug der GWR nach Windsor. Eine fundamentale Veränderung, den Beginn des großstädtischen Nahverkehrs, brachte 1863 die Eröffnung der ersten Untergrundbahn in London mit sich. Auf dem sich ausweitenden Netz konnten Arbeiter aus den Vorstädten billig zu ihren Arbeitsstellen gelangen. Die erste Metropole der Welt entstand.

»Das Deutsche Reich ist mit der ersten Eisenbahn zwischen Nürnberg und Fürth gegründet worden.«

WILHELM RAABE

◁ **Der »goldene Nagel« bei Promontory, Utah,** verknüpfte 1869 in den USA die Union Pacific mit der Central Pacific.

Wichtige Ereignisse

- ▷ **1839** Zwischen Leipzig und Dresden eröffnet die erste deutsche Fernbahn.
- ▷ **1839** In den Niederlanden verbindet die erste Eisenbahn Amsterdam und Haarlem.
- ▷ **1841** Thomas Cook erfindet die »Pauschalreise« mit einem Sonderzug für eine Gruppe britischer Abstinenzler, die von Leicester nach Loughborough reisen.
- ▷ **1842** Durch eine Reise mit der Great Western Railway bringt Königin Victoria ihre Anerkennung zum Ausdruck.
- ▷ **1844** Über Frankreich erreicht die Eisenbahn Basel in der Schweiz; die erste Schweizer Strecke eröffnet 1847.
- ▷ **1850er** Mechanische Stellwerke, die Weichen und Signale verknüpfen, erhöhen die Sicherheit.
- ▷ **1853** Der erste Personenzug in Indien fährt von Bombay nach Thane.
- ▷ **1860er** George Mortimer Pullman entwickelt den Gipfel luxuriösen Reisens, den Pullman-Wagen.

△ **Die Metropolitan Line**
Dampflokomotiven in Tunneln, das bedeutete für die Fahrgäste verqualmte Stationen und mit Gaslampen beleuchtete Wagen.

- ▷ **1863** Mit der Metropolitan Railway in London wird die erste Untergrundbahn der Welt eröffnet.
- ▷ **1869** Die erste transkontinentale Eisenbahn Nordamerikas wird fertiggestellt.
- ▷ **1869** Der Amerikaner George Westinghouse lässt sich die Druckluftbremse patentieren.

Die USA gehen eigene Wege

Die importierten britischen Lokomotiven waren für die eilig verlegten, leichten Schienen häufig zu schwer und für die steileren Steigungen nicht leistungsstark genug. US-Ingenieure passten daher ihre Konstruktionen an die Gegebenheiten an. Ein vorderes Laufgestell, zuerst ein-, dann zweiachsig, führte die Lokomotiven durch die engen Kurven. Ihrer höheren Zugkraft wegen wurden 2'B-Lokomotiven Standard, bald folgten die noch stärkeren 2'C. »Kuhfänger«, Scheinwerfer und Warnglocken sollten den Betrieb auf den frei zugänglichen Strecken sicherer machen. Die in den USA gebauten Lokomotiven konnten schwere Lasten über ein Streckennetz ziehen, das 1873 zwei Ozeane verband.

▷ B&O Reihe L Nr. 57, *Memnon*, 1848

Achsfolge D
Zylinder 2
Kesseldruck 5,2 bar
Treibraddurchmesser 1118 mm
Geschwindigkeit Etwa 48 km/h

Die von der Baltimore & Ohio Railroad 1848 für den Güterzugdienst gebaute *Memnon* beförderte später im Sezessionskrieg Truppen und Nachschub. Die vier Treibachsen verliehen der Lokomotive eine hohe Zugkraft.

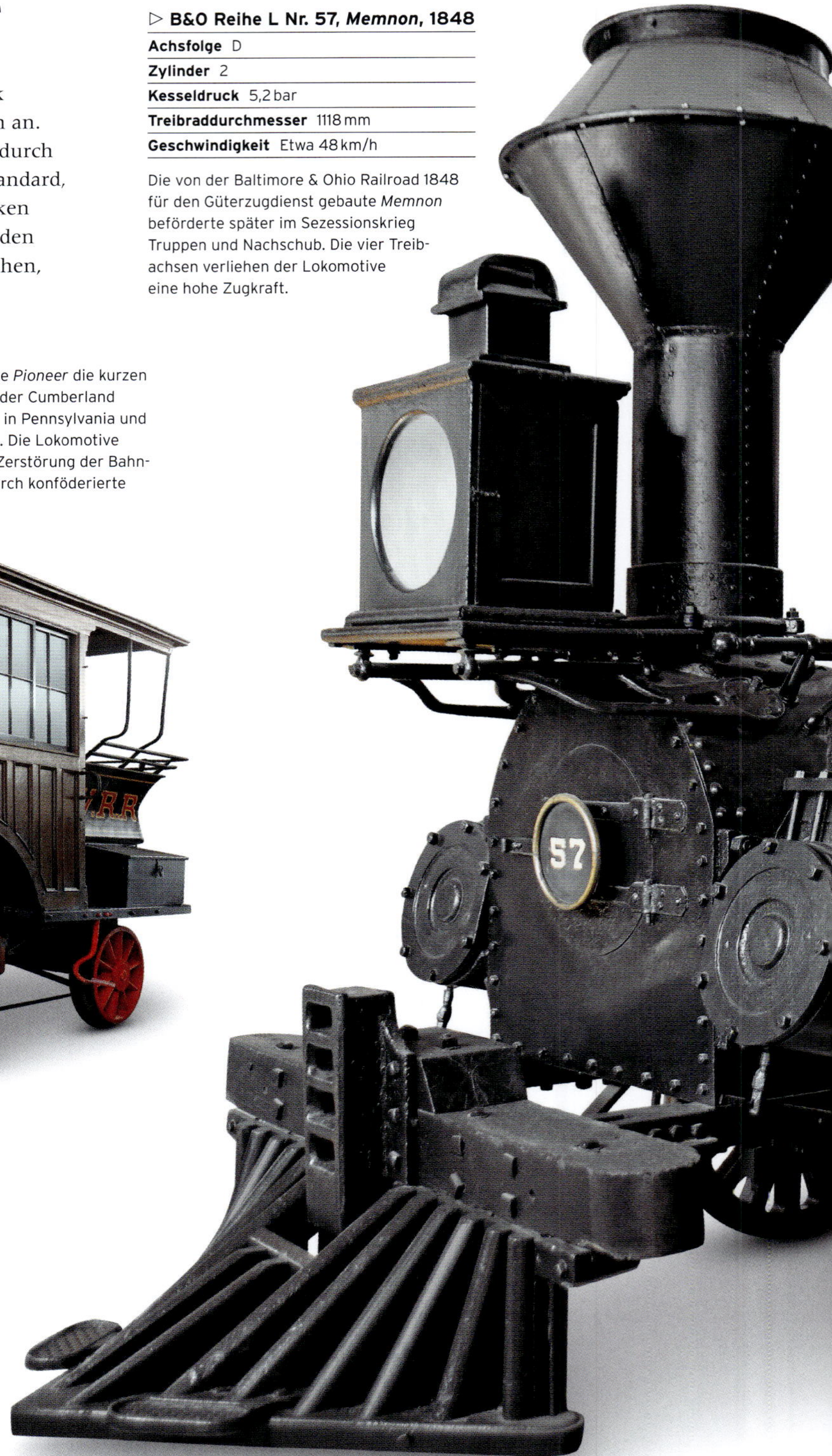

▽ CVR Nr. 13 *Pioneer*, 1851

Achsfolge 1A1
Zylinder 2
Kesseldruck 6,9 bar
Treibraddurchmesser 1372 mm
Geschwindigkeit Etwa 64 km/h

Bis 1890 zog die *Pioneer* die kurzen Personenzüge der Cumberland Valley Railroad in Pennsylvania und West-Maryland. Die Lokomotive überstand die Zerstörung der Bahnwerkstätten durch konföderierte Truppen 1862.

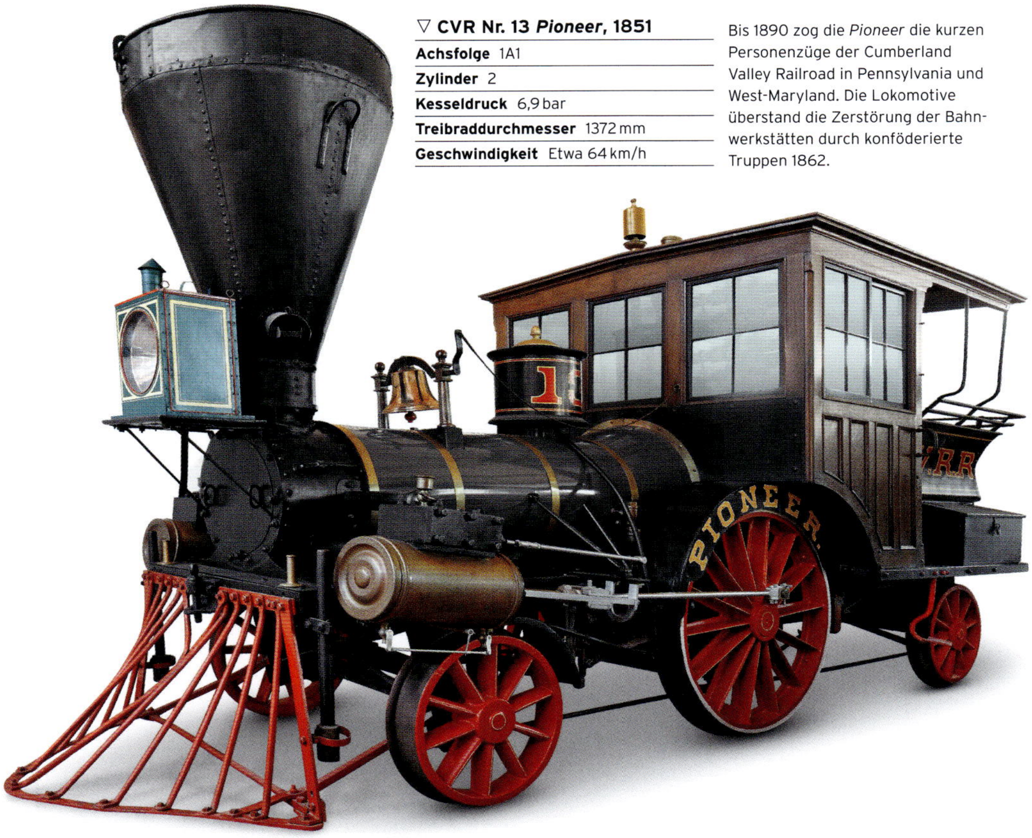

WISSENSWERTES

Finanzierung der Bahnen

Um Kapital warben die Förderer von Eisenbahnen in den Wirtschaftszentren Philadelphia, Boston und New York sowie auf europäischen Finanzmärkten. Die Investoren zogen Anleihen vor, weil sie anders als Aktien garantierte Einnahmen boten. Parallel stellte die US-Regierung den Bahngesellschaften Bundesland zur Verfügung. Der Verkauf nicht benötigten Landes verschaffte den Firmen weitere Mittel.

B&O-Aktie Der Aktienwert der neuen US-Bahngesellschaft Baltimore & Ohio überstieg 1839, bei der Ausgabe dieses 100-Dollar-Zertifikats, 3 Mio. Dollar.

▷ W&A Nr. 39 *The General*, 1855

Achsfolge 2'B
Zylinder 2
Kesseldruck 9,7 bar
Treibraddurchmesser 1524 mm
Geschwindigkeit Etwa 72 km/h

Die von der Western & Atlantic Railroad gebaute *The General* beförderte von 1856 bis 1891 Reise- und Güterzüge zwischen Atlanta, Georgia, und Chattanooga, Tennessee.

△ B&O Reihe B Nr. 147, *Thatcher Perkins*, 1863

Achsfolge 2'C
Zylinder 2
Kesseldruck 12,1 bar
Treibraddurchmesser 1524 mm
Geschwindigkeit Etwa 80 km/h

Die *Thatcher Perkins* ist nach dem Maschinenmeister der Baltimore & Ohio benannt, der sie entwarf. Sie ist eine der 16 500 »Ten-Wheelers« (etwa »Fünfachser«), die bis 1910 für amerikanische Bahnen entstanden. Ihre Leistung wurde auf den starken Steigungsstrecken West Virginias benötigt.

▽ UP Nr. 119, 1868

Achsfolge 2'B
Zylinder 2
Kesseldruck 5,9 bar
Treibraddurchmesser 1524 mm
Geschwindigkeit Etwa 72 km/h

Dies ist ein Nachbau der Nr. 119 der Union Pacific. Das von den Roger's Locomotive Works in Paterson, New Jersey, gebaute Original war in Ogden, Utah, stationiert und bei der Fertigstellung der ersten Transkontinentalbahn im Mai 1869 zugegen. Es fuhr bis 1903 auf der Strecke.

◁ CP Nr. 60 *Jupiter*, 1868

Achsfolge 2'B
Zylinder 2
Kesseldruck 7,6 bar
Treibraddurchmesser 1524 mm (später 1600 mm)
Geschwindigkeit Etwa 72 km/h

Jupiter wurde in New York gebaut, zerlegt per Schiff um Kap Hoorn nach San Francisco und weiter per Lastkahn nach Sacramento transportiert und dort montiert. Die Lok repräsentierte die Central Pacific Railroad beim Einschlagen des »goldenen Nagels« der transkontinentalen Strecke. Dieser Nachbau ist von 1979.

Thatcher Perkins

Die Nr. 147 der von Thatcher Perkins, dem Maschinenmeister der Baltimore & Ohio Railroad (B&O), entworfenen Baureihe B wurde 1863 gebaut und in Dienst gestellt. Anfangs transportierte sie während des amerikanischen Sezessionskriegs Unionstruppen. Später zog Nr. 147 bis zu ihrer Außerdienststellung 1892 Güter- und Personenzüge in West Virginia. Den Namen *Thatcher Perkins* erhielt sie 1927 anlässlich der Hundertjahrfeier der B&O.

MIT DER ERHÖHTEN HAFTREIBUNG der Achsfolge 2'C war Nr. 147 die logische Weiterentwicklung der zuvor von den US-Eisenbahnen eingesetzten Arbeitspferde der Achsfolge 2'B. Ausgerüstet mit einer Stephenson-Kulissensteuerung, einem großen Schornstein mit Funkenfänger sowie mit einer Öllampe sollte die 41 t schwere Lokomotive 1.-Klasse-Personenzüge über die steigungsreiche B&O-Strecke zwischen Cumberland und Grafton im heutigen West Virginia ziehen. Sie ersetzte eine im Sezessionskrieg 1861 zerstörte ähnliche Maschine und beförderte anfangs während des Kriegs Unionstruppen und Munition über die Allegheny-Berge.

Ihre schwere Ausführung ließ die Lokomotive 29 Jahre lang im Einsatz bleiben, nach ihrer Außerdienststellung bewahrte die B&O sie für Ausstellungen und andere Werbezwecke auf. Seit 1953 steht *Thatcher Perkins* im Mount Clare Roundhouse, dem Rundlokschuppen des B&O-Museums in Baltimore. 2003 wurde sie allerdings schwer beschädigt, als bei einem Schneesturm das Dach einstürzte. Inzwischen wurde sie restauriert und steht wieder in der Ausstellung.

VORDERANSICHT

RÜCKANSICHT

Führende Bahngesellschaft
Die 1827 eröffnete Baltimore & Ohio Railroad war die erste Eisenbahn, die in den USA fahrplanmäßig öffentliche Güter- und Personenzüge beförderte.

TECHNISCHE DATEN			
Baureihe	B	**Einsatz**	1863–1892 *(Thatcher Perkins)*
Achsfolge	2'C	**Zylinder**	2
Herkunft	USA	**Kesseldruck**	12,1 bar
Hersteller	B&O (Entwurf: Th. Perkins)	**Treibraddurchmesser**	1524 mm (Ablieferungszustand)
Stückzahl	11 (Baureihe B)	**Geschwindigkeit**	Etwa 80 km/h

Sicherheit geht vor

Im Ablieferungszustand verbrannte Nr. 147 Unmengen von Holz, das auf dem vierachsigen Tender mitgeführt wurde. Im Schornstein verhinderte ein Funkenfänger aus einer doppelten Lage Drahtgewebe den Ausstoß von glühenden Holzspänen, die Gebäude und Vegetation an der Strecke hätten entzünden können.

DAS ÄUSSERE

Nr. 147 erhielt bei der B&O einen farbenfrohen Anstrich: Der große Scheinwerfer, Schienenräumer (»Kuhfänger«), Sandkasten, Führerhaus und Tenderkasten waren indischrot mit goldener Beschriftung und goldenen Linien ausgeführt. Die Räder von Lokomotive und Tender sowie der Schornsteinkranz waren zinnoberrot, Zylinder, Feuerbüchse, Schornstein, Radabdeckungen, Rahmen und Kesselverkleidung schwarz. Die Kesselringe, Flaggenhalter, Öler sowie die Glocke bestanden aus Messing. Anders als in Europa erhielten Dampflokomotiven in den USA einen Schienenräumer an der Vorderseite, um Hindernisse vom Gleis schieben zu können.

1. Schild mit Lokomotivnummer **2.** Schienenräumer (Kuhfänger) **3.** Scheinwerfer **4.** Öler zur Schmierung des Schieberkastens **5.** Zylinder, in dem der Kolben läuft **6.** Gestänge der Ventilsteuerung **7.** Messingglocke mit verzierter Aufhängung **8.** Sandkasten **9.** Messingpfeife **10.** Öler an den Kuppelstangen **11.** Treibräder und Kuppelstangen **12.** Tenderdrehgestell **13.** Kreuzkopf **14.** Führerhausfenster **15.** Trittstufe am Tender **16.** Bolzenkupplung an der Tenderrückseite

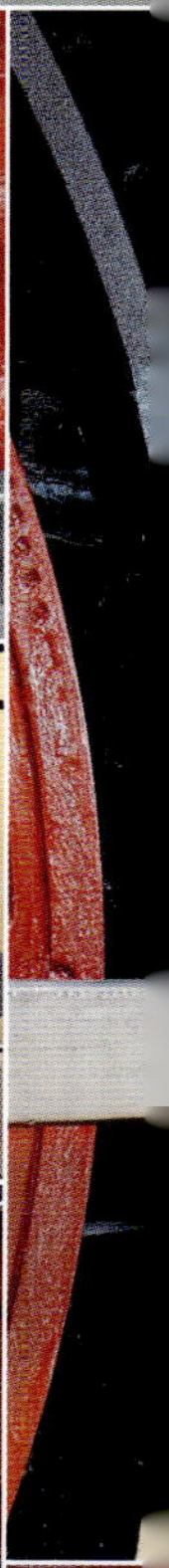

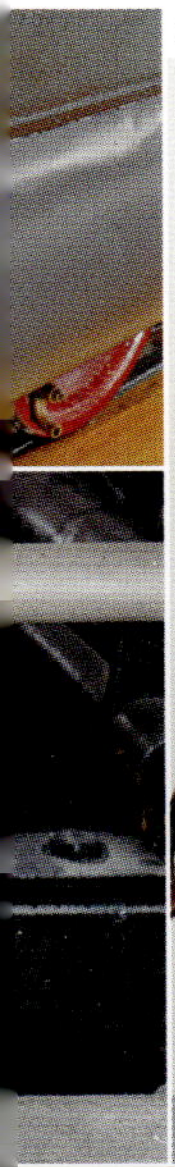

7

11

15

16

17

18

19

20

21

22

FÜHRERHAUS UND TENDER

Das geräumige Führerhaus aus Holz schützte Lokführer und Heizer vor den Unbilden der Witterung. Die Rundbogenfenster erlaubten eine gute Sicht auf die vorausliegende Strecke. An der Decke hingen Seile für die Betätigung von Dampfpfeife und Glocke, Sitze beiderseits der Feuertür boten dem Personal wenigstens etwas Komfort.

Frühe amerikanische Dampflokomotiven wurden mit Holz gefeuert, das in großen Mengen auf dem Tender mitgeführt wurde. Der Tender von Nr. 147, dessen Seiten und Rückseite ein großer Wasserbehälter einnahm, rollte auf zwei Zweiachsdrehgestellen.

23

24

25

17. Führerhaus (von hinten gesehen) **18.** Wasserstandsanzeiger (Schauglas) **19.** Kesseldruckmesser **20.** Wasserstandshähne **21.** Zweiteilige Feuertür **22.** Handhebel der Umsteuerung (»Johnson-Hebel«) **23.** Sitz des Heizers **24.** Handbremsrad **25.** Brennstoffkasten des Tenders

Bau großer Strecken
Union Pacific

Die 1872 fertiggestellte erste transkontinentale Eisenbahn durch Nordamerika verband Chicago mit Kalifornien. Heute gehört die Strecke der Union Pacific, der größten Güterbahngesellschaft Nordamerikas.

DIE UNION PACIFIC RAILROAD (UP) wurde 1862 gegründet, als Präsident Abraham Lincoln das Gesetz zum Bau der ersten transkontinentalen Eisenbahn Nordamerikas vom Missouri zum Pazifik unterzeichnete. Dabei nahmen die neuen Schienenwege allerdings keinerlei Rücksicht auf die Lebensräume und die Lebensweise der Urbevölkerung. Auf den Pfaden, auf denen die Wagentrecks der Pioniere gen Westen zogen, sollte die UP von Omaha, Nebraska, am Westufer des Missouri aus in Richtung Westen bauen. Die Central Pacific (CP) übernahm von Sacramento, Kalifornien, aus den Bau nach Osten.

Die CP begann 1863 in Sacramento mit der Arbeit. Das gesamte Bahnmaterial für diesen Abschnitt musste von der Ostküste aus zunächst den langen und oft gefährlichen Seeweg um Kap Hoorn nehmen, eine Reise, die Monate dauern konnte. Unter der Leitung ihres größten Aktionärs Thomas Durant begann die UP 1865 mit irischen Bauarbeitern von Omaha aus im Tal des Platte-Flusses den Streckenbau nach Westen. Anfangs wurde das Bahnmaterial für die UP mit Flusskähnen angeliefert. Nach Eröffnung der Chicago, Iowa & Nebraska Railroad (später Chicago & North Western Railroad) von Chicago aus nach Council Bluffs auf dem Ostufer des Missouri gegenüber Omaha konnte das Material mit dem Zug angeliefert werden. 1868 hatte dieser Abschnitt Sherman Summit erreicht.

Unterdessen beschäftigte die CP in ihrem Abschnitt beim Bau von 15 Tunneln 12 000 chinesische Arbeiter, 1868 erreichte sie den Donner Pass. Die Chinesen litten unter den grauenvollen Arbeits- und Lebensbedingungen ebenso wie unter zahlreichen Vorurteilen.

Am 9. Mai 1869 trafen sich die von den beiden Gesellschaften gebauten Bahnstrecken bei Promontory,

Union-Pacific-Güterzug
Der Union Pacific gehören fast 95 000 Güterwagen. In den westlichen zwei Dritteln der USA befördert sie auf einem Streckennetz von über 51 000 km u. a. Doppelstock-Containerzüge.

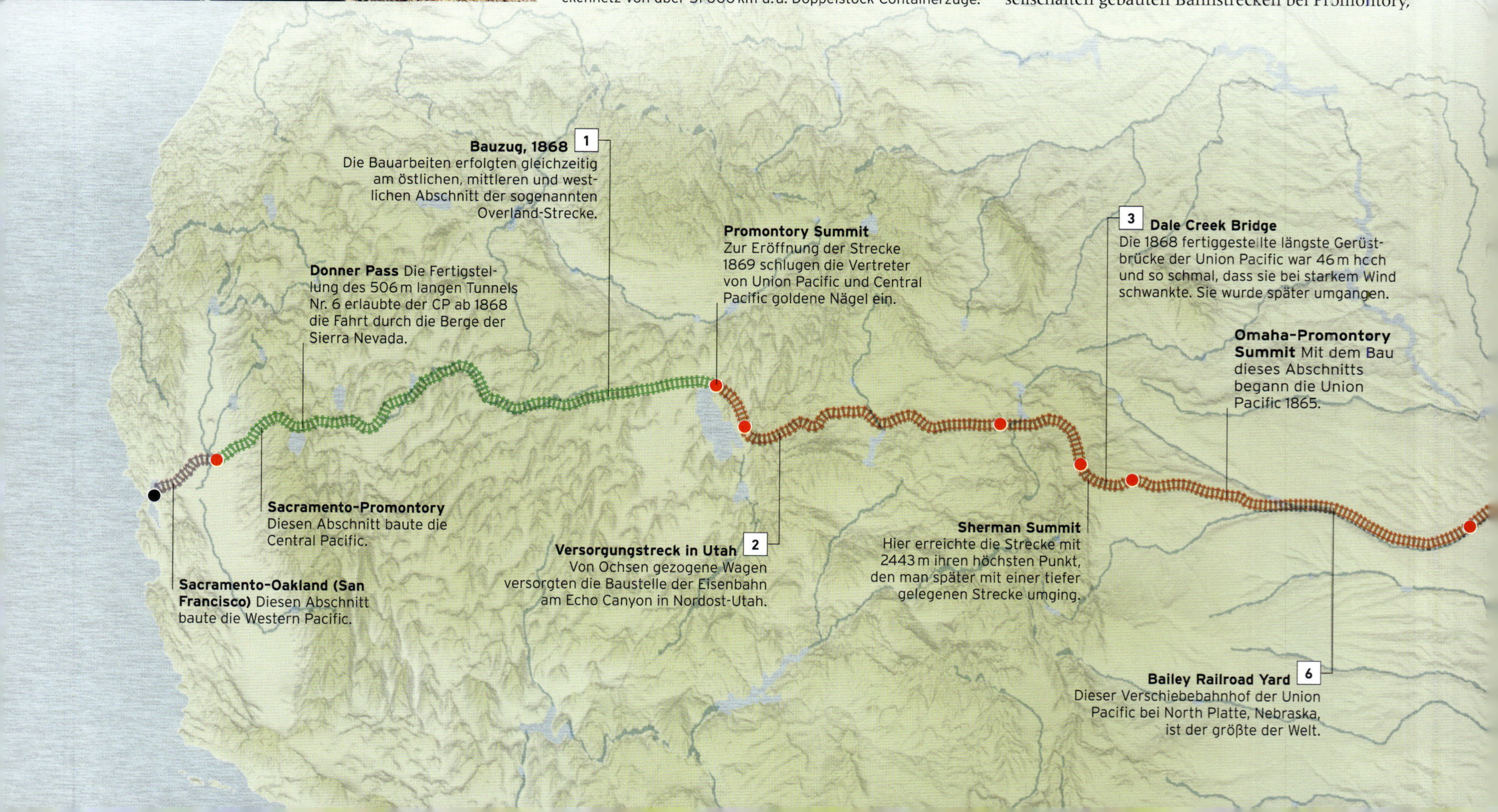

Union-Pacific-Diesellokomotiven
Der Union Pacific gehören 8300 dieselelektrische Lokomotiven. Nr. 3962 führt hier einen Güterzug über die Overland-Strecke durch die kalifornische Wüste.

dort wurden feierlich goldene Nägel in die letzte Holzschwelle geschlagen. Durchgehend eröffnet wurde die transkontinentale Bahnstrecke jedoch erst 1872, als die Union Pacific die Brücke über den Missouri eröffnete, die Omaha mit Council Bluffs verband.

Der Betrieb der Reisezüge wurde 1971 an die neu geschaffene Amtrak übergeben, die den Reisezugverkehr in den gesamten USA übernahm. Heute fahren auf der Strecke der Union Pacific außer dem *California Zephyr* nur Güterzüge. In den 70ern stellte die UP die ersten Frauen im Betriebsdienst ein. Auf Bonnie Leake folgte 1976 Edwina Justus als erste afroamerikanische Lokomotivführerin. Ab 2016 präsentierte das Union Pacific Railroad Museum in Council Bluffs, Iowa, eine Ausstellung über Frauen bei der Eisenbahn. Beide Frauen nahmen an der feierlichen Eröffnung der Ausstellung teil, die ihre Erfahrungen und Errungenschaften und die ihrer Kolleginnen zeigte.

AUF EINEN BLICK

DATEN

1863 Baubeginn auf der Central Pacific in Sacramento
1865 Baubeginn auf der Union Pacific in Omaha
1869 Einschlagen der goldenen Nägel bei Promontory
1872 Missouri-Brücke vervollständigt die Strecke.
1883 Erster Reisezugverkehr des *Overland Flyer*

LOKOMOTIVEN

Erste Dampflokomotive 2'B *Major General Sherman*, gebaut 1864, eingesetzt ab 1865
Größte Dampflokomotive Baureihe 4000, (2'D)D2'-Gelenklokomotive »Big Boy«, gebaut 1941–1944
Dieselelektrische Lokomotiven Union Pacific betreibt zurzeit 8300, darunter General Electric C44AC/CTE mit 4400 PS, EMD SD70M mit 4000 PS.

REISEN

Chicago–San Francisco 3700 km
1893 Der *Overland Flyer* benötigt 86,5 Stunden inklusive der Fähre von Oakland nach San Francisco.
1906 Der *Overland Limited* benötigt 56 Stunden.
Aktuelle Dauer 51 Stunden

STRECKENNETZ

Spurweite 1435 mm
Tunnel Union Pacific: 4; Central Pacific: 15; der längste ist der Summit Tunnel mit 533 m.
Längste Brücke Dale Creek Bridge mit 183 m
Höchster Punkt Sherman Summit (2443 m), wird inzwischen umfahren.

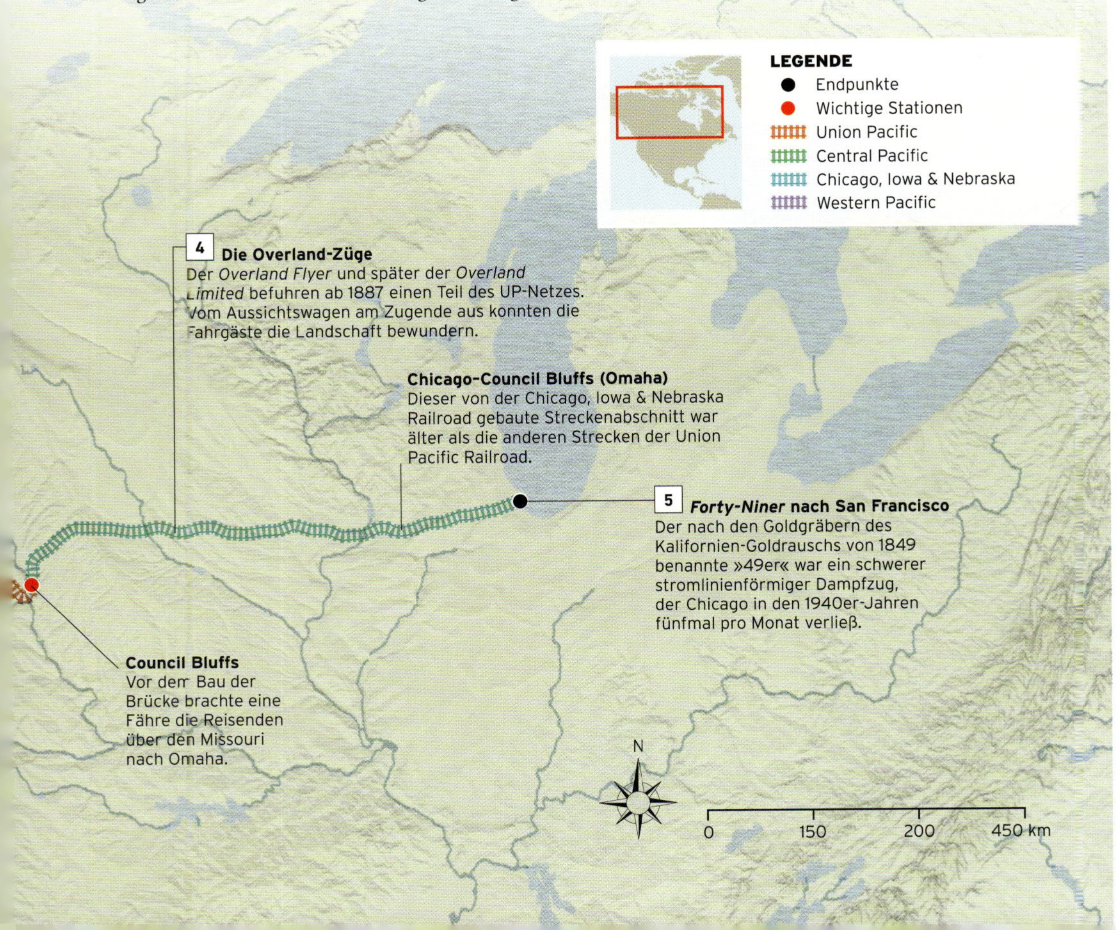

GEMEINSAME ANSTRENGUNG

Der heute als Union Pacific Railroad bezeichnete Teil der Transkontinentalbahn wurde ursprünglich von vier Gesellschaften gebaut: Chicago, Iowa & Nebraska Railroad, Union Pacific, Central Pacific und Western Pacific.

1

2

3

4

5

6

Britische Entwicklungen

Diese Periode der britischen Eisenbahngeschichte sah Erfolge ebenso wie Fehlschläge. Auf einer »grünen Wiese« eröffnete 1840 die Grand Junction Railway ihre berühmte Hauptwerkstätte Crewe, die bald elegante A-Schnellzuglokomotiven fertigte. Die in Liverpool von Edward Bury konstruierten Barrenrahmen wurden in Nordamerika beliebt. Andererseits scheiterte Brunels »atmosphärische« Eisenbahn in Devon völlig; den Konstrukteur John Fowler brachte das Versagen seiner Untergrundbahn-Dampflokomotive in große Verlegenheit.

△ **FR Nr. 1 »Old Coppernob«, 1846**

Achsfolge	B
Zylinder	2 (innen liegend)
Kesseldruck	6,9 bar
Treibraddurchmesser	1448 mm
Geschwindigkeit	Etwa 48 km/h

Wegen ihrer Kupferverkleidung um die Feuerbüchse erhielt die von Edward Bury entworfene Lokomotive den Spitznamen »Rotkopf«. Der einzige erhaltene Barrenrahmenentwurf in Großbritannien, gebaut von Bury, Curtis & Kennedy in Liverpool für die nordwestenglische Furness Railway, steht normalerweise im National Railway Museum in York.

△ **Kondensationslokomotive »Fowler's Ghost«, 1861**

Achsfolge	1B
Zylinder	2
Kesseldruck	11 bar
Treibraddurchmesser	1830 mm
Geschwindigkeit	Etwa 32 km/h

Diese von John Fowler entworfene Versuchslokomotive baute Robert Stephenson & Co. für die anfangs breitspurige Metropolitan-Untergrundbahn in London. Ihr Wärmespeicher und der Kondensator, der den Ausstoß von Abdampf und Rauch vermeiden sollte, waren jedoch ein kompletter Fehlschlag.

▷ **GJR *Columbine*, 1845**

Achsfolge	1A1
Zylinder	2
Kesseldruck	8,3 bar
Treibraddurchmesser	1830 mm
Geschwindigkeit	Etwa 64 km/h

Die von Alexander Allan entworfene *Columbine* war die erste Lokomotive, die in der Hauptwerkstatt Crewe der Grand Junction Railway gebaut wurde. Sie diente später dazu, den technischen Inspektionswagen der London & North Western Railway zu ziehen. Bis 1877 zog sie Reisezüge, 1902 wurde sie außer Dienst gestellt. Heute steht sie im Londoner Science Museum.

◁ **FR *Prince*, 1863**

Achsfolge Bt
Zylinder 2
Kesseldruck 11 bar
Treibraddurchmesser 610 mm
Geschwindigkeit Etwa 32 km/h

Die von dem Unternehmer und Ingenieur George England entworfene und gebaute Lokomotive war eine von drei 1863 für den Schiefertransport an die Ffestiniog Railway in Nordwales gelieferten mit 597 mm Spurweite. Seit 2013 zum 150-jährigen Bestehen des Dampfbetriebs bei dieser Bahn wieder fahrbereit, ist sie dort die älteste betriebsfähige Satteltanklokomotive.

▷ **LSWR Reihe 0298, 1863**

Achsfolge 1Bt
Zylinder 2
Kesseldruck 11 bar
Treibraddurchmesser 1702 mm
Geschwindigkeit Etwa 64 km/h

Die Reihe 0298 konstruierte Joseph Beattie für die London & South Western Railway zum Einsatz im Vorortverkehr im Südwesten Londons. Insgesamt 85 dieser Tenderlokomotiven wurden gebaut, die meisten davon bei Beyer Peacock & Co.

◁ **LNWR *Pet*, 1865**

Achsfolge Bt
Zylinder 2 (innen liegend)
Kesseldruck 8,3 bar
Treibraddurchmesser 380 mm
Geschwindigkeit Etwa 8 km/h

Das »Haustier« entwarf John Ramsbottom, der Maschinenmeister der London & North Western Railway. Die kleine Dampflokomotive ohne Führerhaus war auf dem internen 450-mm-Schmalspurnetz der Hauptwerkstätte Crewe bis 1929 im Einsatz. Heute steht sie im National Railway Museum in York.

TECHNIK

Brunels atmosphärische Bahn

Der britische Ingenieur Isambard Kingdom Brunel baute die breitspurige South Devon Railway zwischen Exeter und Totnes als »atmosphärische« Eisenbahn. Die Züge wurden ohne Lokomotive durch einen langen Kolben bewegt, der in einer gusseisernen Röhre in Gleismitte verlief. Das Vakuum zum Bewegen des Kolbens erzeugten stationäre Pumphäuser wie das oben gezeigte. Die 1847 eröffnete Bahn scheiterte innerhalb eines Jahres: So schmolz das Fett, das auf die lederne Dichtung oben auf der Röhre aufgebracht wurde, an der Sonne oder wurde von Ratten gefressen. 1848 baute man die Bahn auf normalen Betrieb um.

Gleis der atmosphärischen Bahn Ein Stück von Brunels Breitspurgleis mit der gusseisernen Vakuumröhre wird im Didcot Railway Centre gezeigt.

Fortschritte in Europa

In den 1840er-Jahren breiteten sich Bahnstrecken rasch über ganz Europa aus, wobei viele Lokomotiven immer noch von britischem Fachwissen beeinflusst waren. Zahlreiche Firmen hatten Werkstätten in Frankreich und Österreich eröffnet. In den 1850er-Jahren zogen Thomas Cramptons ungewöhnliche Schöpfungen mit einzelner Treibachse und »Longboiler« zwischen Paris und Straßburg Züge mit über 110 km/h. Die Konstruktionen von jungen europäischen Herstellern wie Krauss in München bewährten sich und blieben mitunter bis in das 20. Jh. hinein im Einsatz.

▷ Oldenburgische Gattung G1 Nr. 1 *Landwührden*, 1867

Achsfolge B
Zylinder 2
Kesseldruck 9,8 bar
Treibraddurchmesser 1500 mm
Geschwindigkeit 60 km/h

Die erste von Georg Krauss in München gebaute Lokomotive erhielt auf der Pariser Weltausstellung 1867 eine Goldmedaille für hervorragende Konstruktion und Qualität. Die auf den Nebenstrecken der Großherzoglich Oldenburgischen Eisenbahn (GOE) eingesetzte leichte Lokomotive wurde 1900 außer Dienst gestellt und steht heute im Deutschen Museum in München.

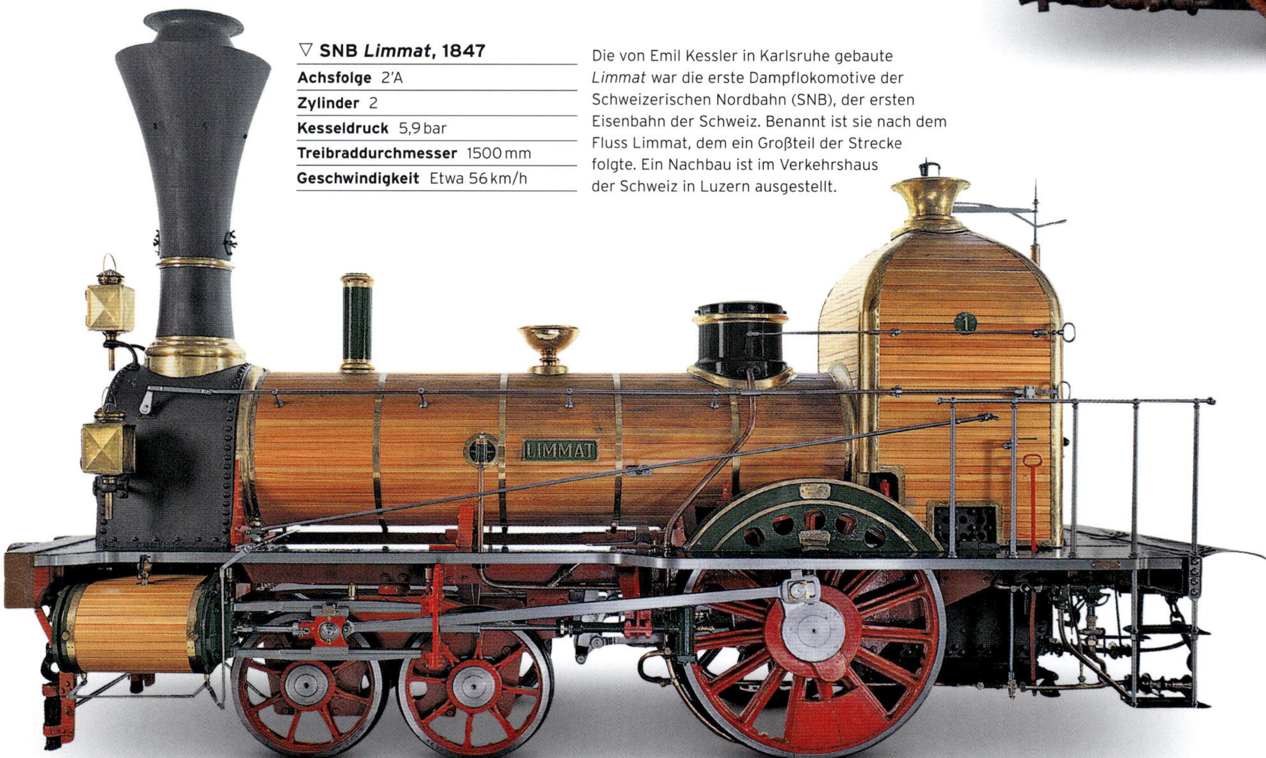

▽ SNB *Limmat*, 1847

Achsfolge 2'A
Zylinder 2
Kesseldruck 5,9 bar
Treibraddurchmesser 1500 mm
Geschwindigkeit Etwa 56 km/h

Die von Emil Kessler in Karlsruhe gebaute *Limmat* war die erste Dampflokomotive der Schweizerischen Nordbahn (SNB), der ersten Eisenbahn der Schweiz. Benannt ist sie nach dem Fluss Limmat, dem ein Großteil der Strecke folgte. Ein Nachbau ist im Verkehrshaus der Schweiz in Luzern ausgestellt.

▷ CF de l'Est Crampton, 1852

Achsfolge 2A
Zylinder 2
Kesseldruck 8,3 bar
Treibraddurchmesser 2134 mm
Geschwindigkeit 127 km/h

Die Konstruktion des Briten Thomas Crampton mit tief liegendem Kessel war mit ihrem weit hinten liegenden Satz großer Treibräder schnell. Die von Jean-François Cail gebaute Nr. 80 *Le Continent* zog Schnellzüge zwischen Paris und Straßburg, sie wurde erst 1914 nach über 2,4 Mio. km außer Dienst gestellt.

◁ Südbahn Reihe 23 GKB 671, 1860

Achsfolge C
Zylinder 2
Kesseldruck 6,8 bar
Treibraddurchmesser 1245 mm
Geschwindigkeit 45 km/h

Diese Lokomotive baute die Lokomotivfabrik der StEG in Wien für den Güterzugdienst auf der Graz-Köflacher-Eisenbahn in Südösterreich. Sie zieht immer noch Sonderzüge und ist damit die dienstälteste betriebsfähige Schlepptenderlokomotive der Welt.

△ CF de l'Ouest Buddicom-Typ 111 Nr. 33 *Saint-Pierre*, 1844

Achsfolge	1A1
Zylinder	2
Kesseldruck	5,5 bar
Treibraddurchmesser	1905 mm
Geschwindigkeit	60 km/h

Die in Rouen, Frankreich, von dem britischen Ingenieur William Buddicom für die neue Eisenbahn Paris-Rouen gebaute Nr. 33 war bis 1912 erfolgreich im Einsatz. Sie ist die älteste im Original erhaltene Dampflokomotive auf dem europäischen Festland und steht heute in der Cité du Train im elsässischen Mulhouse.

◁ BG Bauart 1B n2t *Muldenthal*, 1861

Achsfolge	1B
Zylinder	2
Kesseldruck	7,6 bar
Treibraddurchmesser	1220 mm
Geschwindigkeit	48 km/h

Die Sächsische Maschinenfabrik in Chemnitz baute die Bauart 1B n2t für die Beförderung von Kohlenzügen auf der neu eröffneten Bockwaer Eisenbahn. Die bei ihrer Außerdienststellung 1952 älteste betriebsfähige Lokomotive in Deutschland steht heute im Verkehrsmuseum Dresden.

WISSENSWERTES

Klassengesellschaft

Seit den Anfängen des Eisenbahnverkehrs teilte man die Reisenden gemäß ihrer gesellschaftlichen Stellung und ihrer Zahlungskraft ein. Während die 1. Klasse bequeme Polster und viel Platz bot, war die 2. Klasse mit ihren Holzsitzen häufig überfüllt. In den offenen Wagen der 3. Klasse waren die Reisenden den Unbilden der Witterung sowie dem Rauch und den Verbrennungsrückständen der führenden Lokomotive ausgesetzt.

ERSTE KLASSE

ZWEITE KLASSE

DRITTE KLASSE

***Ein Tag beim Pferderennen*, 1846** Diese Karikatur aus der *London Illustrated News* zeigt die gesellschaftlichen Unterschiede in britischen Reisezugwagen.

Isambard Kingdom Brunel 1806–1859

Ebenso wagemutig wie umstritten, wurde Isambard Kingdom Brunel der innovativste und erfolgreichste britische Ingenieur der viktorianischen Zeit. Bereits als junger Mann arbeitete er mit seinem Vater Marc, einem aus Frankreich eingewanderten Ingenieur, an Entwürfen für Brücken und Hafenanlagen. Mit 20 Jahren wurde der Sohn leitender Ingenieur des Londoner Themsetunnels zwischen Wapping und Rotherhithe. Er entwarf nicht nur einige der berühmtesten Eisenbahnstrecken, Brücken, Viadukte und Tunnel Großbritanniens, sondern auch diverse Hafenanlagen sowie drei Transatlantikdampfschiffe, die zusammen das Gesicht des viktorianischen Englands prägten.

GREAT WESTERN RAILWAY

Brunels dauerhaftester Beitrag zur Entwicklung der britischen Eisenbahnen war die Great Western Railway (GWR) zwischen London und Bristol. Obwohl er bis dahin keine Erfahrung im Eisenbahnbau hatte, wurde er für das technisch anspruchsvollste Bauprojekt seiner Zeit ausgewählt.

Der Bau begann 1835 in Bristol und London gleichzeitig, 1841 wurde die 190 km lange Strecke eröffnet. Sie wurde für ihre erschütterungsfreie Fahrt bekannt und brachte der GWR den Spitznahmen »Brunels Billardtisch« ein. Da die GWR die schnellste und komfortabelste Bahn werden sollte, wählte Brunel eine Spurweite von 2140 mm statt der von Stephenson eingeführten Standardspurweite von 1435 mm, die in Mittel- und Nordengland bereits weitverbreitet war. Der folgende »Spurweitenkrieg« zog sich 50 Jahre hin, bis auch die GWR 1892 auf die Normalspur umstellte. Die Strecke nach Bristol ist nach wie vor eine der wichtigsten im britischen Netz.

Brunels letztes Projekt war die Royal Albert Bridge, die bei Plymouth in Südengland mit gewaltigen röhrenförmigen Bögen den Tamar überspannt. Bei ihrer Eröffnung im Mai 1859 war Brunel bereits so krank, dass er sein Werk nur auf einem Flachwagen liegend bewundern konnte. Vier Monate später starb er.

Box Tunnel
Der 1841 fertiggestellte Tunnel in Wiltshire verband die letzten beiden Abschnitte der GWR-Strecke zwischen Chippenham und Bath. Beim Bau des rund 3 km langen Tunnels kamen über 100 Arbeiter ums Leben.

Von Devon nach Cornwall
Mit der 1859 eröffneten Royal Albert Bridge über den Tamar erweiterte Brunel das Streckennetz gen Westen bis nach Cornwall. Die beiden vorgefertigten Hauptträger hob man an, indem man die Pfeiler nach und nach mauerte.

Die GWR-Breitspur

Während andere britische Eisenbahnen mit der Standardspurweite von 1435 mm gebaut wurden, entschied sich Isambard Kingdom Brunel für die 1841 zwischen London-Paddington und Bristol eröffnete Great Western Railway (GWR) für eine Breitspur von 2140 mm. Brunel begründete dies mit der höheren Geschwindigkeit, ruhigeren Fahrt, besseren Stabilität und dem erhöhten Komfort für die Reisenden, die sein Entwurf gegenüber der Normalspur biete. Damit hatte er weitgehend recht, doch ließ die weite Verbreitung der Normalspur in Großbritannien wie auch in vielen anderen Teilen der Welt einschließlich Nordamerika Brunels Breitspur zum Anachronismus werden. Am 21. Mai 1892 fuhr der letzte Breitspurzug der GWR.

◁ **GWR Firefly-Reihe**
***Fire Fly*, 1840**

Achsfolge	1A1
Zylinder	2 (innen liegend)
Kesseldruck	6,9 bar
Treibraddurchmesser	2134 mm
Geschwindigkeit	Etwa 93 km/h

62 Schnellzuglokomotiven der von Daniel Gooch entworfenen Firefly-Reihe bauten verschiedene Hersteller zwischen 1840 und 1842 für die GWR. Sie waren für ihre Geschwindigkeit bekannt: Die ursprüngliche *Fire Fly* legte die Strecke Twyford-London-Paddington (rund 50 km) in nur 37 Minuten zurück. Dieser betriebsfähige Nachbau von 2005 ist im Didcot Railway Centre ausgestellt.

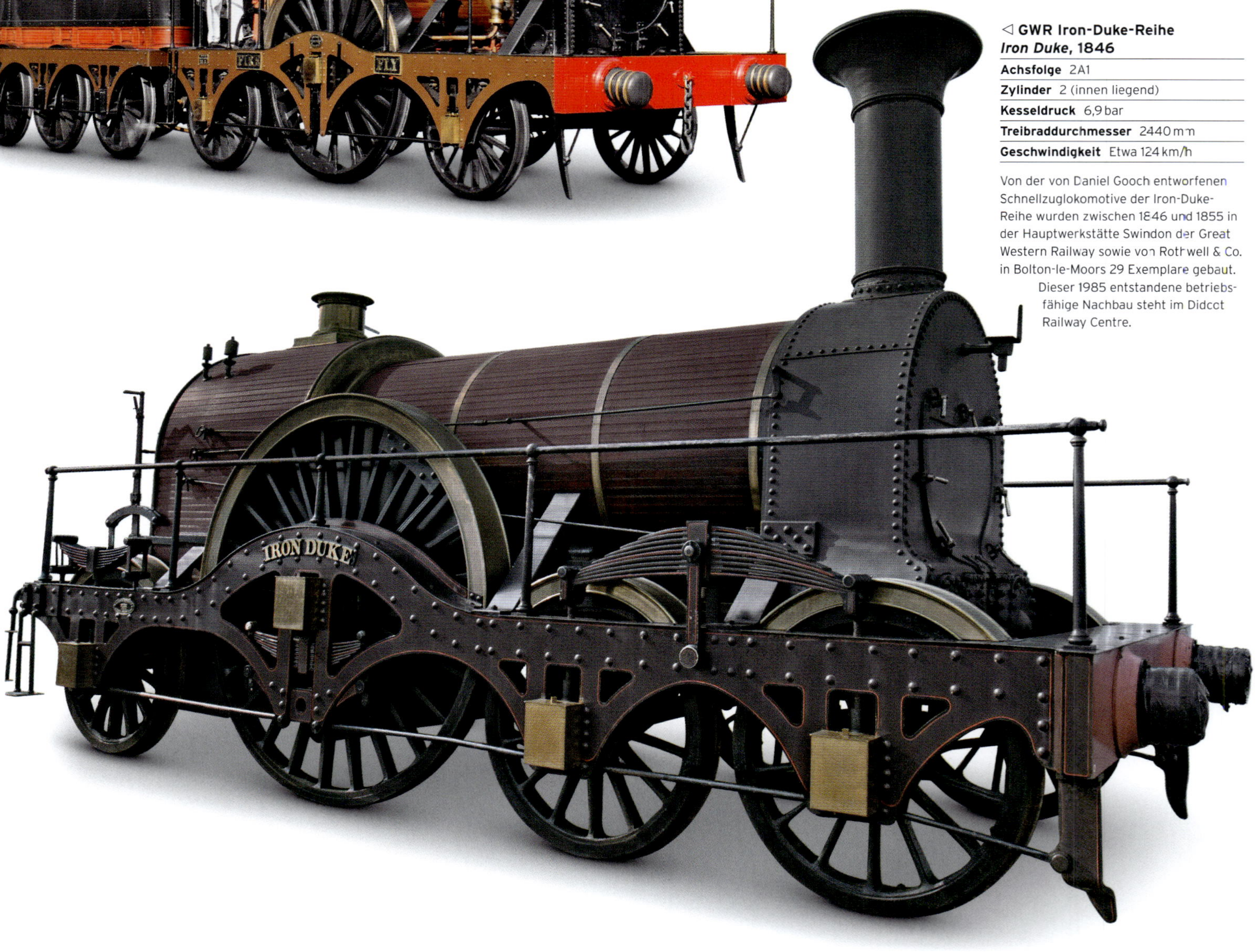

◁ **GWR Iron-Duke-Reihe**
***Iron Duke*, 1846**

Achsfolge	2A1
Zylinder	2 (innen liegend)
Kesseldruck	6,9 bar
Treibraddurchmesser	2440 mm
Geschwindigkeit	Etwa 124 km/h

Von der von Daniel Gooch entworfenen Schnellzuglokomotive der Iron-Duke-Reihe wurden zwischen 1846 und 1855 in der Hauptwerkstätte Swindon der Great Western Railway sowie von Rothwell & Co. in Bolton-le-Moors 29 Exemplare gebaut. Dieser 1985 entstandene betriebsfähige Nachbau steht im Didcot Railway Centre.

◁ **GWR Iron-Duke-Reihe *Sultan*, 1857**

Achsfolge 2A1
Zylinder 2 (innen liegend)
Kesseldruck 6,9 bar
Treibraddurchmesser 2440 mm
Geschwindigkeit Etwa 124 km/h

Die zur Iron-Duke-Reihe der Great Western Railway gehörende Schnellzuglokomotive *Sultan* stieß 1848, ein Jahr nach ihrer Fertigstellung, in Shrivenham mit einem Güterzug zusammen und wurde danach neu aufgebaut. Wie andere Maschinen dieser Reihe hatten ihre Treibräder keine Spurkränze, um eine bessere Kurvenfahrt zu ermöglichen. *Great Western*, der Prototyp der Baureihe, hatte ursprünglich die Achsfolge 1A1.

▷ **GWR Iron-Duke-Reihe *Lord of the Isles*, 1851**

Achsfolge 2A1
Zylinder 2 (innen liegend)
Kesseldruck 9,7 bar
Treibraddurchmesser 2440 mm
Geschwindigkeit Etwa 124 km/h

Die ebenfalls von Daniel Gooch für die Great Western Railway entworfene *Lord of the Isles* war eine verbesserte Iron-Duke-Reihe mit höherem Kesseldruck, Sandanlage und einem besser ausgestatteten Führerstand. Die neue Lokomotive wurde 1851 auf der Londoner Industrieausstellung sowie 1893 in Chicago gezeigt. 1884 hatte man sie außer Dienst gestellt.

◁ **GWR Rover-Reihe, 1870/71**

Achsfolge 2A1
Zylinder 2 (innen liegend)
Kesseldruck 10 bar
Treibraddurchmesser 2440 mm
Geschwindigkeit Etwa 124 km/h

Die Schnellzuglokomotiven der von 1871 bis 1888 gebauten Rover-Reihe ähnelten den Iron Dukes, deren Namen sie auch führten, hatten aber einen etwas höheren Kesseldruck sowie einen geschützten Führerstand. Sie blieben bis zum Ende der Breitspurära 1892 im Einsatz.

△ **GWR Breitspur-Personenwagen, 1840**

Bauart Dreiachsig, 2. Klasse
Kapazität 48 Personen
Bauweise Fahrgestell aus Eisen, Aufbau aus Holz
Gesellschaft Great Western Railway

Dieser Nachbau eines Breitspur-Personenwagens 2. Klasse der GWR entstand anlässlich des Eisenbahnjubiläums 1985 im Londoner Science Museum für Fahrten mit dessen nachgebauter Lokomotive *Iron Duke*. Er wird jetzt zusammen mit der *Fire Fly* im Didcot Railway Centre ausgestellt.

TECHNIK

Krieg der Spurweiten

Auf Bahnhöfen, auf denen die breitspurige Great Western Railway mit Normalspurstrecken zusammentraf, standen die zum Umsteigen gezwungenen Reisenden vor großen Problemen. 1846 verabschiedete die britische Regierung ein Gesetz, das für Großbritannien eine Spurweite von 1435 mm und für Irland 1600 mm festlegte. Brunel war überstimmt, bis 1892 wurden alle GWR-Strecken nach und nach auf Normalspur umgebaut.

***Umsteigen in Gloucester*, 1846** Diese politische Karikatur zeigt die Verwirrung im Bahnhof Gloucester, wo Reisende mit ihrem Gepäck von den Breitspurzügen der Great Western Railway in die Normalspurzüge der Midland Railway und umgekehrt umsteigen mussten.

Massenbewegung

Mit der Verbreitung der Eisenbahnen wuchsen auch ihre Aufgaben und damit der Bedarf an Lokomotiven für bestimmte Zwecke. Die großen Treibräder der Schnellzuglokomotiven legten bei jeder Umdrehung eine längere Strecke zurück. Güterzuglokomotiven hatten drei, vier oder fünf Achsen mit kleineren Rädern, um die nötige Reibung und damit Zugkraft für schwere Lasten zu erzielen. Vorortzüge bespannte man mit Tenderlokomotiven, die vorwärts und rückwärts gleich schnell fahren konnten, um die Wendezeit zu sparen. Auf Nebenstrecken und beim Rangieren spielten Größe und Gewicht eine Rolle, hier bevorzugte man B-, 1B- und C-Typen mit kurzem Radstand.

◁ **S&DR Nr. 25 *Derwent*, 1845**

Achsfolge	C
Zylinder	2
Kesseldruck	5,2 bar
Treibraddurchmesser	1220 mm
Geschwindigkeit	Etwa 16–24 km/h

Ab der Mitte des 19. Jh. wurde die dreiachsige Güterzugmaschine die wichtigste britische Lokomotive. Timothy Hackworths *Derwent* mit einem Kohletender vorn und einem hinten angehängten Wassertender fuhr von 1845 bis 1869 auf der Stockton & Darlington Railway in Nordostengland.

▷ **Met Reihe A Nr. 23, 1864**

Achsfolge	2'Bt
Zylinder	2
Kesseldruck	8,3 bar, später 10,3 bar
Treibraddurchmesser	1537 mm
Geschwindigkeit	Etwa 72 km/h

Tenderlokomotiven von Beyer Peacock & Co. in Manchester trugen die Hauptlast der Londoner Metropolitan Railway von den 1860er-Jahren bis zur Elektrifizierung. Die Verschmutzung verringerte man durch Kondensation des Abdampfs in den Wasserkästen zur Wiederverwendung.

Güter- und Personenwagen

Es überrascht kaum, dass sich die ersten Eisenbahnwagen an bewährten Konzepten orientierten: Personenwagen entwickelten sich aus Postkutschen, Güterwagen waren vergrößerte Ausführungen der zweiachsigen eisernen und hölzernen Grubenwagen, die man seit Jahrhunderten im Bergbau einsetzt hatte. Höhere Lasten und Geschwindigkeiten, mehr Fahrgäste und der Ruf nach mehr Komfort führten jedoch rasch zu Fortschritten.

△ **SH Chaldron-Wagen, 1845–1855**

Bauart	Kübelwagen für Kohle
Kapazität	3,35 t
Bauweise	Beplankung und Fahrgestell aus Eisen
Gesellschaft	South-Hetton-Kohlengrube

Den ersten Güterwagentyp entwickelte man aus dem Chaldron, einem alten Volumen- oder Gewichtsmaß für Kohle. Dieser Wagen stammt von der 1822 eröffneten, von George Stephenson gebauten Bahn der South-Hetton-Kohlengrube in County Durham.

◁ LNWR »Large Bloomers«, 1851

Achsfolge 1A1
Zylinder 2 (innen liegend)
Kesseldruck 6,9 bar, später 10,3 bar
Treibraddurchmesser 2134 mm
Geschwindigkeit Etwa 80–96 km/h

74 dieses von James McConnell entworfenen Typs mit einer Treibachse entstanden bis 1862 für die London & North Western Railway, vor allem für Personenzüge zwischen London und Birmingham. Ihr Spitzname »große Pumphose« geht auf die US-Reformerin Amelia Bloomer zurück, die Hosen trug – für die viktorianische Gesellschaft ein Skandal.

▷ S&PR Nr. 5 *Shannon*, 1857

Achsfolge Bt
Zylinder 2
Kesseldruck 8,3 bar
Treibraddurchmesser 889 mm
Geschwindigkeit Etwa 16–19 km/h

George England & Co. in London baute diese Tenderlok für die Sandy & Potton Railway in Bedfordshire. Ab 1862 diente sie 16 Jahre als Werkslokomotive bei der London & North Western Railway. Zuletzt fuhr sie auf der Kleinbahn Wantage Tramway in Oxfordshire.

◁ L&BR Königin Adelaides Salonwagen Nr. 2, 1842

Bauart Personenwagen mit herunterklappbaren Betten
Kapazität 10 Personen
Bauweise Fahrgestell aus Eisen, Aufbau aus Holz
Gesellschaft London & Birmingham Railway

Der Wagen stand Adelheid von Sachsen-Meiningen, der Gemahlin des britischen Königs Wilhelm IV., zur Verfügung. Das Fahrgestell entstand in der Werkstätte Euston der London & Birmingham Railway, der Aufbau bei einem Londoner Wagenbauer. Dieser älteste erhaltene Wagen in Europa steht im National Railway Museum in York.

△ NBR Pferdebahnwagen Nr. 1, 1863

Bauart Von Pferden gezogener Eisenbahnwagen
Kapazität 30 Personen (12 in der 1. und 2. Klasse, 18 in der 3. Klasse)
Bauweise Rahmen und Aufbau aus Holz
Gesellschaft North British Railway

Von 1863 bis 1914 beförderte die nordwestenglische Port Carlisle Railway Reisende in diesem Pferdebahnwagen, das Pferd lief dabei zwischen den Schienen. Die Fahrgäste der 1. und 2. Klasse saßen im Innenraum, die der 3. Klasse außen auf den Bänken an den Längs- und Stirnseiten.

Bau der Untergrundbahn

Schon Mitte des 19. Jh. waren die Straßen Londons häufig vom Verkehr verstopft. Als Lösung schlug der Stadtsyndikus Charles Pearson eine 6 km lange unterirdische Bahnstrecke zwischen der City of London im Osten und dem Kopfbahnhof Paddington der Great Western Railway im Westen mit Zwischenstationen an den Bahnhöfen King's Cross und Euston vor. Pearson trug entscheidend dazu bei, 1,3 Mio. Pfund für den Bau der Metropolitan aufzubringen.

Bei der Ausführung wechselte sich die geschlossene mit der offenen Bauweise ab. Bei Letzterer wurde die Straßenoberfläche entfernt, eine Baugrube ausgehoben und die Stützwände errichtet. Dann legte man die Gleise, baute die Tunneldecke und brachte zuletzt die Straßendecke wieder auf.

UMGEHENDE BELIEBTHEIT

Die Londoner waren sofort begeistert. Schon am Eröffnungstag, dem 10. Januar 1863, fuhren 38 000 Personen in den hölzernen Wagen mit Gasbeleuchtung. Obwohl der Rauch der Dampflokomotiven die Fahrt unangenehm machte, zählte die Bahn im ersten Jahr 9,5 Mio. Fahrgäste.

Die Metropolitan dehnte sich noch 80 km nach Norden aus. Die Zukunft lag in London jedoch in tief im Boden liegenden Tunneln mit kleinerem Querschnitt und elektrischer Zugförderung – sie sollten als »Tube« (Röhre) bekannt werden. Die erste derartige Strecke wurde 1890 eröffnet.

Der Abbauschild wurde durch weichen, instabilen Boden wie z. B. Ton vorgetrieben und diente bei der geschlossenen Bauweise als vorläufige Abstützung.

Nationen und Kolonien

Die Erfolge der ersten britischen Eisenbahnen und Dampflokomotiven stießen in ganz Europa und Amerika auf Interesse. In der Folge begründeten sich gerade industrialisierende Länder wie Frankreich, die deutschen Staaten und die USA ihre eigenen nationalen Systeme und wurden damit immer unabhängiger von britischem Fachwissen.

Doch die Briten hatten einen weiteren Einflussbereich: ihre Kolonien. Die erste Eisenbahn außerhalb Europas und Nordamerikas bauten sie in der Kolonie Jamaika. Für den Eisenbahnbau in Australien, Kanada, Südafrika und anderswo hatten die Briten wirtschaftliche wie auch politische Gründe. Indiens enorme Größe ließ sich mit der Eisenbahn kontrollieren, die Effizienz und damit Rentabilität des Bergbaus, der Holz- und Landwirtschaft dort wurde durch das neue Transportmittel völlig verändert.

△ **Borsig Nr. 1, 1840**

Achsfolge 2'A1
Zylinder 2
Kesseldruck 5,5 bar
Treibraddurchmesser 1372 mm
Geschwindigkeit Etwa 64 km/h

Die von August Borsig 1837 in Berlin gegründete Fabrik lieferte 1840 ihre erste Lokomotive an die Berlin-Potsdamer Eisenbahn. Der Gewinn einer Wettfahrt gegen ein britisches Modell beendete 1841 die deutsche Abhängigkeit von Lokomotivimporten. Borsig wurde einer der führenden Hersteller der Welt.

△ **I-Reihe Nr. 1, 1855**

Achsfolge B1
Zylinder 2 (innen liegend)
Kesseldruck 8,3 bar
Treibraddurchmesser 1676 mm
Geschwindigkeit Etwa 32 km/h

Nr. 1 wurde als eine von vier Maschinen der I-Baureihe bei Robert Stephenson & Co. im englischen Newcastle-upon-Tyne gebaut und im Januar 1855 an die Sydney Railway Co. geliefert. Im Mai begann der Bahnbetrieb in Australien. Nr. 1 wurde 1877 mit 250 467 km außer Dienst gestellt.

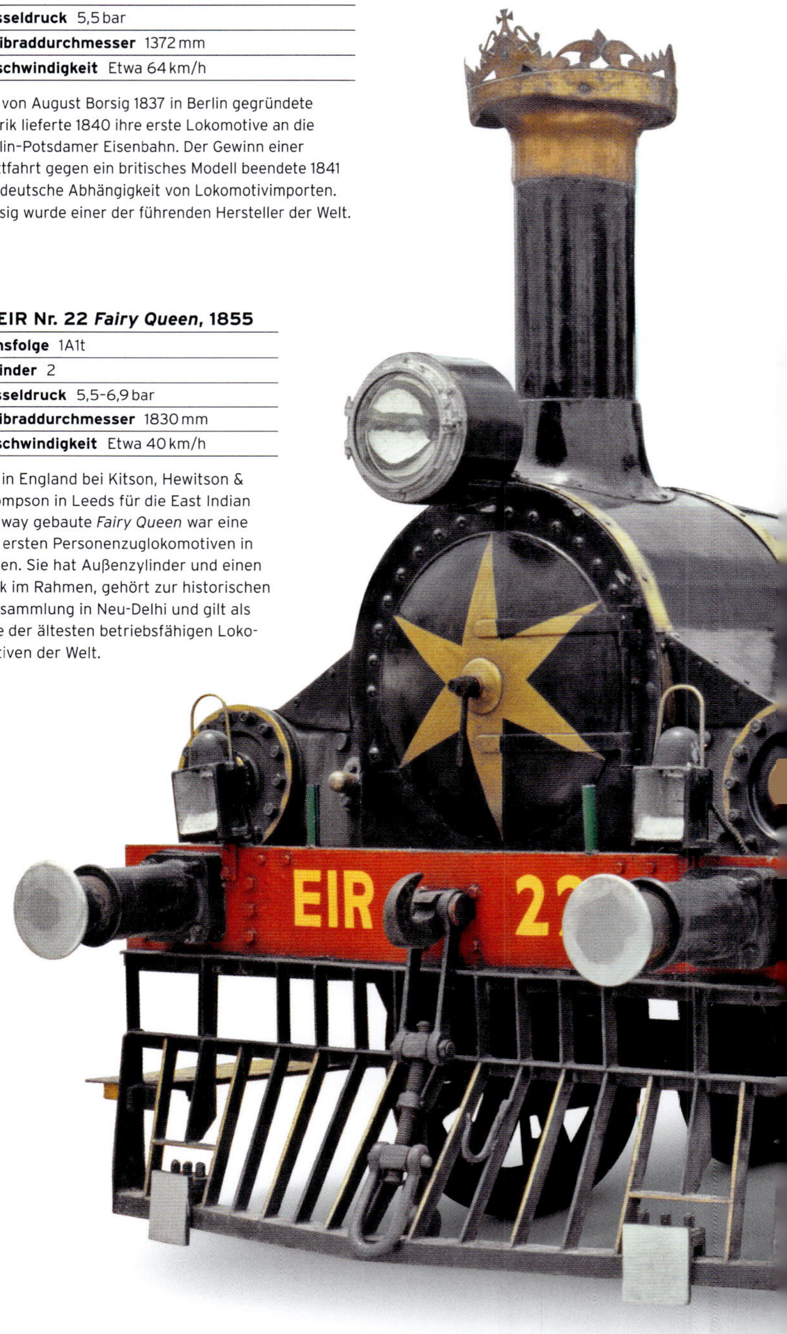

▷ **EIR Nr. 22 *Fairy Queen*, 1855**

Achsfolge 1A1t
Zylinder 2
Kesseldruck 5,5–6,9 bar
Treibraddurchmesser 1830 mm
Geschwindigkeit Etwa 40 km/h

Die in England bei Kitson, Hewitson & Thompson in Leeds für die East Indian Railway gebaute *Fairy Queen* war eine der ersten Personenzuglokomotiven in Indien. Sie hat Außenzylinder und einen Tank im Rahmen, gehört zur historischen Loksammlung in Neu-Delhi und gilt als eine der ältesten betriebsfähigen Lokomotiven der Welt.

△ ***La Porteña*, 1857**

Achsfolge Bt
Zylinder 2
Kesseldruck 9,7–11,0 bar
Treibraddurchmesser Etwa 1219 mm
Geschwindigkeit Etwa 26 km/h

Die am Weihnachtstag 1856 aus England in Argentinien eintreffende Satteltanklokomotive mit Außenzylindern zog am 29. August 1857 den ersten Zug über die Ferrocarril Oeste de Buenos Aires (Buenos-Aires-Westbahn). Sie wurde bei E.B. Wilson in Leeds gebaut, blieb bis 1899 im Einsatz und steht heute im Museum in Luján.

◁ **Hawthorn Nr. 9 *Blackie*, 1859**

Achsfolge B1t
Zylinder 2
Kesseldruck 9 bar
Treibraddurchmesser 1372 mm
Geschwindigkeit Etwa 48 km/h

Hawthorn & Co. im schottischen Leith baute die B-Tenderlokomotive für den Bauunternehmer Edward Pickering, der sie beim Bau der 72 km langen Strecke Kapstadt-Wellington einsetzte. Die erste Lokomotive in Südafrika wurde 1873/74 auf die Achsfolge B1 umgerüstet und steht heute im Hauptbahnhof von Kapstadt.

△ **O&RR B-Reihe Nr. 26, 1870**

Achsfolge C
Zylinder 2 (innen liegend)
Kesseldruck 11,0–12,4 bar
Treibraddurchmesser 1320 mm
Geschwindigkeit Etwa 64 km/h

Sharp, Stewart & Co. in Manchester baute diese Maschine mit 1676 mm Spurweite für die nordindische Oudh & Rohilkhand Railway. Nr. 26 ist typisch für britische Exportlokomotiven jener Zeit.

TECHNIK

Anspruchsvoller Streckenbau

Mit Bergketten, Wüsten und Dschungeln, die es zu durchqueren galt, stellte Indien die Eisenbahnbauer vor große Herausforderungen. Dennoch wurde die erste, 40 km lange Strecke zwischen Bombay (heute Mumbai) und Thane im November 1852 fertiggestellt. Bis 1880 waren knapp 14 500 km gebaut worden, 20 Jahre später hatte sich das Netz auf fast 40 000 km ausgeweitet. Ein von Generalgouverneur Lord Dalhousie eingesetztes Komitee führte zur Gründung der Great Indian Peninsular Railway, der East India Railway sowie der Darjeeling Himalayan Railway.

Baustelle Diese Fotografie von 1856 zeigt Arbeiter auf dem hölzernen Gerüst beim Bau des Viadukts vor dem Tunnel Nr. 8 (von insgesamt 28) der Bhor Ghat Railway in Westindien.

1870-1894

DAMPF TREIBT DIE WELT AN

TAKANAWA NOKIHAN

DAMPF TREIBT DIE WELT AN

Als 1888 in Bombay der Victoria Terminus eröffnet wurde, galt der Kopfbahnhof mit indischen wie britischen Stilelementen als eine der großartigsten Stationen der Welt. Zehn Jahre hatte sein Bau gedauert. »VT«, im heutigen Mumbai Chhatrapati Shivaji Terminus genannt, wurde zum Symbol einer Epoche, in der menschlichem Streben und Einfallsreichtum nichts unmöglich erschien.

Eisenbahnen dehnten sich zu jener Zeit um die ganze Welt aus, erklommen oder durchbohrten Berge, überquerten mächtige Wasserläufe auf Brücken oder wurden mit Dampfschiffen über das Meer hinweg verbunden. Die 1881 eröffnete schmalspurige Darjeeling Himalayan Railway reicht von den Ebenen Indiens bis weit hoch in die Ausläufer des Himalaja. In der Schweiz hatte man mit dem Gotthard-Tunnel eine Hauptstrecke durch 15 km Felsgestein gebaut. 1885 wurde mit der Canadian Pacific Railway eine zweite Route durch den gesamten Kontinent fertiggestellt. In Großbritannien eröffnete man 1890 die mehr als 2,5 km lange Brücke über den Firth of Forth. 1891 begannen schließlich die Arbeiten an einem Projekt, das fast alle anderen in den Schatten stellen würde: In Russland sollte die Transsibirische Eisenbahn Moskau mit Wladiwostok im fernen Osten des Landes verbinden.

Der Bedarf an immer neuen Strecken, höheren Geschwindigkeiten, mehr Luxus, Pracht und Glanz war unstillbar. Die glanzvolle, luxuriöse Seite des Bahnreisens verkörperte der Fernzug *Orient Express*, der ab 1891 Paris über einige der wichtigsten Städte Europas mit Konstantinopel (Istanbul) verband. Doch neben all den Erweiterungen und Verbesserungen der Dampftraktion gab es erste Anzeichen einer anderen Zukunft: 1879 wurde in Berlin eine neue, elektrisch angetriebene Lokomotive vorgestellt, die ihre Energie aus den Schienen bezog.

△ **Hauptverkehrszeit auf der »El«** Ende des 19. Jh. betrieb die Manhattan Railway Co. in New York City vier Hochbahnlinien (»elevated railways«).

»Legt eure Schienen, ihr Nationen nah und fern; spannt eure vollen Züge an des **Dampfes triumphalen Wagen.«**

CHARLES MACKAY, SCHOTTISCHER DICHTER

◁ **Japanische Zuschauer** bei einer frühen Vorführung der Dampfkraft durch die US Navy in Yokohama

Wichtige Ereignisse

- ▷ **1870er** Entwicklung des elektrischen »Gleisstromkreises«, der im Stellwerk den Zugstandort automatisch anzeigt
- ▷ **1871** Eröffnung der Grand Central Station in New York, die später zum Grand Central Terminal umgebaut wird
- ▷ **1872** Eröffnung der ersten Eisenbahn in Japan zwischen Tokio und Yokohama
- ▷ **1879** Werner von Siemens führt in Berlin eine elektrische Lokomotive vor; 1880 fährt in St. Petersburg versuchsweise eine elektrische Straßenbahn.
- ▷ **1881** Offizielle Eröffnung der schmalspurigen Darjeeling-Bahn, die die Bergstation Darjeeling mit dem indischen Eisenbahnnetz verbindet
- ▷ **1883** Eröffnungsfahrt eines der weltweit glanzvollsten Züge, der ab 1891 als *Orient Express* bezeichnet wird
- ▷ **1885** Fertigstellung der transkontinentalen Canadian Pacific Railway
- ▷ **1888** Eröffnung des Victoria Terminus in Bombay nach zehnjähriger Bauzeit

△ **Viktorianische Gotik**
Der von dem britischen Architekten Frederick William Stevens entworfene neugotische Victoria Terminus ähnelt ein wenig dem Bahnhof St Pancras in London.

- ▷ **1888** Britische Bahngesellschaften liefern sich das »Rennen nach Norden« von London nach Edinburgh.
- ▷ **1890** Eröffnung der Forth-Brücke nach siebenjähriger Bauzeit
- ▷ **1891** Baubeginn eines der anspruchsvollsten Ingenieurprojekte aller Zeiten, der Transsibirischen Eisenbahn

Renner des 19. Jahrhunderts

Die Entwicklung eleganter Schnellzuglokomotiven Ende des 19. Jh. bot britischen und US-Bahngesellschaften die Gelegenheit für öffentlichkeitswirksame Wettbewerbe um die kürzesten Fahrzeiten auf konkurrierenden Fernstrecken. In den berühmten »Rennen nach Norden« rasten 1888 und 1895 britische Gesellschaften auf der Westküsten- und der Ostküstenstrecke zwischen London und Schottland gefährlich um die Wette. In den USA lieferte sich in den 1890er-Jahren auf den Strecken zwischen New York und Buffalo die Pennsylvania Railroad einen harten Konkurrenzkampf mit der New York Central & Hudson River Railroad. Bei Letzterer erzielte die berühmte Lokomotive Nr. 999 vor dem *Empire State Express* außerordentliche Leistungen.

◁ GNR Stirling-Single-Reihe, 1870

Achsfolge 2'A1
Zylinder 2
Kesseldruck 11,7 bar
Treibraddurchmesser 2464 mm
Geschwindigkeit 137 km/h

Von diesem von Patrick Stirling für die Great Northern Railway entworfenen Typ mit einer Treibachse (»Single«) entstanden von 1870 bis 1895 in der Werkstätte Doncaster 53 Exemplare. Die Lokomotiven zogen Schnellzüge auf der Ostküstenstrecke zwischen London-King's Cross und York und waren dabe 1888 und 1895 an den »Rennen nach Norden« beteiligt. Die hier gezeigte Nr. 1 steht heute im National Railway Museum in York.

WISSENSWERTES

Rennen nach Norden

Die 1888 von den Zeitungen als »Rennen nach Norden« bezeichneten Fahrten waren inoffizielle Rennen auf den beiden Hauptstrecken zwischen London und Edinburgh. Auf der Westküstenstrecke fuhren die London & North Western Railway und die Caledonian Railway; auf der Ostküstenstrecke Züge der Great Northern Railway, North Eastern Railway und North British Railway. Nachdem 1890 die Brücke über den Firth of Forth fertiggestellt war, führten die Wettfahrten von London nach Aberdeen. Nach einer Entgleisung 1896 bei Preston wurden derartige Fahrten verboten und Geschwindigkeitsbegrenzungen eingeführt.

Rekordfahrt Eine Postkarte der Caledonian Railway zeigt Nr. 17 und Lokführer John Souter in Aberdeen nach ihrer siegreichen Fahrt am 23. August 1895.

▷ LNWR Improved Precedent-Reihe, 1887

Achsfolge 1B
Zylinder 2 (innen liegend)
Kesseldruck 10,3 bar
Treibraddurchmesser 2057 mm
Geschwindigkeit Etwa 129 km/h

Insgesamt 166 dieser von F. W. Webb entworfenen »verbesserten Precedent-Baureihe« baute die Hauptwerkstätte Crewe der London & North Western Railway von 1887 bis 1901. Nr. 790 *Hardwicke* stellte beim »Rennen nach Norden« am 22. August 1895 zwischen Crewe und Carlisle einen neuen Geschwindigkeitsrekord auf. Heute gehört sie zur Sammlung des National Railway Museum.

◁ **CR Nr. 123, 1886**

Achsfolge	2'A1
Zylinder	2 (innen liegend)
Kesseldruck	11,0 bar
Treibraddurchmesser	2134 mm
Geschwindigkeit	Etwa 129 km/h

Von Neilson & Co. in Glasgow 1886 für die Caledonian Railway als Ausstellungslokomotive gebaut, zog diese einzigartige »Single« Schnellzüge zwischen Carlisle und Glasgow. Sie blieb nach ihrer Außerdienststellung 1935 erhalten und steht heute im Riverside Museum in Glasgow.

TECHNIK

Eisenbahnzeit

Zu Beginn der Eisenbahnepoche stellte man die Uhren an jedem Bahnhof gemäß der jeweiligen Ortszeit, was Reisende wie auch Bahnpersonal verwirrte. Die britische Great Western Railway führte 1840 für ihre Fahrpläne und Stationen als Standard die Londoner Zeit ein. Diese Synchronisierung basierte auf der Greenwich Mean Time (GMT) des Observatoriums in Greenwich, die später als standardisierte Weltzeit eingeführt wurde. 1883 teilten die USA und Kanada ihre Länder anhand der Längengrade in geografische Zeitzonen und führten die Railroad Standard Time ein.

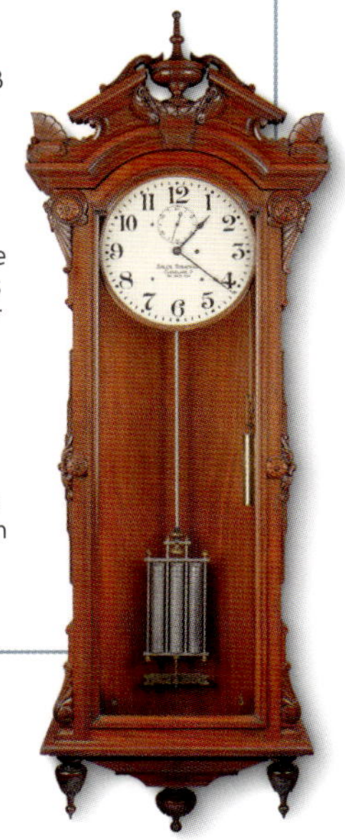

Regulator Dieser Präzisionsregulator des amerikanischen Juweliers Webb C. Ball von 1889 sorgte mit dafür, dass alle Uhren bei der Baltimore & Ohio Railroad die gleiche Zeit anzeigten.

▷ **NYC&HR Nr. 999, 1893**

Achsfolge	2'B
Zylinder	2
Kesseldruck	12,4 bar
Treibraddurchmesser	2197 mm
Geschwindigkeit	Etwa 138 km/h

Die für den zwischen New York und Buffalo verkehrenden Vorzeigezug *Empire State Express* der New York Central & Hudson River Railroad gebaute Nr. 999 soll 1893 als Erste 100 Meilen/h (161 km/h) überschritten haben. Sie wurde auf der Weltausstellung 1893 in Chicago und auf weiteren Ausstellungen gezeigt. 1952 außer Dienst gestellt, steht die »Queen of Speed« heute im Chicago Museum of Science & Industry.

▽ **LB&SCR Reihe B1, 1882**

Achsfolge	B1
Zylinder	2 (innen liegend)
Kesseldruck	10,3 bar
Treibraddurchmesser	1980 mm
Geschwindigkeit	Etwa 113 km/h

36 Maschinen der von William Stroudley für die London, Brighton & South Coast Railway konstruierten Reihe B1 entstanden zwischen 1882 und 1891 in der Werkstätte Brighton für den schweren Schnellzugdienst zwischen London und Brighton. Benannt wurden sie nach Politikern, Eisenbahndirektoren oder Orten an der Strecke. Nr. 214 *Gladstone* wurde als Letzte 1933 außer Dienst gestellt und steht heute im National Railway Museum in York.

Londoner Vorortbahnen

Wachsender Wohlstand und persönliche Mobilität erlaubten es vielen Menschen, aus dem Zentrum Londons wegzuziehen. Eisenbahnen verknüpften die neuen Vorstädte mit dem Stadtzentrum: Der Vorortzug entstand. Während die Great Eastern Railway und andere Gesellschaften Dampfzüge fahren ließen, lag die Zukunft – ober- wie unterirdisch – in der elektrischen Zugförderung. Die 1890 eröffnete City & South London Railway wurde als erste tief liegende »Röhrenbahn« zum Kern der Londoner Untergrundbahn. Andere Städte folgten bald: Liverpool in Nordostengland sowie Budapest und Paris auf dem europäischen Kontinent. In den USA eröffneten 1897 in Boston und 1904 in New York Untergrundbahnen.

△ **LB&SCR Reihe A1, 1872**

Achsfolge Ct
Zylinder 2 (innen liegend)
Kesseldruck 10,3 bar
Treibraddurchmesser 1220 mm
Geschwindigkeit Etwa 96 km/h

Das Vorortnetz der London, Brighton & South Coast Railway war die Domäne der von William Stroudley entworfenen kleinen dreiachsigen Tenderloks. 50 entstanden zwischen 1872 und 1880, ihr »bellender« Auspuffschlag brachte ihnen den Spitznamen »Terrier« ein. Benannt wurden sie nach bedienten Orten, Nr. 54 *Waddon* (1875) nach einem Bezirk bei Croydon.

△ **GWR Reihe 633, 1871**

Achsfolge Ct
Zylinder 2 (innen liegend)
Kesseldruck 11,4 bar
Treibraddurchmesser 1384 mm
Geschwindigkeit Etwa 64 km/h

Mehrere der von George Armstrong entworfenen und in der Werkstätte Wolverhampton gebauten zwölf Maschinen der Baureihe 633 erhielten einen Kondensator, um Great-Western-Züge durch Tunnel befördern zu können. Einige dieser immer wieder veränderten »Tunnelloks« hielten sich bis 1934.

◁ **NLR Reihe 75, 1879**

Achsfolge Ct
Zylinder 2
Kesseldruck 11,0 bar
Treibraddurchmesser 1321 mm
Geschwindigkeit Etwa 48 km/h

30 dieser Maschinen lieferte John C. Park bis 1905 an die North London Railway für den Rangierdienst in den Häfen im Osten Londons. Da sie das Hafengebiet selten verließen, hatten sie keinen Kohlenkasten: Die Kohle wurde im Führerhaus gelagert.

◁ **LSWR Reihe 415, 1882**

Achsfolge 2'B1t
Zylinder 2
Kesseldruck 11,0 bar
Treibraddurchmesser 1702 mm
Geschwindigkeit Etwa 72 km/h

Von 1882 bis 1885 wurden 71 des von William Adams entworfenen Typs für die London & South Western Railway für Vorortzüge ab London-Waterloo gebaut. Drei Loks kamen noch auf der kurvenreichen Nebenstrecke nach Lyme Regis in Südwestengland zum Einsatz, für die sie mit führendem Drehgestell und kurzem Radstand ideal waren.

Personenwagen

Sowohl die Metropolitan als auch die District Railway betrieben anfangs lokbespannte Züge. Wenige Wagen boten jedoch den gepolsterten Luxus der »Jubiläumswagen« der Metropolitan. Die meisten orientierten sich eher am Typ Nr. 100 der District mit zehn Fahrgästen pro Abteil. Die Wagenklasse machte sich selbst bei der Beleuchtung bemerkbar: In der 1. Klasse gab es zwei Gasleuchten, in der 2. und 3. nur jeweils eine. Auch mit der Eröffnung der City & South London Railway verbesserten sich die Bedingungen kaum: Sie wurde als »Sardinenbüchsenbahn« bekannt.

◁ **C&SLR »Gummizelle«, 1890**

Bauart Wagen der Untergrundbahn
Kapazität 32 Personen
Bauweise Hölzerner Wagenkasten auf zwei zweiachsigen Drehgestellen
Gesellschaft City & South London Railway

Der Tunneldurchmesser beschränkte die Wagengröße dieser ersten »Röhrenbahn«. Die Wagen hatten längs angeordnete Sitze mit hohen Rückenlehnen und Türen an beiden Enden. Über den Sitzen lagen nur schmale Fensterschlitze, Frischluft kam durch Lüfter an der Decke ins Innere. Der Spitzname »Gummizelle« war offenbar angemessen.

△ **C&SLR Elektrolokomotive, 1889**

Achsfolge Bo
Stromversorgung 500 V DC, Stromschiene
Leistung 100 PS (74,6 kW)
Geschwindigkeit 40 km/h

Die erste wichtige Bahn mit elektrischer Zugförderung war die City & South London Railway. Bei der Eröffnung 1890 hatte die unterirdische Linie von der City nach Stockwell sechs Stationen. 14 Lokomotiven zogen die Züge, eine davon passiert auf dem Foto oben von 1922 bereits mit Wagen mit Stahlaufbau und großen Fenstern Borough Junction.

WISSENSWERTES

Friedhofseisenbahn

Mit der sich im 19. Jh. verdoppelnden Bevölkerung Londons wurde das Bestatten der Toten zum Problem. Die kühnste Lösung legten Sir Richard Broun und Richard Sprye vor: den Kauf eines großen Geländes weit außerhalb mit direkter Bahnverbindung nach London. Man entschied sich für Brookwood, Surrey, 37 km vom Bahnhof Waterloo entfernt an der LSWR-Hauptstrecke. Vorgesehen war, Särge nachts oder am frühen Morgen nach Brookwood zu befördern, die Trauernden dagegen mit separaten Zügen während des Tages.

Zug zum Friedhof Die London Necropolis (griech. »Totenstadt«) Railway wurde 1854 eröffnet. Nach Bombenschäden 1941 an ihrem Londoner Bahnhof endete der Betrieb.

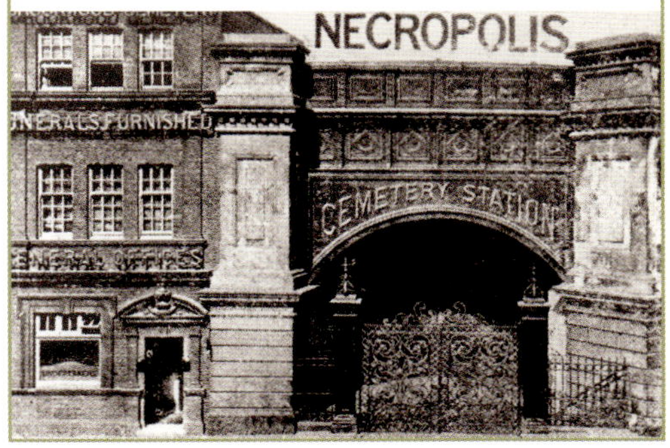

▽ **GER Reihe S56, 1886**

Achsfolge Ct
Zylinder 2 (innen liegend)
Kesseldruck 12,4 bar
Treibraddurchmesser 1220 mm
Geschwindigkeit Etwa 96 km/h

Für die Vorortzüge der Great Eastern Railway entwarf James Holden 1886 eine kleine, aber zugkräftige dreiachsige Tenderlok mit Westinghouse-Druckluftbremse – ideal für nahe beieinanderliegende Stationen. Als Einzige ist Nr. 87 von 1904 in der Sammlung des National Railway Museums erhalten geblieben.

△ **Met Reihe C, 1891**

Achsfolge B2't
Zylinder 2 (innen liegend)
Kesseldruck 9,7 bar
Treibraddurchmesser 1676 mm
Geschwindigkeit Etwa 96 km/h

Die Baureihe C der Metropolitan Railway umfasste nur vier Maschinen, gebaut von Neilson & Co. in Glasgow. Nach der Expansion der »Met« nach Hertfordshire und Buckinghamshire beförderten sie Züge aus der City nach Watford, Amersham und Aylesbury.

▷ **Met Jubiläumswagen Nr. 353, 1892**

Bauart 1.-Klasse-Personenwagen, vier Abteile
Kapazität 32 Personen
Bauweise Ursprünglicher hölzerner Wagenkasten auf späterem zweiachsigem Fahrgestell
Gesellschaft Metropolitan Railway

Der Wagen fuhr von 1892 bis 1907 auf der Metropolitan Railway und wurde dann an die Weston, Clevedon & Portishead Light Railway verkauft. 2013 anlässlich des 150-jährigen Jubiläums restauriert, gehört er jetzt dem London Transport Museum.

△ **DR Wagen Nr. 100, 1884**

Bauart 3.-Klasse-Personenwagen, vier Abteile
Kapazität 40 Personen
Bauweise Ursprünglicher hölzerner Wagenkasten auf späterem zweiachsigem Fahrgestell
Gesellschaft District Railway

Die Ursprünge dieses Wagens der District Railway sind unbekannt. Der Wagenkasten diente in Kent als Lagerschuppen, er wurde gerettet und erhielt ein neues Fahrgestell. Jetzt wird er auf der Kent & East Sussex Railway eingesetzt, wo er die braune Farbgebung der District Railway bekam.

Das Ende der Breitspur bei der Great Western

Als die Breitspurgleise der Great Western Railway (GWR) 1844 in Gloucester erstmals auf die einer anderen Bahngesellschaft mit schmalerer Spur trafen, mussten Reisende, die ihre Fahrt nach Norden oder Südwesten fortsetzen wollten, umsteigen. Die Unzweckmäßigkeit unterschiedlicher Spurweiten veranlasste die Regierung, die Angelegenheit durch ein Komitee untersuchen zu lassen. Dieses erkannte zwar die – auf der Vortrefflichkeit von Isambard Kingdom Brunels Eisenbahn und Daniel Goochs Lokomotiven ebenso wie auf der Spurweite beruhende – höhere Geschwindigkeit und Stabilität der GWR an, entschied aber, dass die schmalere Spur langfristig mehr Vorteile biete. Ein Wechsel zur (jetzt sogenannten) Normalspur wurde unausweichlich.

Zunächst wurde auf der GWR eine dritte Schiene für die Normalspurzüge verlegt, die 1861 Paddington erreichte. Das Umspuren begann 1866 und dauerte fast 30 Jahre. Die letzten Arbeiten auf der Hauptstrecke nach Westengland fanden an einem Wochenende im Mai 1892 statt. Sie wurden sorgfältig geplant: 4200 Arbeiter waren entlang der Strecke verteilt, vorgefertigte Gleisabschnitte wie Weichen und Kreuzungen wurden an den Einbauort geliefert. Am 23. Mai 1892 war die Umspurung beendet, Brunels Breitspur war Geschichte.

Am 20. Mai 1892 verließ die 2'A1-Rover *Great Western* mit dem letzten Breitspur-Schnellzug *Cornishman* London-Paddington in Richtung Penzance.

Schneepflug der C&PA

Der Schneepflug der Coudersport & Port Allegany Railroad (C&PA) ist typisch für die hölzernen Schneepflüge, die Russell in Ridgeway, Pennsylvania, ab Ende des 19. Jh. baute. Von einer oder zwei Dampflokomotiven entlang eingleisiger Strecken geschoben, hatte er einen zusätzlichen Räumschild, der Schnee und Eis aus dem Schienenzwischenraum kratzte und Platz für die Spurkränze der Fahrzeugräder schuf.

IM WINTER BLOCKIERTEN starker Schneefall und Eis regelmäßig Bahnstrecken in den USA und in Kanada. Angesichts möglicher geschäftlicher Verluste rüsteten die Bahngesellschaften Lokomotiven an der Vorderseite mit keilförmigen Vorbauten aus Holz aus, um den Schnee von den Gleisen zu schieben. Ende des 19. Jh. wichen diese behelfsmäßigen Konstruktionen separaten, von Lokomotiven geschobenen Schneepflügen auf Drehgestellen.

Der C&PA-Schneepflug ist vermutlich der älteste erhaltene dieser Bauart mit keilförmiger Pflugschar, der um 1890 bei der Ensign Manufacturing Company in Huntingdon, West Virginia, unter Lizenz der Russell Snow Plow Company entstand. Die Bedienungsmannschaft hatte von einer Kuppel auf dem Dach direkt hinter der Pflugschar eine gute Sicht auf die voraus liegende Strecke. Den Pflug setzte die C&PA bis 1945 ein, als er bei einem Unfall beschädigt wurde. Später gehörte er der Wellsville, Addison & Galeton Railroad, bevor er 1980 als Spende in das Railroad Museum of Pennsylvania gelangte, wo er aufgearbeitet wurde.

VORDERANSICHT

RÜCKANSICHT

Kurze Strecke
Die 1882 eröffnete Coudersport & Port Allegany Railroad (C&PA) war eine 50 km lange Nebenbahn für die Holzabfuhr im nördlichen Pennsylvania. Anfang der 1970er-Jahre wurde sie aufgegeben.

Hintere Plattform und Eingang zur Kabine

Bullaugen lassen Licht ins Innere

Schornstein für den Ofen des Personals

Kuppel bietet Sicht über die Pflugschar hinweg

Mit Stahl verstärkte Pflugschar mit horizontaler und vertikaler Schneide

TECHNISCHE DATEN	
Bauart	Keilförmiger Schneepflug
Herkunft	USA
Hersteller	Ensign Co. (Konstruktion: Russel Co.)
Stückzahl	1
Einsatz	Etwa 1890–1945
Gewicht	Nicht bekannt
Bauweise	Holz und Stahl
Bahngesellschaft	Coudersport & Port Allegany Railroad

Schneiden und Schilde
Wenn der Schneepflug von einer oder zwei Lokomotiven geschoben wurde, hob die horizontale Schneide des Frontschilds den Schnee vom Gleis, die schräg stehenden Schilde warfen ihn zu beiden Seiten ab.

DAS ÄUSSERE

Während der Wagenkasten des C&PA-Schneepflugs aus abgelagertem Hartholz bestand, war die gewaltige Pflugschar durch Stahl verstärkt. Der Schneepflug rollte auf zwei Zweiachsdrehgestellen, das vordere war dabei durch die Verkleidung der Pflugschar verdeckt.

1. Bullaugen-Fenster über der Pflugschar **2.** Vordere Kupplungsstange **3.** Nietlöcher an der Frontschneide **4.** Schornstein **5.** Runde und rechteckige Fenster an der Kuppel **6.** Zugangsklappe zum Achslagergehäuse **7.** Achslagergehäuse, in dem sich das Achslager befindet **8.** Sekundärer Räumschild unter dem Fahrzeug **9.** Bremsklotz an der hinteren Achse **10.** Hinteres Drehgestell (Diamond-Drehgestell) **11.** Plattform hinter der Kabine **12.** Leitersprossen schließen Plattform nach hinten ab **13.** Kupplungsring an der Rückseite **14.** Absperrhahn **15.** Automatische Kupplung an der Rückseite

2

3

4

1

6

8

9

11

12
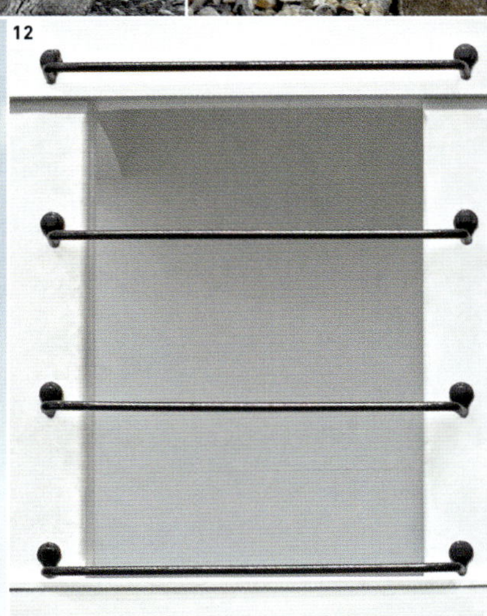
13

14

15

5

16

7

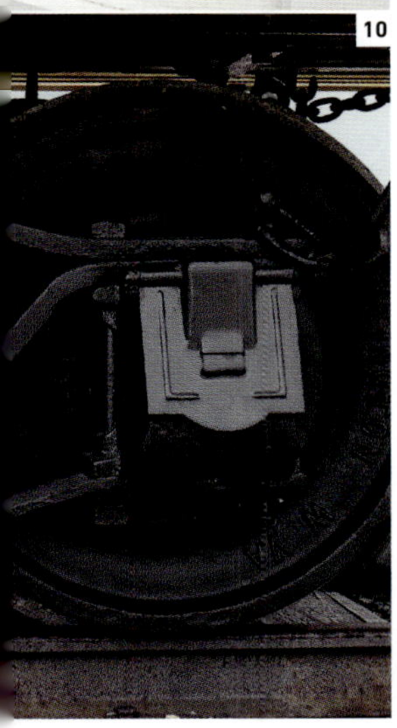

10

17

18

19

20

21

22

23

24

25

DER INNENRAUM

Die Vorderseite der Kabine war mit Stahlträgern verstärkt, um zu verhindern, dass die Mannschaft im Räumeinsatz zerquetscht wurde. Zur Ausstattung gehörten eine Handbremse, ein Luftdruckmesser, Stufen zur vorderen Kuppel sowie ein kohlegefeuerter Ofen, an dessen Oberseite eine Kante das Herunterrutschen von Töpfen verhinderte. Der unter dem Fahrzeug hängende Räumschild ließ sich manuell oder mit Druckluft heben oder senken, um Weichen und Bahnübergänge nicht zu beschädigen.

16. Innenansicht (Blick nach vorn) **17.** Federaufhängung des Räumschilds **18.** Druckluftbehälter und -leitung unter der Treppe **19.** Druckluftverstellung des Räumschilds **20.** Handbremsrad **21.** Handbremswelle mit Sperrmechanismus **22.** Luftdruckmesser für Bremse **23.** Kohleofen **24.** Abzeichen der Pennsylvania Railroad am Ofen **25.** Verzierter Türgriff

Zustellung in ganz Amerika

Die South Carolina Railroad beförderte bereits 1833 Post, der erste regelmäßige Postdienst begann in den USA jedoch erst zwei Jahre später bei der Baltimore & Ohio. Im Juli 1838 genehmigte der US-Kongress die Postbeförderung auf allen Eisenbahnlinien und bescherte den Bahngesellschaften damit beträchtliche Einnahmen durch die US-Postverwaltung.

1862 unterzeichnete US-Präsident Abraham Lincoln das Gesetz zum Bau einer 3084 km langen Strecke zwischen Omaha, Nebraska, und Sacramento, Kalifornien, um Menschen, Güter und die dringend benötigte Post in die westlichen Gebiete zu befördern. Im selben Jahr vereinheitlichte die Regierung den Postverkehr im Railway Mail Service, und es entstanden eigene Postwagen (Railway Post Office, RPO). Der erste dauerhafte RPO-Dienst verband Chicago, Illinois, und Clinton, Iowa. Mit der Fertigstellung der Transkontinentalbahn westlich des Missouri 1869 konnten Postwagen die USA in ihrer gesamten Breite befahren. Auf dem Höhepunkt ihres Einsatzes bedienten Postwagen über 9000 Routen mit mehr als 320 000 km.

In den USA fuhr auch der erste Postexpress: Er verließ am 16. September 1875 die Grand Central Station in New York und erreichte Chicago in etwas mehr als 24 Stunden. Damit wurde er der Vorläufer der Nachtpostzüge auf der ganzen Welt.

Der Knotenbahnhof bei Nacht in diesem Currier & Ives-Druck von 1876 zeigt einige der Expresszugarten, die Post in die größeren Städte der USA brachten.

Bau großer Strecken
Canadian Pacific

Die 1886 eröffnete Canadian Pacific Railway war die erste Transkontinentalbahn Kanadas. Über die ausgedehnten Weiten der Prärien und durch die Rocky Mountains führte sie von Montreal am St.-Lorenz-Strom nach Vancouver an der Pazifikküste.

Durch die Rocky Mountains
Ein Reisezug mit mehreren Aussichtswagen mit und ohne Kanzel folgt dem Bow River auf der malerischen CP-Strecke durch den Banff-Nationalpark in die kanadischen Rockies.

1871 VERSPRACH DIE REGIERUNG des erst 1867 gegründeten Dominions Kanada der im Westen isolierten Provinz British Columbia, im Gegenzug für ihren Beitritt innerhalb von zehn Jahren eine Eisenbahn durch die Rocky Mountains zu bauen. Das Vorhaben nahm allerdings nur langsam Fahrt auf, 1880 waren erst 483 km gebaut worden.

1881 gründete jedoch eine Gruppe kanadischer Geschäftsleute die Canadian Pacific Railway (CPR, heute CP) und nahm mit finanzieller Unterstützung und Land der Regierung die Arbeiten im Osten und Westen wieder auf. Unter der Bauleitung von William Cornelius Van Horne, dem späteren Präsidenten der Bahngesellschaft, verlief der Streckenbau im Osten von Bonfield nördlich der Großen Seen aus langsam westwärts in Richtung Winnipeg. Den Anschluss der neuen Bahnstrecke von Bonfield nach Ottawa und Montreal im Osten hatten die Canadian Central Railway bzw. die Ontario & Quebec Railway bereits hergestellt, beide Strecken pachtete die CPR ab 1884.

Kolonisierung Kanadas
Einwanderern bot die CPR komplette Pakete aus Schiffs- und Bahnreise an.

Von Winnipeg aus ging der Bau westwärts über die weiten Ebenen von Saskatchewan bis nach Calgary am Fuß der Rocky Mountains weiter. Ab Calgary bauten chinesische Arbeiter die Bahn in die Rockies hinein nach Banff und erreichten 1884 den Kicking Horse Pass. Hier folgte ein starkes Gefälle den Big Hill hinunter, bevor die Bahn durch die Selkirk Range auf den Rogers Pass zu wieder anstieg. Westlich der Rockies baute man durch die Monashee Mountains bis zum Treffpunkt der beiden

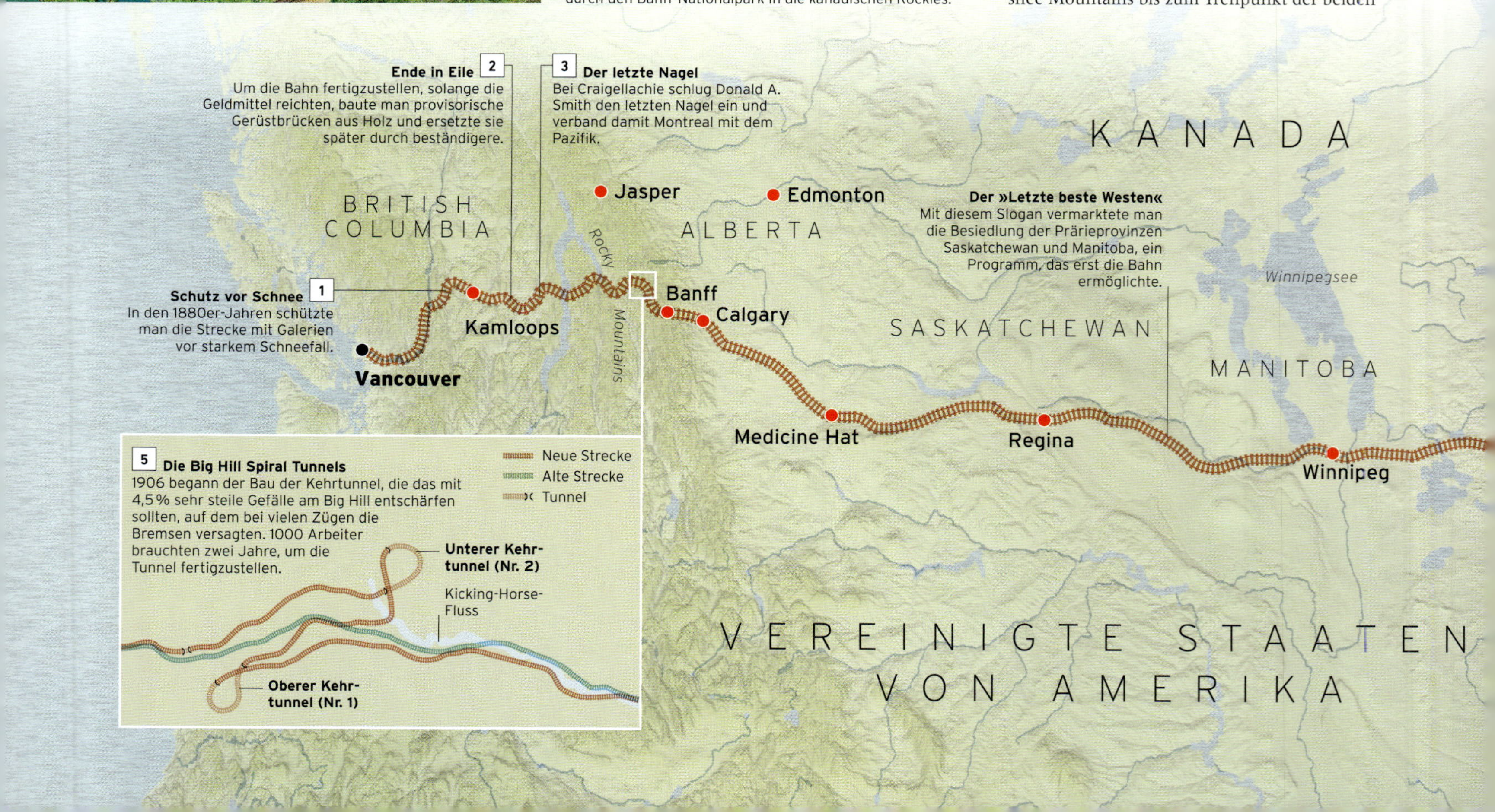

Über die kanadischen Prärien
Ein Zug durchquert die Prärie bei Morse in der Provinz Saskatchewan zwischen Regina und Medicine Hat. Beim Bau der Strecke stieß man in den Prärien auf Erdgasvorkommen.

Strecken bei Craigellachie; dort wurde 1885 feierlich der letzte Nagel eingeschlagen. Der erste transkontinentale Zug zwischen Montreal im Osten und Port Moody im Westen verkehrte erst 1886. Ein Jahr später wurde der westliche Endpunkt nach Vancouver verlegt. Angezogen von einem CPR-Paket, das die Passage auf einem CPR-Schiff, die Fahrt mit einem CPR-Zug sowie von der CPR verkauftes Land umfasste, strömten mit der neuen Eisenbahn bald Tausende Einwanderer aus Europa auf der Suche nach einem neuen Leben westwärts.

Den Big Hill mit seinen tückisch steilen Steigungen entschärfte man 1909 mit den Spiral Tunnels, zwei Kehrtunneln; auch der steile Anstieg zum Rogers Pass wurde 1916 mit der Eröffnung des Connaught Tunnel umgangen. Doch diese Bauwerke hatten ihren Preis und griffen außerdem in die Lebensbedingungen der Ureinwohner ein.

AUF EINEN BLICK

DATEN

1881 Beginn der Bauarbeiten bei Bonfield

1882 Fertigstellung der Zweigstrecke nach Thunder Bay

1885 3. November: letzter Nagel auf dem Abschnitt Oberer See; 7. November: letzter Nagel bei Craigellachie, BC

1886 28. Juni: Erster transkontinentaler Reisezug verlässt Dalhousie Station, Montreal.

1909 Öffnung der Spiral Tunnels am Kicking Horse Pass

1978 CP-Reisezugdienst wird von ViaRail übernommen

1990 Reisezug *The Canadian* wird über die Strecke der Canadian National Railways geführt.

ERSTER REISEZUG

Lokomotivtyp 2'B-Dampflokomotive (»American«)

Wagen 2 Gepäckwagen, 1 Postwagen, 1 2.-Klasse-Wagen, 2 Einwanderer-Schlafwagen, 2 1.-Klasse-Wagen, 2 Schlafwagen, 1 Speisewagen

REISEN

Montreal-Port Moody (1886) 4640 km, 6 Tage, 6 Nächte

Montreal-Vancouver (1963) 4648 km, 69 Stunden

STRECKENNETZ

Spurweite 1435 mm

Tunnel Connaught Tunnel 8 km, Spiral Tunnel Nr. 1 961 m, Spiral Tunnel Nr. 2 867 m

Brücken Stoney Creek Bridge 91 m hoch

Höchster Punkt Kicking Horse Pass 1627 m

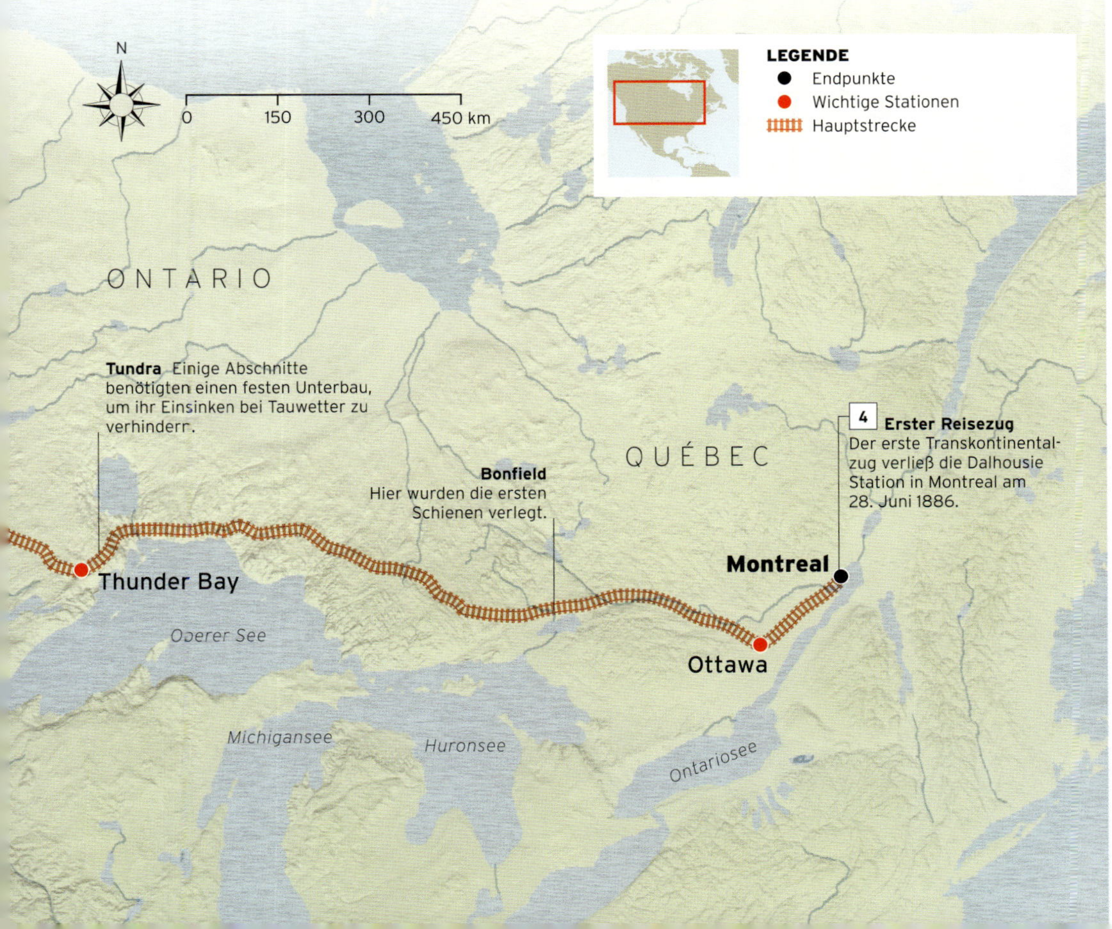

HÖHEN UND TIEFEN

In den Rocky Mountains war der Bau besonders gefährlich. Beim Bahnbau über tiefe Täler, steile Steigungen und durch den Fels hatten die Arbeiter mit rauem Gelände, der Gefahr von Waldbränden, heftigem Schneefall und Lawinen zu kämpfen.

1

2

3

4

5

Spezielle Dampflokomotiven

Die anfangs nur für den Kohletransport genutzten Eisenbahnen passte man bald an andere Aufgaben in der rasch expandierenden Industrie an. Schmalspurbahnen eigneten sich für Steinbrüche, Gießereien, Werften, Ziegeleien und militärische Einrichtungen. Hafenbahnen erforderten kleine, aber leistungsstarke Maschinen für den Einsatz an den Kais; in Chemie- und Munitionsfabriken umging man die von Funken ausgehende Gefahr durch feuerlose Lokomotiven. Für Bergbahnen entwickelte man geniale Lokomotiven und Gleise. Es gab nur wenige Orte, die eine Dampflokomotive nicht erreichen konnte.

◁ VRB Nr. 7, 1873

Achsfolge	Zahnradantrieb
Zylinder	2
Kesseldruck	12,8 bar
Raddurchmesser	644 mm
Geschwindigkeit	Etwa 8 km/h

Die von Niklaus Riggenbach entworfene und bei der Schweizerischen Lokomotivfabrik Winterthur (SLM) gebaute Nr. 7 war auf der Vitznau-Rigi-Bahn bei Luzern bis 1937 im Einsatz. Ihr stehender Kessel sorgte auch auf den starken Steigungen der ersten Zahnradbergbahn Europas stets für einen ausreichenden Wasserstand.

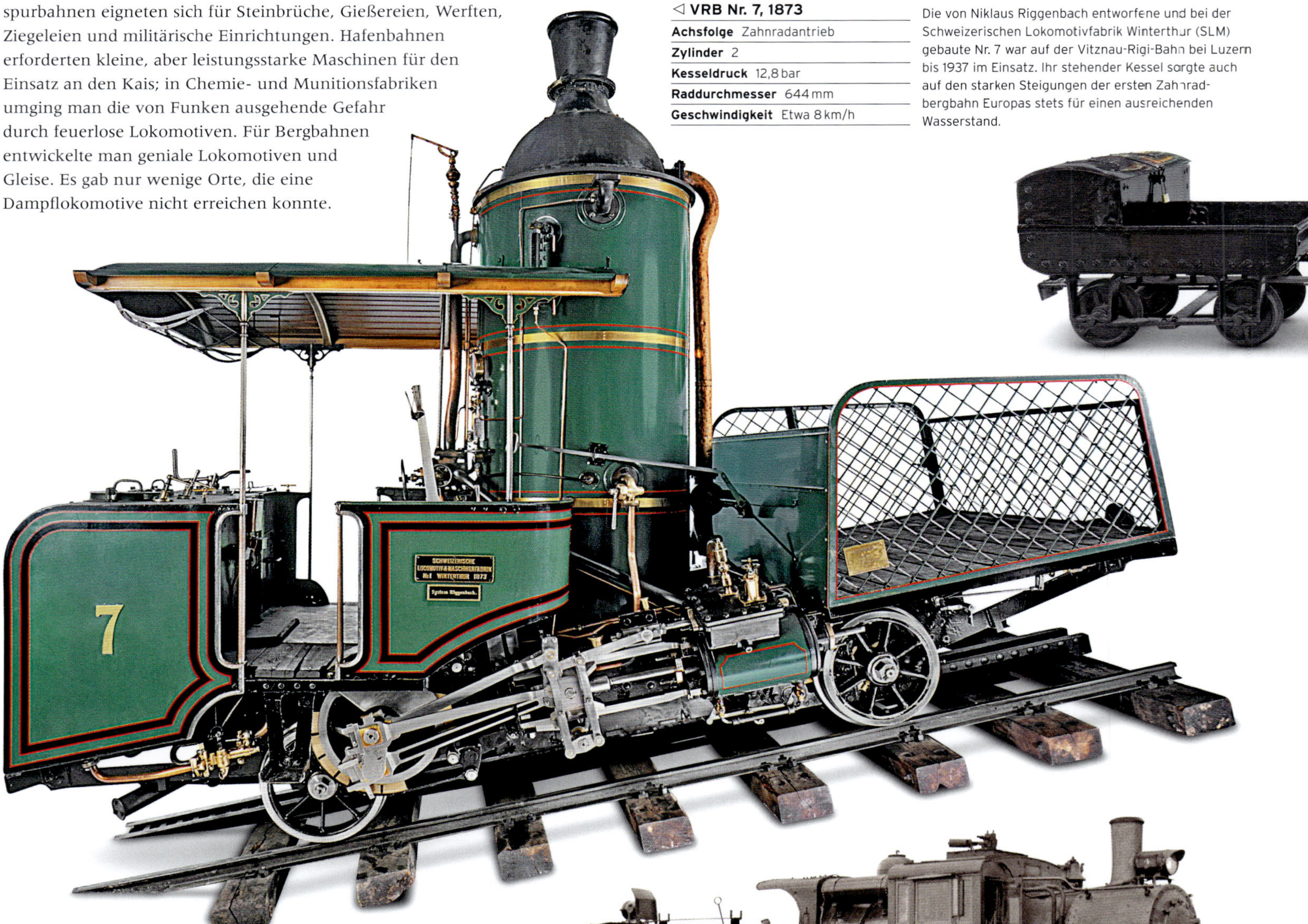

▷ SRR Reihe A-4 »Camelback«, 1877

Achsfolge	B
Zylinder	2
Kesseldruck	13,8 bar
Treibraddurchmesser	1270 mm
Geschwindigkeit	Etwa 32 km/h

Die Maschinen der Kohlenbahnen in Pennsylvania wurden mit billigem Anthrazitabfall gefeuert, der zur Verbrennung eine große Feuerbüchse erforderte. Dahinter war kein Platz für den Führerstand, den man nach vorn verschob: Das »Kamel« war geboren. Nr. 4 fuhr auf der Philadelphia & Reading Railroad sowie auf der Strasburg Railroad.

◁ FR Doppel-Fairlie Nr. 10 *Merddin Emrys*, 1879

Achsfolge	B'B't
Zylinder	4
Kesseldruck	11,0 bar
Treibraddurchmesser	813 mm
Geschwindigkeit	Etwa 56 km/h

Die nach den Grundsätzen von Robert Fairlie konstruierte *Merddin Emrys* war der erste Neubau aus der Werkstätte der Ffestiniog Railway. Die Gelenklokomotive mit Doppelkessel, zwei Feuerbüchsen und Triebdrehgestellen wurde mehrfach umgebaut.

△ LYR *Wren*, 1887

Achsfolge Bt
Zylinder 2
Kesseldruck 11,7 bar
Treibraddurchmesser 418 mm
Geschwindigkeit Etwa 8 km/h

Wren war eine von acht kleinen Satteltanklokomotiven, die die Lancashire & Yorkshire Railway auf dem 12 km langen 457-mm-Schmalspurnetz ihrer Werkstätte Horwich in Lancashire einsetzte. Die von Beyer Peacock & Co. in Manchester gebaute Maschine stand bis 1962 im Dienst.

TECHNIK

Kranlokomotiven

Die auf Werks- und Hafenbahnen aller Art eingesetzten Tenderlokomotiven mit Kranaufbau dienten zum Rangieren ebenso wie zum Verteilen von Lasten. Die Pallion-Werft im nordostenglischen Sunderland betrieb eine Flotte von fünf, in der nahe gelegenen Shildon-Eisenhütte in County Durham wurde die letzte ihrer Art in Großbritannien eingesetzt. Kranlokomotiven baute man v. a. im 19. Jh., eine für die North London Railway gebaute blieb jedoch bis 1951 im Einsatz.

Southern Railway Nr. 234S, 1881 Diese Kranlokomotive nutzte man in der Lokomotivwerkstätte Ashford, im Hafen Folkestone sowie in der Wagenwerkstätte Lancing. 1949 stellte man sie außer Dienst.

◁ Hunslet *Lilla*, 1891

Achsfolge Bt
Zylinder 2
Kesseldruck 8,3 bar
Treibraddurchmesser 660 mm
Geschwindigkeit Etwa 16-19 km/h

Lilla ist eine der 50 Satteltanklokomotiven, die die Hunslet Engine Co. in Leeds von 1870 bis 1932 für die Schiefersteinbrüche in Wales baute. 1957 im Penrhyn-Steinbruch außer Dienst gestellt, wird sie heute auf der Ffestiniog Railway in Nordwales erhalten.

◁ Hunslet *Linda*, 1893

Achsfolge B
Zylinder 2
Kesseldruck 9,7 bar
Treibraddurchmesser 660 mm
Geschwindigkeit Etwa 19-29 km/h

Die leistungsstärkere *Linda* stammt vom selben Hersteller wie *Lilla*. Der Penrhyn-Steinbruch setzte sie auf der »Hauptstrecke« von Bethesda nach Port Penrhyn bei Bangor in Wales ein. Bei der Ffestiniog Railway baute man *Linda* zur 1'B-Satteltanklok mit Schlepptender um.

▷ Sächsische IV K, 1892

Achsfolge B'B' n4v
Zylinder 4 (Verbund)
Kesseldruck 12,0/14,0/15,0 bar (Entwicklung innerhalb der Baureihe)
Treibraddurchmesser 760 mm
Geschwindigkeit Etwa 30 km/h

96 dieser Gelenkloks der Bauart Günther-Meyer mit zwei Triebdrehgestellen der in Deutschland häufigsten Schmalspurbaureihe (750 mm) erhielten die Königlich Sächsischen Staatseisenbahnen von 1892 bis 1921. 22 blieben erhalten.

Merddin Emrys

Die FR Doppel-Fairlie Nr. 10 *Merddin Emrys* verband hohe Zugkraft mit guter Kurvenläufigkeit. Von Robert Francis Fairlie entworfen und von der Ffestiniog Railway in Nordwales verfochten, konnten Gelenklokomotiven dieser Bauart dank ihrer Triebdrehgestelle und flexiblen Dampfleitungen auch enge Kurven durchfahren. Auf Fairlies Patent beruhende Konstruktionen kamen auch in Russland, Mexiko, Deutschland, Kanada, Australien und den USA zum Einsatz.

AM 21. JULI 1879, fast zehn Jahre nach dem Eintreffen der ersten von Robert Fairlies Doppellokomotiven bei der Ffestiniog Railway (FR), rollte *Merddin Emrys* aus der bahneigenen Werkstätte Boston Lodge. Die von G. P. Spooner nach Fairlies Grundsätzen konstruierte Nr. 10 *Merddin Emrys* war die dritte Doppel-Fairlie der FR und wird heute noch dort eingesetzt. Die Lokomotive konnte gut 80 t schwere Lasten von Porthmadog bergauf zu den 21 km entfernten Schiefersteinbrüchen von Blaenau Ffestiniog schleppen. Einige dieser beachtlichen Züge waren bis zu 400 m lang.

Der Doppelkessel der Fairlie hatte in der Mitte zwei getrennte Feuerbüchsen. Anders als bei konventionellen Dampflokomotiven lag der Kessel nicht auf einem starren Rahmen, sondern Kessel und Aufbau der Doppel-Fairlie ruhten an jedem Ende auf Triebdrehgestellen mit kurzem Radstand, die über flexible Dampfleitungen versorgt wurden. Aufgrund der Drehgestelle konnte die Lokomotive enge Kurven besser durchfahren. Lokführer und Heizer standen im Führerhaus getrennt, zwischen ihnen lagen die Feuerbüchsen. Die Dampferzeugung ließ sich für beide »Enden« der Lokomotive getrennt regeln.

BERGSEITE

TALSEITE

Sechs der Besten
Die 1836 fertiggestellte Ffestiniog Railway nutzte sechs »Doppel-Fairlies« der Achsfolge B'B't für den Transport von Schiefer aus Blaenau Ffestiniog nach Porthmadog, Nordwales.

TECHNISCHE DATEN			
Baureihe	FR Doppel-Fairlie	**Einsatz**	1879–heute (Merddin Emrys)
Achsfolge	B'B't	**Zylinder**	4
Herkunft	Großbritannien	**Kesseldruck**	11,0 bar
Hersteller	R. Fairlie/G.P. Spooner/FR	**Treibraddurchmesser**	813 mm
Stückzahl	6 (2 dieses verbesserten Typs)	**Geschwindigkeit**	56 km/h

Doppelrolle
Der Heizer einer Doppel-Fairlie hat mit zwei Feuerbüchsen die doppelte Arbeit. Um den einzelnen Kessel mit gemeinsamem Wasserraum auf dem erforderlichen Betriebsdruck zu halten, müssen beide Feuerbüchsen beschickt werden.

DAS ÄUSSERE

Die *Merddin Emrys* sieht heute zwar aus wie zur viktorianischen Zeit, ist tatsächlich aber fast eine neue Lokomotive. 1970 erhielt sie einen neuen Kessel, der ihr ein wuchtigeres, weniger traditionelles Aussehen verlieh. 1973 wurde sie von Kohle- auf Ölfeuerung umgebaut, 1984 benötigte sie eine weitere Instandsetzung. Man entschied, sie wieder in den Zustand von 1879 zu versetzen, behielt aber den größeren Aufbau nach dem erweiterten Lichtraumprofil der Ffestiniog Railway bei. Die »neue« Lokomotive wurde 1988 vorgestellt, musste aber 2005 erneut überholt werden. 2007 stellte man *Merddin Emrys* wieder auf Kohlefeuerung um.

1. Namensschild **2.** Rauchkammertür **3.** Wassereinfüllöffnungen **4.** Nummernschild an der Rauchkammer **5.** Sandkasten **6.** Pfeife auf der Bergseite **7.** Schmieranlage **8.** Handhebel der Umsteuerung am Kessel **9.** Kreuzkopf **10.** Handbremskurbel am Kessel **11.** Kohlenkasten auf der Talseite **12.** Talseitiges Triebdrehgestell auf der Führerseite **13.** Kreuzkopf und Zylinder **14.** Treibradoberseite **15.** Tachometerantrieb **16.** Kleine Dampfpfeife **17.** Mittelpufferkupplung (norwegische Bauart«)

1

2

3

4

10

11

12

18

19

20

21

22

IM FÜHRERHAUS

Wegen der beiden großen Feuerbüchsen in der Mitte des Führerhauses müssen Lokführer und Heizer getrennt auf beiden Seiten der Lok auf beengtem Raum stehen. Der Lokführer verfügt über einen Umsteuerhebel und zwei Reglerhebel, mit denen er die Dampfzufuhr zu den beiden Triebdrehgestellen steuert. Aufgrund der Auslegung und Anbringung der Hebel lassen sich beide Regler gleichzeitig mit einer Hand bedienen. Auf der Heizerseite liegen zwei Feuertüren, für jede Feuerbüchse eine, sowie Messgeräte für jeden der beiden Kessel. Die Kohlenkästen liegen innerhalb der Wasserkästen auf der Heizerseite.

18. Feuerbüchse (Talseite) **19.** Wasserstandsanzeiger **20.** Kesseldruckmesser **21.** Absperrventil (Bergseite) **22.** Kohlenentnahme **23.** Saugluftpumpe, Dampfbremse und Strahlpumpe **24.** Löseventil der Saugluftbremse **25.** Strahlpumpe und Schlabberventil (Bergseite) **26.** Feuertür (Bergseite)

Die Welt schrumpft

Nach der Einführung von Dampflokomotiven für den Schiefertransport auf der schmalspurigen Ffestiniog-Bahn in Wales 1863 waren weltweit Schmalspurbahnen entstanden. Derartige Strecken eigneten sich für Bergregionen, da sie billiger und mit engeren Kurven und steileren Steigungen zu bauen waren. In den 1870er-Jahren baute man in Indien die erste Lokomotive mit aus Großbritannien importierten Teilen, 1872 eröffnete die erste Eisenbahn in Japan. Anderswo führte man große Lokomotiven ein, die Massenproduktion von Güterzuglokomotiven hatte begonnen.

◁ **Japanische Nr. 1, 1871/72**

Achsfolge 1Bt
Zylinder 2
Kesseldruck 9,7 bar
Treibraddurchmesser 1320 mm
Geschwindigkeit Etwa 48 km/h

Die bei der britischen Vulcan Foundry 1871 gebaute Nr. 1 war die erste Dampflokomotive für die 1872 eröffnete erste öffentliche Eisenbahn Japans zwischen Tokio und Yokohama. Ab 1880 fuhr sie bei anderen japanischen Eisenbahnen, 1930 stellte man sie außer Dienst. Heute steht sie im Eisenbahnmuseum Saitama.

△ **Indische Reihe F, 1874**

Achsfolge C
Zylinder 2
Kesseldruck Etwa 9,7 bar
Treibraddurchmesser Etwa 1448 mm
Geschwindigkeit Etwa 48 km/h

Die Reihe F1 war aus der 1874 eingeführten britischen Reihe F mit 1000 mm Spurweite für gemischten Verkehr abgeleitet. Nr. 734 war die erste in Indien aus importierten Teilen montierte Lokomotive. Sie fuhr ab 1895 auf der Rajputana Malwa Railway und steht heute im National Rail Museum in Neu-Delhi.

▷ **V&TRR Nr. 20 *Tahoe*, 1875**

Achsfolge 1'C
Zylinder 2
Kesseldruck 9,0 bar
Treibraddurchmesser 1220 mm
Geschwindigkeit Etwa 48 km/h

Die von Baldwin in Philadelphia 1875 gebaute Nr. 20 *Tahoe* war bei der Virginia & Truckee Railroad in Nevada bis 1926 im Einsatz. Während des Zweiten Weltkriegs stellte man die 38 t schwere Lokomotive vorübergehend wieder in Dienst. Inzwischen wieder aufgearbeitet, steht sie heute im Railroad Museum of Pennsylvania in Strasburg.

WISSENSWERTES

Wagen des Prince of Wales

Der elegante zweiachsige Wagen entstand 1875 in der Werkstätte Agra der meterspurigen Rajputana Malwa Railway. Er wurde extra für den Besuch des damaligen Prince of Wales (dem späteren König Eduard VII.) in Indien 1877 gebaut, als der Prinz zur Proklamation seiner Mutter, Königin Victoria, zur Kaiserin von Indien nach Delhi reiste. Heute steht der Wagen mit seiner erhalten gebliebenen ursprünglichen Ausstattung im National Rail Museum in Neu-Delhi.

Königliches Transportmittel Der einzigartige Wagen hat an den Stirnseiten Balkons mit Sitzen für vier bewaffnete Wächter. Die Längsseiten tragen Sonnenblenden und die Wappen der britischen Krone.

△ **DHR Reihe B, 1889**

Achsfolge Bt
Zylinder 2
Kesseldruck 9,7 bar
Treibraddurchmesser 660 mm
Geschwindigkeit Etwa 32 km/h

Insgesamt 34 dieser Lokomotiven entstanden bei Sharp, Stewart & Co. und anderen Herstellern von 1889 bis 1927 für die indische Darjeeling Himalayan Railway mit 610 mm Spurweite. Einige von ihnen befahren nach wie vor die Steilstrecken, die 1999 von der UNESCO zum Welterbe erklärt wurden.

▷ **FR Single-Fairlie *Taliesin*, 1876**

Achsfolge B'2't
Zylinder 2
Kesseldruck 10,3 bar
Treibraddurchmesser 813 mm
Geschwindigkeit Etwa 32 km/h

Die von der Vulcan Foundry für die Ffestiniog Railway in Nordwales gebaute Single-Fairlie *Taliesin* mit 597 mm Spurweite zog Schiefer- und Personenzüge zwischen Blaenau Ffestiniog und Porthmadog. 1935 wurde sie außer Dienst gestellt und verschrottet. Ein betriebsfähiger Nachbau mit einigen Teilen der Originallokomotive entstand 1999 in der FR-Werkstätte Boston Lodge.

△ **Russische Reihe O, 1890**

Achsfolge D
Zylinder 2
Kesseldruck 10,8–14,7 bar
Treibraddurchmesser 1200 mm
Geschwindigkeit Etwa 56 km/h

Über 9000 Güterzuglokomotiven der russischen Reihe O wurden von 1890 bis 1928 gebaut, damit ist sie die am zweithäufigsten gebaute Dampflokomotive der Welt. Im Ersten Weltkrieg, im Russischen Bürgerkrieg und im Zweiten Weltkrieg kamen gepanzerte Versionen zum Einsatz.

▷ **CGR Reihe 7, 1892**

Achsfolge 2'D
Zylinder 2
Kesseldruck 11,0–12,4 bar
Treibraddurchmesser 1080 mm
Geschwindigkeit Etwa 56 km/h

38 dieser leistungsstarken Güterzugloks wurden 1892 in Schottland für die südafrikanische Cape Government Railway mit 1067 mm Spurweite gebaut. Auf den neu gebildeten South African Railways waren sie ab 1912 bis zur Außerdienststellung 1972 im Einsatz. Einige fuhren bei der sambesischen Zambesi Saw Mills Railway.

DHR Reihe B Nr. 19

Wenn je eine Lokomotivbaureihe eine Bahnstrecke definiert hat, dann die Reihe B der Darjeeling Himalayan Railway. Jahrzehntelang beförderten diese kleinen, aber starken Maschinen Züge auf der im Reibungsbetrieb befahrenen Gebirgsbahn aus den Ebenen Nordwestindiens durch Teeplantagen hindurch zur Bergstation Darjeeling. Die idyllische Landschaft inspirierte zu poetischen Bezeichnungen wie »halb im Himmel« und »Eisenbahn zu den Wolken«.

DIE ERSTEN VIER Lokomotiven dieser Baureihe kamen 1889 von Sharp, Stewart & Company aus Großbritannien. Bis 1927 entstanden weitere 25 bei der North British Locomotive Company in Glasgow, bei den Baldwin Locomotive Works in Philadelphia, USA, sowie in der bahneigenen Werkstätte Tindharia. Fünf separate Maschinen gingen 1925 an die Raipur Forest Tramway. Nach jahrzehntelangem Betrieb gab man vier der DHR-Lokomotiven 1970 an die Werkbahn der Tipong-Kohlengrube ab. Auch heute sind noch einige der Loks bei der DHR im Einsatz, andere sind Ausstellungsstücke in ganz Indien, eine wurde 2002 an die Matheran Hill Railway abgegeben.

Nr. 19 der B-Reihe kaufte 1962 ein amerikanischer DHR-Liebhaber. Nachdem sie mehrere Jahre abgestellt war, kaufte ein britischer Liebhaber die Lokomotive und setzte sie für den Einsatz auf der privaten Beeches Light Railway in Oxfordshire wieder instand.

VORDERANSICHT DER LOKOMOTIVE

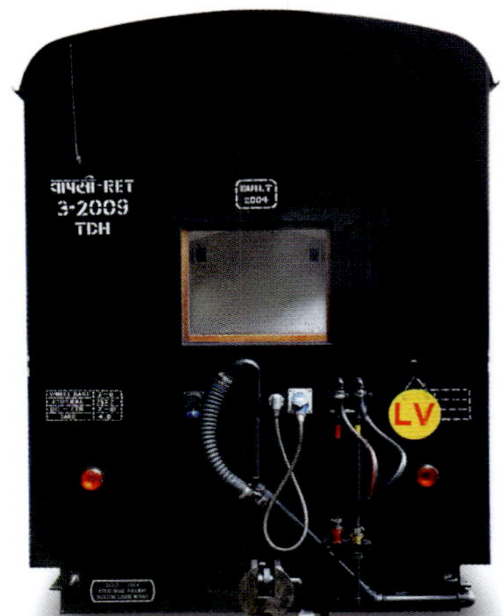

RÜCKANSICHT DES BREMSWAGENS

TECHNISCHE DATEN	
Baureihe	B
Achsfolge	Bt
Herkunft	Großbritannien
Hersteller	Sharp, Stewart & Co.
Stückzahl	34
Einsatz	1889–heute (Nr. 19)
Zylinder	2
Kesseldruck	9,7 bar
Treibraddurchmesser	660 mm
Geschwindigkeit	Etwa 32 km/h

Aufwärts
Die von der indischen Northeast Frontier Railway (NF) verwaltete DHR ist 78 km lang; sie steigt von 100 m über NN in New Jalpaiguri auf 2200 m in Darjeeling. Mit zwei anderen indischen Gebirgsbahnen gehört sie zum UNESCO-Welterbe.

Ursprünglicher Kessel
Obwohl die B-Reihe Nr. 19 für den Einsatz in Großbritannien überholt wurde, hat sie noch ihren ursprünglichen Kessel Baujahr 1889. Dies ist bemerkenswert, weil es bei derart alten Lokomotiven selten der Fall ist.

DAS ÄUSSERE

Der kurze Radstand der Reihe B ist ideal für die kurvenreiche DHR-Strecke. Das Personal der DHR-Züge mit zwei Wagen besteht in der Regel aus Lokführer und Heizer, Kohlenbrecher, der im Kohlenkasten vor dem Führerhaus mitfährt, zwei »Sandern« vorn, die nasse Schienen sanden, sowie pro Wagen einem Schaffner und Bremser.

1. Nummernschild in Englisch und Hindi **2.** Scheinwerfer und Schornstein **3.** Verzierung an der Rauchkammertür **4.** Mittelpufferkupplung »norwegischer« Bauart wie bei der Ffestiniog Railway **5.** Entwässerungsventil der Rauchkammer **6.** Messingschmiergefäß für Zylinderstopfbuchse **7.** Wasserkastendeckel **8.** Sicherheitsventile auf dem Dampfdom **9.** Zylindervorderseite **10.** Zylinderblock mit Zylinder (unten) und Schieberkasten (oben) **11.** Ursprünglicher Sandkasten **12.** Generator für Scheinwerfer und Führerhausbeleuchtung **13.** Rückschlagventil und Messingöler für Achslagergehäuse **14.** Absperrventil am Dom für Dampfzufuhr zum Führerbremsventil der Saugluftbremse **15.** Schmieranlage für die Zylinder **16.** Vorderachse mit linkem Kreuzkopf **17.** Rechte Tragfeder an der Hinterachse **18.** Lager der linken Treib- und Kuppelstange **19.** Moderner Sandkasten auf der Oberseite (im Kohlenkasten) **20.** Oberseite der Lokomotive mit leerem früheren Kohlenkasten **21.** »Dampfbrunnen« und Pfeife an der Vorderseite des Führerhauses **22.** Griffstange am Tender

1

2

8

9

3

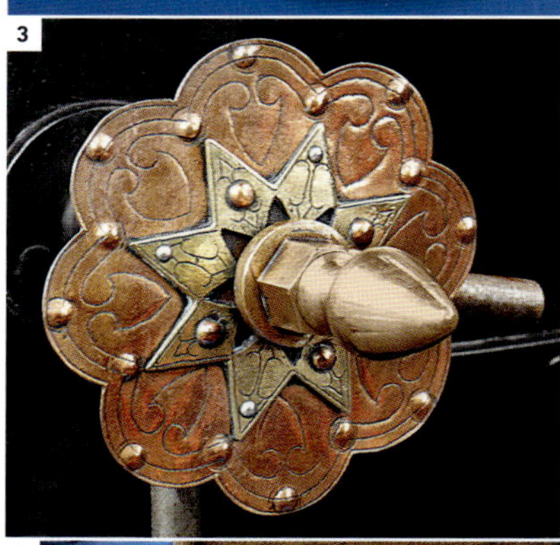

4

5

16

6

7

17

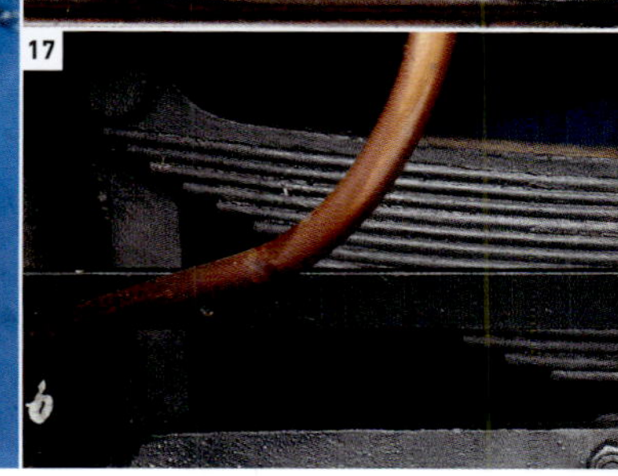

10

12

14

11

13

15

18

19

21

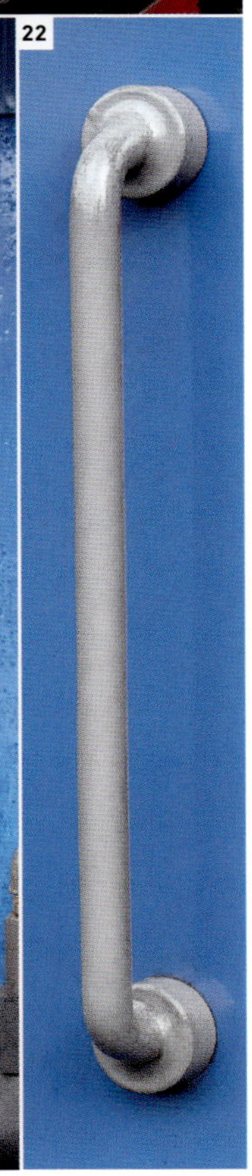
22

20

IM FÜHRERHAUS

Mit dem Lokführer auf der rechten und dem Heizer auf der linken Seite zieht die Lokomotive in Indien den Zug bergauf mit dem Schornstein voraus. Bei der Talfahrt fährt sie ebenfalls an der Zugspitze, aber mit dem Führerhaus voraus. Daher ist das Personal bei schlechtem Wetter ungeschützt. Da die DHR einen Großteil der Strecke neben oder auf der Straße fährt, muss der Lokführer bei den vielen Kreuzungen häufig von der Pfeife Gebrauch machen.

1. Führerhaus mit Feuertür unten und Handbremse links **2.** Wasserstandsanzeiger **3.** Luftdruckmesser für Luftbehälter auf dem Tender **4.** Dampfventile für »Bläser« (oben) und Strahlpumpe auf der Führerseite (unten) **5.** Kesselrückwand mit Regler **6.** Schaugläser für Kesselwasserstand **7.** Kesseldruckmesser (links), Schieberkastendruckmesser (rechts) **8.** Saugluft-Führerbremsventil **9.** Handhebel der Umsteuerung **10.** Druckluft-Führerbremsventil **11.** Zugangstür zum Tender hinter dem Führerhaus **12.** Leerer Tender hinter dem Führerhaus

4

5

6

1

7

8

9

10

2

3

12

11

13

PERSONENWAGEN

Die Wagen zu Nr. 19 sind Nachbauten von Wagen, die 1967 für die DHR beschafft wurden. Einer ist ein Sitzwagen mit 29 Plätzen, der andere ein kombinierter Brems-/Sitzwagen mit Schaffnerabteil. Nach Abschaffung der 3. Klasse wurden die Sitzplätze als 2. Klasse deklariert.

13. Innenansicht des ersten Wagens **14.** Deckenleuchte **15.** Notbremse **16.** Lautsprecher **17.** Warnhinweis für Schwarzfahrer **18.** Türgriff **19.** Griff zum Öffnen des Fensters **20.** Holzbänke **21.** Innenansicht des Bremswagens **22.** Schaffnerabteil hinten im Bremswagen **23.** Schaffner-Notbremsventil der Saugluftbremse **24.** Lichtschalter im Schaffnerabteil **25.** Handbremse des Schaffners **26.** Vakuummesser für Saugluftbremse **27.** Druckmesser für Bremsluftbehälter **28.** Druckmesser für Druckluftbremsleitung **29.** Anschrift auf der Wagenaußenseite in Englisch und Hindi mit Abkürzung NF: Northeast Frontier Railway (Indien) **30.** Außenansicht mit Türgriff und Griffstange

14

15

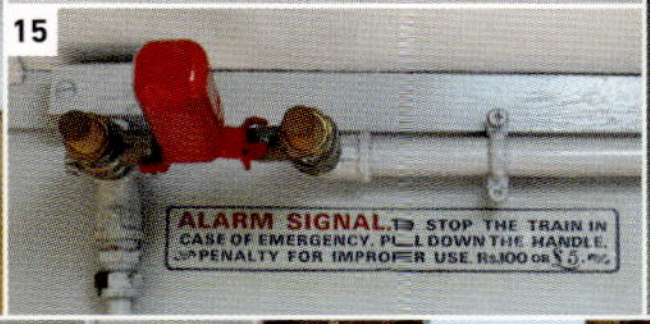

16

17

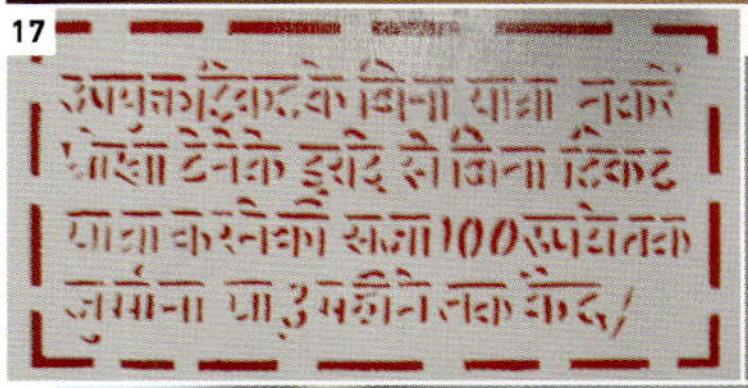

18

19

20

21

22

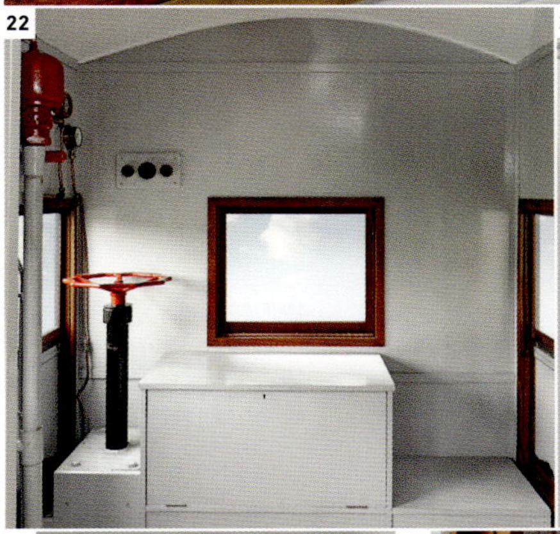

23

26

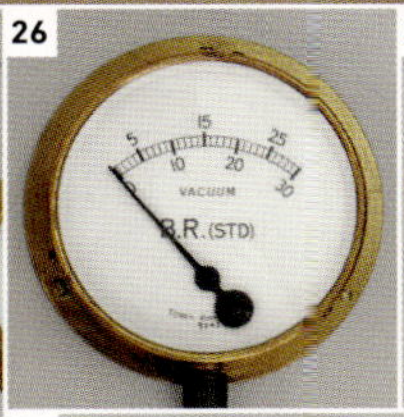

27

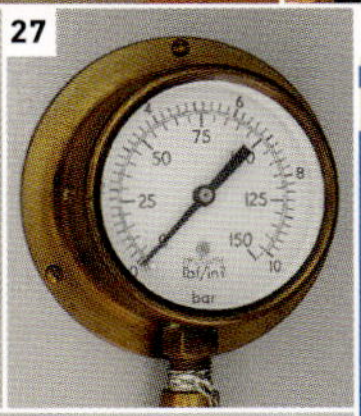

29

28

30

24

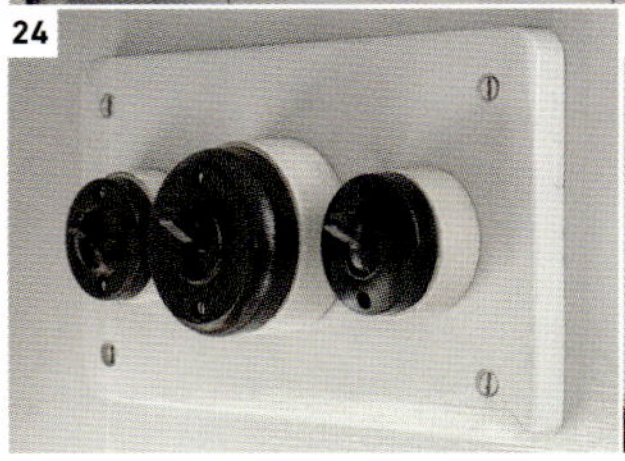

25

Paul Loeff
Siemens & Halske
Berlin.

Die erste elektrische Eisenbahn

Obwohl er wie eine Parkeisenbahn in einem Vergnügungspark aussieht, war dieser Zug der Vorläufer aller heutigen elektrischen Züge. Entwickelt hatte ihn der später geadelte Werner Siemens, ein erfolgreicher Elektroingenieur und Pionier des Elektroantriebs; vorgestellt wurde der Zug auf der Berliner Gewerbeausstellung 1879.

Frühere Versuche hatten elektrischen Strom in Batterien gespeichert mitgeführt, wodurch die Einsatzmöglichkeiten begrenzt waren. Siemens bezog den 150-V-Gleichstrom für seinen 2,2-kW-Motor dagegen aus einer zwischen den Fahrschienen verlegten dritten Stromschiene, die Fahrschienen dienten als Rückleitung. Der Zug fuhr vier Monate lang und beförderte 90 000 Personen trotz der nur mit 7 km/h angegebenen Geschwindigkeit; er soll allerdings bis zu 13 km/h erreicht haben.

GRUNDLAGE FÜR DEN ERFOLG

Dieser Versuchszug sollte die Zukunft der Eisenbahnen bestimmen. Zwar ersetzte man die Strom führenden Schienen später durch die sicherere und wirtschaftlichere Oberleitung, doch ermöglichte der Erfolg des Zugs Siemens ab 1881 den Aufbau und Betrieb einer elektrischen Straßenbahn in Lichterfelde bei Berlin. Diese beiden wegbereitenden Konstruktionen, die Siemens mit seinem Partner, dem Mechaniker und Maschinenbauer Johann Halske, schuf, bildeten die Grundlage des bis heute weltweit tätigen Elektrokonzerns Siemens.

Besucher der Berliner Gewerbeausstellung von 1879 befuhren mit dem elektrischen Zug von Siemens & Halske einen 300 m langen Rundkurs.

1895–1913

DAS GOLDENE ZEITALTER

DAS GOLDENE ZEITALTER

Eine der ältesten Bahngesellschaften der Welt wies den Weg, als sie 1895 ihre erste elektrifizierte Hauptstrecke in Betrieb nahm. Um die durch den Lokomotivrauch entstehenden Probleme zu vermeiden, rüstete die 1830 gegründete Baltimore & Ohio Railroad ihren Howard Street Tunnel in Baltimore mit einer Stromschiene unter der Decke aus. Keine zehn Jahre später erzielte 1903 ein deutscher Elektrotriebwagen auf einer Militäreisenbahnstrecke einen neuen Geschwindigkeitsrekord.

In dieser Epoche kam auch die ölgefeuerte Lokomotive mit Kompressionszündung auf, ein Vorläufer der späteren Dieseltraktion. Doch Dampflokomotiven trugen immer noch die Hauptlast des Betriebs, und weltweit arbeiteten Ingenieure daran, die Effizienz des Dampfantriebs zu steigern. In Großbritannien bestimmte George Jackson Churchward die Zukunft der Dampftraktion, als er bei der Great Western Railway Lokomotivbaureihen mit standardisierten Teilen einführte, ein Konzept, das auf Ideen aus dem Ausland beruhte. Die rasant wachsenden Städte ließen Untergrundbahnen entstehen, die symbolhafte Metro in Paris und die New Yorker Subway nahmen zu dieser Zeit ihren Betrieb auf.

Zu den Ingenieurleistungen zählten die 1905 fertiggestellte Sambesibrücke an den Victoriafällen in Afrika sowie der 1906 eröffnete Simplontunnel. Er verbindet unter den Alpen hindurch die Schweiz mit Italien und war mit rund 20 km Länge der damals längste Tunnel der Welt.

△ **Pariser Metro im Stil der Zeit**
Die Eingänge der 1900 eröffneten Pariser Metro wurden dem Geschmack der Zeit entsprechend im Jugendstil gestaltet.

»Bahnhöfe … sind unsere Tore **zum Glanzvollen und Unbekannten.** Durch sie ziehen wir zu **Abenteuer und Sonnenschein,** zu ihnen, ach, kehren wir wieder zurück.**«**

E. M. FORSTER, BRITISCHER SCHRIFTSTELLER

◁ **Die Forth-Brücke** schuf eine direkte Verbindung London-Aberdeen und eröffnete 1895 ein zweites »Rennen nach Norden«.

Wichtige Ereignisse

- ▷ **1895** In den USA beginnt die elektrische Zugförderung mit der Elektrifizierung des Howard Street Tunnels der Baltimore & Ohio Railroad.
- ▷ **1896** Entwicklung der ersten britischen Lokomotive mit Kompressionszündung, der Vorläuferin der heutigen Diesellokomotive
- ▷ **1896** Fertigstellung der ersten U-Bahn-Linie auf dem europäischen Festland in Budapest
- ▷ **1900** Eröffnung des ersten Abschnitts der Pariser Metro
- ▷ **1902** Die innovative 2'C der Great Western Railway von George Jackson Churchward gibt die Richtung britischer Lokomotivkonstruktionen vor.
- ▷ **1902** Fertigstellung der ersten Linie der Berliner Untergrundbahn
- ▷ **1902** Die New York Central Railroad führt den luxuriösen Nachtschnellzug *20th Century Limited* ein.
- ▷ **1903** Ein deutscher Elektroversuchstriebwagen erreicht 210 km/h.
- ▷ **1904** Eröffnung des ersten Abschnitts der New Yorker Subway
- ▷ **1906** Der Simplontunnel verbindet die Schweiz mit Italien.

△ **Jura-Simplon-Bahn**
Ein Fahrplan der Jura-Simplon-Bahn von 1900. 1895 stellte die Bahngesellschaft das ehrgeizige Projekt eines Tunnels unter dem Simplonpass vor.

- ▷ **1909** Fertigstellung der ersten Gelenkdampflokomotive der Bauart Beyer-Garratt
- ▷ **1912** Die Preußischen Staatseisenbahnen erproben eine Großdiesellokomotive.

Britische Schnellzuglokomotiven

In dieser Epoche der Eisenbahngeschichte kam es bei Konstruktion und Bau britischer Schnellzugdampflokomotiven zu beträchtlichen Fortschritten. Häufig aus anderen Ländern übernommene Neuerungen wie Verbundtriebwerke mit Hoch- und Niederdruckzylindern, größere Kessel mit höherem Kesseldruck, Überhitzung und mehr Achsen trugen alle zur höheren Wirksamkeit der Lokomotiven bei. Auf den britischen Hauptstrecken konnten diese eleganten Maschinen längere und schwerere Züge schneller befördern.

△ MR Reihe 115, 1896

Achsfolge	2'A1
Zylinder	2 (innen liegend)
Kesseldruck	11,7 bar
Treibraddurchmesser	2370 mm
Geschwindigkeit	Etwa 145 km/h

Die von Samuel W. Johnson entworfenen Schnellzuglokomotiven entstanden bis 1899 in der Werkstätte Derby der Midland Railway. Wegen ihrer großen Treibräder, die zum Schleudern neigten, wurde sie »Spinnmaschine« genannt.

△ GNR Reihe C2 »Kleine Atlantic«, 1898

Achsfolge	2'B1'
Zylinder	2 (innen liegend)
Kesseldruck	11,7 bar
Treibraddurchmesser	2370 mm
Geschwindigkeit	Etwa 145 km/h

Nr. 990 *Henry Oakley* war die erste von 22 Schnellzuglokomotiven der Reihe C1 (Spitzname »Klondyke«) von Henry Ivatt, die in der Werkstätte Doncaster der Great Northern Railway entstanden. Später bei der London & North Eastern Railway wurde diese Version mit kleinerem Kessel als C2 eingereiht.

◁ LSWR Reihe T9, 1899

Achsfolge	2'B
Zylinder	2 (innen liegend)
Kesseldruck	12,1 bar
Treibraddurchmesser	2000 mm
Geschwindigkeit	Etwa 137 km/h

Die als »Greyhounds« bezeichneten 66 Reisezuglokomotiven der Reihe T9 wurden von 1899 bis 1901 gebaut. Dugald Drummond hatte sie für die London & South Western Railway entwickelt.

◁ MR Verbundlok Reihe 1000, 1902

Achsfolge 2'B
Zylinder 3 (1 Hochdruckzylinder innen, 2 Niederdruckzylinder außen)
Kesseldruck 15,2 bar
Treibraddurchmesser 2134 mm
Geschwindigkeit Etwa 137 km/h

45 dieser von Samuel W. Johnson konstruierten Schnellzuglokomotiven mit Verbundtriebwerk baute die Werkstätte Derby der Midland Railway ab 1902.

▷ LNER Reihe C1 »Große Atlantic«, 1902

Achsfolge 2'B1'
Zylinder 2
Kesseldruck 11,7 bar
Treibraddurchmesser 2030 mm
Geschwindigkeit Etwa 145 km/h

94 dieser aus der »Kleinen Atlantic«-Reihe C2 der Great Northern entwickelten Schnellzugloks mit größerem Kessel baute die Werkstätte Doncaster von 1902 bis 1910. Nach der Übernahme durch die London & North Eastern Railway behielten sie zur Unterscheidung von den kleineren Maschinen ihre Bezeichnung C1.

▽ GWR Reihe 3700 (City-Reihe), 1902

Achsfolge 2'B
Zylinder 2 (innen liegend)
Kesseldruck 13,8 bar
Treibraddurchmesser 2030 mm
Geschwindigkeit Etwa 161 km/h

Zwischen 1902 und 1909 baute die Werkstätte Swindon der Great Western Railway 20 dieser von George Churchward entworfenen Schnellzuglokomotiven. Nr. 3440 *City of Truro* soll 1904 als erste Dampflokomotive 100 Meilen/h (161 km/h) erreicht haben.

◁ GWR Reihe 4000 (Star-Reihe), 1907

Achsfolge 2'C
Zylinder 4 (2 innen, 2 außen)
Kesseldruck 15,5 bar
Treibraddurchmesser 2030 mm
Geschwindigkeit Etwa 145 km/h

73 Schnellzugmaschinen der Star-Reihe, ein weiterer Entwurf von George Churchward, entstanden von 1907 bis 1923 in der Werkstätte Swindon der Great Western Railway. Der Prototyp, Nr. 4, erhielt den Namen *North Star* und später die Nummer 4000. Die hier gezeigte Nr. 4005 *Polar Star* stand bis 1934 im Dienst.

Britische Evolution

Bis Ende des 19. Jh. hatte sich das britische Streckennetz in nahezu alle Teile des Landes ausgedehnt. Kohlengruben, Steinbrüche, Eisenhütten, Fabriken und Häfen waren an das Bahnnetz angeschlossen, der rasch zunehmende Güterverkehr führte zur Entwicklung leistungsstärkerer Dampflokomotiven, die schwerere und längere Züge befördern konnten. Diese Arbeitspferde waren derart erfolgreich, dass viele über 50 Jahre lang im Dienst blieben. Gleichzeitig wuchs der Personenverkehr zwischen den Großstädten und ihren Vorstädten rasant und erforderte neue, schnell beschleunigende Tenderlokomotiven, die die dicht getakteten Fahrpläne der Vorortzüge einhalten konnten.

△ Met Reihe E Nr. 1, 1898

Achsfolge B2't
Zylinder 2 (innen liegend)
Kesseldruck 10,3 bar
Treibraddurchmesser 1670 mm
Geschwindigkeit Etwa 96 km/h

Nr. 1 war die letzte in der Werkstätte Neasden der Metropolitan Railway gebaute Lokomotive und beförderte anfangs Vorortzüge zwischen London-Baker Street und Aylesbury. Als London Transport Nr. L44 stand sie bis 1965 im Dienst und blieb danach erhalten.

△ CR Reihe 812, 1899

Achsfolge C
Zylinder 2 (innen liegend)
Kesseldruck 11,0 bar
Treibraddurchmesser 1520 mm
Geschwindigkeit Etwa 88 km/h

John F. McIntosh entwarf diese Baureihe für die Caledonian Railway. Insgesamt 79 Stück entstanden zwischen 1899 und 1909, die meisten blieben mehr als 50 Jahre im Dienst.

▷ NER Reihe X1 Nr. 66, 1902

Achsfolge 1A2't
Zylinder 2 (Verbund, innen liegend)
Kesseldruck 12,1 bar
Treibraddurchmesser 1720 mm
Geschwindigkeit Etwa 88 km/h

1869 von der North Eastern Railway zur Beförderung ihres Bereisungswagens gebaut, wurde Nr. 66 *Aerolite* 1886 zur 2'A1t und 1902 schließlich zur 1A2't umgebaut.

Güterverkehr

Die Bahngesellschaften bauten Tausende von zweiachsigen offenen und gedeckten Güterwagen zum Transport der verschiedensten Rohstoffe, Fertigprodukte und verderblichen Waren. Daneben besaßen manche Firmen große Flotten von Privatwagen, die mit ihrem Firmennamen beschriftet waren. Auf den Hafen- und Industriebahnen mit ihren oftmals engen Kurven rangierten kleine Tenderlokomotiven mit kurzem Radstand.

◁ Alexandra Docks (Newport and South Wales) & Railway Co. Nr. 1340, 1897

Achsfolge Bt
Zylinder 2
Kesseldruck 11,0 bar
Treibraddurchmesser 910 mm
Geschwindigkeit Etwa 48 km/h

Die von der Avonside Engine Company in Bristol gebaute Lok rangierte im Hafen von Newport, bis man sie 1932 an eine Kohlengrube in Staffordshire verkaufte. Mit dem Namen *Trojan* ist sie heute im Didcot Railway Centre erhalten.

◁ **GWR Reihe 2800, 1903/1905**

Achsfolge 1'D
Zylinder 2
Kesseldruck 15,5 bar
Treibraddurchmesser 1410 mm
Geschwindigkeit Etwa 80 km/h

84 dieser von George Churchward entworfenen schweren Güterzugmaschinen baute die Werkstätte Swindon der Great Western Railway von 1903 bis 1919. Die meisten standen bis in die frühen 1960er-Jahre im Dienst.

◁ **GWR Dampftriebwagen, 1903**

Achsfolge B'2'
Zylinder 2
Kesseldruck 11,0 bar
Treibraddurchmesser 1220 mm
Geschwindigkeit Etwa 48 km/h

Diese von der Great Western Railway gebauten Triebwagen hatten an einem Ende ein Drehgestell mit Dampfmaschine und stehendem Kessel sowie an beiden Enden Führerstände. Die Triebwagen fuhren im Vorortverkehr von London und auf ländlichen Nebenstrecken in England und Wales. Die Great Western Society stellte 2011 einen Nachbau mit einem Originalwagenkasten und einem neuen Triebdrehgestell fertig.

△ **LT&SR Reihe 79, 1909**

Achsfolge 2'B1't
Zylinder 2
Kesseldruck 11,7 bar
Treibraddurchmesser 1980 mm
Geschwindigkeit Etwa 105 km/h

Vier der von Thomas Whitelegg entworfenen Tenderlokomotiven entstanden 1909 für den vom Bahnhof Fenchurch Street ausgehenden Vorortverkehr der London, Tilbury & Southend Railway. Die 1956 außer Dienst gestellte *Thundersley* gehört heute dem Museum in York.

◁ **GWR Gedeckter Güterwagen »Iron Mink«, 1900**

Bauart Zweiachsig
Gewicht 10,16 t
Bauweise Eisen
Gesellschaft Great Western Railway

Über 4000 dieser gedeckten Güterwagen ließ die Great Western Railway von 1886 bis 1902 bauen. In belüfteten und gekühlten Ausführungen transportierte man Fleisch, Fisch und Obst. Von 1902 bis 1911 baute man Drehgestellversionen mit 30,5 t Gewicht.

△ **Royal Daylight Kesselwagen, 1912**

Bauart Zweiachsig
Gewicht 14,2 t
Bauweise Eisen
Gesellschaft Privatwagen

Der von Hurst Nelson im britischen Motherwell für die Anglo-American Oil Co. gebaute private Kesselwagen beförderte importiertes amerikanisches Lampenöl der Marke Royal Daylight. Er steht heute im Didcot Railway Centre.

GWR Steuerwagen Nr. 92

Der 1912 in der Werkstätte Swindon gebaute Steuerwagen Nr. 92 der Great Western Railway (GWR) steht heute im Didcot Railway Centre und ist der einzige Überlebende einer der frühesten Steuerwagen-Baureihen der GWR. Im Grunde handelt es sich dabei um einen Reisezugwagen mit einem Führerstand an einem Ende, dessen Steuerelemente mit dem Dampftriebwagen verbunden sind, an den der Steuerwagen gekuppelt ist. Die zweiteilige Garnitur kann daher in beide Richtungen fahren, ohne dass am Endpunkt eine Lokomotive »umlaufen« muss.

DER WIEDER IN DER URSPRÜNGLICHEN GWR-Farbe Karminrot gehaltene 70-sitzige Steuerwagen Nr. 92 ist die antriebslose »Hälfte« der zweiteiligen, aus Triebwagen und Steuerwagen mit Holzaufbau bestehenden Garnitur der Great Western Society. Der nahezu identische, oben abgebildete Triebwagen Nr. 93 verfügt über eine Dampfmaschine mit stehendem Kessel und bietet Sitzplätze für 50 Personen. Die beiden Fahrzeuge fuhren gekuppelt als »Dampftriebwagenzug« auf den Nebenstrecken der GWR sowie auf ihren Hauptstrecken als Nahverkehrszug, der an allen Stationen hielt.

Wenn der Triebwagen vorausfährt, besetzen Triebfahrzeugführer und Heizer den Führerstand auf der Antriebsseite mit der Dampfmaschine. Fährt der Steuerwagen voraus, bleibt der Heizer auf der Antriebsseite und bedient dort die Steuerung, die Strahlpumpen und unterhält das Feuer; der Fahrzeugführer wechselt in den Führerstand des Steuerwagens. Dort verfügt er über die grundlegenden Steuerelemente der Garnitur, die über Gestänge, Rohre oder Ketten mit der Dampfmaschine verbunden sind. Auch eine Warnglocke steht ihm dort zur Verfügung.

VORDERANSICHT

RÜCKANSICHT

TECHNISCHE DATEN DES TRIEBWAGENS			
Baureihe	Triebwagen	**Einsatz**	1912–1957 (Nr. 93)
Achsfolge	B'2'	**Zylinder**	2
Herkunft	Großbritannien	**Kesseldruck**	11,0 bar
Konstrukteur	George J. Churchward	**Treibraddurchmesser**	1220 mm
Stückzahl	18 Triebwagen	**Geschwindigkeit**	Etwa 48 km/h

TECHNISCHE DATEN DES STEUERWAGENS NR. 92	
Herkunft	Großbritannien
Einsatz	1912–1957
Personenwagen	1 (mit Triebwagen gekuppelt)
Sitzplätze	70 (plus 50 im Triebwagen)
Strecke	Streckennetz der Great Western Railway

Führerstand
Im Führerstand am vorderen Ende des Steuerwagens verfügt der Triebfahrzeugführer über mit dem Dampftriebwagen verbundene Hebel für den Regler und die Saugluftbremse sowie über eine Glocke für akustische Signale an Heizer und Schaffner.

Great-Western-Städte
Die 1870 eingeführte, an den Hosenbandorden angelehnte Form des GWR-Wappens mit den Wappenschilden der Städte London und Bristol wurde im gesamten Unternehmen vielfach verwendet.

AUSSENSEITE

Gegen Anfang und Ende ihres Bestehens hielt die GWR ihre Reisezugwagen zweifarbig in Braun und Creme, von 1912 bis 1922 waren sie dagegen standardmäßig karminrot. Der 1912 fertiggestellte Steuerwagen (»Auto Trailer«) hatte bei der Ablieferung diese karminrote Farbe mit strohfarbenen Zierlinien (von insgesamt 366 m Länge) und GWR-Abzeichen. Bei der 2012 abgeschlossenen Restaurierung hat er diese Farbkombination wieder erhalten.

1. Wagennummer **2.** Warnglocke auf der Führerstandseite **3.** Teil des Wappens der Stadt Bristol **4.** Zielschild an der Wagenseite **5.** Anschrift an der Außentür des Gepäckraums **6.** Klappbare Trittstufen **7.** Messinggriff an der Außentür zum Fahrgastraum **8.** Druckmesser am Gasbehälter **9.** Sekundäre Federung aus quer liegenden Blattfedern **10.** Detail des Drehgestells **11.** Gasbehälter für Innenbeleuchtung **12.** Hinterer Puffer

FÜHRERSTAND

Im geräumigen Führerstand verfügt der Triebfahrzeugführer über die wichtigsten Steuerelemente. Ein vorhandener Klappsitz ist allerdings nur in der Pause zu benutzen, da man den Regler nur stehend erreichen und bedienen kann. Zur Kommunikation zwischen Triebfahrzeugführer, Heizer und Schaffner dienen eine elektrische (batteriebetriebene) Glocke und eine Reihe einfacher Signale: einmal klingeln heißt »abfahren«, zweimal »anhalten«, dreimal »Bremse lösen«. Den Komfort erhöht eine Dampfheizung, ferner gibt es Scheibenwischer – die allerdings 1912 noch keinen Elektromotor hatten, sondern von Hand betätigt wurden.

13. Führerstand, der Regler über dem mittleren Fenster diente zur Steuerung des Dampftriebwagens vom Steuerwagen aus **14.** Vakuummesser **15.** Hebel zum Öffnen des Sandkastens **16.** Glocke zur Signalisierung an Heizer und Schaffner **17.** Führerbremsventil der Saugluftbremse **18.** Pedal für außen angebrachte Warnglocke

INNENRAUM

Handwerker der Llangollen Railway in Nordwales haben die Sitze in den beiden Sitzabteilen von Nr. 92 mit authentischem braunen Möbelplüsch mit Rautenmuster im GWR-Stil neu gepolstert. Einige der Sitze mit klappbarer Rückenlehne, auf denen Reisende immer in Fahrtrichtung sitzen können, stammen aus einer abgestellten Straßenbahn im australischen Adelaide.

19. Innenansicht **20.** Nachbildung der ursprünglichen Gasbeleuchtung, die heute elektrisch betrieben wird **21.** Springrollo **22.** Handgeschnitzte hölzerne Konsole **23.** Elektrische Lichtschalter (moderne Ergänzung) **24.** Handschlaufe, Griffstange und verzierte Halterungen **25.** Armlehne zwischen Sitzen **26.** Detail der Heizung unter den Sitzen, die mit Dampf aus dem Kessel des Triebwagens gespeist wird **27.** Sitzbankfuß aus Metall **28.** Hinweis auf Raucherabteil am Fenster **29.** Reibfläche für Streichhölzer im Raucherabteil **30.** Lederriemen zum Öffnen und Schließen des Fensters **31.** Notfallzugkette **32.** Verzierte Griffe an den Abteiltüren **33.** Fahrkartenfächer im Schaffnerabteil im Vorraum zwischen den Abteilen **34.** Handhebel zum Betätigen der äußeren Klapptrittstufen **35.** Doppeltür zum Gepäckraum **36.** Verriegelung der Gepäckraumtür **37.** Stirnseitiger Übergang zum anderen Fahrzeug

20
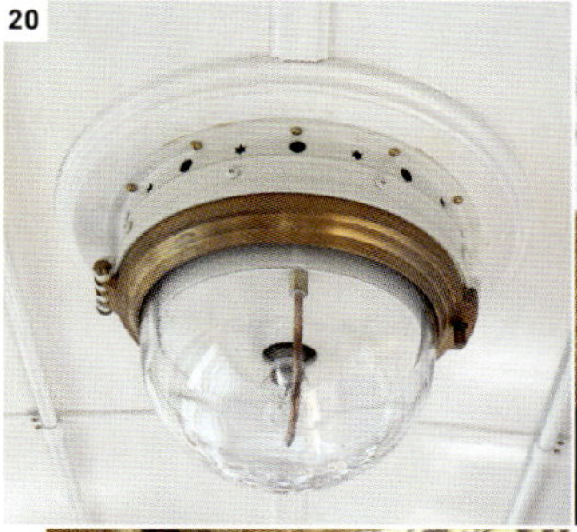

22

24

21

23

19

25

26

27

28

32

34
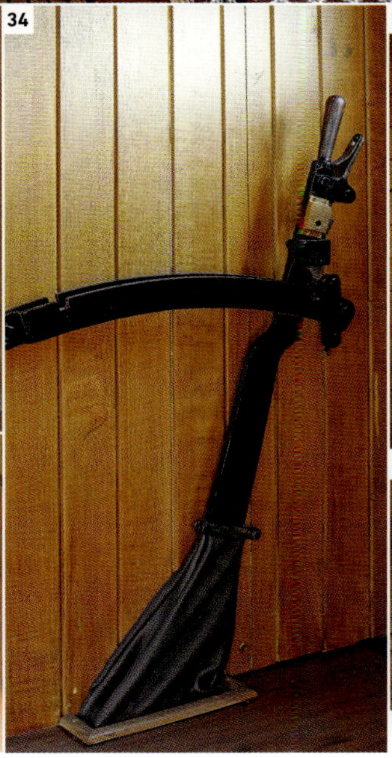

35

29

30

33

36

37

31
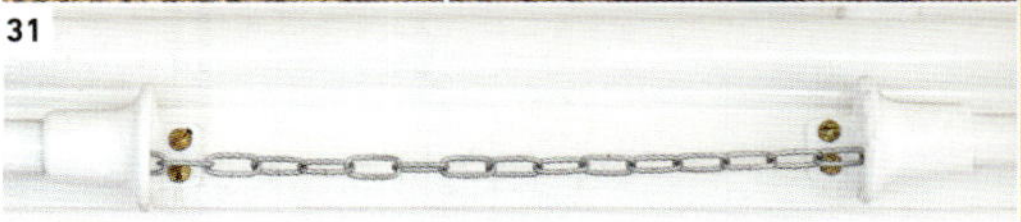

Kontinentaler Glanz

Eisenbahnen hatten den größten Teil Europas erobert, und Züge beförderten gewaltige Mengen von Rohstoffen und Fertigprodukten sowie zahllose Reisende. Die Reisezeiten zwischen europäischen Städten waren durch Verbesserungen an Strecken und beim Signalwesen beträchtlich verkürzt worden, ebenso durch moderne Reisezugwagen und stärkere Lokomotiven, die höhere Geschwindigkeiten über längere Zeit durchhalten konnten. Neue Maschinen wurden immer häufiger mit technischen Neuerungen wie Überhitzung oder Verbundtriebwerken ausgerüstet, die aus den USA stammende »Pacific«-Bauweise 2′C1′ breitete sich aus.

◁ **Nord Verbundlok, 1907**

Achsfolge 2′C
Zylinder 4 (Verbund)
Kesseldruck 16,0 bar
Treibraddurchmesser 1750 mm
Geschwindigkeit Etwa 113 km/h

Der Franzose Alfred de Glehn entwarf diese Schnellzugloks mit Verbundtriebwerk. Einige blieben in Frankreich und im Ausland bis in die 1960er-Jahre im Einsatz.

△ **Bayerische S 3/6, 1908**

Achsfolge 2′C1′
Zylinder 4 (Verbund)
Kesseldruck 14,7 bar
Treibraddurchmesser 1870 mm
Geschwindigkeit 120 km/h

159 dieser von Maffei in München entworfenen Schnellzuglokomotiven wurden zwischen 1908 und 1931 gebaut: 89 für die Königlich Bayerische Staatsbahn, danach 70 weitere (als Baureihe 18.4-5) für die Deutsche Reichsbahn. Das abgebildete Exemplar wurde in den 1950er-Jahren bei der Deutschen Bundesbahn modernisiert.

WISSENSWERTES

Der Pariser Unfall von 1895

Am Nachmittag des 22. Oktober 1895 fuhr ein Schnellzug, bestehend aus drei Gepäckwagen, einem Postwagen und sechs Sitzwagen, aus Granville kommend in den Pariser Kopfbahnhof Montparnasse ein. Der Zug war zu schnell, seine Druckluftbremse versagte, und er überfuhr den Prellbock mit fast 50 km/h, durchquerte dann die Bahnhofshalle, durchstieß die Außenmauer und stürzte auf die Straße. Eine Passantin wurde getötet, erstaunlicherweise gab es jedoch keine Toten im Zug.

Der berüchtigte Unfall Lokomotive Nr. 721 liegt auf der Nase, nachdem sie die 60 cm dicke Mauer des Bahnhofs durchbrochen hat und 10 m tief auf die vorbeiführende Straße gestürzt ist.

▽ **Preußische P 8, 1908**

Achsfolge 2′C
Zylinder 2
Kesseldruck 11,7 bar
Treibraddurchmesser 1750 mm
Geschwindigkeit 100 km/h (anfangs 110 km/h)

Die von Robert Garbe entworfene Personenzuglokomotive P 8 mit Rauchrohrüberhitzer war eine der erfolgreichsten europäischen Dampflokomotiven überhaupt. Zwischen 1908 und 1926 bauten verschiedene deutsche Lokomotivfabriken rund 3700 Stück, die teilweise bis zu 50 Jahre lang im Dienst standen.

△ **SJ Reihe B, 1909**

Achsfolge 2'C
Zylinder 2
Kesseldruck 11,7 bar
Treibraddurchmesser 1750 mm
Geschwindigkeit Etwa 105 km/h

96 dieser leistungsstarken Lokomotiven mit Überhitzer baute die schwedische Staatsbahn (Statens Järnvägar, SJ) zwischen 1909 und 1920, drei weitere folgten 1944. Die Maschinen zogen Schnellzüge ebenso wie Güterzüge.

◁ **PO Pacific, 1910**

Achsfolge 2'C1'
Zylinder 2
Kesseldruck 13,8 bar
Treibraddurchmesser 1702 mm
Geschwindigkeit 90 km/h

Die für die Eisenbahn Paris-Orléans gebauten Schnellzuglokomotiven waren die ersten »Pacifics« auf dem europäischen Festland. 50 lieferte die American Locomotive Co. (ALCO) an die PO.

△ **FS Reihe 740, 1911**

Achsfolge 1'D
Zylinder 2
Kesseldruck 11,7 bar
Treibraddurchmesser 1400 mm
Geschwindigkeit 90 km/h

Insgesamt 470 dieser Mehrzwecklokomotiven wurden zwischen 1911 und 1923 für die italienischen Staatsbahnen (Ferrovie dello Stato, FS) gebaut, einige waren bis in die 1970er-Jahre hinein im Einsatz. Nr. 740.423 wurde auf Sardinien betriebsfähig aufgearbeitet und zieht gelegentlich Sonderzüge.

△ **Preußische T 18, 1912**

Achsfolge 2'C2't
Zylinder 2
Kesseldruck 11,7 bar
Treibraddurchmesser 1650 mm
Geschwindigkeit 100 km/h

Die letzte für die Preußischen Staatsbahnen entworfene Tenderlokomotive wurde von 1912 bis 1927 in 534 Exemplaren von verschiedenen Herstellern gebaut. Einige waren noch in den 1970er-Jahren bei der Deutschen Bundesbahn (BRD) und der Deutschen Reichsbahn (DDR) im Einsatz.

Fulgence Bienvenüe 1852-1936

Der französische Bauingenieur Fulgence Bienvenüe gilt als der Schöpfer der Pariser Metro, eines Netzes, das den Alltag der Menschen in Paris revolutionierte. Seine außergewöhnliche Leistung war zu Beginn seiner Eisenbahnkarriere nicht abzusehen: 1881 verlor er im Rahmen seines ersten Bahnprojekts in der Normandie bei einem Arbeitsunfall seinen linken Arm. Dennoch verfolgte er seine ehrgeizigen Projekte weiter und wurde 1886, nachdem er nach Paris gezogen war, Chefingenieur der Metro, deren Entwicklung er die folgenden 35 Jahre über beaufsichtigen sollte. Neben der Metro leitete Bienvenüe auch noch Ingenieurprojekte für das Pariser Brücken- und Straßenbauamt.

VATER DER METRO

Mit Blick auf die Weltausstellung von 1900 beauftragte der Stadtrat Bienvenüe mit der Planung eines schmalspurigen, elektrisch betriebenen U-Bahnnetzes. Baubeginn war am 4. Oktober 1898, die erste, allerdings normalspurige Linie 1 von der Porte de Vincennes zur Porte Maillot wurde am 19. Juli 1900 gerade rechtzeitig zur Weltausstellung eröffnet.

Die Schnelligkeit und Effizienz des neuen Verkehrsmittels beeindruckte die Pariser so sehr, dass der Stadtrat Bienvenüe beauftragte, das Metronetz zügig auszubauen und zu vervollständigen. Die Arbeiten machten rasche Fortschritte: Innerhalb von fünf Jahren waren die Linien 2 und 3 mit insgesamt 42 km Länge fertiggestellt; dies trotz einiger unvorhersehbarer Zwischenfälle, darunter 1903 ein Brand in der Station Couronnes, der 84 Menschenleben kostete. Die für die Linie 4 bei der Untertunnelung der Seine (1904–1910) angewendeten Verfahren galten als technische Meisterwerke. Am Vorabend des Ersten Weltkriegs war die Pariser Metro nahezu komplett.

1933 wurde die Avenue du Maine zu Ehren des »Vaters der Metro« umbenannt. Mit heute rund 1,5 Mrd. Fahrgästen pro Jahr ist das Metronetz ein wesentlicher Bestandteil der Stadt.

Anfänge der Pariser Metro
Drei Metrolinien (3, 7 und 8) kreuzen sich unter der Place de l'Opéra. Für die enormen Baumaßnahmen mussten zahlreiche Straßen der Innenstadt aufgerissen werden, sehr zur Besorgnis der Pariser.

Ehre der Geschichte
Eine elektrische Sprague-Thomson-Garnitur erreicht 1912 die Station Place de la Bastille der Linie 1. Die Metrostationen sind nach bedeutenden Ereignissen, Orten und Personen der französischen Geschichte benannt.

H&BT Caboose Nr. 16

Dieser 1913 für die Pennsylvania Railroad gebaute hölzerne zweiachsige Begleitwagen (»Caboose«) war im mittleren Abschnitt der Bahn zwischen Harrisburg und Altoona eingesetzt, bis er an die Huntingdon & Broad Top Mountain Railroad & Coal Company (H&BT) verkauft wurde. Derartige Begleitwagen fuhren am Schluss von Güterzügen mit und dienten dem Zugpersonal unterwegs als Büro, Beobachtungsposten und Unterkunft.

DIESE BEI NORDAMERIKANISCHEN Eisenbahnen ab den 1870er- bis in die 1930er-Jahre weitverbreiteten Wagen hießen bei ihren Besatzungen wegen ihres mitunter unruhigen Laufs »Bobber« (»Hüpfer«). Die Kuppel auf dem Dach bot freie Sicht nach allen Seiten und gute Beobachtungsmöglichkeiten für das Begleitpersonal. Der Wagen mit der ursprünglichen Nr. 478 396 stammte aus der Wagenwerkstätte Altoona der Pennsylvania Railroad und stand bis 1940 im Dienst, dann verkaufte man ihn an die Huntingdon & Broad Top Mountain Railroad & Coal Company. Bei dieser kurzen Nebenstrecke für den Kohletransport im südlichen Zentral-Pennsylvania wurde er zur Nr. 16. Bis zur Betriebseinstellung 1954 war er einer der letzten zweiachsigen »Bobber« mit Holzaufbau in den USA. Er wurde vor der Verschrottung bewahrt und hatte mehrere Besitzer, bis er 1998 dem Railroad Museum of Pennsylvania gespendet wurde. Fachmännisch aufgearbeitet wird er jetzt in der roten Farbgebung der H&BT gezeigt.

RÜCKANSICHT

VORDERANSICHT

Bunter Hüpfer
Der aufgearbeitete Caboose Nr. 16 trägt die Beschriftung der Huntingdon & Broad Top Mountain Railroad (H&BT), die ab 1855 die Kohlengruben in Pennsylvania erschließen sollte.

TECHNISCHE DATEN			
Baureihe	Caboose (Begleitwagen)	**Einsatz**	1913-1954
Herkunft	USA	**Kapazität**	1 Zugführer, Personalunterkunft
Hersteller	Altoona Car Shops	**Gewicht**	12,7 t
Stückzahl	Nicht bekannt	**Bahngesellschaft**	Pennsylvania Railroad/H&BT

Aufstiegsmöglichkeit
Nordamerikanische Begleitwagen hatten traditionell an jeder Stirnseite eine Plattform, zu der Trittstufen führten. Über eine Stahlleiter konnte das Zugpersonal auf das Dach gelangen, um die Fenster der Kuppel zu putzen.

AUSSENSEITE

Von der Kuppel aus hielt das Begleitpersonal Ausschau nach heiß gelaufenen Achslagern (»Heißläufern«) sowie nach verrutschter Ladung und Schäden am Zug. Die automatische Janney-Kupplung war auch manuell zu betätigen. Solche Kupplungen hatte der US-Kongress 1893 ebenso vorgeschrieben wie Druckluftbremsen; die Anzahl der Eisenbahnunfälle und der beim Kuppeln verletzten oder getöteten Arbeiter sank damit erheblich.

1. Wagennummer an der Seite **2.** Automatische Kupplung **3.** Hebel zum Öffnen der Kupplung **4.** Stufen zur Plattform **5.** Zugschlussleuchte **6.** Halteventil, hält Druckluftbremse auf langen Gefällestrecken angelegt **7.** Pfeife **8.** Schornstein **9.** Fenster in der Kuppel **10.** Achslagerführung **11.** Geöffnetes Achslagergehäuse mit Lager **12.** Handbremsrad auf der Plattform

1

2

3

4

5

6

7

8

9

10

11

12

INNENRAUM

Der behagliche Innenraum diente dem Zug- und Lokomotivpersonal als Büro und Unterkunft. Erhöhte Sitze ermöglichten den Blick aus den Kuppelfenstern, ein auf eine Stahlplatte am Boden genieteter Kohleofen sorgte für Wärme und diente als Kochstelle. Der von schützenden Stahlplatten umgebene Ofen war mit Sicherheitsmerkmalen wie einer doppelt verriegelten Tür versehen, die das Herausfallen von Kohle verhinderte. Eine Kante um die Oberseite verhinderte, dass Pfannen und Töpfe herunterrutschen konnten, wenn der Zug schwankte.

13. Innenansicht **14.** Fensterverriegelung **15.** Druckmesser der Druckluftbremse **16.** Sitze in der Kuppel **17.** Öllampe **18.** Regelung der Luftzufuhr am Kohleofen **19.** Kohleofen **20.** Spüle

Rasche Entwicklung

Nachdem sich die Eisenbahnen inzwischen etabliert hatten, machten die Konstruktionen von Reise- und Güterzuglokomotiven in dieser Epoche auf der ganzen Welt rasche Fortschritte. Die Serienfertigung schwerer Güterzugmaschinen erreichte mit mehr als 1000 G 8 der Preußischen Staatsbahnen sowie weiteren 5000 G 8.1 in den Folgejahren einen neuen Höhepunkt. Den Weltrekord für die meistgebaute Lokomotivbaureihe hält jedoch die russische Reihe Э, von der fast 11 000 Exemplare gefertigt wurden.

▷ Österreichische Gölsdorf-Reihe 170, 1897

Achsfolge 1'D
Zylinder 2 (Verbund)
Kesseldruck 12,8 bar
Treibraddurchmesser 1260 mm
Geschwindigkeit 60 km/h

Die Güterzuglokomotiven der von Karl Gölsdorf für die k. k. österreichischen Staatsbahnen entworfenen Baureihe 170 erhielten als erste seitenverschiebbare Kuppelachsen, die sogenannten Gölsdorf-Achsen.

△ Preußische G 8, 1902

Achsfolge D
Zylinder 2
Kesseldruck 11,7 bar
Treibraddurchmesser 1350 mm
Geschwindigkeit 55 km/h

Über 1000 dieser Güterzugmaschinen mit Rauchrohrüberhitzer entstanden für die Preußischen Staatsbahnen. Nach dem Ersten Weltkrieg gingen Hunderte als Reparation an die Alliierten. Einige kamen 1916 beim Bau der Bagdadbahn in der Türkei zum Einsatz.

△ PRR Reihe E7, 1902

Achsfolge 2'B1'
Zylinder 2
Kesseldruck 14,1 bar
Treibraddurchmesser 2000 mm
Geschwindigkeit Etwa 129 km/h

Die ursprüngliche E7 Nr. 7002 wurde in der Werkstätte Altoona der Pennsylvania Railroad gebaut. Zeitweise galt sie mit 204 km/h als schnellste Dampflokomotive der Welt, die Behauptung ist jedoch umstritten. Die gezeigte Maschine trug zunächst Nr. 8063, wurde aber nach der Verschrottung der ersten 7002 umgezeichnet und steht heute im Pennsylvania Railroad Museum.

◁ Indische Reihe EM, 1907

Achsfolge 2'B1'
Zylinder 2
Kesseldruck 13,1 bar
Treibraddurchmesser 1980 mm
Geschwindigkeit Etwa 96 km/h

Die von der North British Locomotive Co. für die Great Indian Peninsula Railway ursprünglich als 2'B gebaute Reihe EM war bis Ende der 1970er-Jahre im Einsatz. Nr. 922 wurde 1941 in der Werkstätte Mughalpura umgebaut.

△ VGN Reihe SA, 1910

Achsfolge D
Zylinder 2
Kesseldruck 13,8 bar
Treibraddurchmesser 1295 mm
Geschwindigkeit Etwa 16 km/h

Nur fünf Rangierlokomotiven der Reihe SA entstanden: Nr. 1 bis 3 bei American Locomotive Co. (ALCO), Nr. 4 und 5 bei Baldwin Locomotive Works. Diese Nr. 4 wurde 1957 als letzte Dampflokomotive der Virginian Railway außer Dienst gestellt.

▽ Russische Reihe Э, 1912

Achsfolge E
Zylinder 2
Kesseldruck 11,7 bar
Treibraddurchmesser 1220 mm
Geschwindigkeit 55 km/h

Die Lokomotivfabrik Luhansk in der heutigen Ukraine baute diese schweren Güterzugloks, später auch andere Werke in Russland, der Tschechoslowakei, Deutschland, Schweden, Ungarn und Polen. Es gab auch Kondensationstender für wasserarme Gebiete.

△ Österreichische Gölsdorf-Reihe 310, 1911

Achsfolge 1'C2'
Zylinder 4 (Verbund)
Kesseldruck 15,2 bar
Treibraddurchmesser 2140 mm
Geschwindigkeit 100 km/h

90 dieser von Karl Gölsdorf konstruierten Schnellzuglokomotiven mit Vierzylinder-Verbundtriebwerk beschafften die k. k. österreichischen Staatsbahnen von 1911 bis 1916. Sie gehörten zu den elegantesten Dampflokomotiven dieser Epoche.

TECHNIK

Getriebelokomotiven

Bei den leichten US-Dampfloks der Typen Shay, Heisler und Climax wurden die Achsen statt mit Stangen über Untersetzungsgetriebe angetrieben. Diese Maschinen waren für die schnell und leicht gebauten Werkbahnen für die Abfuhr von Holz, Zuckerrohr, Bergbau- und Steinbruchprodukten gedacht, bei denen Zugkraft auf schlechter Gleislage wichtiger war als Geschwindigkeit.

Climax-Lokomotive Nr. 4 mit zwei Triebdrehgestellen
Diese Maschine wurde 1913 an die Moore-Keppel & Co. in West Virginia geliefert und dort zur Holzabfuhr eingesetzt. Heute steht die Lokomotive im Railroad Museum of Pennsylvania.

VGN Reihe SA Nr. 4

Nur fünf dieser leistungsstarken vierfach gekuppelten Rangierlokomotiven der Reihe SA wurden gebaut. Im August 1910 lieferten die Baldwin Locomotive Works in Eddystone, Pennsylvania, Nr. 4 an die neu gegründete Virginian Railway (VGN). Dort stellte sie auf den Rangierbahnhöfen in Virginia und West Virginia schwere Kohlezüge zusammen, bis sie 1957 außer Dienst gestellt und durch Diesellokomotiven ersetzt wurde. Heute steht sie als letzte erhaltene Dampflokomotive der Virginian Railway im Virginia Museum of Transportation in Roanoke.

DIE 1909 ERÖFFNETE VIRGINIAN RAILWAY erzielte hohe Gewinne mit dem Transport hochwertiger Steinkohle aus den Bergwerken West Virginias zu ihren Häfen in Sewells Point, Norfolk, Südwest-Virginia, wo sie auf Schiffe verladen wurde. Die als »reichste kleine Eisenbahn der Welt« bezeichnete Gesellschaft setzte einige der weltweit leistungsstärksten Dampflokomotiven ein, um die schweren Kohlezüge ostwärts über die steile Steigung nach Clark's Gap in West Virginia zu ziehen, bis dieser Streckenabschnitt 1925 elektrifiziert wurde.

Das Rangieren der langen Kohlezüge in Page (benannt nach einem der Gründer der Bahngesellschaft) und anderen Rangierbahnhöfen in West Virginia und Virginia besorgten die starken D-gekuppelten Lokomotiven der Reihe SA, von denen nur Nr. 4 erhalten blieb. Von den fünf Maschinen der Baureihe lieferte ALCO Nr. 1 bis 3, die Baldwin Locomotive Works Nr. 4 und 5.

VORDERANSICHT

RÜCKANSICHT

Baldwin Locomotive Works
Die von Matthias Baldwin 1825 gegründete Fabrik baute über 70 000 Lokomotiven für Bahnen auf der ganzen Welt. Nach dem Verlust eines Großauftrags über Diesellokomotiven für die Pennsylvania Railroad wurde die Produktion 1956 eingestellt.

TECHNISCHE DATEN			
Baureihe	SA	**Einsatz**	1910-1957
Achsfolge	D	**Zylinder**	2
Herkunft	USA	**Kesseldruck**	13,8 bar
Hersteller	Baldwin Locomotive Works	**Treibraddurchmesser**	1295 mm
Stückzahl	5	**Geschwindigkeit**	Etwa 16 km/h

Starke Rangierlokomotive
Die zweckmäßige Maschine Nr. 4 der Reihe SA wog 82 t und konnte eine Zugkraft von 20,5 Mp (20,5 t) entwickeln. Der vierachsige Schlepptender allein wog voll beladen rund 50,8 t.

DAS ÄUSSERE

SA Nr. 4 sollte als zweckmäßiges Arbeitspferd schwere Kohlezüge langsam durch Rangierbahnhöfe bewegen. Sie war mit automatischen Kupplungen und der Westinghouse-Druckluftbremse ausgerüstet, die beide in den USA Standard waren. Die beiden Luftbehälter für die Bremse lagen unter den Längsseiten des Führerhauses.

1. Lokomotivnummer über dem Zylinder **2.** Scheinwerfer **3.** Vordere Automatikkupplung **4.** Schieberkasten mit Sternverzierung **5.** Fabrikschild an der Rauchkammer **6.** Messingglocke auf dem Kessel **7.** Pfeife am Dampfdom **8.** Sicherheitsventile **9.** Kolbenstange **10.** Fangbügel hält Kreuzkopf-Gleitbahnen **11.** Treib- und Kuppelräder **12.** Federung der Treib- und Kuppelräder **13.** Führerhausstufen **14.** Führerhaus mit roten Fensterrahmen **15.** Tender hinter der Lokomotive **16.** Anschrift Tenderfassungsvermögen **17.** Leuchte auf dem Tender **18.** Geländer an der Tenderoberseite

1

2

3

5

6

7
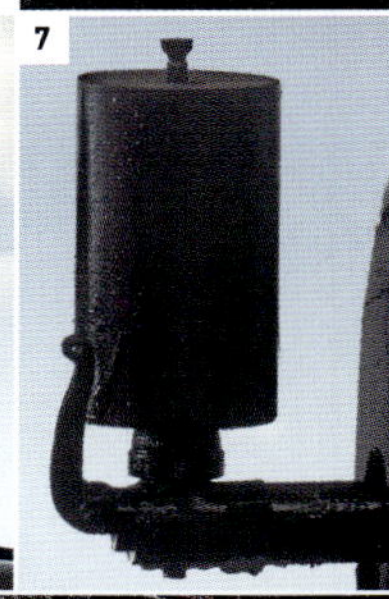

8

9

11

12

13

14

15
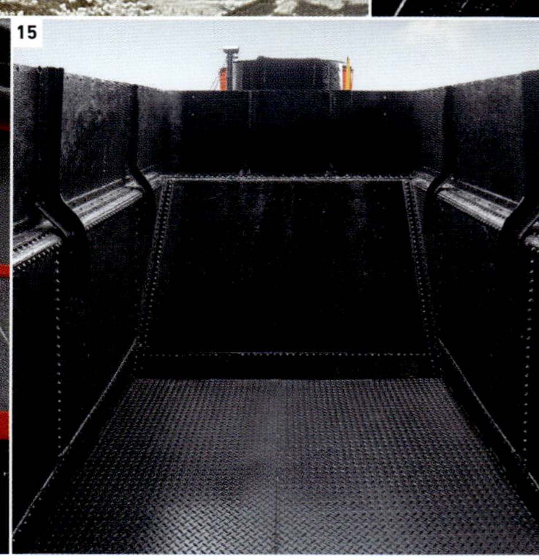

16

17

4

10

18

19

20

21

22

23

24

25

26

27
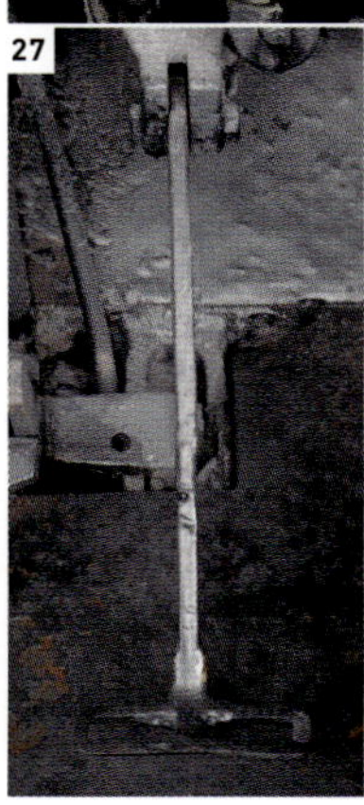

28

IM FÜHRERHAUS

Lokführer und Heizer arbeiteten auf SA Nr. 4 in einem heißen und ungemütlichen Führerhaus. Der Lokführer saß auf der rechten Seite und hatte dort die Strecke im Blick sowie Regler und Bremse in Griffweite. Anders als viele US-Dampflokomotiven hatten einfache Rangierloks keine mechanische Rostbeschickung, der Heizer musste die Kohle von Hand mit einer großen Schaufel in die Feuerbüchse befördern.

19. Kesselrückwand im Führerhaus **20.** Zusatzbremsventil (für Lok) und Führerbremsventil (für Zug) **21.** Kesseldruckmesser **22.** Blick in die Feuerbüchse **23.** Luftdruckmesser für Bremse **24.** Zusatzventile **25.** Reglerhandhebel **26.** Regelventile **27.** Pedal der Feuertür **28.** Sitz des Lokführers

144
DIAMONDS
AND
ATCHES.
THE GAIETY.
TO LET

Die New Yorker Hochbahn

Während London und Paris ihre schnellen und zuverlässigen Nahverkehrssysteme in den Untergrund verlegten, ging New York andere Wege. Zwischen 1840 und 1870 war die Bevölkerung der Stadt um mehr als 500 000 Menschen gewachsen. Die Kapazität der mit Pferden betriebenen Bus- und Straßenbahnlinien entlang der Hauptstraßen konnte da nicht mithalten, dennoch galt es als unsicher und unpraktisch, Dampflokomotiven einzusetzen. Die Unternehmer Charles Harvey und Rufus Gilbert glaubten allerdings, ihre Lokomotiven könnten auf Viadukten über der Straße fahren. Sie errichteten zwei Hochbahnlinien im Westen von Manhattan, bevor finanzielle Schwierigkeiten die Behörden zur Übernahme des Projekts veranlassten.

Einem Gesetz von 1875 entsprechend baute man vier Linien, die den Kern der New York Elevated Railway (von den New Yorkern als »El« bezeichnet) bildeten. Die Linien verliefen in nördlicher Richtung entlang der 2nd, 3rd, 6th und 9th Avenue, weitere Linien folgten bis 1917.

Den Rauch und Lärm der Dampflokomotiven beseitigte schließlich der elektrische Zugbetrieb, nicht zuletzt mithilfe von Erfindungen des »schwarzen Edison« Granville Woods. Er entwickelte verschiedene Stromabnehmer, Kommunikationseinrichtungen und Bremssysteme für den Bahnverkehr. Eine ebenso bemerkenswerte wie weitgehend unbekannte Erfinderin, Mary Walton, ließ sich Systeme für die Reduzierung von Abgasen sowie für die Lärmminderung der Hochbahn patentieren. Dennoch galt die »El« Ende der 1930er als überholt. Die Strecken wurden bis 1955 abgebrochen, um Platz für die New York Subway zu schaffen.

Eine leichte Forney-Tenderlok zieht 1896 einen Zug der Third Avenue Elevated Railroad über die Fuhrwerke und Straßenbahnen auf der Bowery hinweg.

Andere Spurweiten

George Stephenson führte 1830 auf britischen Eisenbahnen die Spurweite 1435 mm (4 Fuß, 8½ Zoll) ein, die in kurzer Zeit auf der ganzen Welt zum Standard wurde. Dennoch gab und gibt es zahlreiche Ausnahmen. So entstanden in Indien viele Hauptstrecken mit 1676 mm, leichter gebaute Nebenstrecken dagegen mit 1000 mm, Gebirgsbahnen sogar mit 610 mm Spurweite. Die Normalspur ist in weiten Teilen Europas und in Nordamerika die Regel, doch gibt es auch hier Breitspurbahnen mit 1600 mm (Irland) und 1668 mm (Spanien, Portugal) sowie zahlreiche schmalspurige Bergstrecken. Das ausgedehnteste Schmalspurnetz in den USA betrieb im Südwesten die Denver & Rio Grande Railroad in Arizona, Utah und New Mexico auf 914 mm.

▷ NWE Mallet, 1897

Achsfolge B'Bt
Zylinder 4
Kesseldruck 13,8 bar
Treibraddurchmesser 1000 mm
Geschwindigkeit 30 km/h

Zwölf dieser Gelenklokomotiven der Bauart Mallet hatte die meterspurige Nordhausen-Wernigeroder Eisenbahn. Einige gingen im Ersten Weltkrieg bei den Heeresfeldbahnen verloren, drei gehören heute den Harzer Schmalspurbahnen (HSB).

△ NWR ST, 1904

Achsfolge C1't
Zylinder 2 (innen liegend)
Kesseldruck 10,3 bar
Treibraddurchmesser 1295 mm
Geschwindigkeit Etwa 48 km/h

ST Nr. 707 wurde als eine der ersten Lokomotiven in der Werkstätte Mughalpura der indischen North Western Railway aus Teilen montiert, die von der North British Locomotive Co. in Glasgow stammten. Die im Rangierdienst eingesetzte 56 t wiegende Lok mit 1676 mm Spurweite steht heute im National Rail Museum in Neu-Delhi.

△ KS Reihe Wren, 1905

Achsfolge Bt
Zylinder 2
Kesseldruck 9,7 bar
Treibraddurchmesser 500 mm
Geschwindigkeit Etwa 24 km/h

Insgesamt 163 dieser schmalspurigen Lokomotiven baute die britische Firma Kerr, Stuart & Co. zwischen 1905 und 1930 für Industriebahnen auf der ganzen Welt. *Jennie* entstand allerdings erst 2008 bei der Hunslet Engine Co. für die Amerton Railway in Staffordshire mit 610 mm Spurweite.

▷ Indische SPS, 1903

Achsfolge 2'B
Zylinder 2 (innen liegend)
Kesseldruck 11,0 bar
Treibraddurchmesser 1980 mm
Geschwindigkeit Etwa 80 km/h

Einer der in Indien eingeführten Standardtypen war die SP (Standard Passenger), die mit Überhitzer zur SPS wurde. Einige dieser in Großbritannien entworfenen Maschinen standen sehr lange im Dienst. Nach der Teilung 1947 fuhr diese Lokomotive bis in die 1980er-Jahre bei der pakistanischen Eisenbahn.

△ Mh.6 (399.06), 1908

Achsfolge	D2'st
Zylinder	2
Kesseldruck	12,8 bar
Treibraddurchmesser	920 mm
Geschwindigkeit	40 km/h

Krauss in Linz baute für die österreichische Mariazellerbahn mit 760 mm Spurweite sechs dieser Stütztenderlokomotiven, deren Rahmen sich auf dem gelenkig verbundenen Tender abstützt. Die 399.06 wird bei der Mariazellerbahn betriebsfähig erhalten.

△ TGR Garratt Reihe K, 1909

Achsfolge	B'B'
Zylinder	4
Kesseldruck	13,4 bar
Treibraddurchmesser	800 mm
Geschwindigkeit	Etwa 40 km/h

Die erste Gelenklokomotive der Bauart Garratt, Nr. K1, baute Beyer Peacock & Co. in Manchester für die Tasmanian Government Railway in Australien. Sie fuhr auf der North-East Dundas Tramway mit 610 mm Spurweite. Diese historische Lokomotive gelangte 1947 zurück nach Großbritannien und ist aktuell auf der Statfold Barn Railway im Einsatz.

△ EIR Nr. 1354 *Phoenix*, 1907

Achsfolge	Bt
Zylinder	2 (innen liegend)
Kesseldruck	8,3 bar
Treibraddurchmesser	910 mm
Geschwindigkeit	Etwa 32 km/h

Phoenix gehörte zu fünf Dampftriebwagen, die Nasmyth Wilson & Company in England 1907 für die East Indian Railway mit 1676 mm Spurweite baute. 1925 entfernte man die Wagenkästen, und *Phoenix* wurde in Indien zu einer kleinen Rangierlok umgebaut. Heute steht die Lok im National Rail Museum in Neu-Delhi.

▷ Lima Shay Reihe C, 1906

Achsfolge	B'B'B'
Zylinder	3
Kesseldruck	13,8 bar
Treibraddurchmesser	910 mm
Geschwindigkeit	Etwa 24 km/h

Die von dem US-Erfinder Ephraim Shay entwickelte Getriebelokomotive der Reihe C mit drei Triebdrehgestellen wurde 1885 vorgestellt. Diese normalspurige Shay Nr. 1 wurde 1906 von der Lima Locomotive & Machine Co. für eine Waldbahn in Pennsylvania gebaut. Heute steht sie im Railroad Museum of Pennsylvania in Strasburg.

Bau großer Strecken

Transsibirische Eisenbahn

Die über acht Zeitzonen verlaufende Transsibirische Eisenbahn ist mit 9289 km die längste durchgehende Bahnstrecke der Welt. Sie führt von Moskau durch ganz Russland nach Wladiwostok am Pazifik und stellt eine strategische Verbindung zwischen Europa und Asien dar.

1890 ERSTRECKTE SICH DAS RUSSISCHE KAISERREICH von seinen europäischen Grenzen nach Osten über den Ural und die Weiten Sibiriens bis zur Pazifikküste. Während das europäische Russland westlich des Urals im 19. Jh. teilweise industrialisiert worden war und Eisenbahnen gebaut hatte (die erste wurde 1851 zwischen St. Petersburg und Moskau eröffnet), war das Land östlich des Urals so gut wie unerschlossen. Es gab nur wenige Straßen, die einzigen Transportmöglichkeiten boten die mächtigen sibirischen Flüsse, die aber nur etwa fünf Monate pro Jahr schiffbar und sonst zugefroren waren. Eine Eisenbahn wäre der Schlüssel zur Öffnung dieses riesigen Hinterlands.

Der Bau der staatlich finanzierten Transsibirischen Eisenbahn begann 1891 mit dem Segen Zar Alexanders III. und seines Sohns, des zukünftigen Zaren Nikolaus II. Die Arbeiten begannen in Moskau und Wladiwostok und wurden von russischen Soldaten sowie von Sträflingen ausgeführt. Der Bau machte rasche Fortschritte, 1898 hatte die Strecke fast 5200 km Länge von Moskau nach Irkutsk am Westufer des Baikalsees.

Im Fernen Osten war die Strecke von Wladiwostok nach Chabarowsk bereits 1897 eröffnet worden. Die Amureisenbahn westlich von Chabarowsk nach Tschita wurde jedoch erst sehr viel später fertiggestellt. Angesichts des schwierigen Geländes baute

Dampf am Baikalsee
Die russische Staatsbahn betreibt mehrere Touristikzüge, von denen einer auf einer Nebenstrecke der Transsibirischen Eisenbahn am Ufer des Baikalsees entlangfährt.

SOWJETISCHES EISENBAHNABZEICHEN

Brücke über die Kama bei Perm
Eine Stahlfachwerkbrücke überspannt die Kama auf dieser frühen Farbaufnahme von etwa 1910. Die Transsibirische Eisenbahn überquert zahlreiche große Flüsse.

man eine Abkürzung, die Wladiwostok über die Mandschurei mit Tschita verband. Der Konflikt mit Japan über Interessen in der Mandschurei erforderte jedoch eine Strecke auf russischem Boden, daher nahm man schließlich die Amurstrecke in Angriff.

Unterdessen hatten die östliche und westliche Strecke der Transsibirischen Eisenbahn von beiden Seiten her den Baikalsee erreicht – den mit 1642 m tiefsten Süßwassersee der Welt. Ab 1899 beförderte ein Trajekt, der Eisbrecher *SS Baikal*, ganze Züge mit bis zu 24 Wagen und einer Lokomotive über den See. 1905 wurde endlich entlang des felsigen Südwestufers die Baikalbahn mit 33 Tunneln und 200 Brücken eröffnet, die von Sträflingen und politischen Gefangenen unter hohen Verlusten gebaut worden war.

Ab 1913 schlug man bei Chabarowsk eine Brücke über den mächtigen Amur; nach Vervollständigung des Amurabschnitts 1916 war die gesamte Strecke durchgehend befahrbar.

Sibirische Weite
2002 wurde die Elektrifizierung der gesamten Strecke abgeschlossen. Dieser Reisezug wird noch von drei dieselelektrischen Lokomotiven durch die weite Landschaft gezogen.

AUF EINEN BLICK

DATEN

1891 Beginn der Bauarbeiten von Wladiwostok (im Osten) und Moskau (im Westen) aus
1903 Ursprüngliche Route durch die Mandschurei fertig
1904 Fertigstellung der Baikalbahn um den Baikalsee
1916 Fertigstellung und Eröffnung der gesamten Strecke

ZÜGE

Zug Nr. 002 *Rossija* fährt ostwärts von Moskau nach Wladiwostok, 001 fährt westwärts. Weitere russische Züge sowie internationale Direktverbindungen gehen von Moskau nach Ulan-Bator (Mongolei), nach Beijing und nach Pjöngjang (Nordkorea). Die Züge bestehen je nach Ziel aus russischen oder chinesischen Wagen. Seit einigen Jahren verkehren auch luxuriöse Touristenzüge.

REISEN

Moskau-Wladiwostok
9289 km; 6 Tage, 4 Stunden, Zug Nr. 002M

STRECKENNETZ

Spurweite 1520 mm (Breitspur)
Tunnel 33 auf der Baikalbahn, längster Tunnel für Reisezüge bei Tarmantschukan 2,2 km
Brücken Die Strecke kreuzt 16 große Flüsse, darunter Wolga, Ob, Jenissej und Oka; die Brücke über den Amur bei Chabarowsk ist mit 2590 m die längste.
Höchster Punkt Pass durch die Jablonowi-Berge bei Tschita 1040 m
Tiefste Temperatur –62 °C zwischen Mogotscha und Skoworodino auf dem Amurabschnitt

SCHNELLER BAU

Der Bau der Transsibirischen Eisenbahn war eine gewaltige Leistung, erbracht von Tausenden russischen Soldaten sowie von Sträflingen und politischen Gefangenen, die zu Zwangsarbeit verurteilt waren. Mit der Fertigstellung nach 25 Jahren erfüllte sich ein Traum des letzten Zaren.

1

2

3

4

5

6

7

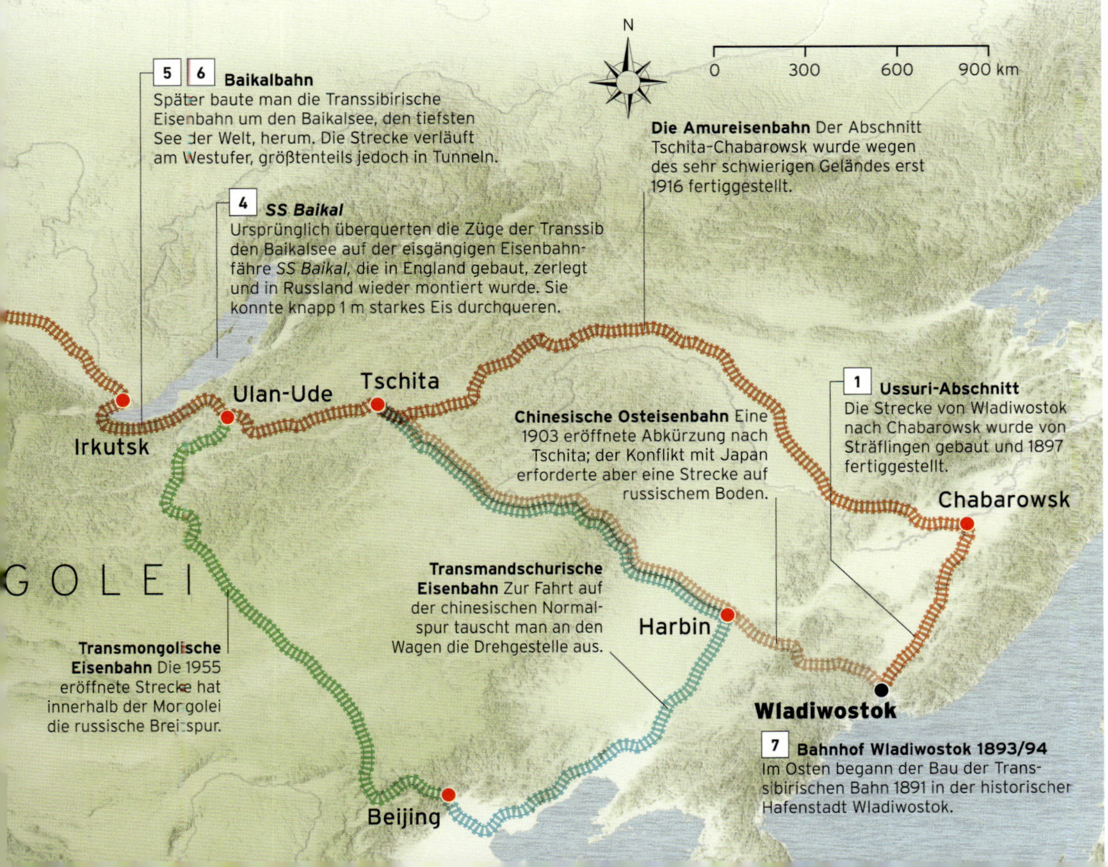

Konkurrenz durch elektrischen Antrieb

Während die Dampftraktion im späten 19. und frühen 20. Jh. ihre Blütezeit erlebte, entwickelte man bereits andere, schnellere und sauberere Antriebsarten. In den 1880er-Jahren kamen in Europa und den USA elektrische Straßenbahnen auf, zu Beginn des 20. Jh. begann man, diese Technik auf Vollbahnen zu übertragen. Bis zum Ersten Weltkrieg waren in Großbritannien und den USA in vielen Städten Vorortbahnen mit Stromversorgung über eine dritte Schiene oder über Oberleitung entstanden. Mit ihrem hohen Beschleunigungsvermögen waren diese Züge ideal für Linien mit hoher Verkehrsdichte, außerdem vermieden sie in bebauten Gebieten und Tunneln das Problem der Rauchentwicklung. In den USA war die Elektrifizierung des 4,2 km langen Cascade Tunnels im Bundesstaat Washington 1909 ein frühes Beispiel für den Ersatz von Dampflokomotiven mit ihrem erstickenden Rauch in beengten Umgebungen durch saubere Elektrolokomotiven.

△ Budapester Metrowagen, 1896

Achsfolge (A1)(1A)
Stromversorgung 330 V, später 550 V DC, Deckenstromschiene/Oberleitung
Leistung 28 PS (20,6 kW) pro Motor, 2 je Drehgestell
Geschwindigkeit Etwa 48 km/h

1896 eröffnete in der ungarischen Hauptstadt Budapest die erste Untergrundbahn auf dem europäischen Festland mit 20 dieser Zweirichtungswagen mit je zwei Fahrmotoren von Siemens & Halske. Bereits 1895 plante man zwei weitere Linien, realisierte sie jedoch erst 1970 bzw. 1976. Mehrere der 1973 außer Dienst gestellten Wagen sind in Budapest erhalten, Nr. 12 ist im Hannoverschen Straßenbahnmuseum ausgestellt.

◁ NER Benzinelektrischer Triebwagen, 1903

Achsfolge Bo'2'
Kraftübertragung 2 Fahrmotoren
Antrieb Ottomotor
Leistung 80 PS (59,7 kW)
Geschwindigkeit Etwa 58 km/h

Zwei dieser Triebwagen entstanden 1903 in der Werkstätte York der britischen North Eastern Railway. Den Wolseley-Vierzylindermotor, der die Generatoren für die beiden elektrischen Fahrmotoren antrieb, ersetzte man 1923 durch einen Sechszylinder mit 225 PS (168 kW). Einer der 1931 außer Dienst gestellten Triebwagen wurde bei der Embsay & Bolton Abbey Steam Railway in Yorkshire aufgearbeitet.

▷ Drehstrom-Triebwagen, 1903

Achsfolge (A1A)(A1A)
Stromversorgung 6–14 kV AC (25–50 Hz)
Leistung 1475 PS (1100 kW)
Geschwindigkeit 210 km/h

Die beiden Prototypen der von Siemens & Halske und AEG gebauten Schnelltriebwagen mit Drehstrominduktionsmotoren wurden 1903 auf einer preußischen Militäreisenbahn südlich von Berlin erprobt. Aus einer dreipoligen Oberleitung gespeist, erreichte der gezeigte AEG-Triebwagen am 28. Oktober 1903 zwischen Zossen und Marienfelde 210 km/h, einen erst 1931 gebrochenen Weltrekord für Schienenfahrzeuge.

▷ NER Elektrolokomotive, 1902

Achsfolge Bo Bo
Stromversorgung 600–630 V DC, Stromschiene oder Oberleitung
Leistung 640 PS (477 kW)
Geschwindigkeit Etwa 43 km/h

Zwei dieser aus Stromschiene oder Oberleitung gespeisten Lokomotiven wurden 1903/04 von British Thomson-Houston für die North Eastern Railway gebaut, allerdings erst 1905 in Betrieb genommen, als die Strecke elektrifiziert war. Sie befuhren eine steile Güterzugstrecke zum Hafen von Newcastle-upon-Tyne. Eine der 1964 ausgemusterten Lokomotiven steht im Locomotion Museum in Shildon, County Durham.

WISSENSWERTES

Eisenbahnfahrkarten

Die ersten Eisenbahngesellschaften gaben handgeschriebene Fahrscheine aus – ein zeitraubendes Verfahren, das Betrug durch skrupellose Angestellte ermöglichte. Thomas Edmondson, ein englischer Bahnhofsvorsteher, führte 1842 das nach ihm benannte Fahrkartensystem ein. Die kleinen vorgedruckten Pappkärtchen waren haltbarer und ließen sich rascher ausgeben. Außerdem hatten sie eindeutige Seriennummern, die die Fahrkartenverkäufer täglich erfassen mussten. Kontrolleure in den Zügen und Bahnhöfen »knipsten« zur Entwertung Löcher in die Fahrkarten.

Lochzange Die 1906 von der Bonney-Vehslage Tool Co. für die Baltimore & Ohio Railroad hergestellte versilberte Zange stanzte dekorative dreizackige Löcher aus.

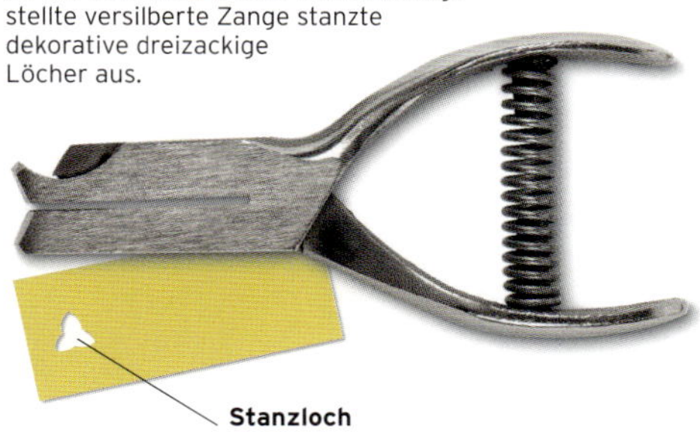

△ **B&O Bo-Rangierlok, 1895**

Achsfolge	Bo
Stromversorgung	Etwa 450 V, Oberleitung
Leistung	Etwa 15 PS (11,2 kW)
Geschwindigkeit	Etwa 16 km/h

Das 1860 eröffnete Streckennetz der Baltimore & Ohio zu den am Hafen gelegenen Lagerhäusern von Fells Point in Baltimore wurde ursprünglich mit Pferden betrieben. 1896 installierte man Straßenbahnoberleitungen, sodass nun kleine Rangierloks wie die 1909 von General Electric gebaute Nr. 10 die Pferde ersetzen konnten.

▷ **Schynige-Platte Reihe He 2/2, 1910**

Achsfolge	B
Stromversorgung	1500 V DC, Oberleitung
Leistung	295 PS (220 KW)
Geschwindigkeit	Etwa 8 km/h

Die Schynige-Platte-Bahn mit 800 mm Spurweite im Berner Oberland wurde 1893 mit Dampfbetrieb eröffnet, 1914 elektrifizierte man die Zahnradbergbahn. Vier der ursprünglichen von der Schweizerischen Lokomotiv- und Maschinenfabrik gebauten und von Brown Boveri ausgerüsteten Loks sind noch im Einsatz.

1914–1939
DAMPF AUF DEM HÖHEPUNKT

The New Empire State Express Passing West Point in the Highlands of the Hudson on the New York Central System

New York Central System

DAMPF AUF DEM HÖHEPUNKT

1914 wurde die Welt in einen schrecklichen Konflikt gestürzt. Der Erste Weltkrieg dauerte bis 1918, und in diesen vier Jahren spielten Eisenbahnen eine entscheidende Rolle. Die Fähigkeit, Menschen, Waffen und Nachschub per Bahn zu bewegen, erhielt eine neue Bedeutung; viele Länder bauten Vollbahnlokomotiven für ihr Militär, während schnell verlegte Schmalspurbahnen die Versorgung dicht hinter der Front übernehmen sollten.

△ **Fahrkarte für den *Royal Blue*, 1935**
An den Glanz ihres ursprünglichen *Royal Blue* anknüpfend, vermarktete die B&O den neu gestalteten Zug als elegant und luxuriös.

Mit den bei Kriegsende verschobenen Grenzen bekamen viele der neuen oder wieder erstandenen Länder vorhandene Bahnnetze und passten sie ihren eigenen Bedürfnissen an. In Deutschland fasste man die zahlreichen Staatsbahnen der früheren Länder zur Deutschen Reichsbahn zusammen, in Großbritannien veranlasste die Regierung die privaten Bahngesellschaften zum Zusammenschluss zu den später sogenannten »großen Vier«.

Das Streben nach Fortschritt, die zunehmende Rivalität und die Konkurrenz durch Autos und Flugzeuge ließen ein neues Zeitalter der Geschwindigkeit und Stromlinienform aufkommen. Mit dem sich weltweit ausbreitenden Art-déco-Stil entstanden neue Züge mit futuristischen Formen. Die Eisenbahnen machten sich nicht nur mit höheren Geschwindigkeiten und mehr Komfort Konkurrenz, sondern auch durch geschicktes Marketing. Gegen Ende dieser Epoche, im Juli 1938, brach die britische *Mallard* den Geschwindigkeitsrekord für Dampflokomotiven einer deutschen Maschine und erreichte 203 km/h – einen Wert, der offiziell nie übertroffen wurde.

Doch während sich der Dampf seinem stromlinienförmigen Höhepunkt näherte, schuf das Drängen nach Geschwindigkeit und Modernität neben den Dampfriesen eine neue Art: In Nordamerika und Europa kamen in den 1930er-Jahren leichte Dieseltriebzüge auf.

»Bauen Sie keine Festungen – bauen Sie Eisenbahnen!«

HELMUT GRAF VON MOLTKE

◁ **Das *Empire State Express*-Plakat** von Leslie Ragan bewirbt den in den 1930er-Jahren boomenden Bahntourismus der USA.

Wichtige Ereignisse

- ▷ **1914** Beginn des Ersten Weltkriegs. Eisenbahnen sind entscheidend für den Transport von Truppen und Nachschub.
- ▷ **1915** Fertigstellung des Leipziger Hauptbahnhofs, damals einer der größten Bahnhöfe der Welt
- ▷ **1916** Eröffnung des letzten Teilstücks der Transsibirischen Eisenbahn
- ▷ **1917** Fertigstellung der transaustralischen Eisenbahn mit der längsten geraden Schienenstrecke der Welt
- ▷ **1920** Zusammenfassung der früheren deutschen Länderbahnen zur Deutschen Reichsbahn (DRG)
- ▷ **1931** Der Schienenzeppelin mit Luftschraubenantrieb stellt mit 230 km/h einen neuen Weltrekord auf.
- ▷ **1934** Die von Sir Nigel Gresley entworfene Dampflokomotive *Flying Scotsman* erreicht 100 Meilen/h (161 km/h).
- ▷ **1935** Eröffnung des ersten Teilstücks der Moskauer Metro
- ▷ **1936** Ein DRG-Dieseltriebwagen der Bauart Leipzig stellt mit 205 km/h einen Rekord für Dieselfahrzeuge auf.
- ▷ **1938** Zusammenfassung der französischen Bahnen zur Société Nationale des Chemins de fer Français (SNCF)
- ▷ **1938** Sir Nigel Gresleys *Mallard* stellt mit 203 km/h den offiziellen Weltrekord für Dampflokomotiven auf.

△ **Rekordfahrt der *Mallard***
Am 3. Juli 1938, einem Sonntag, steht die *Mallard* mit dem Messwagen in Barkston vor der Fahrt, die der Lok den Weltrekord für Dampfbetrieb einbringen wird.

Lokomotiven für den Ersten Weltkrieg

Nach Kriegsbeginn wurde 1915 im britischen Pionierkorps mit der Railway Operating Division (ROD) eine Abteilung für den Eisenbahnbetrieb auf den Kriegsschauplätzen in Europa und im Nahen Osten aufgestellt. Den Betrieb der britischen Schmalspurbahnen an der Front organisierten die War Department Light Railways, die Franzosen verfügten mit dem tragbaren Militärbahnmaterial von Decauville in 600 mm Spurweite bereits über einen Standard zur Versorgung der Westfront. Das deutsche Heer bediente sich für seine Heeresfeldbahnen eines ähnlichen Systems. Mit dem Kriegseintritt der USA 1917 wurden viele in den USA gebaute Lokomotiven zum Einsatz nach Frankreich verschifft.

△ GWR »Dean Goods«, 1883

Achsfolge	C
Zylinder	2 (innen liegend)
Kesseldruck	12,4 bar
Treibraddurchmesser	1570 mm
Geschwindigkeit	Etwa 72 km/h

260 dieser normalspurigen Güterzuglokomotiven von William Dean entstanden von 1883 bis 1899 in der Werkstätte Swindon der Great Western Railway. 1917 requirierte die Railway Operating Division 62 davon für den Dienst in Nordfrankreich. Einige waren auch im Zweiten Weltkrieg in Frankreich im Einsatz.

△ Baldwin Rangierlok, 1917

Achsfolge	Ct
Zylinder	2
Kesseldruck	13,1 bar
Treibraddurchmesser	1220 mm
Geschwindigkeit	Etwa 48 km/h

Die in den USA von den Baldwin Locomotive Works gebauten Rangierlokomotiven reihte die Railway Operating Division ab 1917 als Nr. 651–700 auf britischen Militäreisenbahnen in Frankreich ein. Nach Kriegsende gelangten sie als Reihe 58 zu den belgischen Staatsbahnen.

▽ Meterspurige Henschel, 1914

Achsfolge	Ct
Zylinder	2
Kesseldruck	13,8 bar
Treibraddurchmesser	800 mm
Geschwindigkeit	30 km/h

Zwei dieser 1914 bei Henschel in Kassel gebauten Lokomotiven mit 1000 mm Spurweite gelangten auf eine Erprobungsstrecke der Heerestechnischen Prüfungsanstalt im Harz. 1917 wurde 99 6101 an die Nordhausen-Wernigeroder Eisenbahn im Harz abgegeben, wo sie hauptsächlich Rollbockwagen mit aufgebockten normalspurigen Güterwagen zog.

▷ O&K Feldbahnlok, 1903

Achsfolge	Dt
Zylinder	2
Kesseldruck	12,4 bar
Treibraddurchmesser	580 mm
Geschwindigkeit	Etwa 24 km/h

Rund 2500 dieser 1903 eingeführten »Brigadeloks« mit 600 mm Spurweite entstanden bei mehreren deutschen Lokomotivfabriken, entsprechend weitverbreitet kamen sie zur Versorgung deutscher Stellungen zum Einsatz. Die hier gezeigte Fabriknr. 7999 baute Orenstein & Koppel 1915. Mit seitenverschiebbaren Klien-Lindner-Hohlachsen vorn und hinten konnte sie enge Kurven gut durchfahren.

△ GCR Reihe 8K, 1911

Achsfolge	1'D
Zylinder	2
Kesseldruck	12,4 bar
Treibraddurchmesser	1420 mm
Geschwindigkeit	Etwa 72 km/h

Die 1911 eingeführte Güterzuglokomotive der Reihe 8K der Great Central Railway wurde im Ersten Weltkrieg zur Standard-1'D-Maschine der Railway Operating Division bestimmt. Insgesamt 521 wurden gebaut, von denen viele Truppen- und Güterzüge in Frankreich beförderten. Im Zweiten Weltkrieg kamen noch zahlreiche Maschinen im Nahen Osten zum Einsatz.

△ Baldwin/ALCO Schmalspurlok, 1916

Achsfolge	2'Ct
Zylinder	2
Kesseldruck	12,3 bar
Treibraddurchmesser	590 mm
Geschwindigkeit	Etwa 29 km/h

Für die französischen 600-mm-Bahnen lieferten Baldwin und die American Locomotive Co. (ALCO) in den USA diese Tenderloks mit seitlichen Wasserkästen an das britische Kriegsministerium. Sie kamen im Ersten Weltkrieg auf frontnahen Militärbahnen in Nordfrankreich sowie im Nahen Osten zum Einsatz.

TECHNIK

Gepanzerte Lokomotiven

Auf den provisorischen Bahnen, die im Ersten Weltkrieg die Front versorgten, setzten als Erste die Briten kleine, gepanzerte Schmalspurlokomotiven mit Ottomotor ein. Im Gegensatz zu Dampflokomotiven, die für den Feind leicht zu entdecken waren, konnten diese Zugmittel tagsüber Munitionszüge zu vorgeschobenen Stellungen bringen, ohne gesehen zu werden.

Simplex-Lokomotive Diese 1917 von der britischen Motor Rail Ltd. gebaute zweiachsige Kleinlok konnte auf der 600-mm-Spur gut 15 t schwere Munitionszüge mit 8 km/h zu den Schützengräben Nordfrankreichs schleppen.

△ Nord Pershing, 1917

Achsfolge	1'D
Zylinder	2
Kesseldruck	13,0 bar
Treibraddurchmesser	1420 mm
Geschwindigkeit	90 km/h

Die North British Locomotive Co. in Glasgow lieferte 113 »Consolidation Pershings« an die Nordbahn in Frankreich. Während die Bahngesellschaft diese großen Maschinen gerne mit bis zu 90 km/h betrieb, bevorzugten andere französische Bahnen niedrigere Geschwindigkeiten.

△ Baldwin »Spider«, 1917

Achsfolge	2'C
Zylinder	2
Kesseldruck	13,1 bar
Treibraddurchmesser	1570 mm
Geschwindigkeit	Etwa 105 km/h

70 dieser Mehrzwecklokomotiven mit Barrenrahmen bauten die Baldwin Locomotive Works in den USA 1917/18 für den Einsatz an der Westfront. Die britischen Soldaten nannten sie »Spinnen«. Nach dem Ersten Weltkrieg gelangten sie als Reihe 40 zu den belgischen Staatsbahnen.

Kriegsmaschinen

Eisenbahnartillerie spielte seit dem Amerikanischen Sezessionskrieg bis in den Zweiten Weltkrieg hinein eine Rolle. Sie verursachte starke Zerstörungen, so 1918, als die Deutschen mit den »Paris-Geschützen« aus 120 km Entfernung die französische Hauptstadt mit 106 kg schweren Granaten beschossen. Geschütztürme auf Eisenbahnwagen boten schnelle, mobile Feuerkraft, die sich vor feindlichen Angriffen auch verbergen ließ. Bis zur Einführung von Luftangriffen waren Eisenbahngeschütze wohl die zerstörerischsten Fernwaffen.

AN DER FRONT

Österreich-Ungarn, Deutschland, Großbritannien, Frankreich, Russland und die USA setzten alle Eisenbahngeschütze ein. Während die Franzosen als Erste ihre Armee mit auf Waggons montierten Schiffsgeschützen ausrüsteten, stellten deutsche Geschütze Rekorde hinsichtlich Größe, Reichweite und Zerstörungskraft auf. Firmen wie Krupp und Škoda bauten die Mörser »Dicke Bertha« bzw. »Schlanke Emma«, die in französischen und belgischen Stellungen schwere Schäden anrichteten. Die größte Landwaffe aller Zeiten, der »Schwere Gustav« (oder »Dora«) von Krupp, konnte im Zweiten Weltkrieg bis zu 7 t schwere Granaten 46 km weit verschießen – galt jedoch als Fehlschlag: Er benötigte eine Bedienungsmannschaft von 1420 Soldaten und eine zweigleisige Schießkurve. Damit war er unpraktisch und kam nur einmal zum Einsatz.

Französische Eisenbahngeschütze kamen im Ersten Weltkrieg an der Somme zum Einsatz. Die gezeigte Waffe bedienten 15 Mann.

Schnell und stark

In Europa und den USA führten die immer längeren und schwereren Schnellzüge in den 1920er- und 1930er-Jahren zu leistungsstärkeren und schnelleren, auf Standardkonstruktionen beruhenden Lokomotiven. In Großbritannien wies Sir Nigel Gresley den Weg mit seinen Dreizylinder-Pacifics (2'C1') der Reihen A1 und A3, von denen die *Flying Scotsman* mit Recht weltberühmt ist. Andere britische Konstrukteure wie Charles Collett bei der Great Western Railway und Henry Fowler bei der London, Midland & Scottish Railway bevorzugten die Achsfolge 2'C. In den USA, in Deutschland und Frankreich wurde die Pacific der bevorzugte Schnellzugtyp.

△ PRR Reihe K4s, 1914

Achsfolge	2'C1'
Zylinder	2
Kesseldruck	14,1 bar
Treibraddurchmesser	2030 mm
Geschwindigkeit	Etwa 113 km/h

Die Pacifics der Reihe K4s, von denen zwischen 1914 und 1928 in den USA 425 gebaut wurden, waren die führenden Schnellzugdampfloks der Pennsylvania Railroad. Schwere Züge beförderten sie oft in Doppel- oder Dreifachtraktion.

◁ NZR Reihe Ab, 1915

Achsfolge	2'C1'
Zylinder	2
Kesseldruck	12,4 bar
Treibraddurchmesser	1372 mm
Geschwindigkeit	Etwa 96 km/h

Nr. 608, eine von 141 dieser Pacifics der New Zealand Railways, taufte man zur Erinnerung an die im Ersten Weltkrieg umgekommenen NZR-Mitarbeiter *Passchendaele*. Fünf der in den 1960er-Jahren durch Dieselloks ersetzten Maschinen blieben erhalten.

◁ SOU Reihe Ps-4, 1923

Achsfolge	2'C1'
Zylinder	2
Kesseldruck	13,8 bar
Treibraddurchmesser	1854 mm
Geschwindigkeit	Etwa 129 km/h

Die 64 Pacific-Schnellzugmaschinen mit der auffallenden grünen Farbgebung wurden zwischen 1923 und 1928 von der American Locomotive Company (ALCO) und den Baldwin Locomotive Works für die Southern Railway gebaut. Bis Anfang der 1950er-Jahre hatte man die für die schweren Schnellzüge der Gesellschaft vorgesehene Reihe Ps-4 durch Diesellokomotiven ersetzt. Nr. 1401 steht in der Smithsonian Institution in Washington, D. C.

△ PRR Reihe G5s, 1924

Achsfolge	2'C
Zylinder	2
Kesseldruck	14,1 bar
Treibraddurchmesser	1730 mm
Geschwindigkeit	Etwa 113 km/h

William Kiesel hatte diesen Typ für die Vorortzüge der Pennsylvania Railroad entworfen. Die Reihe G5s gehörte zu den größten und leistungsstärksten 2'C-Maschinen der Welt. Nr. 5741 ist im Railroad Museum of Pennsylvania ausgestellt.

▷ LMS Royal Scot-Reihe, 1927

Achsfolge	2'C
Zylinder	3
Kesseldruck	17,2 bar
Treibraddurchmesser	2057 mm
Geschwindigkeit	Etwa 129 km/h

70 Maschinen der von Sir Henry Fowler entworfenen Reihe wurden für die Langstreckenschnellzüge der London, Midland & Scottish Railway gebaut. William Stanier ließ sie später mit sich verjüngenden Kesseln des Typs 2A umbauen, sie blieben bis Anfang der 1960er-Jahre im Dienst.

BUILDING THE 'ROYAL SCOT' ENGINE

◁ DRG Baureihe 01, 1926

Achsfolge 2'C1'
Zylinder 2
Kesseldruck 16 bar
Treibraddurchmesser 2000 mm
Geschwindigkeit 130 km/h

Insgesamt 241 Pacifics der Einheitsbaureihe 01 (darunter zehn umgebaute 02) entstanden zwischen 1926 und 1938 für die Deutsche Reichsbahn. Einige blieben bei der DB bis 1973, bei der DR (DDR) bis in die frühen 1980er-Jahre im Dienst.

△ LNER Reihe A3, 1928

Achsfolge 2'C1'
Zylinder 3
Kesseldruck 15,2 bar
Treibraddurchmesser 2030 mm
Geschwindigkeit 174 km/h

Sir Nigel Gresley konstruierte die A3 für die London & North Eastern Railway. Diese Lokomotiven beförderten Schnellzüge zwischen London-King's Cross und Schottland. Nr. 4472 *Flying Scotsman* ist das einzige erhaltene Exemplar.

△ GWR King-Reihe, 1930

Achsfolge 2'C
Zylinder 4
Kesseldruck 17,2 bar
Treibraddurchmesser 1980 mm
Geschwindigkeit Etwa 145 km/h

Charles Collett entwarf die Reihe für die Great Western Railway. 30 dieser Schnellzuglokomotiven entstanden zwischen 1927 und 1936 in der Werkstätte Swindon. Anfang der 1960er-Jahre wurden sie durch Dieselloks ersetzt. Drei Maschinen blieben erhalten, darunter die gezeigte Nr. 6023 *King Edward II*.

△ GWR Castle-Reihe, 1936

Achsfolge 2'C
Zylinder 4
Kesseldruck 15,5 bar
Treibraddurchmesser 2045 mm
Geschwindigkeit Etwa 161 km/h

171 dieser von Charles Collett für die Great Western Railway entworfenen Schnellzuglokomotiven baute die Werkstätte Swindon zwischen 1923 und 1950. Bis 1965 waren alle außer Dienst gestellt worden, acht blieben jedoch erhalten. Die hier gezeigte Nr. 5051 *Drysllwyn Castle / Earl Bathurst* ist im Didcot Railway Centre ausgestellt.

▷ Nord Pacific, 1936

Achsfolge 2'C1'
Zylinder 4 (Verbund)
Kesseldruck 16,5 bar
Treibraddurchmesser 1918 mm
Geschwindigkeit Etwa 130 km/h

Der Franzose André Chapelon konstruierte diese leistungsstarken Maschinen für die Compagnie du Nord. Sie beförderten in Nordfrankreich Schnellzüge wie den *Flèche d'Or*. Die hier gezeigte Nr. 3.1192 ist in der Cité du Train im elsässischen Mulhouse ausgestellt.

King Edward II

Die im Juni 1930 in der GWR-Werkstätte Swindon fertiggestellte Nr. 6023 *King Edward II* gehörte zur King-Reihe, die als eine der leistungsstärksten aller britischen Bahngesellschaften galt. Nr. 6000, die 1927 gebaute erste Maschine der Reihe, wurde nach dem regierenden Monarchen George V. benannt, spätere Maschinen erhielten die Namen früherer Könige. *King Edward II* stand 32 Jahre im Dienst, erst bei der Great Western Railway, dann bei British Railways.

DIE VON CHARLES B. COLLETT konstruierte King-Reihe war eine logische Fortsetzung seiner erfolgreichen 2'C-Vierzylindermaschinen der Castle-Reihe. Kommentatoren fragten sich damals sogar, ob es sich um eine neue Baureihe oder einfach um eine »Super-Castle« handle. Die Lokomotiven der King-Reihe konnten die schwersten Züge der GWR ziehen, ihre hohe Achslast beschränkte sie jedoch auf die Strecken London–Plymouth und London–Wolverhampton (über Bicester). Wegen dieser begrenzten Einsatzmöglichkeiten wurden nur relativ wenige Exemplare gebaut.

Nach ihrer Außerdienststellung im Juni 1962 wurde Nr. 6023 *King Edward II* an die Schrotthändler Woodham Brothers in Barry, Südwales, verkauft und blieb dort bis Dezember 1984. Bei ihrer Rettung war sie nur noch ein verrostetes Wrack, dessen hinteren Kuppelradsatz man nach einem Rangierunfall mit dem Schneidbrenner durchtrennt hatte. Inzwischen vollständig restauriert, steht die Lokomotive seit 2011 im Didcot Railway Centre wieder unter Dampf.

VORDERANSICHT

RÜCKANSICHT (TENDER)

Logo der British Railways
Das ursprüngliche Logo, der »Rad fahrende Löwe«, fand sich von 1950 bis 1956 an den Lokomotiven.

TECHNISCHE DATEN			
Baureihe	King	**Einsatz**	1930–1962 (*King Edward II*)
Achsfolge	2'C	**Zylinder**	4
Herkunft	Großbritannien	**Kesseldruck**	17,2 bar
Hersteller	Swindon (Entwurf C.B. Collett)	**Treibraddurchmesser**	1980 mm
Stückzahl	30	**Geschwindigkeit**	Bis zu 177 km/h

Lange Dienstzeit
King Edward II, eine von nur drei Überlebenden dieser Baureihe, legte während ihrer Einsatzzeit über 2,4 Mio. km zurück. »PDN« seitlich am Pufferträger ist der GWR-Code für das Depot Old Oak Common, wo die Lok zuerst stationiert war.

DAS ÄUSSERE

Die Lokomotiven der King-Reihe wurden im für Swindon traditionellen Grün der GWR mit dem charakteristischen kupferfarbenen Schornsteinring ausgeliefert. 1948 erhielten zwei King-Maschinen versuchsweise eine dunkelblaue Lackierung mit roten, cremefarbenen und grauen Zierlinien. 1950 führte man als Standard das Caledonian-Blau mit schwarzen und weißen Linien ein. Später kehrte British Railways zu Grün zurück. *King Edward II* wurde in der blauen Farbgebung der 1950er-Jahre restauriert.

1

2

4

5

6

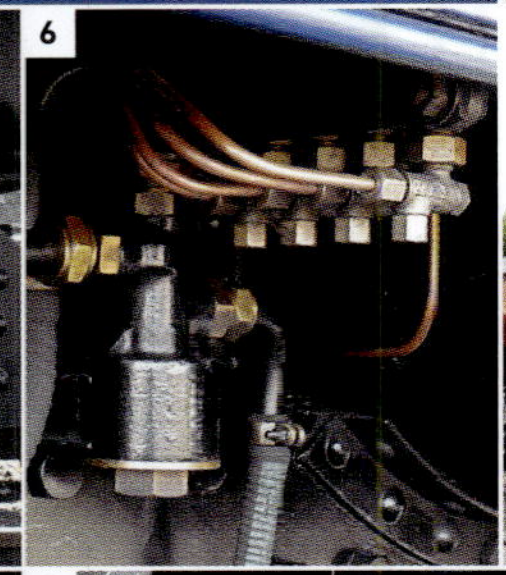

7

8

9

10

11

12

13

14

15

16

17

1. Namensschild aus Stahl mit Messingbuchstaben **2.** Nummernschild am Führerhaus **3.** Blick in die Rauchkammer **4.** Schornstein mit poliertem Kupferring **5.** Achse und Blattfeder am vorderen Drehgestell **6.** Rückschlagventil für Saugluftbremse mit Umstellvorrichtung, Kupferrohre für Schmiermittel **7.** Kreuzkopf eines Innenzylinders, durch Schauloch betrachtet **8.** Kupferrohre zum Ableiten von Dampf aus den Zylinderhähnen **9.** Kreuzkopf und Gleitbahnen **10.** Treibstangenlager **11.** Außenverkleidung der Feuerbüchse **12.** Saugluftpumpe **13.** Fabrikschild an der Tenderrückseite **14.** Antrieb des Geschwindigkeitsmessers **15.** Tief liegender Tenderfüllstutzen (moderne Ergänzung) **16.** Puffer an der Tenderrückseite **17.** Tendervorderseite vom Führerstand aus gesehen

3

18

19

20

21

22

23

24

25

26

IM FÜHRERHAUS

Der Führerstand der King-Reihe entsprach dem Standard der Werkstätte Swindon, war damit zweckmäßig und einigermaßen geräumig. Bei den frühen Lokomotiven hatte die Führerseite allgemein rechts gelegen, die Heizerseite links. Mit dem Aufkommen zweigleisiger Strecken platzierte man die Signale auf der äußeren (d. h. linken) Seite des jeweiligen Richtungsgleises, daher tauschten viele Bahngesellschaften die Arbeitsplätze im Führerstand. Die GWR hielt jedoch an dem bisherigen Standard fest. Im Gegensatz zu anderen Konstrukteuren sah Collett keine gepolsterten Sitze für das Lokpersonal vor, sondern nur einfache hölzerne Klappsitze.

18. Kesselrückwand mit Steuerelementen **19.** Wasserstandschauglas **20.** Feuertür **21.** Blick in die Feuerbüchse **22.** Ventil der Saugluftbremse **23.** Öldruckmesser für Schmieranlage **24.** Kurbel der Steuerschraube (im Uhrzeigersinn vorwärts, gegen den Uhrzeigersinn rückwärts) **25.** Akustischer Signalgeber der automatischen Zugsicherung **26.** Holzsitz auf der Heizerseite

Legendäre Strecken
Orient-Express

Der durch Romane, Krimis und Filme berühmt gewordene *Orient-Express* war eine Erfindung des Belgiers Georges Nagelmackers, des Gründers der Compagnie Internationale des Wagons-Lits, die sich auf den Betrieb von Luxuszügen in Europa spezialisiert hatte.

NACH EINER ERFOLGREICHEN TESTFAHRT zwischen Paris und Wien 1882 verließ der Eröffnungszug des *Express d'Orient* den Pariser Gare de l'Est am 4. Oktober 1883 hinter einer Außenzylinder-1B der französischen Ostbahn (Est). Er fuhr ostwärts über Straßburg und München nach Österreich, wo er in Salzburg und Wien hielt. Von dort ging es weiter über Budapest und Bukarest nach Giurgiu am Ufer der Donau. Die Fahrgäste setzten mit der Fähre nach Rustschuk in Bulgarien über, wo sie die Reise mit einfacheren Wagen der österreichischen Orientbahn nach Warna an der Küste des Schwarzen Meers fortsetzten. Von dort stand ihnen eine 18-stündige Seereise nach Konstantinopel bevor. Zwischen Paris und Giurgiu bestand der Zug aus fünf neuen Drehgestell-Schlafwagen, einem Drehgestell-Speisewagen und zwei Gepäckwagen, alle mit hochwertigen Teakholzaufbauten; die Lokomotiven wurden unterwegs mehrfach gewechselt. Die gesamte Reise dauerte vier Tage, damit hatten die Fahrgäste genügend Zeit, den hohen Standard der Küche auf der ersten Etappe der Reise zu genießen.

Nachdem auf dem Balkan in Serbien, Bulgarien und dem europäischen Teil der Türkei neue Strecken eröffnet worden waren, verkehrte der Zug ab 1889 direkt zwischen Paris und Konstantinopel. 1891 wurde er in *Orient-Express* umbenannt.

Mit dem Beginn des Ersten Weltkriegs stellte man den Zug ein; nach der Wiederaufnahme nach Kriegsende wurde er erneut populär. 1906 war der Simplontunnel unter den Alpen eröffnet worden, ab 1919 fuhr ein neuer *Simplon-Orient-Express* von Paris über Mailand, Venedig, Triest und Belgrad nach Konstantinopel. In den 1930er-Jahren verkehrten drei unterschiedliche Züge: der *Orient-Express* auf der ursprünglichen Route von 1889, der *Simplon-Orient-Express* durch den Simplontunnel sowie der *Arlberg-Orient-Express* über Zürich, Innsbruck und Budapest mit Kurswagen nach Athen. Ab Calais eingesetzte Schlafwagen ermöglichten die erste transkontinentale Reise durch Europa.

Nach der Unterbrechung durch den Zweiten Weltkrieg nahm der Orient-Express 1952 den Betrieb wieder auf, wurde jedoch ebenso wie der *Arlberg-Orient-Express* 1962 eingestellt. Den *Simplon-Orient-Express* ersetzte man 1962 durch den *Direct-Orient-Express*, stellte diesen aber 1977 ein. Einige Wagen wurden von einer Privatfirma übernommen, die heute den *Venice-Simplon-Orient-Express* betreibt. Accor Hotels und die französische SNCF beleben die Marke *Orient Express* ebenfalls mit Originalfahrzeugen neu.

Der frühe *Orient-Express* Diese Dampflokomotive von 1896 beförderte den ursprünglichen *Orient-Express* über einen Teil seiner Strecke Paris-Konstantinopel.

PLAKAT AUS DEN 1920ER-JAHREN

Prächtiger *Orient-Express* Um 1896 war der Salonwagen im Orient-Express mit verzierten Holzvertäfelungen und Einlegearbeiten an der Decke ganz auf Luxus ausgelegt.

Schwarzwald 1 Der *Orient-Express* durchquerte den Schwarzwald in Baden in Südwestdeutschland.

Letzte Reise Die letzte Fahrt des *Direct-Orient-Express* endete 1977 abseits in Monaco. Die hier ersteigerten Wagen aus den 1920er-Jahren wurden später aufgearbeitet, einige v. a. für den Einsatz auf der Strecke London-Venedig.

AUF EINEN BLICK

DATEN

1883 Der erste reguläre *Express d'Orient* verlässt den Pariser Gare de l'Est in Richtung Giurgiu in Rumänien.
1889 Erste direkte Verbindung Paris-Konstantinopel
1891 Umbenennung des Zugs in *Orient-Express*
1977 Einstellung der regulären Fahrten Paris-Istanbul

ZUG

Lokomotive In Frankreich zog den ersten *Orient-Express* eine 1B mit Außenzylindern der Chemins de Fer de l'Est. Verschiedene Lokomotiven kamen zum Einsatz.
Wagen (1883) 5 Drehgestell-Schlafwagen für je 20 Personen mit 2 Waschräumen, 1 Drehgestell-Speisewagen, 1 Gepäckwagen, 1 Postwagen

REISE

Paris-Konstantinopel 1883 (ursprüngliche Strecke)
Zug von Paris nach Giurgiu; Übersetzen über die Donau nach Rustschuk in Bulgarien; 7-stündige Bahnfahrt nach Warna; Schiff nach Konstantinopel (Istanbul); etwa 2400 km in 4 Tagen
Paris-Konstantinopel 1889
Zug wird ab Budapest über Belgrad und Nisch in Serbien geführt, über den Dragoman-Pass nach Bulgarien, Pasardschik nach Plowdiw, dann nach Konstantinopel; etwa 2250 km in 67 Stunden 35 Minuten.
Heute bieten die Betreiber von Luxuszügen verschiedene Streckenverläufe an, die an den Glanz dieses berühmtesten aller Züge erinnern.

STRECKE

Spurweite 1435 mm (Normalspur)
Tunnel Der längste (auf der Strecke des *Simplon-Orient-Express*) ist der Simplontunnel mit 19 824 m.
Höchster Punkt Simplontunnel (Alpen) mit 705 m

EIN ROMANTISCHES ABENTEUER

Die ursprüngliche Strecke des *Orient-Express* wird heute jährlich mit dem ganzen Luxus der frühen Züge befahren. Der historische Zug durchfährt sieben Länder und hält unterwegs viele Male. Den Fahrgast erwarten noble Privatabteile, Stewards und Feinschmeckergerichte.

1

2

3

4

5

6

Mehrzwecklokomotiven

Durch die Standardisierung von Maschinenteilen hatten Lokomotivhersteller in Europa und den USA die Bau- und Instandhaltungskosten bis zu den 1930er-Jahren erheblich reduzieren können. Bald wurden überall leistungsfähige Lokomotiven für Güter- und Reisezüge in großen Stückzahlen gebaut. In Großbritannien setzten Charles Collett bei der Great Western Railway (GWR) und William Stanier bei der London, Midland & Scottish Railway (LMS) bei ihren neuen 2'C-Baureihen auf Standardisierung, bei der Deutschen Reichsbahn enthielt die 1'D1' der Baureihe 41 zahlreiche Baugruppen, die man parallel für drei andere Baureihen entwickelt hatte.

△ LMS Reihe 5MT, 1934

Achsfolge	2'C
Zylinder	2
Kesseldruck	15,5 bar
Treibraddurchmesser	1830 mm
Geschwindigkeit	Etwa 129 km/h

Viele dieser 842 leistungsstarken Mehrzweckloks (»Black Fives«), von William Stanier für die London, Midland & Scottish Railway entwickelt, standen in Großbritannien bis zum Ende der Dampflokzeit 1968 im Dienst.

◁ SR Reihe S15, 1927

Achsfolge	2'C
Zylinder	2
Kesseldruck	12,1–13,8 bar
Treibraddurchmesser	1700 mm
Geschwindigkeit	Etwa 105 km/h

Diese leistungsstarke Reihe war eine modifizierte Version eines früheren Typs von Robert Urie, eingeführt von Richard Maunsell. Sie entstand in der Werkstätte der Southern Railway im südenglischen Eastleigh.

◁ NZR Reihe K, 1932

Achsfolge	2'D2'
Zylinder	2
Kesseldruck	13,8 bar
Treibraddurchmesser	1372 mm
Geschwindigkeit	Etwa 105 km/h

30 dieser für schwere Güter- und Reisezüge auf der bergigen Nordinsel Neuseelands vorgesehenen Reihe K entstanden von 1932 bis 1936 in der Werkstätte Hutt der New Zealand Railways. Zwischen 1964 und 1967 wurden sie nach und nach außer Dienst gestellt.

△ LNER Reihe V2, 1936

Achsfolge 1'C1'
Zylinder 3
Kesseldruck 15,2 bar
Treibraddurchmesser 1880 mm
Geschwindigkeit Etwa 161 km/h

Diese von Sir Nigel Gresley für die London & North Eastern Railway entworfenen Maschinen beförderten schnelle Reise- und Güterzüge. Nr. 4771 Green Arrow ist das einzige erhalten gebliebene Exemplar.

WISSENSWERTES

Frischmilch für die Stadt

Der Transport verderblicher Waren wie Milch, Fisch und Fleisch erforderte spezielle Eisenbahnwagen. In Großbritannien und in anderen Ländern wurde Milch anfangs in Kannen mit belüfteten Wagen von den Landstationen abgeholt. Ab den 1930er-Jahren wurden dreiachsige Kesselwagen in der Molkerei befüllt. Die Wagen wurden zu Zügen zusammengestellt und von starken Schnellzuglokomotiven zu Depots in und um London herum befördert. Der letzte britische Milchzug fuhr 1981.

Milch für London Mit einem Fassungsvermögen von gut 13 600 Litern wog dieser dreiachsige Milchwagen voll beladen so viel wie ein voll besetzter Reisezugwagen. Dieser Wagen wurde 1931 von der Southern Railway gebaut und 1937 umgebaut.

△ DRG Baureihe 41, 1937

Achsfolge 1'D1'
Zylinder 2
Kesseldruck 20 bar, später 16 bar
Treibraddurchmesser 1600 mm
Geschwindigkeit 90 km/h

366 dieser leistungsstarken, schnellen Güterzugloks beschaffte die Deutsche Reichsbahn von 1937 bis 1941. Einige ihrer Baugruppen hatte man für unterschiedliche Baureihen entworfen.

◁ GWR Manor-Reihe, 1938

Achsfolge 2'C
Zylinder 2
Kesseldruck 15,6 bar
Treibraddurchmesser 1730 mm
Geschwindigkeit Etwa 105 km/h

Mit ihrer geringen Achslast konnten diese Mehrzwecklokomotiven der Great Western Railway in England und Wales Nebenstrecken ebenso befahren wie Hauptstrecken. Die gezeigte Maschine ist Nr. 7808 *Cookham Manor*.

◁ GWR Hall-Reihe, 1928

Achsfolge 2'C
Zylinder 2
Kesseldruck 15,6 bar
Treibraddurchmesser 1830 mm
Geschwindigkeit Etwa 113 km/h

259 dieser vielseitigen Maschinen von Charles Collett entstanden in der Werkstätte Swindon der Great Western Railway zwischen 1928 und 1943. Hier gezeigt ist Nr. 5900 *Hinderton Hall*.

Vielseitige Maschinen

Im Lauf der 1920er- und 1930er-Jahre wurden nicht nur immer schnellere und leistungsfähigere Schnellzugmaschinen entwickelt, sondern auch kleinere Lokomotiven für den Rangierdienst auf Güterbahnhöfen, in Bahnbetriebswerken und Bahnhöfen sowie für den leichten Personen- und Güterzugdienst auf ländlichen Nebenstrecken. Viele dieser vielseitigen Typen blieben bis zum Ende der Dampflokzeit im Dienst, einige wurden für den Einsatz bei Museumseisenbahnen wieder betriebsfähig aufgearbeitet.

▷ P&R Rangierlok Nr. 1251, 1918

Achsfolge Ct
Zylinder 2
Kesseldruck 10,3 bar
Treibraddurchmesser 1270 mm
Geschwindigkeit Etwa 40 km/h

Die 1918 aus einer Consolidation der Reihe 1-2a umgebaute Nr. 1251 rangierte in der Werkstätte der Philadelphia & Reading Railroad in Reading, Pennsylvania. 1964 wurde sie als letzte Dampflokomotive einer US-Bahngesellschaft der Klasse 1 außer Dienst gestellt, heute steht sie im Railroad Museum of Pennsylvania.

△ LMS Reihe 3F »Jinty«, 1924

Achsfolge Ct
Zylinder 2 (innen liegend)
Kesseldruck 11,0 bar
Treibraddurchmesser 1400 mm
Geschwindigkeit Etwa 64 km/h

Diese Tenderlokomotiven mit dem Spitznamen »Jintys« entwarf Henry Fowler für die London, Midland & Scottish Railway. Sie wurden im Rangierdienst und vor Nahgüterzügen in Mittel- und Nordwestengland eingesetzt, die letzten der 422 gebauten blieben bis 1967 im Streckendienst.

△ GWR Reihe 5600, 1924

Achsfolge C1't
Zylinder 2 (innen liegend)
Kesseldruck 13,8 bar
Treibraddurchmesser 1410 mm
Geschwindigkeit Etwa 72 km/h

150 dieser leistungsfähigen, von Charles Collett entworfenen Tenderlokomotiven entstanden in der Werkstätte Swindon der Great Western Railway, 50 weitere bei Armstrong Whitworth in Newcastle-upon-Tyne. Sie zogen v. a. Kohlezüge in den Tälern von Südwales, kamen aber auch vor Personenzügen zum Einsatz.

▽ L&B *Lew*, 1925

Achsfolge 1'C1't
Zylinder 2
Kesseldruck 11,0 bar
Treibraddurchmesser 840 mm
Geschwindigkeit Etwa 40 km/h

Die 2010 in der Werkstätte Boston Lodge der Ffestiniog Railway fertiggestellte *Lyd* (hier gezeigt) ist ein Nachbau der *Lew*, die Manning Wardle 1925 für die 597-mm-Schmalspurstrecke Lynton-Barnstaple der Southern Railway baute. Der Betrieb wurde 1935 eingestellt, Eisenbahnfreunde arbeiten jedoch an der Wiederinbetriebnahme.

TECHNIK

Akkumulatorlokomotiven

Speichertriebfahrzeuge (»Akkulokomotiven«) werden aus großen mitgeführten Akkumulatoren gespeist, die in Betriebspausen aufgeladen werden. Derartige Lokomotiven setzte man auf Industriebahnen ein, auf denen normale Dampf- oder Diesellokomotiven durch offenes Feuer, Verbrennungsmotoren oder Rauch eine Gefahr dargestellt hätten, z. B. in Sprengstoff- oder Chemiefabriken oder Bergwerken. U-Bahnen setzen oft Akkulokomotiven ein, wenn die Stromschiene zu nächtlichen Wartungsarbeiten abgestellt wird.

Bo-Akkulokomotive English Electric EE788 Diese zweiachsige Akkulok mit 70 PS (52 kW) Leistung baute English Electric 1930 in ihrem Werk Preston, England, und setzte sie viele Jahre lang im Werk Stafford ein. Augenblicklich ist sie im Ribble Steam Railway Museum in Preston ausgestellt.

△ **GWR Reihe 4575 Prairie-Tenderlok, 1927**

Achsfolge 1'C1't
Zylinder 2
Kesseldruck 13,8 bar
Treibraddurchmesser 1410 mm
Geschwindigkeit Etwa 80 km/h

Die von Charles Collett entwickelte Reihe 4575 der Bauart Prairie entstand von 1927 bis 1929 in der Werkstätte Swindon der Great Western Railway. Viele der 100 Maschinen zogen in Südwestengland Personen- und Güterzüge über Nebenstrecken. Die hier gezeigte Nr. 5572, eine von sechs mit Einrichtungen für den Wendezugbetrieb, wird im Didcot Railway Centre erhalten.

△ **GWR Reihe 5700 Pannier-Tenderlok, 1929**

Achsfolge Ct
Zylinder 2 (innen liegend)
Kesseldruck 13,8 bar
Treibraddurchmesser 1410 mm
Geschwindigkeit Etwa 64 km/h

Diese Reihe mit seitlichen Pannier-Wasserkästen gehört zu den meistgebauten britischen Dampfloks, 863 entstanden von 1929 bis 1950 für die Great Western Railway und für British Railways. Sie fuhren v. a. im Rangierdienst oder beförderten Personen- und Güterzüge auf Nebenstrecken. Nr. 3738, eine von 16 erhaltenen Loks, ist im Didcot Railway Centre ausgestellt.

△ **DRG Baureihe 99.73-76, 1928**

Achsfolge 1'E1't
Zylinder 2
Kesseldruck 14,0 bar
Treibraddurchmesser 80 mm
Geschwindigkeit 30 km/h

Die Deutsche Reichsbahn ließ diesen Typ als neue Einheitsbaureihe für die 750-mm-Schmalspurbahnen in Sachsen bauen. Einige dieser Maschinen und eine in den 1950er-Jahren eingeführte modifizierte Version sind nach wie vor im Einsatz.

△ **EIR Reihe XT/1, 1935**

Achsfolge B1't
Zylinder 2
Kesseldruck 11,0 bar
Treibraddurchmesser 1448 mm
Geschwindigkeit Etwa 64 km/h

Die von der Friedrich Krupp AG in Essen für die East Indian Railway gebauten Lokomotiven mit 1676 mm Spurweite wurden 1929 eingeführt und für den leichten Personenzugdienst verwendet. Die hier gezeigte 1935 gebaute Nr. 36 863 ist im National Rail Museum in Neu-Delhi ausgestellt.

Gütertransport

Mit ständig steigenden Zuggeschwindigkeiten wurden auch immer mehr Güter befördert, darunter verderbliche Waren. Entsprechend entwickelten sich die Güterzuglokomotiven. Anders als in Großbritannien rückte man in Kontinentaleuropa und Nordamerika vom Dreikuppler im Streckendienst ab, Haupttypen wurden die 1'D und andere Vierkuppler. In Kanada, China, Deutschland und in der UdSSR entstanden Fünfkuppler, v.a. in den USA erforderten die Lasten und das Gelände jedoch schlichtweg Giganten.

◁ PRR Reihe A5s, 1917

Achsfolge B
Zylinder 2
Kesseldruck 12,8 bar
Treibraddurchmesser 1270 mm
Geschwindigkeit Etwa 40 km/h

Die Pennsylvania Railroad bediente viele Industrieanschlüsse in Baltimore, Philadelphia und New York, auf denen die engen Kurven Rangierloks mit kurzem Radstand erforderten. 47 Maschinen der Reihe A5s, die zu den stärksten B-Kupplern der Welt gehörten, entstanden bis 1924 in der bahneigenen Werkstätte Altoona, Pennsylvania.

△ Indische Reihe XE, 1928/30

Achsfolge 1'D1'
Zylinder 2
Kesseldruck 14,5 bar
Treibraddurchmesser 1562 mm
Geschwindigkeit Etwa 48 km/h

Abgesehen von Gelenklokomotiven waren die Mikados (Achsfolge 1'D1') der Reihe XE (X Eagle) die größten Dampfloks auf dem Subkontinent. 93 der Maschinen mit 1676 mm Spurweite wurden in Großbritannien gebaut, von denen 35 nach der Teilung in Pakistan verblieben. Hier gezeigt ist Nr. 3634 *Angadh*.

▷ CP Reihe T1-C Selkirk, 1929

Achsfolge 1'E2'
Zylinder 2
Kesseldruck 19,7 bar
Treibraddurchmesser 1600 mm
Geschwindigkeit Etwa 105 km/h

Diese teilweise verkleidete Baureihe entwickelte die Canadian Pacific Railway für die Strecke durch die Selkirkberge. 36 der ölgefeuerten Maschinen entstanden bis 1949. Diese größten und leistungsstärksten Einrahmenlokomotiven im britischen Commonwealth beförderten die Züge 422 km weit über die Berge von Calgary, Alberta, nach Revelstoke in British Columbia.

▷ DRG Baureihe 44, 1930

Achsfolge 1'E
Zylinder 3
Kesseldruck 16,0 bar
Treibraddurchmesser 1400 mm
Geschwindigkeit 80 km/h

Die ersten zehn Maschinen beschaffte die Deutsche Reichsbahn 1926, weitere Aufträge folgten jedoch erst 1937, bis 1949 entstanden weitere 1979 Stück. Mit dem für eine Güterzuglok ungewöhnlichen Dreizylindertriebwerk konnte sie in der Ebene bis zu 2000 t schwere Züge befördern.

Güterwagen

Im 20. Jh. beförderten Eisenbahnen bereits Güter aller Art. Für unterschiedliche Aufgaben entstanden spezielle Waggons: Selbstentladewagen für Kohle, Erze und Schotter; Kesselwagen für Flüssigkeiten und Gase; Kühlwagen für verderbliche Waren. Unabhängig vom Frachtgut hatte vor der Einführung der durchgehenden Luftbremse jeder Zug einen Bremswagen. Von dort aus beobachtete der Zugbegleiter den Zug und setzte die Bremse ein, um die lose gekuppelten Wagen auf Gefällestrecken und beim Anhalten kontrolliert zu verzögern.

△ GWR Bremswagen »Toad«, 1924

Bauart Zweiachsiger Bremswagen
Gewicht 20,3 t
Bauweise Holzwagenkasten auf Stahlfahrgestell
Gesellschaft Great Western Railway

Als die meisten britischen Güterzüge noch keine durchgehende Bremse hatten, trug der Zugbegleiter entscheidend dazu bei, den Zug unter Kontrolle zu behalten. Der 1894 eingeführte Bremswagen trug bei der Great Western den telegrafischen Code »Toad« (»Kröte«).

◁ **UP Challenger Reihe CSA-1/CSA-2, 1936**

Achsfolge (2'C) C2'
Zylinder 4
Kesseldruck 19,3 bar
Treibraddurchmesser 1753 mm
Geschwindigkeit Etwa 113 km/h

Die Challenger der Union Pacific Railroad zeigten, dass eine einzelne Gelenklokomotive schwere Lasten schnell befördern konnte. Je zwei Zylinder treiben eine Kuppelachsgruppe an, ein zweiachsiges Drehgestell trägt die riesige Feuerbüchse. 105 baute die American Locomotive Co. (ALCO) von 1936 bis 1944, Nr. 3977 und 3985 blieben erhalten.

▷ **SAR Reihe 15F, 1938**

Achsfolge 2'D1'
Zylinder 2
Kesseldruck 14,5 bar
Treibraddurchmesser 1524 mm
Geschwindigkeit Etwa 96 km/h

Ihre umfangreichste Reihe setzten die South African Railways v. a. im Oranje-Freistaat und im West-Transvaal ein. Der Bau überspannte den Zweiten Weltkrieg, 205 entstanden bei britischen Firmen, 50 weitere bei deutschen. Einige blieben erhalten, die 1945 gebaute Nr. 3007 steht in ihrer Geburtsstadt Glasgow im Riverside Museum.

◁ **GWR Reihe 2884, 1938**

Achsfolge 1'D
Zylinder 2
Kesseldruck 15,5 bar
Treibraddurchmesser 1410 mm
Geschwindigkeit Etwa 72 km/h

Auf den Erfolg der ersten 83 Exemplare ihrer Reihe 2800, der ersten britischen 1'D, hin baute die Great Western Railway weitere, die wegen geringfügiger Änderungen eine eigene Bezeichnung erhielten. Von den von 1938 bis 1942 gebauten 81 Loks blieben Nr. 3822 und weitere acht erhalten.

◁ **FGEX Gedeckter Obstwagen, 1928**

Bauart Gedeckter Expresskühlwagen
Gewicht 25,1 t
Bauweise Holzwagenkasten mit integriertem Kühlsystem auf Stahlfahrgestell mit zwei Zweiachsdrehgestellen
Gesellschaft Fruit Growers Express

Die von elf Bahngesellschaften im Osten und Südosten der USA gemeinsam verwaltete Leasingfirma Fruit Growers Express baute und betrieb mehrere Tausend Kühlwagen. Der Ende der 1970er-Jahre außer Dienst gestellte Nr. 57 708 ging an die Cooperstown & Marne Railroad.

△ **ACF Kesselwagen, 1939**

Bauart Drehgestell Kesselwagen
Gewicht 18,4 t
Bauweise Stahlaufbau auf Stahlfahrgestell mit zwei Zweiachsdrehgestellen
Gesellschaft Shippers Car Line Corporation

Die American Car & Foundry Co. ist nach wie vor einer der größten Hersteller von Eisenbahnwagen in den USA. Der auf zwei Zweiachsdrehgestellen laufende Kesselwagen Nr. 4556 mit drei Einfülldomen entstand 1939 für die Shippers Car Line Corporation. Er diente zum Transport von Propan und Flüssiggas und hat ein Fassungsvermögen von 17 230 l.

Herbert Nigel Gresley 1876–1941

Nigel Gresleys Ingenieurlaufbahn begann, als er mit 17 Jahren Lehrling in der Lokomotivwerkstätte Crewe wurde. Nach der Lehrzeit erweiterte er seine Kenntnisse als Schlosser, Konstrukteur und Prüfer sowie als Werkmeister eines Bahnbetriebswerks. 1905 wechselte er zur Great Northern Railway, wo er Lokomotiven konstruierte, mehrteilige Reisezugwagen einführte und schließlich 1911 zum Maschinenmeister aufstieg. Nach Gründung der London & North Eastern Railway (LNER) 1923 wurde Gresley zu ihrem Oberingenieur ernannt und blieb es bis zu seinem Tod. 1936 wurde er geadelt.

INGENIEUR UND INNOVATOR

1915 begann Gresley mit Entwürfen für eine Pacific, die er jedoch bis zur ersten 1922 gebauten Maschine erheblich überarbeitete. Die von ihm entwickelte Steuerung vereinfachte den Ventiltrieb des Innenzylinders von Dreizylindermaschinen. 1925 konstruierte er die größte und stärkste britische Dampflokomotive, eine Garratt der Achsfolge (1'D)(D1'), sowie die größte britische Schnellzuglokomotive, die 1'D1' der Reihe P2. Zur Erhöhung des Wirkungsgrads experimentierte er mit einem ursprünglich für Schiffe entwickelten Hochdruck-Wasserrohrkessel.

Ab 1928 entwickelte Gresley aus den A1-Pacifics die Reihe A3, deren höherer Kesseldruck eine weitere Leistungssteigerung ermöglichte. Die erste offizielle Rekordfahrt mit 100 Meilen/h (161 km/h) absolvierte am 30. November 1934 jedoch die A1 *Flying Scotsman*. Im Folgejahr stellte Gresley die Pacific A4 mit Stromlinienverkleidung vor. Die A4 *Mallard* erzielte 1938 den noch gültigen Geschwindigkeitsrekord für Dampflokomotiven.

Trotz seiner Erfolge mit Dampfantrieben war Gresley für andere Antriebsarten offen: 1936 begann er mit Entwürfen für die Elektrifizierung der Strecke Manchester–Sheffield mit 1500-Volt-Gleichstrom. Bedingt durch den Zweiten Weltkrieg wurde das Projekt erst in den 1950er-Jahren fertiggestellt.

Weltrekord mit Dampfantrieb
Gresleys A4-Pacifics auf dem Höhepunkt: Am 3. Juli 1938 stellte die *Mallard* mit 203 km/h einen offiziell bis heute nicht gebrochenen Weltrekord für Dampflokomotiven auf. Sie ist im National Railway Museum in York erhalten.

Die magische 100
Die 1923 gebaute Nr. 4472 *Flying Scotsman* zog den ohne Halt fahrenden Schnellzug von London nach Edinburgh. 1934 erreichte sie als erste Schnellzugdampflokomotive offiziell 100 Meilen/h (161 km/h).

Stromliniendampfloks in Europa

Die 1930er-Jahre waren in Europa die Hochzeit der schnellen Dampfzüge. Im Sinne des Nationalstolzes konkurrierten die Eisenbahnen um den Titel des schnellsten Zugs. Die britische Great Western Railway schickte 1932 den *Cheltenham Flyer* ins Rennen. Mit den neuen von Sir Nigel Gresley entwickelten Stromlinien-Pacifics der Reihe A4 setzten der *Silver Jubilee* (1935) und der *Coronation* (1937) der London & North Eastern Railway neue Maßstäbe bei Geschwindigkeit, Luxus und Zuverlässigkeit. 1936 stellte die deutsche Baureihe 05 einen Weltrekord auf, den Gresleys *Mallard* 1938 übertraf. Der Zweite Weltkrieg beendete den Wettbewerb, der Rekord der *Mallard* wurde offiziell nie gebrochen.

△ LNER Reihe P2, 1934

Achsfolge 1'D1'
Zylinder 3
Kesseldruck 15,2 bar
Treibraddurchmesser 1880 mm
Geschwindigkeit Etwa 121 km/h

Sir Nigel Gresley entwickelte die leistungsstarke P2 für schwere Schnellzüge zwischen Edinburgh und Aberdeen. Sechs Maschinen entstanden von 1934 bis 1936 in der Werkstätte Doncaster der London & North Eastern Railway. Im Zweiten Weltkrieg wurden sie zu Pacifics der Reihe A2/2 umgebaut.

△ LMS Coronation-Reihe, 1938

Achsfolge 2'C1'
Zylinder 4
Kesseldruck 17,2 bar
Treibraddurchmesser 2057 mm
Geschwindigkeit Etwa 183 km/h

38 dieser von William Stanier entworfenen leistungsstarken Schnellzuglokomotiven baute die Werkstätte Crewe der London, Midland & Scottish Railway zwischen 1937 und 1948. Zehn erhielten eine Stromlinienverkleidung, die man nach dem Zweiten Weltkrieg entfernte. Nr. 6229 *Duchess of Hamilton* blieb mit erneuerter Verkleidung erhalten.

△ DRG Baureihe 05, 1935

Achsfolge 2'C2'
Zylinder 3
Kesseldruck 20,0 bar
Treibraddurchmesser 2300 mm
Geschwindigkeit 200,4 km/h

Drei Exemplare der 05 mit Stromlinienverkleidung baute Borsig zwischen 1935 und 1937 für die Deutsche Reichsbahn. Am 11. Mai 1936 stellte 05 002 zwischen Hamburg und Berlin mit 200,4 km/h einen neuen Weltrekord für Dampflokomotiven auf. 05 001 ist im Verkehrsmuseum Nürnberg erhalten.

▷ LNER Reihe A4, 1935

Achsfolge 2'C1'
Zylinder 3
Kesseldruck 17,2 bar
Treibraddurchmesser 2030 mm
Geschwindigkeit 203 km/h

Die A4 mit Stromlinienverkleidung entwickelte Sir Nigel Gresley. 35 dieser Maschinen baute die Werkstätte Doncaster der London & North Eastern Railway von 1935 bis 1938. Nr. 4468 *Mallard* stellte 1938 auf der Ostküsten-Hauptstrecke mit 202,8 km/h einen noch bestehenden offiziellen Weltrekord für Dampflokomotiven auf.

△ **SNCB Reihe 12, 1938**

Achsfolge	2'B1'
Zylinder	2 (innen liegend)
Kesseldruck	17,7 bar
Treibraddurchmesser	2096 mm
Geschwindigkeit	166 km/h

Raoul Notesse konstruierte die Reihe 12 für die belgische Staatsbahn. Sechs Maschinen des Typs Atlantic (Achsfolge 2'B1') entstanden 1938/39 für die Züge von Brüssel zum Fährhafen Ostende. Sie wurden 1962 außer Dienst gestellt, Nr. 12.004 blieb erhalten.

WISSENSWERTES

Ausstellungsstück auf Reisen

Den Stromlinienzug *Coronation Scot* der London, Midland & Scottish Railway transportierte man für eine Ausstellung in Baltimore per Schiff über den Atlantik. Er fuhr knapp 5000 km durch die USA, bevor er 1939 auf der New Yorker Weltausstellung gezeigt wurde. Wegen des Beginns des Zweiten Weltkriegs konnte er nicht nach Großbritannien zurückgelangen. Die als Nr. 6220 *Coronation* beschriftete Lokomotive Nr. 6229 *Duchess of Hamilton* verschiffte man schließlich 1942 zurück in die Heimat, die Wagen blieben jedoch in den USA und dienten der US-Armee als Offiziersmesse. Erst nach Kriegsende gelangten auch sie zurück.

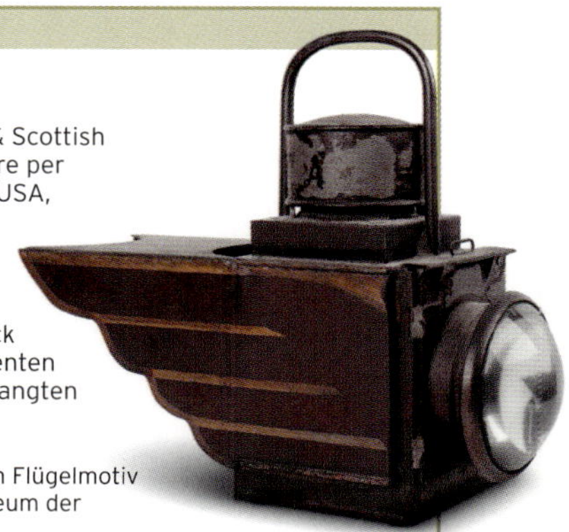

Stirnlampe der *Duchess of Hamilton* Eine der beiden mit dem Flügelmotiv geschmückten Stirnlampen verblieb in den USA und ist im Museum der Baltimore & Ohio Railroad in Baltimore ausgestellt.

◁ **DRG Baureihe 03.10, 1939**

Achsfolge	2'C1'
Zylinder	3
Kesseldruck	20,0 bar
Treibraddurchmesser	2000 mm
Geschwindigkeit	140 km/h

60 dieser verkleideten Schnellzuglokomotiven entstanden zwischen 1939 und 1941 für die Deutsche Reichsbahn. Nach dem Zweiten Weltkrieg waren sie in der BRD, der DDR sowie in Polen verstreut. Beim Umbau verloren die deutschen 03.10 ihre Verkleidung, 1980 wurden die letzten in der DDR ausgemustert.

TECHNIK

Der Silver Jubilee

Den zu Ehren des 25. Jahrestags der Thronbesteigung von König Georg V. benannten Schnellzug führte die London & North Eastern Railway 1935 auf der Verbindung zwischen London-King's Cross und Newcastle-upon-Tyne ein. Den in Silber und Grau gehaltenen Gliederzug zog eine der vier Stromlinien-Pacific-Lokomotiven *Silver Link, Quicksilver, Silver King* und *Silver Fox* der neuen Reihe A4 von Sir Nigel Gresley. Mit Beginn des Zweiten Weltkriegs wurde der Zug eingestellt.

Eröffnungsfahrt Am 30. September 1935 verlässt LNER-Reihe A4 Nr. 2509 *Silver Link* den Bahnhof King's Cross mit dem ersten *Silver Jubilee* nach Newcastle.

Mallard

In den 1930er-Jahren herrschte bei vielen Eisenbahnen das Streben nach möglichst hohen Geschwindigkeiten vor, mehrere Industrienationen rangen um die Rekorde. Am 3. Juli 1938 sicherte Nr. 4468 *Mallard* der LNER, eine von Sir Nigel Gresleys Pacifics der Reihe A4, Großbritannien mit 202,8 km/h den Weltrekord für Dampftraktion. Der Zweite Weltkrieg beendete weitere Versuche, die Leistung der *Mallard* wurde offiziell nie übertroffen.

GRESLEYS REIHE A4 stromlinienförmig verkleideter Pacifics der Achsfolge 2′C1′ der London & North Eastern Railway (LNER) galt als symbolhafter britischer Lokomotivtyp. Die LNER wollte ihre Züge beschleunigen, ihr Oberingenieur Nigel Gresley hatte bei einem Besuch in Deutschland strömungsgünstige Züge beobachtet. Nach einigen Diskussionen erlaubte der LNER-Vorstand Gresley und seinen Mitarbeitern 1935, eigene Stromlinienloks zu entwickeln.

Die erste dieser verkleideten Dreizylindermaschinen, Nr. 2509 *Silver Link*, stellte die Werkstätte Doncaster im September 1935 fertig; Nr. 4468 *Mallard* folgte im März 1938. Es heißt, Gresley habe ihre eindrucksvolle Stromlinienform einem keilförmigen Bugatti-Triebwagen nachempfunden, den er in Frankreich gesehen hatte. Das futuristische Äußere sorgte auf alle Fälle für Aufsehen. Obwohl die Reihe A4 in technischer Hinsicht eine Weiterentwicklung von Gresleys früherer Pacific-Reihe A3 war, hätte sie mit ihrer auffallenden Verkleidung nicht unterschiedlicher aussehen können.

SCHRÄGANSICHT

VORDERANSICHT

TECHNISCHE DATEN			
Baureihe	A4	**Einsatz**	1938–1963 (Mallard)
Achsfolge	2′C1′ (Pacific)	**Zylinder**	3
Herkunft	Großbritannien	**Kesseldruck**	17,2 bar
Hersteller	Doncaster (Entwurf N. Gresley)	**Treibraddurchmesser**	2030 mm
Stückzahl	35	**Geschwindigkeit**	203 km/h

Andenken an den Weltrekord
Eine Plakette an der Lokomotive gibt die Rekordgeschwindigkeit mit 126 Meilen/h (202,8 km/h) an – knapp 3,4 km pro Minute. Sie wurde im mitgeführten Messwagen allerdings nur kurzzeitig registriert. Bei der Rekordfahrt lief das mittlere Treibstangenlager heiß.

Vor dem *Silver Jubilee*
Ursprünglich waren die Lokomotiven der Reihe A4 für den Schnellzug *Silver Jubilee* der LNER zwischen London und Newcastle vorgesehen. Ihre Stromlinienform erhöhte die Geschwindigkeit und senkte den Brennstoffverbrauch; optimierte Leitungen ermöglichten einen verlustarmen Dampfstrom. Als erste A4 erhielt die *Mallard* eine Kylchap-Blasrohranlage. Die im Zweiten Weltkrieg zur leichteren Wartung entfernten Fahrwerksverkleidungen wurden erst bei der späteren Restaurierung wieder angesetzt.

DAS ÄUSSERE

Die glatte Stromlinienform der *Mallard* trug nicht nur zur hohen Geschwindigkeit bei, sondern beflügelte auch die Fantasie der Öffentlichkeit. Die Lokomotive hatte eine keilförmige Vorderseite mit einer Tür, die den Wartungszugang zur Rauchkammer ermöglichte, v.a. zum »Ziehen« (Entfernen) der Lösche (Asche). Aufgrund ihrer Form wurde die Tür als »Fischmaul« bezeichnet. Unter dem Doppelschornstein der *Mallard* saß die innovative Kylchap-Blasrohranlage, die sich als derart wirksam erwies, dass man die gesamte Baureihe darauf umrüstete. Die charakteristischen Fahrwerksverkleidungen der A4 hatte Oliver Bulleid entworfen.

1. Namensschild aus Metall **2.** Auf der Vorderseite handgemalte Lokomotivnummer und Baureihe **3.** Vorderer Puffer **4.** Dampfpfeife **5.** Aerodynamischer Schornstein **6.** Kupplungshaken und -bügel an der Vorderseite **7.** Fabrikschild aus Messing **8.** Treibrad **9.** Detail eines äußeren Treibstangenlagers **10.** Gegenkurbel am Treibrad **11.** Achslagergehäuse und -deckel **12.** Blattfeder

1

2

4

5

6

8

9

10

11

12

14

15

20

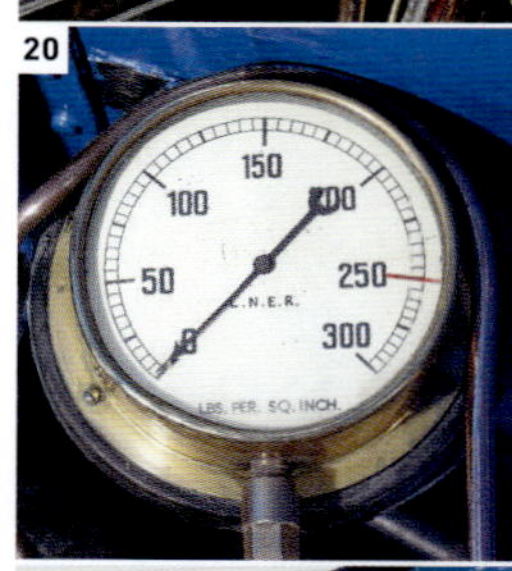

21

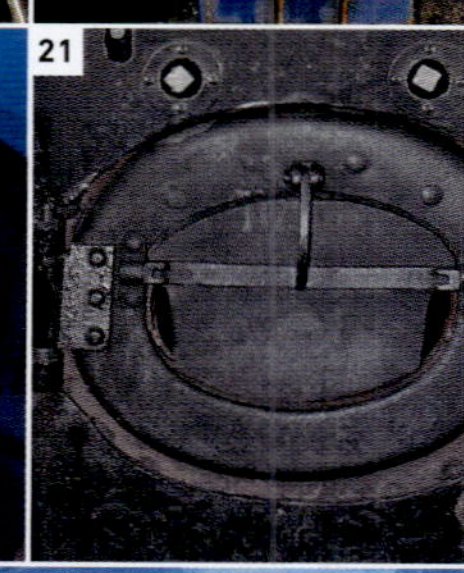

3

7

13

16

17

18

19

22

23

24

25

26

27
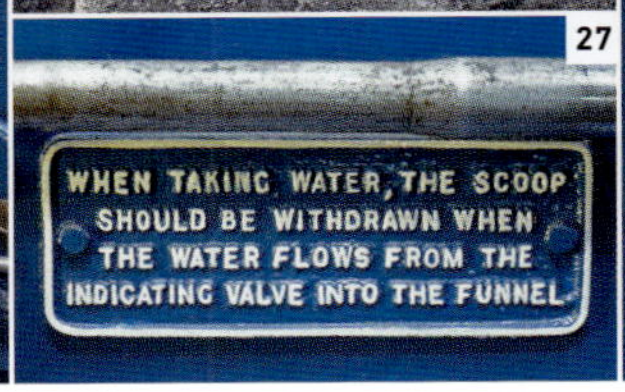

28

IM FÜHRERHAUS

Verglichen mit Führerhäusern in vielen anderen Ländern ging es in der *Mallard* beengt zu. Das Personal musste gut zusammenarbeiten, um auf engstem Raum das Beste aus der Maschine herauszuholen. Von seinem Sitz aus steuerte der Lokführer mit dem Regler die Dampfzufuhr zu den Zylindern. Der Heizer beschickte den gut 3,8 m² großen Rost in der Feuerbüchse mit Kohle und sorgte für den erforderlichen Wasserstand im Kessel. Die Tender hatten einen 46 cm breiten Korridor, durch den das Lokpersonal während der Fahrt abgelöst werden konnte.

13. Kesselrückwand mit Steuerelementen **14.** Bremsventile **15.** Kurbel der Umsteuerung **16.** Vakuummesser und Schieberkastendruckmesser **17.** Ventil der Strahlpumpe **18.** Bläsersperrventil (links) und Druckmessersperrventil (rechts) **19.** Wasserstandschauglas **20.** Kesseldruckmesser **21.** Feuertür **22.** Steuerung der Zylinderhähne **23.** Wasserstandsregler für Strahlpumpen **24.** Schreibender Geschwindigkeitsmesser (Bauart Flaman) **25.** Sitz des Lokführers **26.** Zugang zum Kohlenkasten **27.** Hinweis zur Wasserschöpfeinrichtung **28.** Kohlenkasten

Geschwindigkeit und Stil

Angesichts der futuristischen Designs von Zügen, Flugzeugen und Autos dieser Zeit ließe sich das Jahrzehnt vor dem Zweiten Weltkrieg mit Recht als »Zeitalter der Geschwindigkeit« bezeichnen. Weltweit führten Bahngesellschaften moderne Schnellzüge ein, die mit luxuriöser Ausstattung, reibungslosem Service und zuverlässigen Fahrplänen die reisende Öffentlichkeit locken sollten. Abgesehen von wenigen Schnelltriebwagen mit Dieselantrieb in Deutschland und den USA wurden diese symbolhaften Züge von Art-déco-Dampflokomotiven gezogen, die oftmals führende Industriedesigner gestalteten.

△ VR Reihe S, 1937

Achsfolge 2'C1'
Zylinder 3
Kesseldruck 13,8 bar
Treibraddurchmesser 1854 mm
Geschwindigkeit 138 km/h

Die 1928 eingeführten vier Pacifics der Reihe S erhielten 1937 eine Stromlinienverkleidung, um die neuen, im Art-déco-Stil gehaltenen Nonstop-Schnellzüge der australischen Victoria Railways zwischen Melbourne und Albury zu befördern. Nach der Einführung von Dieselloks waren 1954 alle verschrottet worden.

▷ Japanische/Chinesische Reihe SL7, 1935

Achsfolge 2'C1'
Zylinder 2
Kesseldruck 15,2 bar
Treibraddurchmesser 2000 mm
Geschwindigkeit 140 km/h

Von Kawasaki Heavy Industries in Japan und dem Shahekou-Werk im Pachtgebiet Kwantung in China gebaut, zogen die zwölf Loks des Pashina-Typs während der japanischen Kontrolle über die Südmandschurische Eisenbahn zwischen 1934 und 1943 den *Asia Express.* Nach dem Krieg setzte China sie als Reihe Shengli 7 bis in die 1970er-Jahre ein.

▽ MILW Reihe A, 1935

Achsfolge 2'B1'
Zylinder 2
Kesseldruck 20,7 bar
Treibraddurchmesser 2134 mm
Geschwindigkeit 181 km/h

Vier dieser für den Schnellzug *Hiawatha* konstruierten Atlantic-Lokomotiven der Reihe A wurden von 1935 bis 1937 für die US-Gesellschaft Milwaukee Road (MILW) gebaut. Lokomotive »A« Nr. 2 erreichte im Mai 1935 zwischen Milwaukee und New Lisbon 181 km/h.

△ **CN Reihe U-4-a, 1936**

Achsfolge 2'D2'
Zylinder 2
Kesseldruck 19,0 bar
Treibraddurchmesser 1956 mm
Geschwindigkeit 145 km/h

Fünf dieser verkleideten Schnellzugloks des Typs Confederation bauten die Montreal Locomotive Works 1936 für die Canadian National Railways. Bis zur Ablösung durch Dieselloks in den 1950er-Jahren blieben sie die führenden Schnellzugmaschinen zwischen Toronto und Montreal.

WISSENSWERTES

Schiene und Straße

Mitte der 1930er-Jahre waren im Art-déco-Stil gehaltene US-Autos und Stromlinien-Dampfzüge in der Lage, über 190 km/h zu erreichen. Industriedesigner wie der Amerikaner Gordon Buehrig, der Frankoamerikaner Raymond Loewy, der Engländer John Gurney Nutting und der aus Italien stammende Franzose Ettore Bugatti prägten diese kurze, aber aufregende Periode, die mit dem Beginn des Zweiten Weltkriegs endete.

Schnelle Rivalen Der gesuchte Druck »Straße und Gleis« von Jack Juratovic zeigt einen 1935er Duesenberg Torpedo Phaeton, der sich mit einem Stromlinien-Dampfzug ein Rennen liefert.

△ **NSWGR Reihe C38, 1943**

Achsfolge 2'C1'
Zylinder 2
Kesseldruck 16,9 bar
Treibraddurchmesser 1750 mm
Geschwindigkeit 129 km/h

Fünf der bereits 1939 entworfenen normalspurigen Schnellzuglokomotiven der australischen Reihe C38 lieferte Clyde Engineering in Sydney von 1943 bis 1945 an die New South Wales Government Railways. Zwischen 1961 und 1976 wurden sie aus dem Schnellzugdienst genommen und ausgemustert.

△ **PP&L »D« Feuerlose Lokomotive, 1939**

Achsfolge D
Zylinder 2
Kesseldruck 9,0 bar
Treibraddurchmesser 1067 mm
Geschwindigkeit 32 km/h

Diese feuerlose Rangierlok der Pennsylvania Power & Light Co. war nur aus ästhetischen Gründen verkleidet. Heisler baute sie für die Hammermill Paper Co. in Erie. Solche Dampfspeicherloks setzte man in Betrieben ein, die mit feuergefährlichen Stoffen arbeiteten. Nr. 4094-D, die größte derartige Maschine, ist im Railroad Museum of Pennsylvania in Strasburg, USA, ausgestellt.

PIONIERE

Raymond Loewy

Der in Frankreich geborene, »Vater der Stromlinie« genannte Raymond Loewy (1893-1986) war in den USA als Industriedesigner für zahlreiche große Unternehmen tätig. Er entwickelte nicht nur weltbekannte Logos für Ölfirmen wie Shell und für Eisenbahnen, sondern gestaltete auch Autos von Studebaker, Greyhound-Busse sowie berühmte Lokomotiven wie die Reihen K4s, S1 und T1 der Pennsylvania Railroad, deren Elektrolok GG1 er ebenfalls überarbeitete. Auch am Design der frühen Diesellokomotiven von Baldwin war er beteiligt. 1980 kehrte Loewy in sein Heimatland Frankreich zurück, wo er wenige Jahre später starb.

Unübersehbar Loewy auf einer seiner bekanntesten Schöpfungen, der einzigartigen S1 der Pennsylvania Railroad, einer experimentellen 3'BB3'-Lok, der schnellsten und größten Schnellzug-Dampflokomotive der USA.

Stromlinie mit Diesel- und Elektroantrieb

In den 1930er-Jahren führte man in Europa und den USA Hochgeschwindigkeitszüge mit Diesel- und Elektroantrieb ein. Von führenden Ingenieuren wie Ettore Bugatti entwickelt und im Windkanal getestet, begeisterten diese Fahrzeuge die Öffentlichkeit, stellten Weltrekorde auf und eröffneten ein neues Zeitalter schnellen Reisens. In Europa stellte die Deutsche Reichsbahn mit dem *Fliegenden Hamburger* den Vorläufer der heutigen ICEs, in den USA erreichte der *Pioneer Zephyr* eine neue Stufe futuristischen Designs. Der Beginn des Zweiten Weltkriegs beendete diese aufregende Epoche.

△ SBB Reihe Ae 8/14, 1931

Achsfolge (1'A)A1A(A1')+(1'A)A1A(A1')
Stromversorgung 15 kV $16\frac{2}{3}$ Hz AC, Oberleitung
Leistung 7394–10 956 PS (5514–8173 kW)
Geschwindigkeit 100 km/h

Drei verschiedene Prototypen der E-Lok Ae 8/14 entstanden in den 1930er-Jahren für die Gotthardstrecke der Schweizerischen Bundesbahnen (SBB). Mit je acht angetriebenen Achsen konnten diese Doppellokomotiven schwere Züge alleine über die schwierige Strecke befördern. Die gezeigte Nr. 11852, die dritte der Loks, war zeitweise die stärkste Lokomotive der Welt.

△ DRG Baureihe SVT 137 Bauart Hamburg, 1935

Achsfolge Zweiteiliger Triebwagen, 2'Bo'2'
Kraftübertragung Elektrisch, 2 Fahrmotoren
Antrieb 2 x Maybach 12-Zylinder-Dieselmotor, 8850 cm^3
Leistung 2 x 405 PS (302 kW)
Geschwindigkeit 160 km/h

Nach dem Erfolg des Prototyps *Fliegender Hamburger* 1932 stellte die Deutsche Reichsbahn diese Baureihe 1935 zwischen Berlin und Hamburg in Dienst. Mit durchschnittlich 124 km/h war der Triebwagen mit 98 Sitzplätzen und Buffetabteil der schnellste planmäßige Zug der Welt. Den im Krieg eingestellten Schnellverkehr nahmen DB (BRD) und DR (DDR) wieder auf.

▷ Bugatti-Triebwagen, 1932/33

Achsfolge 2 Vierachsdrehgestelle, 2 oder 4 Achsen angetrieben
Kraftübertragung Mechanisch
Antrieb 2 x oder 4 x Bugatti, 12 700 cm^3
Leistung Pro Motor 200 PS (149 kW)
Geschwindigkeit 196 km/h

Die von Ettore Bugatti entworfenen Verbrennungstriebwagen wurden im elsässischen Bugatti-Werk als Einzel-, Doppel- und Dreifacheinheiten gebaut. Die komfortabelste und schnellste Version war der »Présidentiel« mit vier Motoren und 48 Plätzen. Er stellte 1934 mit 196 km/h einen Weltrekord für Schienenfahrzeuge auf.

▷ GWR Stromlinientriebwagen, 1934

Achsfolge 2 Zweiachsdrehgestelle, 1 angetrieben
Kraftübertragung Mechanisch
Antrieb AEC-Dieselmotor, 8850 cm^3
Leistung 130 PS (97 kW)
Geschwindigkeit 100 km/h

Die 1934 von der Great Western Railway eingeführten Dieseltriebwagen mit dem Spitznamen »Fliegende Banane« blieben bei British Railways bis in die frühen 1960er-Jahre im Dienst. Spätere Versionen erhielten ein Buffetabteil und erreichten mit zwei AEC-Dieselmotoren 129 km/h, ferner entstanden Stückguttriebwagen sowie zweiteilige Gliederzüge.

TECHNIK

Deutsche Versuche

Der »Schienenzeppelin« war ein experimenteller Triebwagen in Leichtbauweise aus Aluminiumspanten, die mit Segeltuch überzogen waren. Seine Vorderseite ähnelte stark den späteren japanischen »Geschosszügen« der 1960er-Jahre.

Den nur 20,3 t wiegenden, 26 m langen Prototyp trieb ein BMW-Flugmotor mit 12 Zylindern und 600 PS (447 kW) Leistung über eine Luftschraube an. Im Juni 1931 stellte der Triebwagen auf der Strecke Hamburg–Berlin mit 230 km/h einen neuen Weltrekord für Schienenfahrzeuge auf. Nach mehreren Umbauten wurde der Triebwagen 1939 aufgrund seines schlechten Erhaltungszustands verschrottet, um die Werkstoffe für den deutschen Kriegseinsatz nutzen zu können.

Zeppelin auf Schienen Der unter der Leitung von Franz Kruckenberg in Hannover gebaute Schienenzeppelin hatte zwei Achsen und bot 40 Fahrgästen Platz.

Heckverkleidung Am im Windkanal geformten Heck saß die Luftschraube aus Eschenholz.

◁ PRR Reihe GG1, 1934

Achsfolge 2'Co'Co'2'
Stromversorgung 11 kV 25 Hz AC, Oberleitung
Leistung 4620 PS (3446 kW)
Geschwindigkeit Etwa 161 km/h

Insgesamt 139 dieser leistungsstarken Elektrolokomotiven wurden zwischen 1934 und 1943 für die Pennsylvania Railroad gebaut. Ab 1935 beförderten sie Schnellzüge auf der gerade elektrifizierten Hauptstrecke New York-Washington, D. C. In den 1950er-Jahren in den Güterzugdienst verdrängt, waren bis 1983 alle ausgemustert worden. Nr. 4935 ist im Railroad Museum of Pennsylvania ausgestellt.

◁ CB&Q *Pioneer Zephyr*, 1934

Achsfolge Dreiteiliger Gliederzug auf 4 Zweiachsdrehgestellen
Kraftübertragung Mechanisch
Antrieb Winton-8-Zylinder-Dieselmotor
Leistung 600 PS (447 kW)
Geschwindigkeit 181 km/h

Den von der Budd Co. für die Chicago, Burlington & Quincy Railroad gebauten dreiteiligen Stromlinienzug aus nicht rostendem Stahl trieb ein U-Boot-Motor an. Die Wagenübergänge lagen auf gemeinsamen Jacobs-Drehgestellen auf. Bei der Eröffnungsfahrt legte er die 1633 km von Denver nach Chicago mit durchschnittlich 124 km/h zurück und erreichte eine Höchstgeschwindigkeit von 181 km/h.

▷ SBB RAe 4/8 Doppelpfeil, 1939

Achsfolge 2 Zweiachsdrehgestelle, 1 angetrieben (Einzelwagen)
Stromversorgung 15 kV 16 2/3 Hz AC, Oberleitung
Leistung Einzelwagen 528 PS (394 kW), Doppeleinheit 1126 PS (840 kW)
Geschwindigkeit 125 km/h

Sieben Einzelwagen der Bauart »Roter Pfeil« stellten die Schweizerischen Bundesbahnen 1935 für schwach frequentierte Strecken in Dienst. Später wurden sie sogar am Gotthard eingesetzt, einer wichtigen internationalen Strecke, die Deutschland und Italien durch einen 15 km langen Eisenbahntunnel unter dem Gotthardmassiv hindurch verbindet. 1939 kamen drei Doppeleinheiten hinzu.

Zweckmäßige Diesel- und Elektrolokomotiven

Die europäischen Eisenbahnen hatten im Ersten Weltkrieg stark gelitten; Kohle war knapp und teuer. Und während Dampf immer noch populär war, sollten bald andere Traktionsarten das Ende dieser Epoche einläuten. In bergigen Ländern wie der Schweiz und Italien ermöglichte ein Überfluss an durch Wasserkraft sauber und billig erzeugtem Strom die Elektrifizierung von Hauptstrecken. Leistungsstarke E-Loks wie das Schweizer »Krokodil« zogen bald schwere Züge über anspruchsvoll trassierte Strecken, in Italien stellten Mussolinis Hochgeschwindigkeitszüge neue Rekorde auf. Am anderen Ende der Größenskala wurden kleine Diesel- und Elektroloks bei europäischen und nordamerikanischen Bahnen als wirtschaftliche Rangierloks eingeführt.

▷ **SBB Reihe Ce 6/8 II und Ce 6/8 III, 1919/20**

Achsfolge (1'C)(C1')
Stromversorgung 15 kV AC, Oberleitung
Leistung 3647 PS (2721 kW)
Geschwindigkeit 76 km/h

51 dieser bis 1980 eingesetzten Elektrolokomotiven beschafften die Schweizerischen Bundesbahnen (SBB) von 1919 bis 1927 für schwere Güterzüge auf der Gotthardbahn. In den langen Vorbauten, denen sie ihren Spitznamen »Krokodil« verdanken, sind die Motoren untergebracht.

△ **GIPR Reihe WCP 1, 1930**

Achsfolge 1'Co2'
Stromversorgung 1,5 kV DC, Oberleitung
Leistung 2158 PS (1610 kW)
Geschwindigkeit 121 km/h

Ab 1930 baute Metropolitan-Vickers in Großbritannien 22 dieser leistungsstarken elektrischen Reisezuglokomotiven, der ersten in Indien eingesetzten, für die Great Indian Peninsula Railway. Das erste Exemplar, Nr. 4006 *Sir Roger Lumley*, ist im National Rail Museum in Neu-Delhi ausgestellt.

▷ **DRG Baureihe E 04, 1933**

Achsfolge 1'Co1'
Stromversorgung 15 kV 16 ⅔ Hz AC, Oberleitung
Leistung 2694 PS (2010 kW)
Geschwindigkeit 110 km/h, später 130 km/h

23 E 04 beschaffte die Deutsche Reichsbahn für den Reisezugdienst auf der neu elektrifizierten Hauptstrecke Stuttgart–München. Die letzten Exemplare wurden bei der DB (BRD) 1982, bei der DR (DDR) 1976 ausgemustert. Mehrere E 04 bzw. 104 (DB) und 204 (DR) sind erhalten.

▷ **GHE T1, 1933**

Achsfolge A1
Kraftübertragung Mechanisch
Antrieb 4-Zylinder-Dieselmotor
Leistung 125 PS (92 kW)
Geschwindigkeit 40 km/h

Der meterspurige Dieseltriebwagen ist ein Einzelstück, das die Waggonfabrik Dessau 1933 für die Gernrode-Harzgeroder Eisenbahn baute. Nach dem Zweiten Weltkrieg kam er als VT 133 522 zur Deutschen Reichsbahn (DR) in der DDR, die ihn später als Gerätewagen 187 001 einsetzte. Heute fährt er wieder aufgearbeitet mit 34 Sitzplätzen bei den Harzer Schmalspurbahnen.

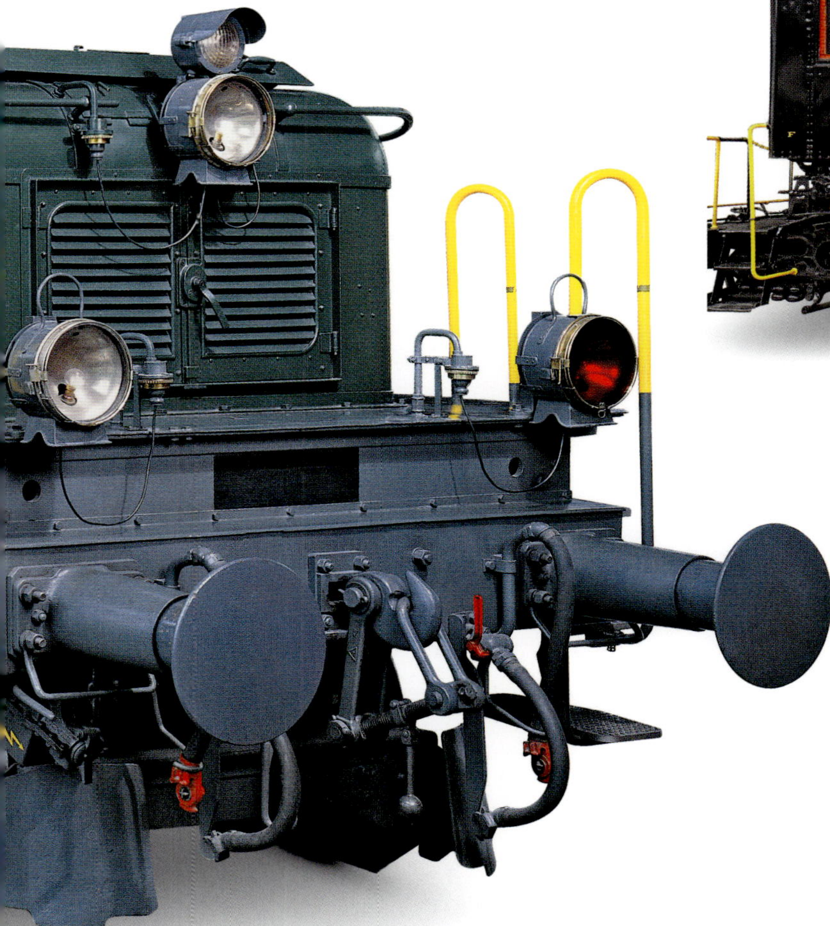

△ PRR Reihe B1, 1934

Achsfolge Co
Stromversorgung 11 kV AC, Oberleitung
Leistung 697 PS (520 kW)
Geschwindigkeit 40 km/h

14 dieser elektrischen Rangierloks baute die Werkstätte Altoona der Pennsylvania Railroad 1934 im Gegensatz zu früheren Doppeleinheiten als Einzelfahrzeuge. Sie rangierten v. a. Leerzüge im Umfeld der Penn Station in New York, bis man sie Anfang der 1970er-Jahre ausmusterte.

△ DRG Reihe Kö, 1934

Achsfolge B
Kraftübertragung Mechanisch
Antrieb 6-Zylinder-Dieselmotor
Leistung 125 PS (92 kW)
Geschwindigkeit 30 km/h

Diese nur mit einer Fußbremse ausgerüsteten Einheitskleinlokomotiven setzte die Deutsche Reichsbahn auf kleinen Bahnhöfen im Rangierdienst ein. Im Zweiten Weltkrieg stellte man sie auf den Betrieb mit Flüssiggas um. Drei Loks, darunter die gezeigte 199 011, wurden als Kö II für die Harzer Schmalspurbahnen auf 1000 mm Spurweite umgebaut.

▷ LMS Rangierdiesellok Nr. 1831, 1931

Achsfolge C
Kraftübertragung Hydraulisch
Antrieb Davey Paxman 6-Zylinder-Dieselmotor
Leistung 400 PS (298 kW)
Geschwindigkeit 40 km/h

Diese erste dieselhydraulische Rangierlok in Großbritannien baute die London, Midland & Scottish Railway 1931 in ihrer Werkstätte Derby auf dem Rahmen und Fahrgestell einer C-Tenderlokomotive der Midland-Reihe 1377 mit derselben Betriebsnummer. Die Versuchslok bewährte sich nicht und wurde 1939 offiziell ausgemustert.

◁ FS Reihe ETR 200, 1937

Achsfolge Dreiteiliger Gliederzug auf 4 Zweiachsdrehgestellen
Stromversorgung 3 kV DC, Oberleitung
Leistung 1408 PS (1050 kW)
Geschwindigkeit 203 km/h

18 dieser dreiteiligen Elektrotriebzüge baute Breda für die italienischen Staatsbahnen, die sie 1937 auf der Strecke Bologna-Rom-Neapel in Dienst stellten. Ihre Stromlinienform hatte man im Windkanal entwickelt. Im Juli 1939 stellte ETR 212 mit 203 km/h einen Weltrekord für elektrische Serientriebfahrzeuge auf. Die Reihe wurde bis in die 1990er-Jahre eingesetzt, ETR 212 ist erhalten geblieben.

TECHNIK

Streckeninspektion

Im 19. Jh. war die Instandhaltung Tausender Kilometer Strecke, die zum Teil weitab von Straßen in unzugänglichen Regionen verliefen, nur durch Streckenwärter möglich, die in Gruppen die Strecken abliefen oder auf Draisinen abfuhren. Anfangs handelte es sich dabei um durch Muskelkraft getriebene Handhebeldraisinen oder Schienenfahrräder. Im 20. Jh. kamen Motordraisinen auf, ebenso motorisierte Straßenfahrzeuge, deren Räder mit Spurkränzen versehen wurden. Heute verwendet man häufig Zweiwegefahrzeuge, die auf Straßen und Schienen fahren können, auf der schottischen West Highland-Strecke z. B. Land Rover.

Buick Ma&Pa Wagen Nr. 101, 1937 Der ursprüngliche Leichenwagen wurde umgebaut, um auf der Maryland & Pennsylvania Railroad die Funkverbindung zwischen Lokomotiven und den Büros der Gesellschaft zu erproben.

Reading MU Nr. 800

Die auch als Reading Railroad bekannte Reading Company war ein in den Bereichen Eisenbahn und Kohlebergbau tätiger Mischkonzern, der seit den 1830er-Jahren rasch expandierte. Er entwickelte von Philadelphia ausgehende Vorortstrecken und errichtete 1893 das eindrucksvolle Reading Terminal. 1928 beschloss man die Elektrifizierung der Vorortstrecken, setzte diese trotz des Börsencrashs von 1929 fort und nahm im Juli 1931 den elektrischen Zugbetrieb auf.

DIE READING MULTIPLE UNITS (MUs) waren extra für das Elektrifizierungsprojekt nach dem neuesten Stand der Technik gebaute Triebwagen. Da sie kostengünstig zu betreiben sein sollten, bestand ihr Aufbau größtenteils aus leichtem Aluminium, um das Gewicht und damit den Stromverbrauch zu senken. Die MUs hatten an beiden Enden Führerstände und ließen sich einzeln oder zu Zügen gekuppelt einsetzen. Sie waren wesentlich einfacher zu bedienen und viel schneller als die Dampfloks, die sie ersetzt hatten.

Die ersten 61 Fahrzeuge waren 1928 bestellt und 1931 geliefert worden. Die Firma bestellte weitere Fahrzeuge, da das Netz expandierte: Bis 1933 hatte man rund 135 km elektrifiziert. Einige Wagen blieben 60 Jahre lang im Einsatz, darunter 38 von 1963 bis 1965 umgebaute, die bis 1990 überlebt hatten. Nachdem die bundesstaatliche Southeastern Pennsylvania Transportation Authority (SEPTA) 1983 den Betrieb auf den Strecken der früheren Reading Company komplett übernommen hatte, wurden die meisten älteren Fahrzeuge innerhalb von zwei Jahren ausgemustert.

VORDERANSICHT

RÜCKANSICHT

Reading Lines

Strom und Dampf
Für ihre Personenzüge verwendete die Reading Railroad den Markennamen »Reading Lines«. Neben den Elektrotriebzügen setzte die Bahn auch mehrere Dampflokomotiven ein.

TECHNISCHE DATEN			
Baureihe	EPa/EPb	**Einsatz**	1931–1990 (Nr. 800)
Achsfolge	B'2'	**Bahngesellschaft**	Reading Railroad
Herkunft	USA	**Leistung**	480 PS (358 kW)
Hersteller	Harlan & Hollingsworth	**Stromversorgung**	11 kV 25 Hz AC, Oberleitung
Stückzahl	91 Reading MU-Wagen	**Geschwindigkeit**	113 km/h

Zugsammelschiene
Der Anschluss der elektrischen Zugsammelschiene über dem Scheinwerfer wurde in den USA erstmals bei den MUs der Reading Co. verwendet. Die Anschlüsse benachbarter Wagen berühren sich und leiten den Strom sicher weiter. Daher wird nur ein Stromabnehmer benötigt, um mehrere Motorwagen zu versorgen.

DAS ÄUSSERE

Die MU-Wagen ähneln heutigen Vorortriebwagen und waren mit Aufbauten aus Stahl und Aluminium, Führerständen an beiden Enden und automatischen Türen für die Zeit ihrer Einführung technisch sehr fortschrittlich. Auf dem Wagendach führen Hochspannungsleitungen vom Stromabnehmer zu den Anschlüssen der Zugsammelschiene an den beiden Wagenenden.

1. Wagennummer **2.** Anschluss der Zugsammelschiene an beiden Wagen **3.** Scheinwerfer **4.** Signalhorn **5.** Isolator der 11-kV-Leitung auf dem Wagendach **6.** Abgesenkter Stromabnehmer **7.** Zugschlussleuchte **8.** Führerstandfenster mit Scheibenwischer **9.** Kuhfänger **10.** 12-polige Steckdosen für Mehrfachsteuerung **11.** 12-polige Kabel für Mehrfachsteuerung **12.** Bremsklotz **13.** Geöffnetes Achslagergehäuse mit Lager **14.** Blattfeder am Drehgestell **15.** Drehgestell Bauart *Taylor Flexible Truck* **16.** Handbremskette **17.** Steuerventile der Druckluftbremse

1

2

3

4

5

6

7

8

9

10

11

12

13

14

15

16

17

IM FÜHRERSTAND

Die Triebwagenführer mussten stehen, ihre einfachen Steuerelemente waren aus denen von Straßenbahnen abgeleitet. Die Fahrgeschwindigkeit mussten sie anfangs schätzen, da die ersten Züge keine Geschwindigkeitsmesser hatten. Andererseits verfügten die MUs von Anfang an über eine Führerstandssignalisierung, die elektrische Signale über das Gleis ins Fahrzeug übertrug.

18. Führerstand **19.** Handbremse **20.** Sperrklinke an der Handbremse **21.** Fahrschalter mit Steckkupplung für Handrad **22.** Lichtschalter (links) und Druckmesser der Druckluftbremse **23.** Rote Streuscheibe zeigt Zugschluss an **24.** Gelbe Streuscheibe (leuchtet vor Lampe weiß) zeigt außerplanmäß gen Zug an **25.** Blaue Streuscheibe (leuchtet vor Lampe grün) zeigt planmäßigen Zug an **26.** Oberseite des Bremsventils **27.** Innere Verriegelung der Führerstandtür

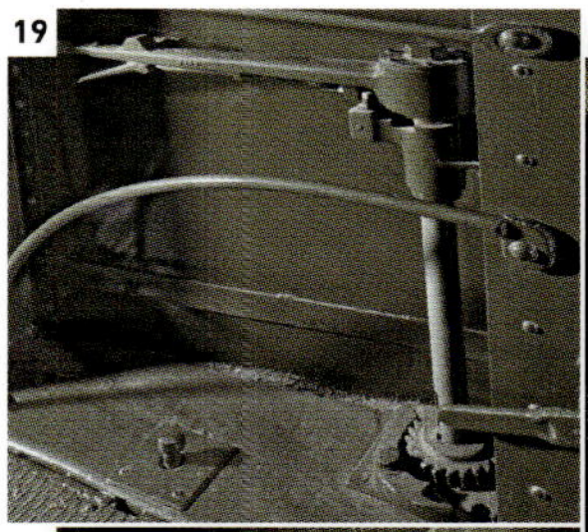

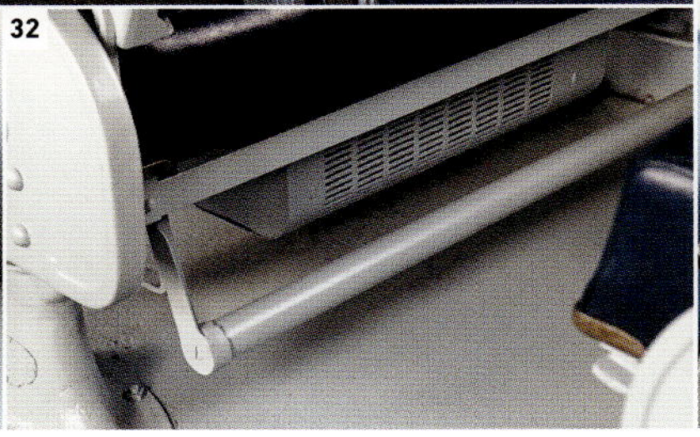

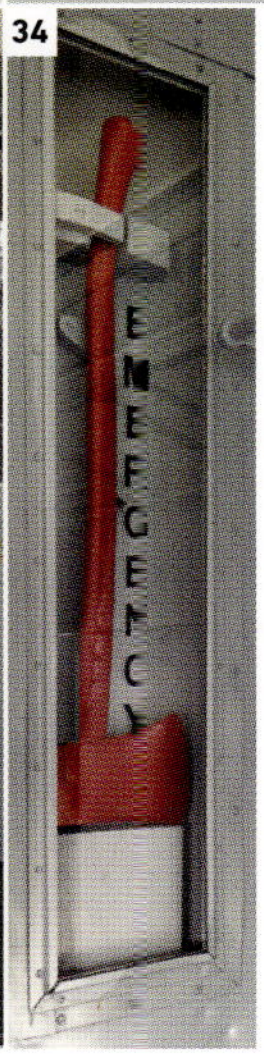

IM FAHRGASTRAUM

Der Standard-MU-Wagen hatte 18 Reihen zu je 2+2 Sitzen mit klappbaren Rückenlehnen, Platz für den Übergängen zugewandte Sitze und ein Schaffnerabteil. Güterwagen hatten an einem Ende ein separates Abteil und weniger Sitze. Neuerungen waren Innentüren, die sich im fahrenden Zug automatisch schlossen, sowie Thermostate für die Wagenheizung, die Kosten senkten und für gesteigertes Wohlbefinden sorgten.

28. Innenansicht des Wagens **29.** Deckenleuchte **30.** Gepäckablage aus Metall über den Sitzen **31.** Fensterverriegelung aus Messing **32.** Fußstütze und Heizung unter dem Sitz **33.** Toilettentür **34.** Vitrine mit Axt für den Notfall

1940–1959

KRIEG UND FRIEDEN

WAR TRAFFIC MUST
COME FIRST
DON'T WASTE TRANSPORTATION
ASSOCIATION OF AMERICAN RAILROADS IN COOPERATION WITH THE OFFICE OF DEFENSE TRANSPORTATION

KRIEG UND FRIEDEN

Im Zweiten Weltkrieg spielten die Eisenbahnen auf alliierter Seite eine ebenso wichtige Rolle wie bei den Achsenmächten. Den nicht direkt mit dem Kriegsgeschehen in Zusammenhang stehenden Bahnverkehr unterband man unterdessen so weit wie möglich. Viele Bahnstrecken in Europa wurden während des Kriegs zerstört und hatten darüber hinaus mit dem Makel des Transports von Millionen Menschen in Konzentrationslager zu kämpfen. Aus dem Schatten des Kriegs traten die Eisenbahnen Westeuropas schließlich mit einem neuen glanzvollen Gesicht heraus: dem Trans-Europ Express (TEE), der nach dem Krieg den internationalen Verkehr neu beleben sollte.

△ **Berühmter Zug**
Ein Plakat bewirbt 1941 den berühmten US-Zug *20th Century Limited*, der 1959 auch im Hitchcock-Film *Der unsichtbare Dritte* auftaucht.

Hatten die USA Anfang der 1940er-Jahre noch gigantische Dampflokomotiven wie den »Big Boy« gebaut, so beschleunigte sich jetzt der bereits begonnene Übergang zur Dieseltraktion. In der Nachkriegszeit verdrängten Diesel- und Elektroantrieb weltweit die als schmutzig, arbeitsintensiv und altmodisch angesehene Dampftraktion. Die Überlegenheit der neuen Antriebstechnik wurde noch unterstrichen, als zwei französische Elektrolokomotiven 1955 den Geschwindigkeitsweltrekord brachen.

In Großbritannien hielten die gerade verstaatlichten British Railways bis zur Vorstellung des Modernisierungsplans Mitte der 1950er-Jahre an der Dampfkraft fest. Doch auch hier wiesen die vermehrt eingesetzten Dieselrangierloks den Weg in die Zukunft, 1955 wurde der Prototyp der Deltic vorgestellt. Die revolutionärste Form des Bahnverkehrs entwickelten Ende der 1950er-Jahre allerdings weder Europa noch die USA, sondern Japan.

»Räder müssen rollen für den Sieg!«

TITEL DER PROPAGANDISTISCHEN WERBEKAMPAGNE DER DEUTSCHEN REICHSBAHN IM JAHR 1942

◁ **US-Propagandaplakat aus dem Zweiten Weltkrieg von Fred Chance,** Illustrator in Philadelphia und New York

Wichtige Ereignisse

- ▷ **1941** Die US-Bahngesellschaft Union Pacific stellt die riesigen »Big Boy«-Dampflokomotiven in Dienst.
- ▷ **1942** Die Deutsche Reichsbahn führt die vereinfacht konstruierte »Kriegslok« der Baureihe 52 ein, die auch beim Wiederaufbau dient.
- ▷ **1945** Alliierte Jagdbomber greifen gezielt deutsche Lokomotiven an.

△ **Kriegsschaden**
Als alliierte Streitkräfte Anfang April 1945 Münster besetzten, fanden sie diese hochkant gestellte deutsche Lokomotive vor.

- ▷ **1948** Verstaatlichung der privaten britischen Eisenbahnen und Gründung von British Railways
- ▷ **1949** Nach Gründung der Bundesrepublik Deutschland wird die Eisenbahn dort als Deutsche Bundesbahn (DB) bezeichnet. Die DDR behält den Namen Deutsche Reichsbahn (DR) bei.
- ▷ **1951** British Railways entwickeln neue »Standard«-Konstruktionen für Dampflokomotiven.
- ▷ **1954** Der britische Modernisierungsplan kündigt am 1. Dezember das Ende des Dampfbetriebs an.
- ▷ **1955** Die französischen E-Loks BB 9004 und CC 7107 stellen mit 331 km/h einen neuen Weltrekord auf.
- ▷ **1957** Das internationale Trans-Europ-Express-Netz nimmt den Betrieb auf. Es entstehen bekannte TEE-Züge.

Logistik im Zweiten Weltkrieg

Der Bahntransport von Rohstoffen, Truppen, Gerät und Munition war für alle Krieg führenden Parteien von strategischer Bedeutung. Daher kamen in den Kriegsgebieten leistungsstarke und vergleichsweise kostengünstig gebaute Güterzuglokomotiven zum Einsatz. Nach Kriegsende gelangten viele davon zu europäischen Eisenbahnen, entweder als Ersatz für zerstörte Maschinen oder als Reparationsleistung. Zahlreiche für das United States Army Transportation Corps (USATC) gebaute Loks wurden im Rahmen des Leih- und Pachtabkommens sowie nach dem Krieg durch das UN-Hilfswerk nach Asien verschifft.

◁ LMS 8F, 1935

Achsfolge 1'D
Zylinder 2
Kesseldruck 15,5 bar
Treibraddurchmesser 1430 mm
Geschwindigkeit Etwa 80 km/h

Dieser Entwurf von William Stanier für die London, Midland & Scottish Railway war im Zweiten Weltkrieg eine der britischen Standard-Güterzugloks. Das Kriegsministerium setzte sie in Ägypten, Palästina, im Iran und in Italien ein, 25 gingen 1941 an die Türkei. Von den 852 gebauten blieben einige bis 1968 im britischen und bis in die 1980er-Jahre im türkischen Dienst.

△ DRG Baureihe 52, 1942

Achsfolge 1'E
Zylinder 2
Kesseldruck 16,0 bar
Treibraddurchmesser 1400 mm
Geschwindigkeit 80 km/h

Etwa 7000 dieser schweren Güterzugloks beschaffte die Deutsche Reichsbahn v. a. für den Einsatz an der Ostfront. Die letzten »Kriegsloks« waren bis vor wenigen Jahren noch in Bosnien im Einsatz, viele blieben wie die rekonstruierte 52 8184-5 erhalten.

◁ USATC S160, 1942

Achsfolge 1'D
Zylinder 2
Kesseldruck 15,5 bar
Treibraddurchmesser 1440 mm
Geschwindigkeit Etwa 72 km/h

Von den 2120 schweren Güterzugloks des vereinfachten Consolidation-Typs, die das USATC bauen ließ, gingen 800 nach Großbritannien, um nach dem D-Day in Europa eingesetzt zu werden. Nach 1945 kamen sie auch nach Nordafrika, China, Indien, Nord- und Südkorea.

▷ USATC S100, 1942

Achsfolge Ct
Zylinder 2
Kesseldruck 14,5 bar
Treibraddurchmesser 1370 mm
Geschwindigkeit Etwa 56 km/h

382 der für das USATC gebauten Loks kamen nach Großbritannien für den Einsatz in Europa nach der Normandie-Landung 1944. Die britische Southern Railway kaufte 15 als Rangierloks.

△ DRG Baureihe V 36, 1937

Achsfolge C
Kraftübertragung Hydraulisch
Antrieb KHD-/MWM-Dieselmotor
Leistung 360 PS (268 kW)
Geschwindigkeit 55 km/h

Die Wehrmacht nutzte diese Diesellloks zum Rangieren auf Militäranlagen. Ihr Motor trieb über ein hydraulisches Getriebe und eine Blindwelle die Kuppelstangen an. Die Loks waren nach Kriegsende auch in einigen europäischen Ländern im Einsatz.

▷ Kommandowagen, 1942

Bauart Zweiachsig
Besatzung 130 (ganzer Zug)
Bauweise Verkleidung mit Panzerplatten
Nutzer Deutsche Wehrmacht

Dieser Wagen mit Tarnanstrich gehörte zu einem Panzerzug des Typs BP 42, der Transport- und Nachschubzüge auf dem Balkan und in Russland sicherte. Der Zug bestand aus verschiedenen Infanterie-, Aufklärungs-, Flugabwehr- und Geschützwagen. Eine gepanzerte Güterzugdampflok der Baureihe 57 mit Achsfolge E war in der Mitte des Zugs eingereiht.

▷ **SR Reihe Q1, 1942**

Achsfolge C
Zylinder 2 (innen liegend)
Kesseldruck 15,9 bar
Treibraddurchmesser 1550 mm
Geschwindigkeit 80 km/h

Weil der Entwurf von Oliver Bulleid für die Southern Railway auf alles Überflüssige verzichtete, waren die leichten Güterzugloks fast auf dem gesamten Streckennetz einsetzbar. Die gebauten 40 Maschinen fuhren bis in die 1960er-Jahre in der Südregion der British Railways. Die gezeigte Nr. C1 war die erste Lok der Reihe.

WISSENSWERT

Der Maryland-Wagen

1947 initiierte der US-Journalist Drew Pearson ein Hilfsprojekt für die Menschen in den vom Krieg betroffenen Ländern Frankreich und Italien. Ein »Freundschaftszug« sammelte in den USA Hilfsgüter im Wert von 40 Mio. US-Dollar. Zum Dank stellten die Franzosen einen »Merci«-Zug mit Geschenken zusammen, der aus europäischen gedeckten Güterwagen bestand, die im Krieg Soldaten und Pferde transportiert hatten. Die 49 Wagen – einen für jeden der damaligen US-Bundesstaaten und den District of Columbia – trafen 1949 in New York ein. Der gezeigte Maryland-Wagen entstand 1915 für die Bahngesellschaft Paris-Lyon-Méditerranée und steht heute im Baltimore & Ohio Railroad Museum in Baltimore.

△ **WD Austerity, 1943**

Achsfolge 1'D
Zylinder 2
Kesseldruck 15,5 bar
Treibraddurchmesser 1430 mm
Geschwindigkeit Etwa 72 km/h

Die von R. A. Riddles für das britische Kriegsministerium (WD) entworfene Güterzuglok war die »Sparversion« (»Austerity«) der LMS-Reihe 8F. Viele der 935 Maschinen fuhren nach dem D-Day im Juni 1944 in Kontinentaleuropa. Nach Kriegsende verblieben 733 bei British Railways, andere gelangten in die Niederlande, nach Hongkong und Schweden.

▽ **Indische Reihe AWE, 1943**

Achsfolge 1'D1'
Zylinder 2
Kesseldruck 14,5 bar
Treibraddurchmesser 1562 mm
Geschwindigkeit Etwa 100 km/h

Diese großen Lokomotiven mit 2134 mm Kesseldurchmesser bauten die Baldwin Locomotive Works für das USATC für den schweren Güterzugdienst in Indien im Zweiten Weltkrieg. 40 Maschinen kamen als Reihe AWE zu den Indian Railways. Die betriebsfähig aufgearbeitete Nr. 22 907 *Virat* wird vom Dampflokdepot Rewari aus eingesetzt.

DRG 52 8184-5

Die nur für den Einsatz während des Zweiten Weltkriegs vorgesehene »Kriegslokomotive« der Baureihe 52 der Deutschen Reichsbahn wies etliche Vereinfachungen auf und bestand aus Werkstoffen, die während des Kriegs gut verfügbar waren. Dennoch wurde sie zu einem robusten Klassiker, der lange nach Kriegsende in vielen Ländern unentbehrlich war, weil er schwere Lasten auch auf Strecken mit leichtem Oberbau befördern konnte.

DIE »KRIEGSLOKS« DER BAUREIHE 52 entstanden aus der Notwendigkeit heraus, während des Zweiten Weltkriegs Güterzuglokomotiven rasch zu produzieren, ohne die für die deutsche Rüstung benötigte Produktionskapazität zu beeinträchtigen. Geplant war die Fertigung von 15 000 Lokomotiven im gesamten deutsch besetzten Europa. Tatsächlich wurden etwa 7000 gebaut, doch auch damit ist die Baureihe 52 eine der meistgebauten aller Zeiten. Die hier gezeigte Lokomotive entstand 1944 in Wien.

Mit ihren fünf Kuppelachsen konnten die 52er 2000 t schwere Züge in der Ebene mit 50 km/h befördern. Um für den Betrieb im winterlichen Russland gewappnet zu sein, verfügte die Baureihe über entsprechende Schutzmaßnahmen. Einige Exemplare erhielten Kondensationstender, um in trockenen Regionen lange Strecken ohne Wasserfassen zurücklegen zu können.

Auch nach Kriegsende blieben zahlreiche »Kriegsloks« im Dienst. Viele wurden modernisiert und erhielten neue Betriebsnummern, darunter die heute in Staßfurt in Sachsen-Anhalt als 52 8184-5 beheimatete betriebsfähige Maschine.

VORDERANSICHT

RÜCKANSICHT (TENDER)

Für den Krieg gebaut
Wie nahezu die gesamte deutsche Wirtschaft war die Deutsche Reichsbahn in den Kriegseinsatz eingebunden. So kann man auch die »Kriegsloks« der Baureihe 52 zu den Kriegsmaschinen dieser Zeit zählen.

TECHNISCHE DATEN			
Baureihe	52 (»Erste Kriegslokomotive«)	**Einsatz**	1944–heute (52 8184-5)
Achsfolge	1'E	**Zylinder**	2
Herkunft	Deutschland	**Kesseldruck**	16,0 bar
Konstrukteur	Hauptausschuss Schienenfahrzeuge	**Treibraddurchmesser**	1400 mm
Stückzahl	Rund 7000 der Baureihe 52	**Geschwindigkeit**	80 km/h

Windleitbleche leiten Rauch aus dem Sichtbereich des Lokführers ab

Dampfdom sammelt den im Kessel erzeugten Dampf

Führerhaus ist für Einsatz in kalten Regionen komplett geschlossen

Kohlenkasten ist schmaler, um dem Personal die Sicht nach hinten zu ermöglichen

Wasserkasten in rahmenloser Ausführung spart Produktionskosten

Einfache Eleganz
Die Reduzierung auf das Notwendige gibt der BR 52 ihr schmuckloses Aussehen. Wo immer möglich, wurden wichtige Komponenten vereinfacht.

DAS ÄUSSERE

Das Aussehen war für die Konstrukteure der Baureihe 52 nicht wichtig, spätere Ergänzungen veränderten jedoch das frühere schmucklose Erscheinungsbild vieler Maschinen. Da die Funktionalität im Vordergrund stand, wurden die Lokomotiven aus gut verfügbaren Werkstoffen möglichst einfach gefertigt, wichtige Bauteile waren leicht zugänglich. Die markanten kleinen Treibräder waren auf hohe Zugkraft und geringen Achsdruck statt auf Geschwindigkeit ausgelegt. Ein weiteres charakteristisches Merkmal vieler »Kriegsloks« war ihr Wannentender.

1. Nummernschild an der Rauchkammertür **2.** Handrad der Rauchkammertür **3.** Vordere Signallaterne **4.** Vorderer Puffer **5.** Schornstein **6.** Kreuzkopf und Gleitbahnen **7.** Absperrventil **8.** Triebwerksbeleuchtung unter dem Laufblech **9.** Luftpumpe **10.** Kuppel- und Treibachse mit Treibstange **11.** Luftbehälter **12.** Führerhaustür und -fenster **13.** Trittstufen zum Führerhaus **14.** Blattfeder am Tenderdrehgestell **15.** Tenderwasserkasten **16.** Signallaterne und Nummernschild an der Tenderrückseite

17

IM FÜHRERHAUS

Das winterfeste Führerhaus der »Kriegslok« war schmucklos und einfach, alle Steuerelemente waren jedoch auf leichte Handhabbarkeit ausgelegt. Dem deutschen Standard entsprechend saß der Lokführer rechts, der Heizer arbeitete links. Reglerhebel, Umsteuerung und Bremsventile lagen in Griffweite des Lokführers, der Heizer bediente u. a. die Speisepumpe für das Kesselwasser. Die Feuertür klappte in den Innenraum der Feuerbüchse hinein nach oben und hatte Hebel auf beiden Seiten, damit der Lokführer sie öffnen konnte, während der Heizer die Kohle hineinschaufelte.

17. Kesselrückwand mit Steuerelementen **18.** Feuertür **19.** Blick in die Feuerbüchse **20.** Handräder auf der Heizerseite **21.** Schmierpumpe **22.** Wasserstandschauglas **23.** Hahn für den Sandstreuer **24.** Druckmesser für Bremsleitung **25.** Hinweis zur Bedienung der Trofimow-Schieber **26.** Umsteuerung **27.** Bremsventile **28.** Schalter für Signallaternen **29.** Zugang zum Tender

18

19

20

21

22

23

25

27

28
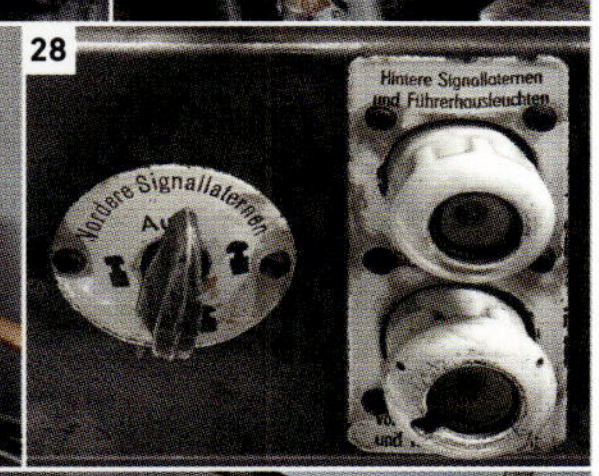

29

24

26

5682
3990

Im Kriegseinsatz

Die Bedeutung der Eisenbahnen im Zweiten Weltkrieg zeigt sich an den Anstrengungen beider Seiten zur Zerstörung der gegnerischen Streckennetze. Zwischen 1940 und 1942 flog die deutsche Luftwaffe über 10 000 Angriffe auf das britische Netz, ohne den Transport von Treibstoff, Lebensmitteln, Ausrüstung und Munition verhindern zu können. Die deutschen Bahnen beförderten nicht nur lebenswichtige Güter, sondern waren mit dem Transport von Juden und anderen Gruppen in die Todeslager auch am Völkermord beteiligt.

Auf alliierter Seite stellte die Transiranische Eisenbahn den Öltransport vom Persischen Golf in die Sowjetunion sicher, während in Nordamerika Züge Nachschub für die Verschiffung nach Großbritannien zu den Atlantikhäfen brachten.

DER GROSSE BAU

Als sich 1942 das Blatt zugunsten der Alliierten wendete, begannen Planungen für die Invasion des von den Achsenmächten besetzten Europas. Da man die Eisenbahnen als entscheidend ansah, nahmen Briten und Amerikaner den Lokomotivbau in noch nie da gewesenem Umfang auf. Bis zum D-Day am 6. Juni 1944 hatte man über 1000 neue Lokomotiven für die Versorgungszüge gebaut, die man umgehend in Dienst stellte. Ihren Sieg im Mai 1945 verdankten die Alliierten vielen Faktoren, zweifellos spielten dabei jedoch die Eisenbahnen eine entscheidende Rolle.

Der Women's Voluntary Service (WVS) besetzte die Stellen der 110 000 britischen Eisenbahner, die im Militär dienten. Hier putzen WVS-Mitglieder in einem Depot der London Midland & Scottish Railway Lokomotiven.

Die USA setzen auf Diesel

Die Diesellokomotive stellte den größten Fortschritt bei US-Eisenbahnen im 20. Jh. dar. Zwar hatte es Dieselmotoren seit den 1890er-Jahren gegeben, doch bestand die Herausforderung darin, sie klein und leicht genug für den beschränkten Raum in einer Lokomotive zu machen, dabei aber stark genug, um einen Zug zu ziehen. Den Durchbruch brachte der 1935 von General Motors vorgestellte 12-Zylinder-Zweitaktmotor, der 23 % kleiner und dank Aluminiumlegierungen 20 % leichter als frühere Modelle war. In den 1940er-Jahren begann der Dieselantrieb, die USA zu erobern.

◁ Boxley Whitcomb 30-DM-31, 1941

Achsfolge B
Kraftübertragung Mechanisch
Antrieb Cummins 6-Zylinder
Leistung 150 PS (120 kW)
Geschwindigkeit Etwa 32 km/h

»30« bezog sich bei der von Whitcomb in Rochelle, Illinois, gebauten Lok auf den Gewichtsbereich in Tonnen, »DM« auf die dieselmechanische Kraftübertragung. 1953 kaufte die Boxley Materials Co. in Roanoke, Virginia, Nr. 31 von der texanischen Werft Houston Shipbuilding Corporation.

◁ VC Porter Nr. 3, 1944

Achsfolge B'B'
Kraftübertragung Elektrisch
Antrieb Nicht bekannt
Leistung 300 PS (224 kW)
Geschwindigkeit Etwa 32 km/h

H. K. Porter Inc. war einer der größten Hersteller von Industrielokomotiven in den USA und hatte bis 1950 8000 Maschinen gebaut. Die an die Virginia Central Railroad gelieferte Rangierlok Porter Nr. 3 mit Kuppelstangen, die letzte von 28 dieses Typs, ist heute im Virginia Museum of Transportation ausgestellt.

▷ **PMR GM EMD SW1 Nr. 11, 1942**

Achsfolge Bo'Bo'
Kraftübertragung Elektrisch
Antrieb EMD Modell 567 V6-Zweitaktdiesel
Leistung 600 PS (448 kW)
Geschwindigkeit 72 km/h

Die Pere Marquette Railway, die nach einem französischen Jesuitenpater des 17. Jh. benannt war, bediente den Bereich der Großen Seen in den USA und Kanada. Den Typ SW1 führte die EMD 1936 ein. Nr. 11 wurde im April 1942 für den Rangierdienst in Eireau, Ontario, ausgeliefert und 1984 außer Dienst gestellt.

△ **GM Reihe E7a, 1945**

Achsfolge (A1A)(A1A)
Kraftübertragung Elektrisch
Antrieb 2 x EMD Modell 567A V12-Zweitaktdiesel
Leistung 2000 PS (1491 kW)
Geschwindigkeit 137 km/h

Die an über 20 Bahnen gelieferte E7 von General Motors war eine der ersten amerikanischen Standard-Diesel-loks. Zwischen 1945 und 1949 entstanden 428 E7a (mit Führerstand) und 82 E7b (»Booster« ohne Führerstand). Die gezeigte Nr. 103 der Gulf, Mobile & Ohio Railroad taucht im Film *In der Hitze der Nacht* auf.

△ **Baldwin Reihe DS-4-4-660, 1946**

Achsfolge Bo'Bo'
Kraftübertragung Elektrisch
Antrieb 6-Zyl.-Viertaktdiesel
Leistung 660 PS (492 kW)
Geschwindigkeit 56 km/h

Die Chesapeake Western Railway betrieb eine 86 km lange Strecke im Tal des Shenandoah. 1946 erhielt sie drei Diesellloks, deren Betriebskosten von 16 US-Cent/km (gegenüber 60 US-Cent bei Dampfloks) wirtschaftlich einen Wendepunkt für die CHW darstellten. Nr. 662 wurde 1964 ausgemustert und verrostete auf einem Schrottplatz, bis sie dem Virginia Museum of Transportation gespendet wurde.

◁ **Ma&Pa GM EMD Typ NW2, 1946**

Achsfolge Bo'Bo'
Kraftübertragung Elektrisch
Antrieb V12-Zweitaktdiesel
Leistung 1000 PS (750 kW)
Geschwindigkeit 96 km/h

Die Rangierloks des Typs NW2 führte die Electro-Motive Division von General Motors 1939 ein. Die Maryland & Pennsylvania Railroad (eine kurze Strecke, die Baltimore mit York und Hanover in Pennsylvania verband) erhielt im Dezember 1946 Nr. 80 und 81. Zwischen 1939 und 1949 wurden insgesamt 1145 NW2 an über 50 Bahngesellschaften ausgeliefert. Anders als die Ma&Pa beschaffte die Union Pacific z. B. gleich 95 Exemplare. Nr. 81 gehört seit 1997 zur Sammlung des Railroad Museum of Pennsylvania.

Die USA nach dem Krieg

Manche Bahngesellschaften zweifelten, ob Dieselmotoren dieselbe Beförderungsleistung erbringen könnten wie Dampfmaschinen. Die Vorführungen von Prototypen durch General Motors machten die Wirtschaftlichkeit jedoch unwiderlegbar. Streckenloks lassen sich in zwei Gruppen unterteilen: Die elegant verkleideten »Cab Units« oder »A Units« mit ausdrucksvoller Farbgebung beförderten Schnellzüge, bei Bedarf von führerlosen »B Units« unterstützt. Bei den »Hood Units« dagegen, den Arbeitspferden, waren der oder die Motoren und Zusatzaggregate in einem langen Vorbau untergebracht, mit dem Führerhaus an einem Ende oder in der Mitte. Der Übergang vom Dampf- zum Dieselantrieb vollzog sich in rund 20 Jahren: 1960 waren in den USA rund 34 000 Dieselloks im Einsatz.

▷ B&A GE 70-t-Rangierlok, 1946

Achsfolge Bo'Bo'
Kraftübertragung Elektrisch
Antrieb 2 x Cooper-Bessemer FDL-6T 6-Zyl.-Viertaktdiesel
Leistung 660 PS (492 kW)
Geschwindigkeit 96 km/h

Die Baltimore & Annapolis Railroad war v. a. eine Vorortbahn, die sich 1950 der Konkurrenz der Straße beugte und statt Zügen Busse einsetzte. Für Güterzüge beschaffte sie im selben Jahr von General Electric Nr. 50, eine Rangierlok der 70-t-Klasse. Der 1946 eingeführte Typ war eine leichtere, kostengünstige Variante für Nebenbahnen, 238 wurden bis 1955 gebaut. Die 1986 außer Dienst gestellte Nr. 50 ist im Baltimore & Ohio Museum erhalten.

△ Baldwin S12 Rangierlok, 1950

Achsfolge Bo'Bo'
Kraftübertragung Elektrisch
Antrieb De Lavergne Modell 606A SC-Viertaktdiesel
Leistung 1200 PS (895 kW)
Geschwindigkeit 96 km/h

Mit einer aufgeladenen Version des starken 606A-Motors war die S12 für ihre Zugkraft berühmt, wie von der ursprünglichen Baldwin Nr. 1200 demonstriert. Als Nr. 1200 lackiert ist hier Earle Nr. 7, die von ihrem Eigentümer, der US-Marine (USN), als Nr. 65-000369 geführt wurde. Die USN nutzte 18 der insgesamt 451 zwischen 1951 und 1956 ausgelieferten S12. Diese Lok war im Munitionsdepot Earle, New Jersey, stationiert.

▷ B&O GM EMD Reihe F7, 1949

Achsfolge Bo'Bo'
Kraftübertragung Elektrisch
Antrieb EMD 567B V16-Zweitaktdiesel
Leistung 1500 PS (1119 kW)
Geschwindigkeit 80–164 km/h

Die F7 war der am häufigsten gebaute F-Typ von General Motors: 2341 A-Einheiten und 1467 Booster entstanden bis 1953. Der Geschwindigkeitsbereich kam durch acht verschiedene Getriebeübersetzungen zustande. Viele Bahnen setzten die für Güterzüge ausgelegte F7 bis in die 1970er-Jahre vor Reisezügen ein. Nr. 7100 kam 1951 zur Baltimore & Ohio Railroad und beendete ihre Dienstzeit von 1987 bis Ende der 1990er-Jahre bei dem regionalen MARC-System (Maryland Area Regional Commuter).

◁ N&W GM EMD Reihe GP9, 1955

Achsfolge Bo'Bo'
Kraftübertragung Elektrisch
Antrieb EMD 567C V16-Zweitaktdiesel
Leistung 1750 PS (1305 kW)
Geschwindigkeit 125 km/h

Die »Geep Nine« von General Motors ist vielleicht nicht die attraktivste, dafür aber eine der erfolgreichsten und langlebigsten Diesellokomotiven. Von 1954 bis 1963 beschafften Bahngesellschaften in den USA und Kanada 4087 A-Einheiten und 165 Booster. Nr. 521 war eine von 306 GP9 der Norfolk & Western. Viele sind auf Neben- und Industriebahnen nach wie vor im Einsatz, selbst einige große Gesellschaften nutzen sie noch als Rangierloks.

△ Budd RDC Triebwagen, 1949

Achsfolge (1A)(A1)
Kraftübertragung Hydraulisch
Antrieb 2 x General Motors Typ 6-110 6-Zyl.-Zweitaktdiesel
Leistung 275 PS (205 kW)
Geschwindigkeit 137 km/h

Nach dem Krieg nutzte die Budd Co. ihre Erfahrung mit dem Bau leichter Reisezugwagen aus nicht rostendem Stahl für Dieseltriebwagen oder -züge für Neben- und Vorortstrecken. Der 1949 vorgestellte Prototyp des Rail Diesel Car (RDC) beeindruckte durch seine Wirtschaftlichkeit. Bis 1962 entstanden 398 Exemplare. Im Westen der USA befuhren sie als »Nahverkehrszüge« die 1487 km lange Strecke von Salt Lake City, Utah, nach Oakland, Kalifornien. RDC gelangten auch nach Australien, Brasilien, Kanada und Frankreich.

◁ N&W ALCO Reihe T6 (DL440), 1958

Achsfolge Bo'Bo'
Kraftübertragung Elektrisch
Antrieb ALCO 251B 6-Zyl.-Viertaktdiesel
Leistung 1000 PS (746 kW)
Geschwindigkeit 96 km/h

Die American Locomotive Co. (ALCO) führte 1958 die T6 (»T« für »Transfer«) ein, da sie von einem Bedarf für eine Rangierlokomotive ausging, die Züge mit höherer Geschwindigkeit zwischen Rangierbahnhöfen überführen könnte. Bis 1969 waren jedoch nur 57 ausgeliefert worden, davon 38 an die Norfolk & Western Railway. Die 1985 außer Dienst gestellte Nr. 41 ist im Virginia Museum of Transportation ausgestellt.

N&W Reihe GP9 Nr. 521

Die in Roanoke, Virginia, ansässige Norfolk & Western Railway (N&W) war die letzte große US-Bahngesellschaft, die von Dampf- auf Dieselbetrieb umstellte. Dabei hatte die N&W auf einigen ihrer Strecken bereits elektrisch angetriebene Züge eingesetzt. Ab 1955 stellte sie zunächst ALCO RS-3 in Dienst, gefolgt von 306 dieselelektrischen GP9 von EMD, der Electro-Motive Division von General Motors. Die meisten GP9 waren für den Güterzugdienst vorgesehen, einige beförderten wie Nr. 521 auch Reisezüge.

DIE EMD GP (»GENERAL PURPOSE«), eine 1949 eingeführte Mehrzwecklokomotive für den Rangier- und Streckendienst (»Road Switcher«), wurde zum erfolgreichsten Dieselloktyp der mittleren Leistungsklasse in Nordamerika. Auf die von 1949 bis 1954 gebaute GP7 folgte die verbesserte GP9. Die »Geeps«, wie man sie nannte, wurden in großen Stückzahlen bestellt und verdrängten die in den 1950er-Jahren noch eingesetzten Dampflokomotiven. Die immer wieder modernisierten »Geeps« wurden als GP60 bis 1994 gefertigt.

Die Lokomotiven 501 bis 521 waren die letzten von der N&W beschafften GP9 und erhielten Dampfkessel für die Heizung von Reisezugwagen. Zunächst ersetzten sie vor N&W-Reisezügen die zu jener Zeit noch eingesetzten Dampflokomotiven der Reihe J, nach Einstellung des Reisezugverkehrs zogen sie wie die 285 anderen GP9 Güterzüge. 1982 fusionierte die N&W mit der Southern Railway zur Norfolk Southern Railway (NS), die heute eine der größten Bahngesellschaften der Klasse 1 in den USA ist.

VORDERANSICHT

RÜCKANSICHT

TECHNISCHE DATEN			
Baureihe	GP9	**Einsatz**	1958–1985 (Nr. 521)
Achsfolge	Bo'Bo'	**Kraftübertragung**	Elektrisch
Herkunft	USA	**Antrieb**	EMD 567C V16-Zweitaktdiesel
Hersteller	General Motors EMD	**Leistung**	1750 PS (1305 kW)
Stückzahl	306 (GP9 für N&W)	**Geschwindigkeit**	125 km/h

Die »roten Vögel«
Die letzten 21 GP9, die die N&W für Reisezüge beschaffte, erhielten eine toskanischrote Sonderlackierung mit gelben Anschriften, die ihnen den Vogelnamen »Rotkardinal« einbrachte.

DAS ÄUSSERE

Die GP9 war einfach und robust konstruiert und hatte gemeinsame Merkmale mit allen EMD-Lokomotiven jener Zeit. Die in den 1890er-Jahren entwickelte automatische Mittelpufferkupplung, die auch die GP9 an beiden Enden hatte, war in den USA Standard. Die Austauschbarkeit der Ersatzteile zwischen den EMD-Modellen war einer der Gründe für die guten Verkaufserfolge dieser Lokomotiven in den 1950er-Jahren.

1. Nummernschild an der Stirnseite **2.** Doppelscheinwerfer **3.** Aufstieg auf die Oberseite **4.** Abgedeckte Steckdose **5.** Automatische Kupplung **6.** Einfüllstutzen für Dieselkraftstoff **7.** Notabschaltung sperrt Kraftstoffzufuhr **8.** Stufen zur vorderen Bühne **9.** Drehgestell **10.** Presslufthorn auf dem Dach **11.** Blattfeder am Drehgestell **12.** Bremszylinder **13.** Lüfter der Widerstandsbremse **14.** Doppelklotzbremse **15.** Messingglocke an der Stirnseite **16.** Führerstandtür

1

2

3

4

5

6

7

8

9

10

11

12

13

14

15

16

IM FÜHRERSTAND

Der Führerstand entsprach dem EMD-Standard mit Handhebeln für Motorleistung, Fahrtrichtungsumschaltung und Bremse. Die Lokomotiv- und Zugbremsventile lagen übereinander. Die Lokomotive konnte in beiden Richtungen mit voller Geschwindigkeit fahren, wobei der Lokführer von beiden Seiten des Führerstands aus gute Streckensicht hatte. Über den Fahrschalter mit acht Stufen ließ sich die Motorleistung schrittweise erhöhen oder senken.

17. Führerstand mit Bedienelementen **18.** Notbremsventil **19.** Scheibenwischermotor **20.** Schalter für Scheibenwischer **21.** Bremsventile **22.** Hinweis auf Hochspannung an Geräteraumtür **23.** Geschwindigkeitsmesser **24.** Bedientafel mit Trennschaltern **25.** Druckmesser der Druckluftbremse **26.** Laststromanzeige **27.** Fahrschalter

Großbritannien stellt um

In den 1940er-Jahren bestand das britische Eisenbahnnetz aus vier großen Gesellschaften und vielen kleinen Nebenbahnen. 1948 verstaatlichte man die »großen Vier« und die meisten kleineren Gesellschaften unter dem Namen British Railways. Die neue Firma gab eine Studie in Auftrag, die untersuchen sollte, wie sich die Verluste der Bahn aus der Konkurrenz mit Luft- und Straßenverkehr eindämmen ließen. Dieser am 1. Dezember 1954 veröffentlichte »Modernisierungsplan« gab einige Empfehlungen, darunter den Ersatz aller Dampflokomotiven. Ende der 1950er-Jahre erprobte man Diesellokprototypen, um die am besten geeigneten Serientypen zu ermitteln. Im folgenden Jahrzehnt sollten daraus Aufträge für Tausende neue Dieselloks entstehen.

△ **BR (W) Gasturbinenlok Nr. 18 000, 1949**

Achsfolge (A1A)(A1A)
Kraftübertragung Elektrisch
Antrieb Brown-Boveri-Gasturbine
Leistung 2500 PS (1865 kW)
Geschwindigkeit 145 km/h

Diese revolutionäre Lokomotive erhielten British Railways 1949 aus der Schweiz und setzten sie zehn Jahre in der BR-Westregion ein. 1965 gelangte sie zu Erprobungszwecken in die Schweiz und nach Österreich. 1994 kehrte sie nach Großbritannien zurück, wo sie jetzt erhalten wird.

△ **BR Reihe 08, 1953**

Achsfolge C
Kraftübertragung Elektrisch
Antrieb English Electric 6KT
Leistung 350 PS (261 kW)
Geschwindigkeit 32 km/h

Die Reihe 08 basierte auf einem Rangierloktyp, den die London, Midland & Scottish Railway während des Kriegs beschafft hatte. Fünf Werkstätten von British Railways bauten von 1953 bis 1959 über 950, daneben entstanden kleinere Baulose ähnlicher Loks mit anderen Motoren. Auch nach 60 Jahren sind einige noch im Einsatz, Nr. 08604 *Phantom* wird in Didcot erhalten.

△ **BR Reihe 05, 1954**

Achsfolge C
Kraftübertragung Mechanisch
Antrieb Gardner 8L3
Leistung 201 PS (150 kW)
Geschwindigkeit 27 km/h

Der später als Reihe 05 bezeichnete Typ gehörte zu mehreren kleineren Rangierloktypen, die British Railways in den 1950er-Jahren beschafften. 69 entstanden von 1954 bis 1961. Wenige blieben länger als zehn Jahre im Einsatz, da der Güterverkehr nach der Ausdünnung des BR-Netzes schwand.

◁ **English Electric *Deltic*-Prototyp, 1955**

Achsfolge Co'Co'
Kraftübertragung Elektrisch
Antrieb 2 x Napier Deltic D18-25-Zweitaktdiesel
Leistung 3300 PS (2460 kW)
Geschwindigkeit 171 km/h

Die von English Electric spekulativ gebaute *Deltic* war der Prototyp der 22 Dieselloks des Typs 5 *Deltic* D9000 der Reihe 55, die man für die Ostküstenstrecke von London nach York und Edinburgh beschaffte. Dort sollten sie die berühmten A4-Pacific-Dampfloks der London & North Eastern Railway ablösen.

▷ BR Typ 1 Reihe 20, 1957

Achsfolge Bo'Bo'
Kraftübertragung Elektrisch
Antrieb English Electric 8SVT Mk II
Leistung 986 PS (735 kW)
Geschwindigkeit 121 km/h

Diese Reihe war eine der erfolgreichsten des Modernisierungsplans. Insgesamt 227 Loks wurden zwischen 1957 und 1968 für British Railways gebaut. Sie wurden v. a. im Güterzugdienst eingesetzt und konnten in Mehrfachtraktion schwere Lasten befördern. Einige stehen bei britischen Güterzugbetreibern auch nach fast 60 Jahren noch im Dienst.

◁ BR Reihe 42, 1958

Achsfolge B'B'
Kraftübertragung Hydraulisch
Antrieb 2 x Maybach MD 650
Leistung 2100 PS (1566 kW)
Geschwindigkeit 145 km/h

Dieser Typ basierte auf der erfolgreichen V 200 der Deutschen Bundesbahn und wurde von denselben Motoren angetrieben. British Railways setzten die als »Warships« (»Kriegsschiffe«) bekannte Reihe v. a. im Westen von London-Paddington nach Devon, Cornwall und Südwales ein, 1972 wurden sie außer Dienst gestellt. Hier gezeigt ist Nr. 801 *Vanguard*.

△ BR Reihe 108, 1958

Achsfolge Zweiteiliger Triebzug
Kraftübertragung Mechanisch
Antrieb 2 x BUT/Leyland 6-Zylinder
Leistung 300 PS (224 kW)
Geschwindigkeit 113 km/h

Im Rahmen des Modernisierungsplans stellten British Railways ihre Dampfloks ab und beschafften über 4000 Dieseltriebzüge. Diese neuen, leichten Züge wie die »Derby Lightweights« waren viel billiger zu betreiben als die Dampfloks, die sie ersetzt hatten.

▷ BR Typ 4 Reihe 40, 1958

Achsfolge (1Co)(Co1)
Kraftübertragung Elektrisch
Antrieb English Electric 16SVT Mk II
Leistung 1972 PS (1471 kW)
Geschwindigkeit 145 km/h

Diese Reihe sollte die schnellsten Dampflokomotiven vor Schnellzügen zunächst zwischen London und Norwich und später in ganz Großbritannien ablösen. Die Vorserie von zehn Maschinen wurde bis 1962 auf insgesamt 200 Exemplare erweitert.

Deltic-Prototyp

Als English Electric 1955 den Prototyp der *Deltic* vorstellte, war sie die stärkste Diesellokomotive der Welt. Mit den für schnelle Patrouillenboote entwickelten Napier-Deltic-Motoren brachte die Lok hohe Leistungen, wog dabei aber weniger als die meisten anderen Typen ihrer Zeit. 1958 bestellten British Railways 22 Serienmodelle und führten damit in Großbritannien 100 Meilen/h (161 km/h) schnelle Expresszüge ein.

DER DELTIC-GEGENKOLBENMOTOR VON NAPIER war mit drei im Dreieck angeordneten Reihen zu je sechs Zylindern einzigartig ausgelegt. Da die einander gegenüber liegenden Kolben immer in entgegengesetzte Richtungen arbeiteten, war der Zweitaktmotor für seine hohe Leistung sehr kompakt. Aufgrund seines geringen Gewichts fanden zwei derartige Marinemotoren in einer sechsachsigen Lokomotive Platz. Die damit zur Verfügung stehende Leistung machte die *Deltic* zur stärksten Diesellokomotive ihrer Zeit.

Den *Deltic*-Prototyp erprobten British Railways ab 1955 zunächst auf der Westküstenstrecke von London nach Liverpool und Carlisle. Die Lokomotive blieb dabei Eigentum ihres Herstellers English Electric, dessen Ingenieure alle Probefahrten begleiteten. Ab 1959 befuhr die *Deltic* die Ostküstenstrecke von London nach York und Edinburgh, wo sie sich auszeichnen konnte. Die inzwischen bestellten 22 Maschinen hatten einen etwas verkleinerten Aufbau und sollten 55 Schnellzugdampflokomotiven ersetzen. Der 1961 aus dem aktiven Dienst genommene Prototyp wurden dem Londoner Science Museum übergeben und gehört heute zur Sammlung des britischen National Railway Museums.

SCHRÄGANSICHT

VORDERANSICHT

Wichtiger Hersteller
Den *Deltic*-Prototyp baute und betrieb English Electric. Dieses 1918 gegründete britische Technologieunternehmen baute bis 1968 u. a. Hunderte von Diesel- und Elektrolokomotiven.

TECHNISCHE DATEN	
Baureihe	DP1 *Deltic*-Prototyp
Achsfolge	Co'Co'
Herkunft	Großbritannien
Hersteller	English Electric, Vulcan Foundry
Stückzahl	1
Einsatz	1955–1961
Kraftübertragung	Elektrisch
Antrieb	2 x Napier Deltic D18-25
Leistung	3300 PS (2460 kW)
Geschwindigkeit	171 km/h

Geräumige Führerstände hatte die Lok an beiden Enden

Im Maschinenraum waren je zwei Napier-Deltic-Motoren und Generatoren untergebracht

Das Namensschild ist ungewöhnlich, weil der Prototyp keine Nummer hatte, nur den Namen

Hellblau, creme- und goldfarbig war nur der Prototyp gehalten und keine britische Lokomotive davor oder danach

Amerikanische Anklänge
Der große Scheinwerfer gehörte zum abgerundeten nordamerikanischen Design des Prototyps. Tatsächlich blieb das Gehäuse leer, weil die Lokomotive nur in Großbritannien erprobt wurde und das Land nie verließ.

DAS ÄUSSERE

Der *Deltic*-Prototyp war für den weltweiten Export vorgesehen, daher ähnelte sein Design demjenigen, das voll verkleidete US-Diesellokomotiven seit den 1940er-Jahren aufwiesen. Die hellblaue, creme- und goldfarbige Lackierung stach zwischen allen anderen britischen Lokomotiven hervor, als 1955 die Erprobung begann. Viele Merkmale waren für ihre Zeit innovativ, darunter die verdeckten Trittstufen und die verkleideten Spitzenleuchten und Puffer.

1. Aufgemaltes Namensschild **2.** Platz für großen Scheinwerfer (wurde nie eingebaut) **3.** Verkleidete Spitzenleuchte **4.** Puffer **5.** Kupplungshaken und -bügel **6.** Anschluss für Horn **7.** Frontscheibe und Scheibenwischer **8.** Sandkasten **9.** Verchromte Klappstufe **10.** Kette der Druckluftbremse **11.** Auspuff in der Mitte der Lokomotive **12.** Aufstieg zur Führerstandtür **13.** Blattfeder **14.** Kraftstoffanzeige **15.** Fremdstromanschluss (zur Versorgung im Lokschuppen)

1

2

3

4

5

6
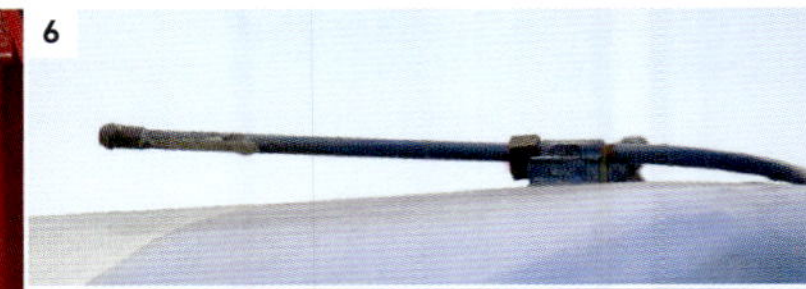

7
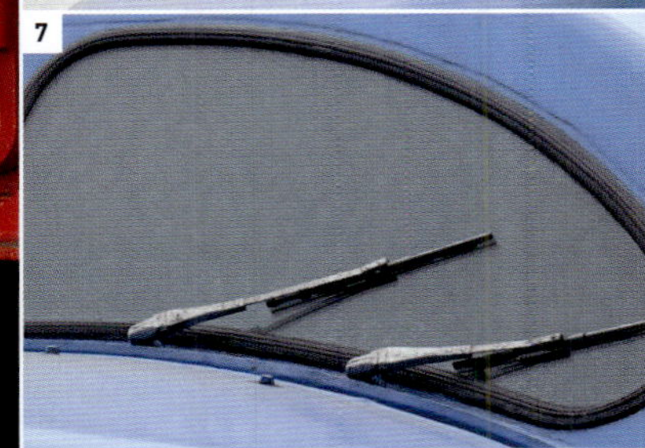

8

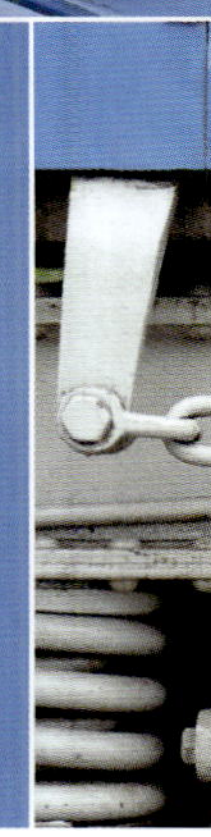

16
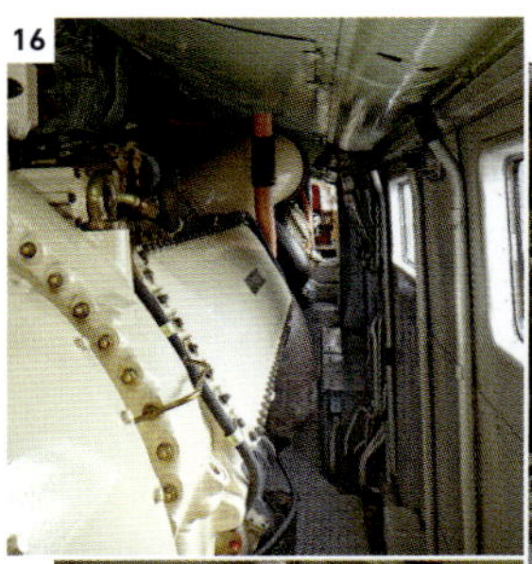

17
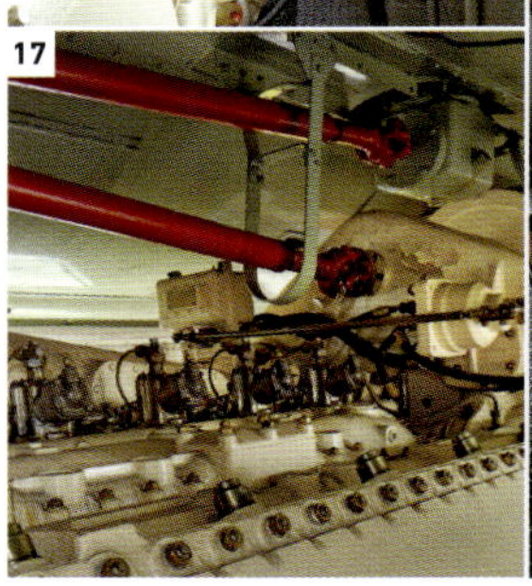

18

19

20

21

22

MASCHINENRAUM

Das Prinzip der kompakten Deltic-Motoren geht auf deutsche Junkers-Flugmotoren aus der Zeit vor dem Zweiten Weltkrieg zurück. Die Motoren bestanden aus Aluminium und wurden so leicht wie möglich konstruiert. Sie in der Lokomotive unterzubringen war eine Herausforderung, da das britische Lichtraumprofil (die maximale Höhe und Breite) kleiner ist als das kontinentaleuropäischer Bahnen.

16. Napier-Deltic-Motor **17.** Steuerelemente auf dem Motor **18.** Dampfkessel für Zugheizung

9

11

13

12

10

14

15

23

25

26

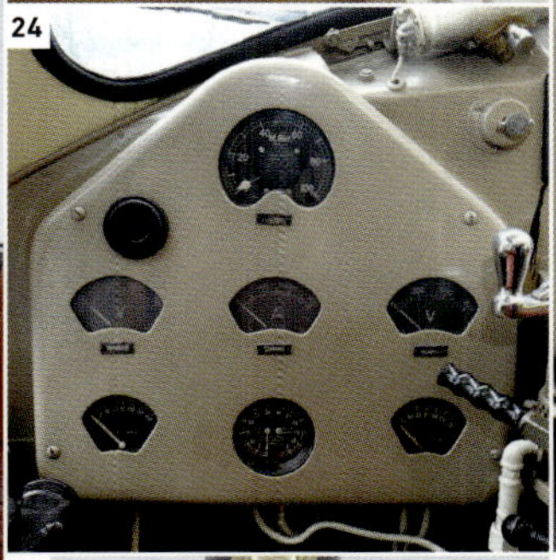
24

IM FÜHRERSTAND

Die beiden Führerstände waren identisch eingerichtet. Sie boten aus erhöhter Position durch die zweiteilige Frontscheibe eine gute Streckensicht, die für sicheren Betrieb mit 100 Meilen/h (161 km/h) entscheidend war. Die Lokomotive hatte zwei Mann Besatzung: Während der Lokführer die Strecke beobachtete, kümmerte sich der Beimann um Hilfsausrüstungen wie die Dampfheizung.

19. Linke Führerstandseite **20.** Rechte Führerstandseite **21.** Warnleuchte an der Decke **22.** Druckluftbremsventil **23.** Scheibenwischermotor **24.** Armaturentafel vor dem Lokführer **25.** Saugluftbremsventil (oben) und Fahrschalter (unten) **26.** Orange Leitungen enthalten Stromkabel **27.** Durchgang zum Geräteraum im Vorbau **28.** Luftsauger im Vorbau **29.** Handbremsrad **30.** Bedientafel der Dampfheizung

27

28

29

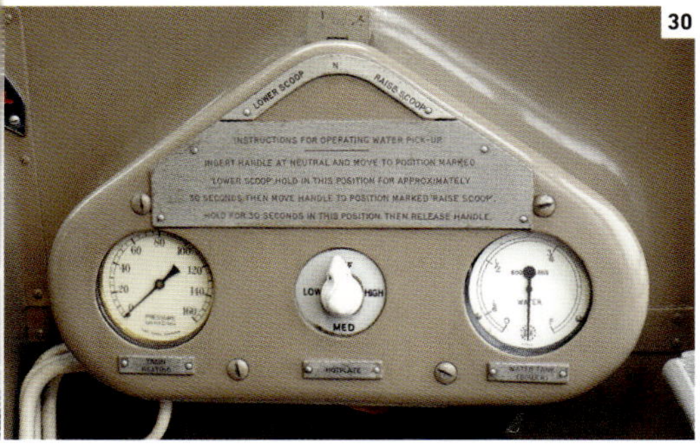
30

Europa folgt den USA

Während des Wiederaufbaus nach dem Zweiten Weltkrieg orientierten sich viele europäische Bahngesellschaften an den USA, wo Dieselmotoren schon seit fast zehn Jahren dabei waren, Dampfmaschinen abzulösen. Zahlreiche Hersteller bauten Lokomotiven mit diversen Motoren für die Staatsbahnen Europas. Arbeitsintensive Dampfloks ersetzte man durch Dieselloks, die im Betrieb billiger, in der Anschaffung jedoch teurer waren. In den meisten Ländern verlief der Übergang allmählich. So waren bei der DB in der Bundesrepublik noch bis 1977 Dampfloks im Einsatz, bei der DR bis zum Ende der DDR 1989.

▽ DB V 200 (Baureihe 220), 1954

Achsfolge	B'B'
Kraftübertragung	Hydraulisch
Antrieb	2 x Maybach MD 650
Leistung	2170 PS (1618 kW)
Geschwindigkeit	140 km/h

Die Mitte der 1950er-Jahre als Dampflokersatz für schwere Schnellzüge beschaffte V 200 wurde durch die Elektrifizierung in den 1960er- und 1970er-Jahren in untergeordnete Dienste abgedrängt. Viele der bis 1984 bei der Deutschen Bundesbahn ausgemusterten Loks wurden danach in Griechenland, Italien und der Schweiz eingesetzt.

△ NSB Reihe Di 3, 1955

Achsfolge	Co'Co'
Kraftübertragung	Elektrisch
Antrieb	EMD 16-567-C
Leistung	1750 PS (1305 kW)
Geschwindigkeit	105 km/h

Die schwedische Nydqvist & Holm AB (NoHAB) baute Dieselloks in Lizenz des großen US-Herstellers EMD, der damals zu General Motors gehörte. Neben den in zwei Ausführungen an die Norwegische Staatsbahn (Norges Statsbaner AS, NSB) gelieferten Di 3 gingen ähnliche Loks an Dänemark und Ungarn. Güterverkehrsunternehmen in mehreren europäischen Ländern setzen die Loks weiter ein.

Rangierdieselloks

Während die großen Streckenlokomotiven die Aufmerksamkeit auf sich zogen, verdrängten Dieselloks auch auf Rangierbahnhöfen die arbeitsintensiven Dampfloks. Diese benötigten zwei Mann und mussten auch in Arbeitspausen unter Dampf gehalten werden, Dieselloks ließen sich dagegen im Einmannbetrieb einsetzen und bei Bedarf abstellen. Die Arbeitsbedingungen waren besser, in vielen Fällen war es auch die Sicht vom Führerstand aus. Bereits vor dem Zweiten Weltkrieg hatte man die Vorteile der Diesellok erkannt, nach Kriegsende verbreitete sie sich mehr und mehr. Viele der Typen aus den 1950er-Jahren waren lange im Einsatz.

△ SNCF Reihe C 61000, 1950

Achsfolge	C
Kraftübertragung	Elektrisch
Antrieb	Sulzer 6 LDA 22
Leistung	382 PS (285 kW)
Geschwindigkeit	60 km/h

Die 1945 sofort nach Kriegsende bestellten, aber erst 1950 bis 1953 gelieferten 48 Loks dieses Typs rangierten auf Güterbahnhöfen und beförderten Nahgüterzüge. Zwölf mit einer führerstandslosen elektrischen Einheit gekuppelte Loks hatten beim Rangieren eine höhere Leistung verfügbar.

△ **DB VT 11.5 (Baureihe 601/602), 1957**

Achsfolge B'2+2'2'+2'2'+2'2'+2'2'+2'2'+2'B
Kraftübertragung Hydraulisch
Antrieb 2 x MTU 12 V 538 TA 10
Leistung 2400 PS (1766 kW)
Geschwindigkeit 160 km/h

Die VT 11.5 waren reine 1.-Klasse-Dieseltriebzüge, die von 1957 bis 1972 im TEE-Dienst (Trans-Europ Express) nach Paris, Mailand, Amsterdam und Ostende fuhren. Vier Triebköpfe mit einer 2200 PS (1617 kW) leistenden Gasturbine anstelle des Dieselmotors wurden ab 1970 zur Baureihe 602. 1990 stellte man alle Züge außer Dienst.

△ **SNCF Reihe CC 65000, 1957**

Achsfolge Bo'Bo'
Kraftübertragung Elektrisch
Antrieb 2 x SACM MGO VSHR V12
Leistung 1824 PS (1360 kW)
Geschwindigkeit 130 km/h

20 der mit dem Spitznamen »Sous-marin« (»U-Boot«) bedachten Lokomotiven erhielt die SNCF als Dampflokersatz für Westfrankreich, 1988 stellte sie die letzten außer Dienst. Die eingehend erprobten Maschinen wurden vom Hersteller Alsthom auch nach Algerien (37) und Argentinien (25) exportiert.

◁ **DB VT 98 (Baureihe 798), 1955**

Achsfolge A1 (zweiachsiger Schienenbus)
Kraftübertragung Mechanisch
Antrieb 2 x Büssing AG U 10-Motor
Leistung 295 PS (220 kW)
Geschwindigkeit 90 km/h

Schienenbusse führte die Deutsche Bundesbahn von 1953 bis 1962 ein, zunächst als einmotorige Baureihe VT 95, später als stärkere zweimotorige VT 98. Insgesamt 913 Motorwagen und 1217 Bei- und Steuerwagen beider Versionen lösten als »Retter der Nebenbahnen« auf vielen ländlichen DB-Strecken Dampflokomotiven ab.

◁ **PKP Reihe SM30, 1957**

Achsfolge Bo'Bo'
Kraftübertragung Elektrisch
Antrieb Wola V-300
Leistung 295 PS (220 kW)
Geschwindigkeit 60 km/h

Dies war die erste in Polen entworfene und gebaute dieselelektrische Lok, ihre ersten Modelle wurden noch von einem Panzermotor angetrieben. Zwischen 1956 und 1970 entstanden insgesamt 909 Exemplare bei Fablok im südpolnischen Chrzanów, viele davon für Industriebahnen. Die Polnischen Staatsbahnen (PKP) erhielten 302, von denen einige noch in Betrieb sind.

△ **DR V 15 (Baureihe 101), 1959**

Achsfolge B
Kraftübertragung Hydraulisch
Antrieb MWJ 6 KVD 18 SRW
Leistung 148 PS (110 kW)
Geschwindigkeit 25 km/h

Die Rangierlokomotiven der ostdeutschen Baureihe V 15 (und später V 18) wurden in großen Stückzahlen an die Deutsche Reichsbahn und an Industriebahnen geliefert. In Potsdam vom VEB Lokomotivbau »Karl Marx« Babelsberg (LKM) gebaute Maschinen wurden auch in andere Ostblockstaaten exportiert.

Legendäre Strecken
Blue Train

Der als »Hotel auf Rädern« vermarktete »Blaue Zug« zählt zu den luxuriösesten Zügen der Welt. Die Landschaften Südafrikas, die er auf der 1600 km langen Strecke zwischen Kapstadt und Pretoria durchquert, umfassen üppige Weinberge ebenso wie raue Halbwüsten.

ALS VORLÄUFER DES *Blue Train* gelten die Züge, die in den 1890er-Jahren die Passagiere der in Kapstadt anlegenden Schiffe der Union-Castle-Linie zu den Gold- und Diamantenvorkommen im Norden des Landes brachten. Bald boten diese frühen Züge Prospektoren und wohlhabenden Reisenden eine komfortablere Bahnreise. 1923 erhielten die Luxuszüge zwischen Kapstadt und Johannesburg die Bezeichnung »Union-Züge«: Der *Union Express* verkehrte von Kapstadt nach Johannesburg, der *Union Limited* in umgekehrter Richtung. 1928 gab es an Bord warmes und kaltes Wasser sowie beheizte Wagen, 1933 kamen Speisewagen hinzu, 1939 Klimaanlagen. 1936 führte man für die Züge die markante blaue Farbgebung ein.

Während des Zweiten Weltkriegs wurde der Verkehr ab 1942 eingestellt. Bei der Wiederaufnahme 1946 wurden »diese blauen Züge«, wie man sie bisher schon genannt hatte, auch offiziell als *Blue Train* (Afrikaans: *Bloutrein*) bezeichnet. Seitdem wurden die Züge zweimal komplett umgebaut, zunächst in den 1970er-Jahren und erneut in den 1990er-Jahren.

Heute verfügen die geräuschgedämmten und mit Teppichen ausgelegten Abteile jeweils über ein eigenes Badezimmer (in Luxussuiten mit Badewanne). Der Zug bietet Fußbodenheizung, einen Speisewagen, der Feinschmeckern gerecht wird, zwei Salonwagen, einen Aussichtswagen (der sich zum Konferenzwagen umbauen lässt) sowie einen Butler- und Wäschedienst rund um die Uhr. Jeder Wagen ist mit Birkenholztäfelung, Marmoreffekten und vergoldeten Beschlagteilen einzigartig gestaltet.

Ausfahrt aus Kapstadt
Der *Blue Train* verlässt das Kap nordwärts nach Pretoria. Im Hintergrund das berühmte Profil des Tafelbergs.

LOGO DES *BLUE TRAIN*

DIE HEUTIGE STRECKE

Früher fuhr der *Blue Train* bis zu den Victoria-Wasserfällen nach Simbabwe, diese Route wurde jedoch inzwischen aufgegeben. Einige andere Strecken stehen für Charterfahrten zur Verfügung. Die Standardstrecke von Kapstadt nach Pretoria führt durch die Weinberge am Kap und die spektakulären Hex-River-Berge, die der Zug mit vier aufeinanderfolgenden Tunneln unterquert. Anschließend gelangt er auf die trockene Hochebene der Kleinen Karoo. Hier legt er in Matjiesfontein einen Zwischenhalt ein, einem Ort, der 1884 als Erfrischungsstation für Züge entstand und der sich seinen viktorianischen Zustand bewahrt hat. Weiter führt die Strecke durch die Halbwüste der Großen Karoo bis in die Hauptstadt Pretoria. Auf der Rückfahrt nach Kapstadt können die Reisenden der Bergwerksstadt Kimberley einen Besuch abstatten, wo in den 1870er-Jahren der durch die imperialistischen Bestrebungen der Briten ausgelöste Diamantenrausch begann.

Luxuriöses Ambiente
In den beiden aufwendig gestalteten Salonwagen können die Reisenden einen Fünf-Sterne-Komfort erwarten. Alle Speisen und Getränke sind im Fahrpreis enthalten.

AUF EINEN BLICK

DATEN

1946 Der Name *Blue Train* wird offiziell eingeführt.

1970er, 1997 Der Zug wird komplett aufgearbeitet.

ZÜGE

Zug 1 Charterzug, bietet in 14 Wagen Platz für 52 Fahrgäste

Zug 2 Planzug Kapstadt-Pretoria-Kapstadt, bietet in 19 Wagen Platz für 80 Fahrgäste

Lokomotiven 2 x Zweisystem-Elektrolokomotive Reihe 14E, je 93 t Gewicht

Wagen 2,9 m breit, d. h. 50 mm breiter als Standard-Rollmaterial in Südafrika. Dünnere Stahlseitenwände ermöglichen mehr Innenraum.

Geschwindigkeit 80 km/h bis maximal 138 km/h

Gewicht 825 t (gesamter Zug)

REISE

Kapstadt-Pretoria (wöchentlich) 1600 km in 27 Stunden

Kapstadt-Durban (zweimal pro Jahr, Sept. und Nov.) 760 km in 21 Stunden, auch als Charterzug verfügbar

STRECKE

Spurweite 1067 mm (Kapspur)

Tunnel Vier Hex-River-Tunnel: Doppeltunnel mit 500 m Länge, eingleisige Tunnel mit 1100 m, 1200 m und 13,5 km Länge

Brücken Oranje-Brücke bei Orange River Station, Vaal-Brücke in Warrenton

Höchster Punkt Johannesburg mit 1753 m

EINE AFRIKANISCHE REISE

Der *Blue Train* durchquert so unterschiedliche Landschaften wie das üppige Kap und die trockene Karoo. Die Zwischenhalte zeigen die koloniale Vergangenheit Südafrikas und die Quelle des Reichtums, den das Land auf seinem damaligen Höhepunkt erlebte.

1

2

3

4

5

6

7

Europäische E-Loks

Bereits Anfang des 20. Jh. hatten mehrere europäische Eisenbahnen auf Hauptstrecken in den Alpen Elektrolokomotiven eingesetzt und gehörten damit zu den Ersten, die diese leistungsfähige neue Technologie nutzten. Fast überall in Europa verzögerte der Zweite Weltkrieg die weitere Elektrifizierung und zerstörte stattdessen einen Großteil der Infrastruktur. Da beim Wiederaufbau nach dem Krieg die meisten europäischen Länder auf die elektrische Zugförderung setzten, wurden in den 1950er-Jahren vielerorts neue elektrische Triebfahrzeuge eingeführt.

△ BR Reihe 70 Nr. 20003, 1948

Achsfolge Co'Co'
Stromversorgung 750 V DC, Stromschiene, Oberleitung
Leistung 2200 PS (1641 kW)
Geschwindigkeit 120 km/h

Nach zwei ähnlichen, ab 1941 an die Southern Railway gelieferten Loks (CC1/CC2) baute die Werkstätte Ashford in Kent 1948 für British Railways Nr. 20003. Wie die beiden anderen war sie bis Ende der 1960er-Jahre v. a. auf der Hauptstrecke London-Brighton und anderen Strecken in Sussex im Einsatz.

◁ BLS Reihe Ae 4/4, 1944

Achsfolge Bo'Bo'
Stromversorgung 15 kV AC $16\frac{2}{3}$ Hz, Oberleitung
Leistung 3950 PS (2946 kW)
Geschwindigkeit 125 km/h

Die während des Zweiten Weltkriegs in der Schweiz konstruierte Ae 4/4 war mit ihrem leichten Stahlaufbau auf zwei Zweiachsdrehgestellen revolutionär. Mit fast 4000 PS war sie so stark wie zwei oder drei Dampflokomotiven. Die Baugrundsätze der Ae 4/4 sind seither für Elektrolokomotiven üblich.

▽ SNCF Reihe BB 9000, 1954

Achsfolge Bo'Bo'
Stromversorgung 1500 V DC, Oberleitung
Leistung 4000 PS (2983 kW)
Geschwindigkeit 331 km/h

Dies war eine von zwei experimentellen Schnellzuglokomotiven mit Zweiachsdrehgestellen, die die Französische Staatsbahn 1952 bis 1954 von Jeumont Schneider erhielt: BB 9003 und 9004. Am 28. und 29. März 1955 stellten BB 9004 und CC 7107 in Südwestfrankreich mit 331 km/h einen Weltrekord für Lokomotiven auf, der erst 2006 gebrochen wurde.

▷ **BR Reihe EM1 / Reihe 76, 1954**

Achsfolge Bo'Bo'
Stromversorgung 1500 V DC, Oberleitung
Leistung 1868 PS (1393 kW)
Geschwindigkeit 105 km/h

Der Prototyp für die zu elektrifizierende Strecke Manchester-Woodhead-Sheffield wurde 1940 an die LNER ausgeliefert, wegen des Zweiten Weltkriegs aber nicht eingesetzt. 1947 bis 1952 in den Niederlanden erprobt, kehrte er nach vollendeter Elektrifizierung der Woodhead-Strecke zurück.

◁ **FS Reihe ETR 300, 1952**

Achsfolge Siebenteiliger Triebzug
Stromversorgung 3000 V DC, Oberleitung
Leistung 3487 PS (2600 kW)
Geschwindigkeit 200 km/h

Mit den hochgelegten Führerständen und den Kanzelwagen mit nur elf 1.-Klasse-Sitzen an den Enden verkörperte der »Settebello« (»Schöne Sieben«, eine Spielkarte) hohe Geschwindigkeit und luxuriöses Reisen. Einer der drei in den 1950er-Jahren bei den Italienischen Staatsbahnen eingeführten »Settebellos« ist erhalten geblieben.

▷ **BR Reihe AL1 / Reihe 81, 1959**

Achsfolge Bo'Bo'
Stromversorgung 25 kV AC, Oberleitung
Leistung 3200 PS (2387 kW)
Geschwindigkeit 161 km/h

Die AL1 war die erste in Großbritannien in Serie gebaute Wechselstromlokomotive für die erste mit 25 kV elektrifizierte britische Hauptstrecke von London nach Birmingham/Manchester/Liverpool. Als Reihe 81 der BR blieb der Typ bis 1991 im Einsatz.

▽ **DB Baureihe E 41/141, 1956**

Achsfolge Bo'Bo'
Stromversorgung 15 kV AC 16⅔ Hz, Oberleitung
Leistung 3263 PS (2400 kW)
Geschwindigkeit 120 km/h

Für ihre weitreichenden Elektrifizierungspläne bestellte die Deutsche Bundesbahn in den 1950er-Jahren bei Konsortien aller großen deutschen Hersteller zahlreiche »Mehrzwecklokomotiven«. 451 der für leichte Reise- und Güterzüge vorgesehenen E 41 – wegen ihres lauten Schaltwerks als »Knallfrosch« bekannt – entstanden von 1956 bis 1971, mittlerweile wurden alle ausgemustert.

Dampf in der Nachkriegszeit

Während Eisenbahnen im Zweiten Weltkrieg in Europa eine entscheidende Rolle gespielt hatten, ließen die Zerstörungen von Strecken und Industriebetrieben sowie die Rohstoff- und Brennstoffknappheit für den Kontinent eine düstere Zukunft erahnen. Die britischen Bahnen und Werkstätten waren noch glimpflich davongekommen, innovative Konstrukteure wie Oliver Bulleid und Robert Riddles führten hier gegen Ende des Kriegs neue Typen erfolgreich vereinfachter Lokomotiven ein. Auf dem Festland erhielten die Staatsbahnen beim Wiederaufbau ihrer zerstörten Netze Unterstützung durch Rollmateriallieferungen aus den USA und Kanada. Die Hersteller dort waren durch das Leih- und Pachtabkommen aus Kriegszeiten und den Marshall-Plan von 1948 auf Massenfertigung eingerichtet.

△ SNCF 141 R, 1945

Achsfolge 1'D1'
Zylinder 2
Kesseldruck 15,5 bar
Treibraddurchmesser 1650 mm
Geschwindigkeit 100 km/h

1323 dieses leistungsstarken und wirtschaftlichen Typs bauten Hersteller in den USA und in Kanada zwischen 1945 und 1947 unter dem Leih- und Pachtabkommen für die Französischen Staatsbahnen (Société Nationale des Chemins de fer Français, SNCF) als Ersatz für im Zweiten Weltkrieg zerstörte Loks. Etwa die Hälfte war ölgefeuert. Viele blieben bis in die 1970er-Jahre im Einsatz.

△ Hunslet Austerity, 1944

Achsfolge Ct
Zylinder 2 (innen liegend)
Kesseldruck 11,7 bar
Treibraddurchmesser 1295 mm
Geschwindigkeit Etwa 56 km/h

Diesen Entwurf der Hunslet Engine Co. in Leeds wählte das britische Kriegsministerium im Zweiten Weltkrieg als vereinfachte Standard-Rangierlokomotive aus. Die ersten Baulose kamen in Kontinentaleuropa, Nordafrika und Militärbasen in Großbritannien zum Einsatz.

▷ SNCB 29, 1945

Achsfolge 1'D
Zylinder 2
Kesseldruck 16,0 bar
Treibraddurchmesser 1500 mm
Geschwindigkeit Etwa 96 km/h

Nach dem Zweiten Weltkrieg entstanden im Rahmen des Leih- und Pachtabkommens in Kanada 180 dieser leistungsstarken Mehrzwecklokomotiven für die Belgischen Staatsbahnen (Société Nationale des Chemins de fer Belges). Nr. 29.013 wird im Museum in Schaarbeek bei Brüssel betriebsfähig erhalten.

◁ SR Bulleids »Leichte Pacific«, 1945

Achsfolge 2'C1'
Zylinder 3 (1 innen liegend)
Kesseldruck 19,3 bar
Treibraddurchmesser 1880 mm
Geschwindigkeit Etwa 129 km/h

Die unter Kriegsbedingungen entstandenen leichten Pacifics der Reihen »Battle of Britain« und »West Country« von Oliver Bulleid hatten viele kostensparende und innovative Merkmale. Die 110 von 1945 bis 1951 für Southern Railway und British Railways gebauten Loks waren für ihre Leistung berühmt und für ihren Kohleverbrauch berüchtigt.

◁ GWR »Modifizierte Hall«, 1944

Achsfolge 2'C
Zylinder 2
Kesseldruck 15,5 bar
Treibraddurchmesser 1778 mm
Geschwindigkeit Etwa 121 km/h

Frederick Hawksworth stattete die ursprüngliche Hall-Reihe von Charles Collett mit einem Dreifachüberhitzer aus, um die damals verfügbare minderwertige Kohle besser auszunutzen. Zwischen 1944 und 1950 entstanden 71 in der Werkstätte Swindon der Great Western Railway.

◁ PKP Reihe Pt 47, 1948

Achsfolge 1'D1'
Zylinder 2
Kesseldruck 14,7 bar
Treibraddurchmesser 1850 mm
Geschwindigkeit Etwa 109 km/h

Die von Fablok und Cegielski für die Polnischen Staatsbahnen (Polskie Koleje Pa stwowe, PKP) von 1948 bis 1951 gebauten Maschinen erbrachten vor schweren Reisezügen auf langen Strecken außerordentliche Leistungen.

△ SNCF 241 P, 1948

Achsfolge 2'D1'
Zylinder 4 (Verbund: 2 Hochdruck, 2 Niederdruck)
Kesseldruck 19,6 bar
Treibraddurchmesser 2000 mm
Geschwindigkeit 120 km/h

Diese leistungsstarken »Mountain«-Verbundlokomotiven baute Schneider zwischen 1948 und 1952 für die Französischen Staatsbahnen (SNCF). Sie waren für die Beförderung von über 800 t schweren Schnellzügen auf der Hauptstrecke Paris-Marseille ausgelegt, wurden durch die Elektrifizierung aber bald überflüssig.

◁ Barclay Industrielok, 1949

Achsfolge Bt
Zylinder 2
Kesseldruck 11,0 bar
Treibraddurchmesser 900 mm
Geschwindigkeit Etwa 32 km/h

Die schottische Lokomotivfabrik Andrew Barclay baute Hunderte dieser kleinen Satteltanklokomotiven für Industriebahnen in Großbritannien und für den Export. Mit ihrem kurzen Radstand konnten sie die engen Kurven in Kohlegruben, Stahlwerken, Gasanstalten und Hafenanlagen meistern.

N&W Reihe J Nr. 611

Nr. 611 ist das einzige überlebende Exemplar der mächtigen Reihe J mit Achsfolge 2'D2', die die Norfolk & Western Railway (N&W) zwischen 1941 und 1950 in Roanoke, Virginia, baute. Mit der stromlinienförmigen Front, den großen Zylindern sowie Rollenlagern war die Maschine für über 160 km/h ausgelegt. Sie befuhr regelmäßig die N&W-Strecken von Cincinnati nach Portsmouth und Norfolk. Heute ist Nr. 611 im Virginia Museum of Transportation erhalten.

DIE GESCHICHTE DER stromlinienförmigen Reihe J der N&W wurde in vielfacher Hinsicht vom Zweiten Weltkrieg bestimmt. Die Lokomotiven sollten die prestigeträchtigen Schnellzüge der N&W wie den *Powhatan Arrow* und den *Pocahontas* befördern. Die ersten fünf (600–604) wurden 1941/42 fertiggestellt, ihre Einführung fiel jedoch mit dem Kriegseintritt der USA zusammen. Wegen der Knappheit kriegswichtiger Werkstoffe wurde das zweite Los (605–610) 1943 ohne Stromlinienverkleidung und ohne leichte Treib- und Kuppelstangen ausgeliefert.

Das letzte, wieder verkleidete Los (611–613) wurde erst 1950 geliefert und hatte nur eine kurze Einsatzzeit. Ende der 1950er-Jahre hatte die N&W begonnen, mit Diesellokomotiven zu experimentieren, und Ende des Jahrzehnts war der Dampf verdrängt worden. Dank auch des Einsatzes des amerikanischen Eisenbahnfotografen O. Winston Link blieb Nr. 611 der Schneidbrenner erspart. Sie wurde dem Virginia Museum of Transportation übergeben und dort 1982 wieder betriebsfähig aufgearbeitet.

VORDERANSICHT

RÜCKANSICHT (TENDER)

611 soll wieder dampfen
Laut Fabrikschild wurde Nr. 611 der Reihe J im Mai 1950 fertiggestellt. Nach neun Jahren ausgemustert, wurde sie überholt und zog von 1982 bis 1994 Sonderzüge. Eine Kampagne sammelt nun Spenden für ihre betriebsfähige Wiederaufarbeitung.

TECHNISCHE DATEN			
Baureihe	J	**Einsatz**	1950–1959, 1982–1994 (Nr. 611)
Achsfolge	2'D2'	**Zylinder**	2
Herkunft	USA	**Kesseldruck**	20,7 bar
Konstrukteur	Werkstätte Roanoke	**Treibraddurchmesser**	1778 mm
Stückzahl	14 (Reihe J)	**Geschwindigkeit**	Etwa 177 km/h

Schwarzes Geschoss
Mit ihrer nachtschwarzen Farbgebung, der geschossförmigen Front und dem starken Frontscheinwerfer zeigt Nr. 611 der Norfolk & Western viele charakteristische Merkmale der US-Stromlinienloks.

DAS ÄUSSERE

Mit 33 m Länge, 4,9 m Höhe und über 390 t Gewicht (inklusive Tender) ist Nr. 611 eine eindrucksvolle Lokomotive. Sie war der Stolz der N&W Railway. Ihre ausgeprägten Linien werden durch die schwere Anmutung ihrer Treib- und Kuppelstangen noch unterstrichen.

1. Nummernschild beiderseits des Scheinwerfers **2.** Chromstreifen an der Scheitelverkleidung **3.** Scheinwerfer **4.** Verchromte Kennlichter **5.** Aufstieg zum Laufblech vorn **6.** Steuerstange zum Regler **7.** Ventil des Sandstreuers **8.** Handlauf entlang des Laufblechs **9.** Luftpumpe an der unteren Vorderseite **10.** Schmiervorrichtung **11.** Sandstreuer **12.** Hängeeisen und Bremsklotz **13.** Treib- und Kuppelräder und Kuppelstangen **14.** Strahlpumpe **15.** Führerhausfenster **16.** Zugang zum Kohlenkasten **17.** Stoker-Förderschnecke im Tender

IM FÜHRERHAUS

Ein einzelner Heizer könnte bei einer so großen Lokomotive nicht genug Kohle in die Feuerbüchse schaufeln. Daher verfügt Nr. 611 über eine mechanische Rostbeschickung (Stoker): eine Förderschnecke, die die Kohle vom Tender direkt in die Feuerbüchse befördert.

18. Innenansicht **19.** Hebel für automatische Kipprostbetätigung **20.** Steuerventile für Stoker-Dampfstrahlförderung in der Feuerbüchse **21.** Prüfhähne und Wasserstandschauglas **22.** Geöffnete Feuertür **23.** Details der Stehbolzen in der Feuerbüchse **24.** Wasserumlaufrohre in der Feuerbüchse **25.** Geschwindigkeitsmesser **26.** Bremsventile **27.** Handhebel der Umsteuerung **28.** Elektrische Schalter **29.** Reglerstellbogen **30.** Heizersitz **31.** Fußstütze

Eine Epoche geht zu Ende

Scheinbar unbegrenzt verfügbares billiges Importöl hatte viele europäische und nordamerikanische Eisenbahnen veranlasst, bis zu den 1960er-Jahren ihre Dampfloks durch moderne dieselelektrische und elektrische Lokomotiven zu ersetzen, die nicht nur effizienter, stärker und sauberer waren, sondern auch weniger Wartung erforderten. Wo hingegen Kohle und billige Arbeitskräfte im Überfluss verfügbar waren, hielt sich der Dampfbetrieb noch einige Jahrzehnte. In Südafrika erreichte die Entwicklung in den 1980er-Jahren mit dem »Roten Teufel« ihren Höhepunkt. Das letzte Kapitel der 200-jährigen Geschichte der Dampfeisenbahn, das beeindruckende Spektakel zweier 1'E1' des Typs QJ vor Güterzügen in den kalten Weiten der Inneren Mongolei, endete 2005.

△ N&W Reihe A, 1943

Achsfolge (1'C)C2'
Zylinder 4 (2 pro Kuppelachsgruppe)
Kesseldruck 20,7 bar
Treibraddurchmesser 1778 mm
Geschwindigkeit 113 km/h

Die in den USA in der Werkstätte Roanoke der Norfolk & Western Railway gebauten 43 Gelenklokomotiven der Reihe A für schnell fahrende Güterzüge gehörten zu den stärksten der Welt und blieben bis 1959 im Dienst. Nr. 1218 ist im Virginia Museum of Transportation in Roanoke ausgestellt.

△ IR Reihe WP, 1947

Achsfolge 2'C1'
Zylinder 2
Kesseldruck 14,5 bar
Treibraddurchmesser 1702 mm
Geschwindigkeit 109 km/h

755 dieser Schnellzuglokomotiven der Reihe WP mit der markanten, mit einem silbernen Stern geschmückten kegelförmigen Front wurden zwischen 1947 und 1967 für die indischen Breitspurbahnen gebaut. Nr. 7161 *Akbar* wird im Dampflokdepot Rewari in Indien erhalten.

◁ Sowjetische Reihe П36, 1949

Achsfolge 2'D2'
Zylinder 2
Kesseldruck 14,7 bar
Treibraddurchmesser 1854 mm
Geschwindigkeit 126 km/h

Die 251 von 1949 bis 1956 gebauten P36, ihre letzten Hauptbahn-Dampfloks, setzte die SŽD bis zu ihrer Ablösung durch Dieselloks auf der Strecke Moskau-Leningrad ein, später in Ostsibirien. Ab 1974 waren sie bis Ende der 1980er-Jahre als strategische Reserve eingelagert.

▷ N&W Reihe J, 1950

Achsfolge 2'D2'
Zylinder 2
Kesseldruck 20,7 bar
Treibraddurchmesser 1778 mm
Geschwindigkeit 113 km/h

14 Schnellzuglokomotiven der Reihe J baute die Norfolk & Western Railway in ihrer Werkstätte Roanoke zwischen 1941 und 1950. Trotz ihrer futuristischen Stromlinienverkleidung wurden sie bald durch Dieselloks abgelöst, die letzte musterte man 1959 aus.

▷ UP Reihe 4000 »Big Boy«, 1941

Achsfolge (2'D)D2'
Zylinder 4 (2 pro Kuppelachsgruppe)
Kesseldruck 20,7 bar
Treibraddurchmesser 1730 mm
Geschwindigkeit 129 km/h

Zwischen 1941 und 1944 baute die American Locomotive Co. (ALCO) 25 dieser riesigen Gelenklokomotiven für die Union Pacific Railroad. Ihre Aufgabe war es, schwere Güterzüge ohne Hilfslokomotive über die Wasatchkette zwischen Wyoming und Utah zu befördern, bis sie 1959 durch Dieselloks abgelöst wurden. Acht »Big Boys« blieben erhalten, Nr. 4014 wurde wieder betriebsfähig aufgearbeitet.

△ **IR Reihe YG, 1960**

Achsfolge 1'D1'
Zylinder 2
Kesseldruck 14,5 bar
Treibraddurchmesser 1220 mm
Geschwindigkeit 80 km/h

Die Reihe YG war die Standard-Güterzuglokomotive auf dem Meterspurnetz der Indian Railways, etwa 1000 wurden von verschiedenen Herstellern in Indien und im Ausland zwischen 1949 und 1972 gebaut. Drei, darunter die hier gezeigte *Sindh*, werden im Dampflokdepot Rewari südwestlich von Delhi erhalten.

WISSENSWERTES

Hightech-Dampf

Neben den Kondensationslokomotiven der Reihe 25C beschafften die South African Railways auch 50 Loks der Reihe 25NC (nicht kondensierend). 198 baute die SAR-Werkstätte Salt River Nr. 3450 zum Prototyp der Reihe 26 um. Wegen ihrer Farbgebung »Roter Teufel« genannt, zeigte sie bei Probefahrten beträchtliche Leistungssteigerungen und Einsparungen – zu einer Zeit, als Diesel- und Elektrotraktion Dampfloks nahezu verdrängt hatten.

Die *Red Devil* Die einzigartige Maschine verlässt hier 1990 Krankuil mit einer Sonderfahrt. Sie fuhr bis 2003 und soll wieder generalüberholt werden.

▷ **SAR Reihe 25C, 1953**

Achsfolge 2'D2'
Zylinder 2
Kesseldruck 15,5 bar
Treibraddurchmesser 1524 mm
Geschwindigkeit 113 km/h

Die 90 Loks der Reihe 25C mit 1067 mm Spurweite hatten bei den South African Railways einem riesigen Kondensatitender, um die trockene Karoo-Halbwüste durchqueren zu können. Ab 1973 bis 1980 wurden die meisten zur Reihe 25NC mit normalen Tendern umgebaut.

△ **IR Reihe WL, 1955**

Achsfolge 2'C1'
Zylinder 2
Kesseldruck 14,5 bar
Treibraddurchmesser 1702 mm
Geschwindigkeit 96 km/h

Mit ihrem geringen Achsdruck waren diese Breitspurloks auch auf indischen Nebenbahnen einsetzbar. Die ersten zehn Maschinen entstanden bei der britischen Vulcan Foundry, weitere 94 bei der indischen Lokomotivfabrik Chittaranjan. Nr. 15 005 *Sher-e-Punjab* ist in Rewari ausgestellt.

▷ **Chinesische Reihe QJ, 1956**

Achsfolge 1'E1'
Zylinder 2
Kesseldruck 14,7 bar
Treibraddurchmesser 1500 mm
Geschwindigkeit 80 km/h

Die Reihe QJ war eine der meistgebauten in China: Mindestens 4700 dieser schweren Güterzuglokomotiven wurden zwischen 1956 und 1988 gebaut. 2005 endete ihr Einsatz auf der Jitong-Bahn in der Inneren Mongolei (China), einige fuhren jedoch noch bis 2010 auf Industriebahnen.

Reihe WP Nr. 7161

Die ersten 16 Lokomotiven der Reihe WP (W für 1676-mm-Breitspur, P für Personenzüge), gebaut von Baldwin in den USA, trafen 1947 in Indien ein. Nr. 7161 entstand 1965 in den Chittaranjan Locomotive Works in Westbengalen für den Einsatz bei der Northeast Frontier Railway. Heute wird sie im Rewari Steam Loco Shed erhalten, wo sie nach dem Mogulherrscher *Akbar* getauft wurde.

DIE REIHE WP stromlinienförmig verkleideter Hauptbahnlokomotiven setzte bei ihrer Einführung neue Maßstäbe bei den indischen Eisenbahnen und wurde das restliche 20. Jh. über die wichtigste Stütze des Reisezugverkehrs auf Breitspurstrecken. Sie brachten gute Dampferzeugung, sparsamen Brennstoffverbrauch und überlegene Laufeigenschaften ohne das Schlingern der älteren X-Reihen mit. Gleichzeitig markierten sie auch den Wechsel der Bezeichnung von Breitspurlokomotiven von X zu W.

Bis 1959 wurden Lokomotiven der Reihe WP aus den USA, aus Kanada, Polen und Österreich importiert, von 1963 bis 1967 entstanden 259 weitere in der Lokomotivfabrik Chittaranjan. Mit drei Mann Besatzung – einem Lokführer und zwei Heizern – beförderten diese Lokomotiven 25 Jahre lang die prestigeträchtigsten Reisezüge Indiens. Sie erwarben sich dabei einen soliden Ruf und wurden als »Stolz der Flotte« bezeichnet.

VORDERANSICHT

RÜCKANSICHT (TENDER)

Bewahrte Tradition
Das von Indian Railways 2002 zum Museum gemachte Dampfbetriebswerk in Rewari beherbergt einige der letzten überlebenden Dampflokomotiven Indiens.

TECHNISCHE DATEN			
Baureihe	WP	**Einsatz**	1965–1996 (Nr. 7161)
Achsfolge	2'C1' (Pacific)	**Zylinder**	2
Herkunft	Indien	**Kesseldruck**	14,5 bar
Konstrukteur	Chittaranjan Locomotive Works u. a.	**Treibraddurchmesser**	1702 mm
Stückzahl	755 der Reihe WP (259 in Indien)	**Geschwindigkeit**	109 km/h

Indischer Stern
Die dekorative Rauchkammerverkleidung mit dem silbernen Stern ist das markanteste Merkmal der Lok. Auf dem Pufferträger ist das Schild mit dem Namen *Akbar* angebracht.

DAS ÄUSSERE

Mit ihrer markanten »Geschossnase«, einer Krone auf dem Schornstein, der Achsfolge 2'C1' und einer Seitenansicht mit Ketten entlang des Laufblechs am Kessel gilt die majestätische Nr. 7161 als eine der berühmtesten indischen Lokomotiven aller Zeiten. Bei Eisenbahnfreunden und Touristen, die die Lokomotive mit Sonderzügen auf Hauptbahnen befördern kann, erfreut sich ihr charakteristisches Aussehen großer Beliebtheit.

1. Handgemaltes Namensschild an der Vorderseite **2.** Messingkrone als Schornsteinkranz **3.** Scheinwerfer in der Mitte des Sterns **4.** Kennlicht, je eins auf jeder Seite **5.** Kuhfänger **6.** Vorderseite des Zylinderblocks **7.** Schieberkasten (oben) und Zylinder (unten) **8.** Treib- und Kuppelachse mit Gegengewichten und Treib- und Kuppelstange **9.** Treibstangenlager und Gegenkurbel **10.** Hinterer Laufradsatz **11.** Aufstieg zum Führerhaus **12.** Führerhauseingang, Fenster mit Holzjalousien **13.** Scheinwerfer und Schlussleuchte am Tender **14.** Lokomotivnummer **15.** Leiter an der Tenderrückseite **16.** Hinterer Puffer

1

2

3

4

5

6

7

8

9

10

11

12

14

15

13

16

IM FÜHRERHAUS

Das Führerhaus bietet genügend Platz für den Lokführer und zwei Heizer, die auch mit größeren Schaufeln als in früheren Loktypen arbeiten können. Die rot lackierten Ventile und Griffe für die Lokomotivbedienung und die Anzeigen sind so eingerichtet, dass sie leicht erreichbar bzw. ablesbar sind.

17. Innenansicht **18.** Schmiervorrichtung **19.** Von links: Anstellventil für Dampfstrahlpumpe, Anstellventil für Generator, Hauptventil, Anstellventil für Saugluftbremse, Anstellventil für Dampfstrahlpumpe **20.** Dampfdruckmesser **21.** Handrad der Umsteuerung **22.** Feuertür **23.** Kipprostbetätigung **24.** Tendervorderseite

17

18

20

19

21

22

23

24

Letzte Dampfloks in Europa

Während Diesel- und Elektrolokomotiven in der Gunst rasch stiegen, entstanden in den 1950er-Jahren die letzten Dampflokomotiven für die Staatsbahnen Europas. In der Bundesrepublik rollte 23 105, die letzte für die Deutsche Bundesbahn, 1959 aus der Fabrikhalle. In Großbritannien hatte Robert Riddles zwölf neue Standardreihen für die verstaatlichten British Railways konstruiert. Leider hatten viele dieser hervorragenden Dampfloks aufgrund des schlecht durchdachten und überhastet umgesetzten Modernisierungsplans nur eine sehr kurze Einsatzzeit. Dennoch exportierten britische Hersteller wie Peacock & Co. in Manchester und Hunslet in Leeds weiterhin Dampflokomotiven, Hunslet baute die letzte Maschine erst 1971.

◁ **DB Baureihe 23, 1950**

Achsfolge	1'C1'
Zylinder	2
Kesseldruck	16,0 bar
Treibraddurchmesser	1750 mm
Geschwindigkeit	110 km/h

Diese Baureihe sollte bei der Deutschen Bundesbahn die Personenzuglokomotiven der preußischen Gattung P8 ersetzen. 105 Maschinen entstanden zwischen 1950 und 1959, 23 105 war die letzte für die DB gebaute Dampflokomotive. Die letzten Exemplare wurden 1976 außer Dienst gestellt, acht blieben erhalten.

△ ***Bonnie Prince Charlie*, 1951**

Achsfolge	Bt
Zylinder	2
Kesseldruck	11,0 bar
Treibraddurchmesser	610 mm
Geschwindigkeit	32 km/h

Die 1951 von Robert Stephenson & Hawthorns gebaute Satteltanklokomotive arbeitete ursprünglich im Rangierdienst eines Gaswerks in Hamworthy Quay, Dorset. 1969 erwarb sie der Salisbury Steam Trust, seitdem wurde sie im Didcot Railway Centre aufgearbeitet.

▷ **BR Reihe 4MT, 1951**

Achsfolge	1'C2't
Zylinder	2
Kesseldruck	15,5 bar
Treibraddurchmesser	1730 mm
Geschwindigkeit	113 km/h

Die 4MT von Robert Riddles waren die größten der vier Standard-Tenderlokentwürfe, die British Railways bauten. Sie kamen v. a. im Vorortverkehr zum Einsatz. 155 entstanden zwischen 1951 und 1956, wurden aber bald durch die Elektrifizierung verdrängt.

▷ **BR Reihe 9F, 1954**

Achsfolge	1'E
Zylinder	2
Kesseldruck	17,2 bar
Treibraddurchmesser	1524 mm
Geschwindigkeit	145 km/h

Die 9F war die Standardreihe der British Railways für schwere Güterzüge. Insgesamt 251 entstanden zwischen 1954 und 1960, Nr. 92220 *Evening Star* (»Abendstern«) war die letzte für BR gebaute Dampflokomotive. Obwohl für den Güterzugdienst vorgesehen, zogen sie mitunter auch Schnellzüge. 1968 wurde die letzte ausgemustert, neun sind erhalten geblieben.

▷ BR Reihe 7 Britannia, 1951

Achsfolge 2'C1'
Zylinder 2
Kesseldruck 17,2 bar
Treibraddurchmesser 1880 mm
Geschwindigkeit 145 km/h

55 der von Robert Riddles entworfenen Loks bauten British Railways von 1951 bis 1954 in ihrer Werkstätte Crewe. Beförderten sie anfangs im gesamten Netz Schnellzüge, leisteten sie später bescheidenere Dienste. Nur eine war beim Ende des Dampfbetriebs auf BR-Vollbahnen 1968 noch im Einsatz.

△ DR Baureihe 65.10, 1954

Achsfolge 1'D2't
Zylinder 2
Kesseldruck 16,0 bar
Treibraddurchmesser 1600 mm
Geschwindigkeit 90 km/h

Diese leistungsstarken Tenderloks der Reihe 65.10 sollten Doppelstock-Wendezüge im Vorortverkehr der Deutschen Reichsbahn befördern. Bis 1977 hatte man alle 88 Exemplare ausgemustert, drei blieben jedoch erhalten.

◁ DR Baureihe 99.23-24, 1954

Achsfolge 1'E1't
Zylinder 2
Kesseldruck 14,0 bar
Treibraddurchmesser 1000 mm
Geschwindigkeit 40 km/h

17 dieser massigen Meterspur-Tenderlokomotiven ließ die Deutsche Reichsbahn der DDR von 1954 bis 1956 bauen. Alle Lokomotiven sind noch vorhanden, etwa zehn sind jeweils betriebsfähig und werden auf den landschaftlich reizvollen Strecken im Harz eingesetzt.

△ Beyer-Garratt Reihe NG G16, 1958

Achsfolge (1'C1')(1'C1')
Zylinder 4
Kesseldruck 12,4 bar
Treibraddurchmesser 840 mm
Geschwindigkeit 64 km/h

Zwischen 1937 und 1968 bauten mehrere europäische Hersteller 34 dieser Lokomotiven für die 610-mm-Strecken in Südafrika. Die von Beyer, Peacock & Co. gebaute Nr. 138 zieht heute in Wales Züge der Welsh Highland Railway.

Beyer-Garratt Nr. 138

Die Beyer-Garratts der Reihe NG G16 sind durch ihren Einsatz bei der Welsh Highland Railway international bekannt geworden, doch entstanden diese Lokomotiven ursprünglich für südafrikanische Bergbauunternehmen. Während sie in Afrika v. a. Güterzüge beförderten, ziehen die Loks in Wales Personenzüge durch den Snowdonia National Park und stellen auf starken Steigungen mit engen Kurven ihre Zugkraft und Kurvenläufigkeit unter Beweis.

BEYER-GARRATT NR. 138 gehört zum letzten Baulos von Garratt-Lokomotiven, das Beyer, Peacock & Company Ltd. in Manchester fertigte. Die Tsumeb Corporation in Südwestafrika (heute Namibia) bestellte sieben Lokomotive dieses Typs für den Erztransport aus ihren Bergwerken in den Otavibergen. Allerdings wurde die 412 km lange Otavi Railway auf 1067 mm umgespurt, noch bevor die Lokomotiven eintrafen. Daher verkaufte man sie an die South African Railways zum Einsatz in Natal an der Ostküste.

Nr. 138 hatte man der 122 km langen Strecke Port Shepstone–Harding zugewiesen, und sie wurde daher 1986 gemeinsam mit der Bahn privatisiert. 1991 stellte man die Lok außer Dienst. Nachdem die Ffestiniog Railway sie jedoch 1993 für den Einsatz auf ihrer Welsh Highland Railway (WHR) ausgewählt hatte, wurde die Lok in Port Shepstone überholt und nach Wales verschifft. 1997 nahm sie den Betrieb auf der WHR in Grün auf, 2010 erhielt sie dann die aktuelle rote Farbgebung.

VORDERANSICHT (WASSERTENDER)

RÜCKANSICHT (KOHLENTENDER)

Bewahrte Geschichte
Die mit 40 km längste britische Museumsbahn ging 2011 nach dem Wiederaufbau (ab 1997) als Welsh Highland Railway in Betrieb. Der ursprüngliche Verkehr war bereits 1937 eingestellt worden.

TECHNISCHE DATEN			
Baureihe	NG G16	**Einsatz**	1958–1991 und 1997 bis heute (Nr. 138)
Achsfolge	(1'C1')(1'C1')	**Zylinder**	4
Herkunft	Großbritannien	**Kesseldruck**	12,4 bar
Konstrukteur	Beyer, Peacock & Co. Ltd.	**Treibraddurchmesser**	840 mm
Stückzahl	34 Reihe NG G16	**Geschwindigkeit**	Etwa 64 km/h

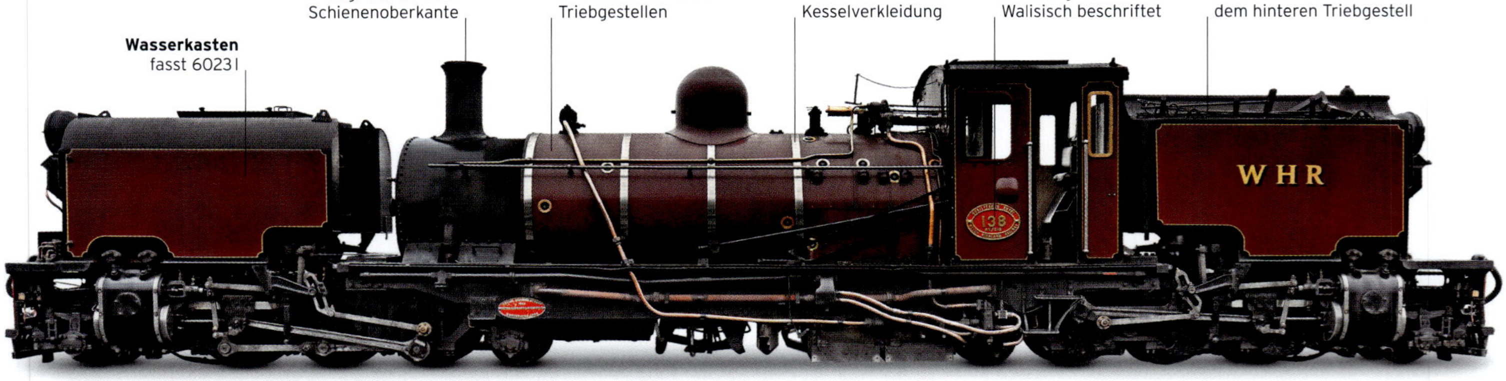

Leistungsstark
Die Garratt NG G16 ist die größte und stärkste Schmalspur-Dampflokomotive in Großbritannien. Sie wiegt 63 t und ist 14,7 m lang. Beide Enden der Lokomotive sind mit starken Scheinwerfern, Sandkästen und Schmierpumpen ausgerüstet.

DAS ÄUSSERE

Garratt-Lokomotiven bestehen aus drei Baugruppen: den beiden Triebgestellen und einem Brückenrahmen mit Kessel und Führerhaus. Die Triebgestelle sind gegenüber dem aufliegenden Brückenrahmen drehbar gelagert und ermöglichen es der Lok damit, enge Kurven zu durchfahren. Außerdem vermindert die höhere Achszahl den von jeder Achse auf das Gleis ausgeübten Druck. Daher kann die Lokomotive auch auf leichter gebauten Strecken verkehren, der Typ NG G16 Nr. 138 z. B. auf Schienen mit einem Gewicht von 20 kg/m, obwohl bei der Welsh Highland Railway 30 kg/m üblich sind. Die Lokomotiven können in beide Richtungen gleich schnell fahren.

1. Nummernschild **2.** Ölstandschauglas am Schmierölbehälter **3.** Scheinwerfer **4.** Schmierpumpe **5.** Wasserkastendeckel **6.** Mittelpufferkupplung **7.** Blattfeder **8.** Schwinge mit Schwingenstein **9.** Waschlukenverschluss **10.** Sicherheitsventil **11.** Domabdeckung **12.** Dampfpfeife **13.** Kreuzkopf und Zylinderblock **14.** Wasserfilter **15.** Kohlenkasten

6

3

4

1

2

5

7

16
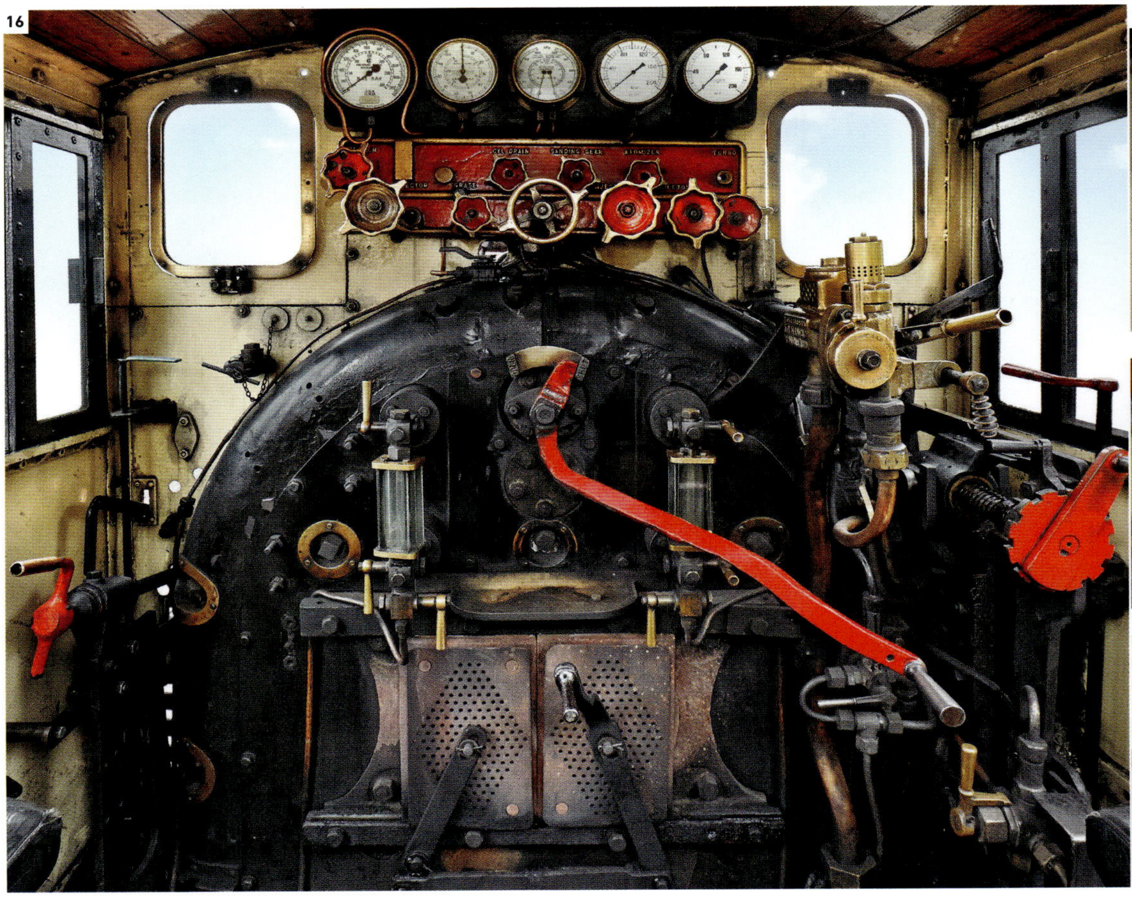

17
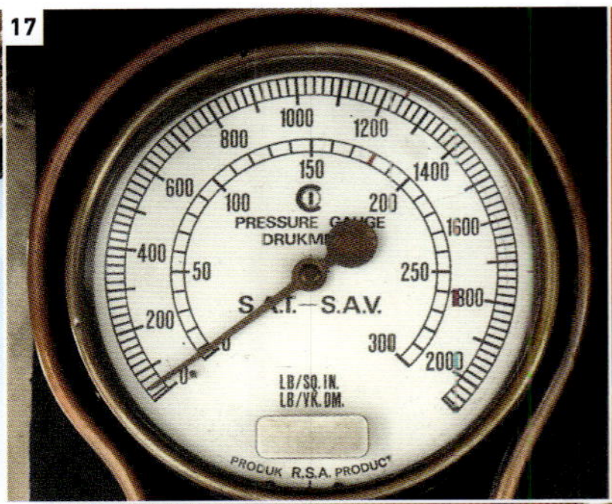

18

19

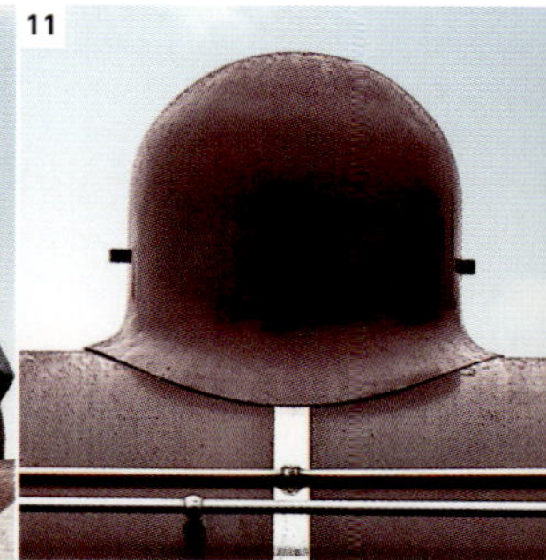

IM FÜHRERHAUS

Trotz des komplexen Aufbaus von Nr. 138 ähnelt ihr Führerhaus dem anderer Dampfloks. Der Lokführer hat seine Bedienelemente auf der rechten Seite. Der Heizer ist für das Feuer und die Dampferzeugung verantwortlich und muss mit den Dampfstrahlpumpen den Kesselwasserstand auf dem erforderlichen Niveau halten.

16. Innenansicht **17.** Kesseldruckanzeige **18.** Ventile für Dampfstrahlpumpe (links) und Dampfverteilerstutzen (rechts) **19.** Absperrventil der Kesseldruckanzeige **20.** Ventile für Zylinderentwässerung, Sandstreuer und Sprüheinrichtung **21.** Wasserstandschauglas **22.** Umsteuerung **23.** Ventile der Saugluftbremse **24.** Geschwindigkeitsmesser **25.** Lokführersitz

Transport von Menschen und Gütern

Obwohl die allerersten Eisenbahnen für den Transport von Gütern gebaut wurden, entwarf man einige von Anfang an v.a. für die Beförderung von Reisenden. Während der Weltkriege beförderten die Eisenbahnen Unmengen von Rohstoffen, militärischem Gerät und Truppen. In den 1950er-Jahren hatten sie jedoch mit dem flexibleren und billigeren Transport auf der Straße zu kämpfen. Neben Teilerfolgen gelang es ihnen, sich weite Teile des Pendlerverkehrs zu sichern. In der Konkurrenz zum Luftverkehr führten die Bahnen schnellere und luxuriösere Reisezüge ein und konzentrierten sich daneben auf den schweren Güterfernverkehr.

△ **GWR Abteilwagen 1./3. Klasse mit Seitengang Nr. 7313, 1940**

Bauart 2 Zweiachsdrehgestelle
Kapazität 24 Personen in der 1. Klasse, 24 Personen in der 3. Klasse
Bauweise Stahl
Gesellschaft Great Western Railway

Der von der Great Western Railway 1940 in ihrer Werkstätte Swindon gebaute, 18,2 m lange Schnellzugwagen Nr. 7313 hat vier 1.-Klasse- und drei 3.-Klasse-Abteile sowie zwei WC-Räume. Mit dem braunen »Sparanstrich« aus der Kriegszeit wird er im Didcot Railway Centre erhalten.

△ **N&W Budd S1 Schlafwagen, 1949**

Bauart 2 Zweiachsdrehgestelle
Kapazität 22-32 Schlafkojen
Bauweise Nicht rostender Stahl
Gesellschaft Norfolk & Western Railway

20 dieser Schlafwagen wurden bei Budd 1949 für die Norfolk & Western Railway gebaut, die sie in den Zügen *Powhatan Arrow, The Pocahontas* und anderen mit Schlafwagenservice auf ihrem Netz einsetzte. *The Pocahontas* wurde als letzter Reisezug der N&W 1971 eingestellt. Dieser Wagen ist heute im Virginia Museum of Transport in Roanoke.

▷ **N&W Pullman-Wagen Reihe P2 Nr. 512, 1949**

Bauart 2 Zweiachsdrehgestelle
Kapazität 66 Personen
Bauweise Stahl
Gesellschaft Norfolk & Western Railway

Diesen Wagen mit 66 Sitzplätzen baute Pullman-Standard 1949 für den *Powhatan Arrow* der Norfolk & Western Railway. Dieser 1946 zwischen Norfolk, Virginia, und Cincinnati, Ohio, eingeführte Zug fuhr 1969 zum letzten Mal. Wagen 512 ist heute im Virginia Museum of Transport in Roanoke ausgestellt.

Güterwagen

In der Nachkriegszeit begann der Straßentransport, einen Großteil des Einzelladungsverkehrs über kürzere Strecken abzuziehen. Doch die Trumpfkarte der Bahn blieb ihre Fähigkeit, große Mengen effizienter über weite Strecken zu befördern. Dazu entstand eine breite Palette zweckgebundener Güterwagen für den Transport von Rohstoffen wie Kohle, Öl und Eisenerz, für verderbliche Güter wie Fisch, Fleisch, Obst und Gemüse sowie für Gefahrgüter wie Chemikalien und Kraftstoffe.

△ **Penn Central Schüttgutwagen Nr. 32367, 1955**

Bauart Gedeckter Selbstentladewagen Reihe H34A
Gewicht 63,5 t
Bauweise Stahl
Gesellschaft Penn Central

Wagen Nr. 32367 wurde 1955 in der Werkstätte Altoona der Penn Central Corporation gebaut. Die Ladung (oft Getreide) wurde durch Rutschen im Boden des Wagens entladen. Der Wagen ist heute im Railroad Museum of Pennsylvania in Strasburg ausgestellt.

▷ **DR Doppelstockwagen, 1951**

Bauart 2-, 4- und 5-teilige Einheiten
Kapazität Etwa 135 Personen pro Wagen
Bauweise Stahl
Gesellschaft Deutsche Reichsbahn

Die ostdeutschen Doppelstockwagen sind Nachfolger der ab 1935 bei der Lübeck-Büchener Eisenbahn eingeführten Wendezuggarnituren. Die beim VEB Waggonbau Görlitz entstandenen Wagen boten Platz für 50 % mehr Reisende als einstöckige Wagen. Hier gezeigt sind die ersten von rund 4000 in der DDR gebauten mehrteiligen Doppelstockwagen bei einer Probefahrt 1951.

WISSENSWERTES

Komfortables Reisen

Während britische Eisenbahnen seit 1847 gesetzlich verpflichtet waren, auch Ärmeren eine bezahlbare Reisemöglichkeit zu bieten, ließen sie sich von wohlhabenden Reisenden den höheren Komfort bezahlen. 1956 stellten die Bahnen in ganz Europa auf ein zweiklassiges System um, die 3. Klasse (teilweise stattdessen die 2.) schaffte man ab. Die 1. Klasse bot viel Beinfreiheit, Polstersitze sowie Teppiche und Vorhänge. In den einfacheren, engeren Abteilen der 2. oder 3. Klasse waren die Sitze nur mit Rosshaar gepolstert.

Klassenunterschiede In den Abteilen der 1. Klasse (links) für sechs Personen gab es Vorhänge, Teppiche und Sitze mit verstellbarer Rückenlehne und mit Armlehnen. Im 3.-Klasse-Abteil mussten acht Personen Platz finden.

◁ **BR(W) Bremswagen 3. Klasse Nr. 2202, 1950**

Bauart 2 Zweiachsdrehgestelle
Kapazität 24 Personen in der 3. Klasse, dazu Zugführer- und Gepäckabteil
Bauweise Stahl
Gesellschaft British Railways (Western Region)

Der von F. W. Hawksworth, dem letzten Oberingenieur der Great Western Railway, entworfene Bremswagen 3. Klasse mit den markanten abgeschrägten Dachenden wurde 1950 von Metropolitan-Cammell in Birmingham für die British Railways (West-Region) gebaut. Heute wird er im Didcot Railway Centre erhalten.

◁ **DR Säuretopfwagen, 1956**

Bauart Topfwagen
Gewicht 14,8 t
Bauweise Stahl
Gesellschaft Deutsche Reichsbahn

Der 1956 für die Deutsche Reichsbahn gebaute Wagen konnte in zwölf Steingutgefäßen, die vom Inhalt nicht angegriffen werden, je 1000 l Säure oder Lauge befördern. Er ist heute im Traditionsbahnbetriebswerk Staßfurt ausgestellt.

△ **MDT/IC Nr. 13715, 1958**

Bauart Kühlwagen
Gewicht 38 t
Bauweise Stahl
Gesellschaft Illinois Central Railroad

Diesen 10 m langen isolierten Kühlwagen baute die Pacific Car & Foundry Co. in Renton, Washington, 1958 für die Illinois Central Railroad. Derartige mit Gebläsen zur Luftzirkulation ausgestattete Wagen beförderten in der Regel verderbliches Obst und Gemüse, die durch Trockeneisblöcke in Behältern unter dem Dach gekühlt wurden.

1960–1979

GESCHWINDIGKEIT ZÄHLT

HELENSBURGH
15
Glasgow Electric
Travel by the Modern Railway

GESCHWINDIGKEIT ZÄHLT

Die Eröffnung der ersten Shinkansen-Strecke 1964 in Japan läutete eine aufregende Zukunft für die Eisenbahn ein. Mit modernen elektrischen Triebzügen auf besonderen Schnellfahrstrecken revolutionierten die »Geschosszüge« die Art und Weise, wie Reisende das Bahnfahren erleben. Japan zeigte eine spannende Zukunftsvision, die auch die Bahngesellschaften im Westen zu Innovationen anregte. Sie modernisierten ihren Fahrzeugpark, führten neue Diesel- und Elektrozüge ein, renovierten Bahnhöfe, bauten neue Güterumschlageinrichtungen, investierten in die Infrastruktur und erhöhten die Geschwindigkeit auf den bestehenden Strecken. Einige Länder musterten Dampflokomotiven endgültig aus. Der »Intercity«-Zug wurde zum Standard.

Geschwindigkeit allein reichte jedoch nicht, um die Fahrgastzahlen wieder auf frühere Werte ansteigen zu lassen. Die Beliebtheit der Bahn sank, je mehr Menschen sich ein Auto oder gar Flugreisen leisten konnten. In der Folge legte man viele ländliche oder schwach ausgelastete Strecken still. In manchen Ländern waren die Vorschläge drastisch: Der britische »Beeching-Bericht« empfahl 1963, etwa 30 % des Streckennetzes stillzulegen. In den USA wurde 1971 die staatliche Gesellschaft Amtrak gegründet, die den Betrieb der unprofitablen Fernreisezüge übernehmen sollte.

Anders dagegen die Lage in Osteuropa. Da hier viel weniger Menschen ein Auto besaßen, blieb die Nachfrage nach Bahnreisen hoch; außerdem sah man Eisenbahnen als strategisch wichtig an. Modernisierung bedeutete hier oft die Erhöhung des Platzangebots in Zügen, nicht die Schließung von Strecken; die Geschwindigkeiten blieben hier insgesamt eher niedrig. Viele andere Länder hatten jedoch bis Mitte der 1970er-Jahre begonnen, dem japanischen Beispiel zu folgen, und hatten eigene Hochgeschwindigkeitszüge entwickelt.

△ **Amtrak Turboliner**
Die in Frankreich gebauten modernen schnellen Turboliner führte Amtrak 1973 in der Hoffnung ein, mehr Fahrgäste zu gewinnen.

»Es gibt immer **heftigen Widerstand,** wenn wir eine **Bahnverbindung einstellen** wollen.«

DR. RICHARD BEECHING,
VORSITZENDER VON BRITISH RAILWAYS

◁ **Plakat für den Nahverkehr in Glasgow** des englischen Malers Terence Tenison Cuneo, 1965

Wichtige Ereignisse

▷ **1960** British Railways stellen wie viele andere Bahnen die Beschaffung von Dampfloks ein. Die Güterzugmaschine *Evening Star* ist die letzte.

▷ **1961** Nach dem Bau der Berliner Mauer umfährt die Deutsche Reichsbahn Westberlin auf dem Berliner Außenring.

▷ **1963** Der britische Beeching-Report fordert ein kleineres Streckennetz.

▷ **1964** Mit den japanischen Shinkansen-Zügen beginnt eine neue Form des schnellen Reisezugverkehrs.

△ **Einweihung des »Geschosszugs«**
Die Tōkaidō-Shinkansen-Strecke der Japanischen Staatsbahn wurde am 1. Oktober 1964 im Bahnhof Tokio feierlich eröffnet.

▷ **1971** In den USA wird Amtrak gegründet, um die immer unwirtschaftlicheren Intercity-Reisezüge zu betreiben.

▷ **1972** Fertigstellung des französischen Gasturbinen-TGV 001. Er stellt mit 318 km/h einen neuen Weltrekord für Schienenfahrzeuge auf.

▷ **1973** Der britische HST-Prototyp (High Speed Train) stellt mit 230 km/h einen Weltrekord für Dieselfahrzeuge auf.

▷ **1974** Die UdSSR macht die Fertigstellung der Baikal-Amur-Magistrale (BAM) zur nationalen Priorität, um neben der Transsibirischen Eisenbahn eine zweite Strecke durch Sibirien zu schaffen.

▷ **1976** Baubeginn der ersten französischen Schnellfahrstrecke zwischen Paris und Lyon, aus der ein ganz Frankreich durchziehendes TGV-Netz entstehen wird

Beschleunigter Güter- und Reisezugverkehr

Im Lauf der 1960er- und 1970er-Jahre folgten Eisenbahnen weltweit dem frühen Beispiel Nordamerikas und ersetzten Dampf- durch Diesel- oder Elektrolokomotiven. In vielen westlichen Ländern zwang die zunehmende Zahl privater Autos die Bahnen dazu, schnellere und komfortablere Züge anzubieten, um Reisende vom Bahnfahren zu überzeugen. Der traditionell sehr langsame Güterzugverkehr ließ sich durch die neuen Lokomotiven beschleunigen, weil sie doppelt so schnell und leistungsfähig wie die Dampfloks waren.

△ BR Typ 4 Reihe 47, 1962

Achsfolge Co'Co'
Kraftübertragung Elektrisch
Antrieb Sulzer 12LDA28-C
Leistung 2750 PS (2051 kW)
Geschwindigkeit 153 km/h

Die ersten 20 der meistgebauten britischen Dieselloks wurden 1962/63 geliefert und in der Ostregion von British Railways erprobt. Insgesamt entstanden 512 bei Brush Traction und in der BR-Werkstätte Crewe. Einige davon sind bei britischen Bahnunternehmen weiterhin im Einsatz.

▷ Sowjetische Reihe M62, 1964

Achsfolge Co'Co'
Kraftübertragung Elektrisch
Antrieb Kolomna V12 14D40
Leistung 1973 PS (1472 kW)
Geschwindigkeit 100 km/h

M62 der Lokomotivfabrik Woroschilowgrad (heute Luhansk in der Ukraine) wurden in den 1960er- und 1970er-Jahren an die Sowjetischen Eisenbahnen geliefert und in Warschauer-Pakt-Staaten exportiert. So erhielt die ČSSR 599 Maschinen (hier gezeigt), die DDR 378 (V 200 bzw. BR 120). Die Produktion endete erst 1994.

△ DR Baureihe V 180 (118), 1960

Achsfolge B'B'
Kraftübertragung Hydraulisch
Antrieb 2 x MWJ 12 KVD 21 A-2
Leistung 1800 PS (1342 kW)
Geschwindigkeit 120 km/h

Die V 180 sollte Reise- und Güterzugdampfloks v. a. auf Hauptstrecken ersetzen. Bis 1970 erhielt die DR 87 der ursprünglichen vierachsigen Maschinen sowie 206 sechsachsige mit geringerem Achsdruck für den Nebenbahndienst. Später wurde die V 180 als Baureihe 118 bezeichnet.

◁ DR Baureihe V 100 (110), 1966

Achsfolge B'B'
Kraftübertragung Hydraulisch
Antrieb MWJ 12 KVD 18/21 A-3
Leistung 1000 PS (736 kW)
Geschwindigkeit 80 km/h

Die ostdeutsche V 100 mit Mittelführerstand wurde ab 1964 erprobt, von 1966 bis 1985 entstanden insgesamt 1146 Serienmaschinen in unterschiedlicher Ausführung für die Deutsche Reichsbahn. V 100 wurden auch in andere sozialistische Länder wie die damalige Tschechoslowakei und China exportiert.

▽ GM EMD Reihe SD45, 1965

Achsfolge Co'Co'
Kraftübertragung Elektrisch
Antrieb EMD 645E3 V20-Zweitaktdiesel
Leistung 3600 PS (2685 kW)
Geschwindigkeit 105 km/h

Die Electro-Motive Division (EMD) von General Motors baute von 1965 bis 1971 für mehrere US-Eisenbahnen 1260 SD45 mit einer 20-Zylinder-Version des damals neuen EMD-Motors 645. Einige sind bei US-Güterzugbetreibern immer noch im Einsatz. Die gezeigte Nr. 3607 der Erie Lackawanna Railway blieb erhalten.

△ GM EMD Reihe GP40, 1965

Achsfolge	Bo'Bo'
Kraftübertragung	Elektrisch
Antrieb	EMD 645E3 V16-Zweitaktdiesel
Leistung	3000 PS (2237 kW)
Geschwindigkeit	105 km/h

Die Baltimore & Ohio Railroad hatte mit 380 GP40 von General Motors Electro-Motive Division (EMD) in den USA die größte Flotte dieser erfolgreichen Lokomotiven. Insgesamt 1221 entstanden zwischen 1965 und 1971 für verschiedene nordamerikanische Bahnen. Die B&O setzte sie vor Güterzügen ein, andere Betreiber dagegen im Reisezugdienst.

◁ DB Baureihe 218 (V 160), 1971

Achsfolge	B'B'
Kraftübertragung	Hydraulisch
Antrieb	MTU MA 12 V 956 TB 10
Leistung	2500 PS (1840 kW)
Geschwindigkeit	140 km/h

Die BR 218 ist die letzte Entwicklungsstufe der Ende der 1950er-Jahre entworfenen V-160-Familie der Deutschen Bundesbahn. Die Vorserie wurde 1968/69 geliefert, die Serie ab 1971. Mit elektrischer Zugheizung ausgestattet, konnten sie auch klimatisierte Reisezugwagen befördern. Von den 418 gebauten Loks sind über 100 noch im Einsatz.

△ Chinesische DF4, 1969

Achsfolge	Co'Co'
Kraftübertragung	Elektrisch
Antrieb	16V240ZJA
Leistung	3251 PS (2425 kW)
Geschwindigkeit	100 km/h

Die als »Dong Feng« (»Ostwind«) bekannte DF4 gehört zu einer Reihe von Lokomotiven, die für die Chinesische Staatsbahn als Ersatz für Dampflokomotiven gebaut wurden. Modernisierte Versionen werden bis heute, über 40 Jahre nach der Einführung, in der Lokomotivfabrik Dalian gebaut. Mehrere Tausend DF4 sind noch im Einsatz.

TECHNIK

Containertransport

Ab den 1950er-Jahren verwendete man Container für den Seetransport von Gütern. 1952 führte die Canadian Pacific den »Huckepack«-Transport von Containern auf Sattelaufliegern ein, was die Chicago North Western Railroad bereits vor dem Zweiten Weltkrieg erprobt hatte. In den 1960er-Jahren boten Bahngesellschaften den Transport von Seecontainern zu und von Häfen mit besonderen Flachwagen an. Dieser »intermodale« Transport (»intermodal«, weil sich die Container von einem Verkehrsmittel auf ein anderes laden lassen) nahm in den 1970er- und 1980er-Jahren erheblich zu: Machte er 1957 weniger als 1 % des US-Schienengüterverkehrs aus, waren es Mitte der 1980er-Jahre bereits gut 15 %.

B&O Reihe P-34 Nr. 9523 Diesen 40-t-Flachwagen für den Transport von Sattelaufliegern baute die B&O 1960 in ihrer Werkstätte in Dubois, Pennsylvania.

Umgebaute DR V 100

Die ostdeutsche V 100 mit dieselhydraulischer Kraftübertragung wurde ab 1964 erprobt. Zwischen 1966 und 1985 entstanden insgesamt 1146 Serienloks in mehreren Ausführungen für die Deutsche Reichsbahn (DR). Sie wurden auch in der Schwerindustrie eingesetzt und in andere sozialistische Länder wie die damalige Tschechoslowakei (heute Tschechien und Slowakei) und China exportiert. 1988 begann kurz vor dem Ende der DDR (1990) der Umbau von zehn Maschinen für den Meterspurbetrieb.

DIE DEUTSCHE REICHSBAHN DER DDR BESTELLTE mehrere Ausführungen der V 100, um Dampflokomotiven vor Personen- und Güterzügen sowie im schweren Rangierdienst zu ersetzen. Sie wurden vom VEB Lokomotivbau Elektrotechnische Werke »Hans Beimler« Hennigsdorf (LEW) gebaut, der die frühere AEG-Fabrik in Hennigsdorf nördlich von Berlin übernommen hatte.

Ab 1988 baute man zehn Lokomotiven für den Betrieb auf den Meterspurstrecken im Harz um, wo sie den Spitznamen »Harzkamel« erhielten. Als erste von insgesamt 30 Lokomotiven sollten sie den Dampfbetrieb im Harz ablösen. Doch nachdem die Harzbahnen nach der Wende als v. a. touristisches Streckennetz privatisiert wurden, behielt man die Dampftraktion für die meisten Züge bei; für die »Harzkamele« gab es wenig zu tun. Zwei wurden für den Güterzugdienst im Rollbockverkehr umgebaut, um Normalspurgüterwagen auf neuen meterspurigen Fahrgestellen zu befördern. Einige wurden verkauft, wieder auf Normalspur umgebaut und stehen wie viele andere »Ost-V-100« bei privaten Güterverkehrsunternehmen in Deutschland und im Ausland im Dienst.

VORDERANSICHT

RÜCKANSICHT

TECHNISCHE DATEN			
Baureihe	HSB 199.8, zuvor V 100, dann 110 (DR), 201 (DB)	**Einsatz**	1966–1978, umgebaut 1988–heute (199 872-3)
Achsfolge	C'C' (bei Ablieferung B'B')	**Kraftübertragung**	Hydraulisch
Herkunft	Deutsche Demokratische Republik	**Antrieb**	MWJ 12 KVD 18/21 A-3
Hersteller	LEW (Hennigsdorf bei Berlin)	**Leistung**	1200 PS (883 kW)
Stückzahl	10 (umgebaut als Baureihe 199.8)	**Geschwindigkeit**	50 km/h (nach Umbau zur Baureihe 199.8)

HSB

Harzer Netz
Die Harzer Schmalspurbahnen GmbH betreibt seit 1993 das bereits seit Ende des 19. Jh. bestehende meterspurige Streckennetz im Harz.

Kamele im Schnee
Ihren Spitznamen »Harzkamel« verdankt die Lok ihrer schwankenden Bewegung und dem einem »Höcker« ähnelnden Mittelführerstand. Da diese »Kamele« in den Bergen zu Hause sind, können sie mit einem kleinen Schneepflug unter den Puffern einige Zentimeter Neuschnee von den Schienen räumen.

DAS ÄUSSERE

Auf beiden Seiten des Mittelführerstands erstrecken sich Vorbauten. Im vorderen befindet sich der Motor, im hinteren verschiedene Zusatzaggregate wie der Kessel für die Dampfheizung der Personenwagen und die Akkumulatoren. Das hydraulische Strömungsgetriebe und der Dieseltank liegen unter dem Führerstand.
In der Normalspurausführung hatten die V 100 zwei Zweiachsdrehgestelle; um den Achsdruck zu verringern, tauschte man sie beim Umbau auf 1000 mm Spurweite gegen dreiachsige mit kleineren Rädern. Die bei den HSB verbleibenden Loks wurden 1998 erneut umgebaut; drei erhielten eine Funkfernsteuerung, um vom Rangierpersonal ferngesteuert zu werden.

1. Nummernschild **2.** Spitzenlicht (unten) und Schlusslicht (oben) **3.** Puffer in hochgeklappter Stellung **4.** Kupplung für Normalspurwagen **5.** Steckdose für Steuerleitung der Mehrfachsteuerung **6.** Kupplung für Rollböcke **7.** Anschluss und Absperrhahn der Druckluftbremse **8.** Geöffneter Sandkasten **9.** Dieseleinfüllstutzen **10.** Blinklicht für ferngesteuerten Betrieb **11.** Warnung vor Oberleitung am Aufbau **12.** Presslufthorn **13.** Aufstieg auf den Vorbau **14.** Kühlvorrichtung der Luftverdichter **15.** Filter, Entwässerungsbecher und -hahn an der Hauptluftleitung **16.** Achslagerführung und Federung **17.** Druckluftabsperrventile **18.** Fremdstromsteckdose **19.** Schmiermittelbehälter der Spurkranzschmierung **20.** Rangierertritte **21.** Absperrhahn für Hauptluftleitung

1

2

3

4

5

6

7

8

9

10

11

12

13

14

15

16

17

18
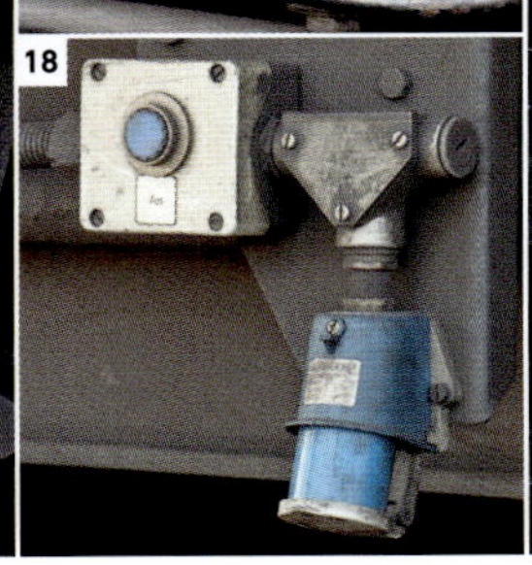

19

20
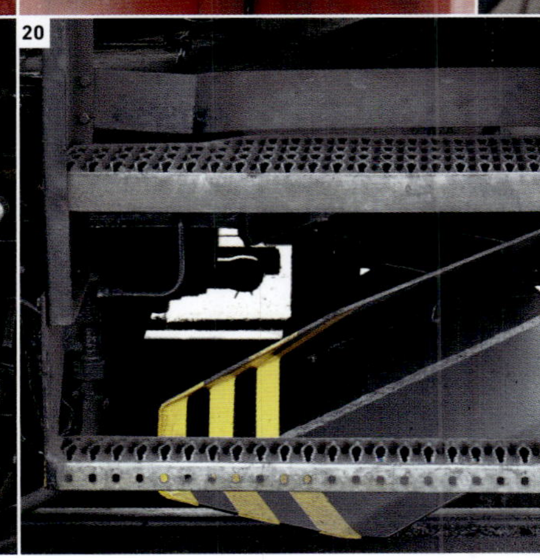

21

22

23
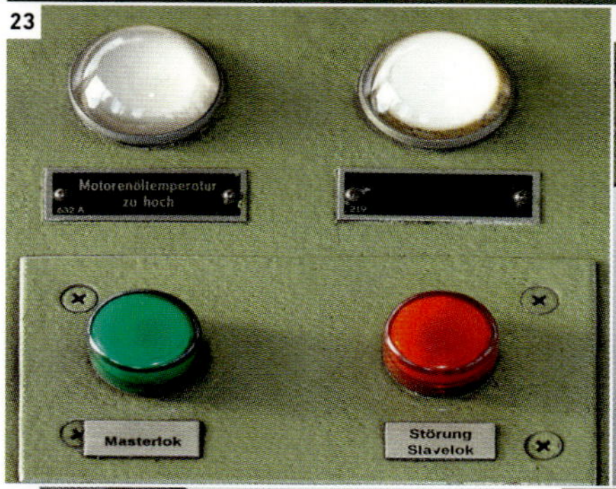

24

25

26

27

28

29

30

31

32

33

IM FÜHRERSTAND

Der für beide Fahrtrichtungen ausgelegte Führerstand ist nach heutigen Standards zwar spartanisch, er war aber zweckmäßig und viel übersichtlicher und sauberer als die Dampflokführerstände. Wie besonders im Ostblock üblich, waren viele Baugruppen mit anderen Baureihen austauschbar, um die Anzahl der erforderlichen Ersatzteile zu begrenzen.

22. Gesamtansicht **23.** Kontrollleuchten **24.** Bedientafel **25.** Fahr-/Bremshebel **26.** Fahrplanhalter **27.** Geschwindigkeitsmesser **28.** Druckmesser für Bremszylinder und Hauptluftbehälter **29.** Griff am Schiebefenster **30.** Sicherheitsfahrschalter (»Totmannknopf«) kontrolliert, ob der Lokführer handlungsfähig ist, und hält den Zug ggf. an **31.** Luftventil für Heizung **32.** Fensterverriegelung **33.** Innenbeleuchtung

Schnelle Pioniere

Der Hochgeschwindigkeitsverkehr begann 1960, als die Französischen Staatsbahnen (SNCF) mit dem »Le Capitole« zwischen Paris und Toulouse den ersten 200 km/h schnellen Reisezug einführten. Die 1964 in Japan zwischen Tokio und Shin-Osaka eröffnete erste Shinkansen-Strecke war auch die erste separate Schnellfahrstrecke für den Reisezugverkehr. In Großbritannien stieß man 1961 mit den gut 160 km/h schnellen »Deltic«-Diesellokomotiven in höhere Geschwindigkeitsbereiche vor, in den USA 1968 mit Gasturbinenzügen. Die deutsche E-Lok E 03/103 nahm in den 1970er-Jahren den Betrieb mit 200 km/h auf vorhandenen DB-Strecken auf, der ebenso schnelle britische HST (High Speed Train) mit Dieselantrieb ging 1976 auf einigen Hauptstrecken in Dienst.

△ DR Baureihe VT 18.16 (Baureihe 175), 1963

Achsfolge Vierteiliger Dieseltriebzug
Kraftübertragung Hydraulisch
Antrieb 2 x 12 KVD 18/21
Leistung 1973 PS (1472 kW)
Geschwindigkeit 160 km/h

Für die wichtigen internationalen Schnellzugleistungen lieferte die Industrie der DDR zwischen 1963 und 1968 acht vierteilige VT 18.16 an die Deutsche Reichsbahn. Sie fuhren auch ins westliche Ausland nach Kopenhagen, Wien und Malmö sowie nach Prag und Karlovy Vary (Karlsbad) in der Tschechoslowakei. In den 1980er-Jahren musterte man sie nach und nach aus, mindestens drei Züge blieben erhalten.

△ JNR Shinkansen Reihe 0, 1964

Achsfolge 12-teiliger Elektrotriebzug, alle 48 Achsen angetrieben
Stromversorgung 25 kV AC 60 Hz, Oberleitung
Leistung 11 903 PS (8880 kW)
Geschwindigkeit 220 km/h

Mit den neuen normalspurigen (1435 mm) Schnellfahrstrecken verkürzten die Japanischen Staatsbahnen JNR die Reisezeiten drastisch. Auf dem ersten Abschnitt der Tōkaidō-Shinkansen-Strecke verkehrten mit 210 km/h die zu jener Zeit schnellsten planmäßigen Züge der Welt.

▽ BR Typ 5 *Deltic* D9000 Reihe 55, 1961

Achsfolge Co'Co'
Kraftübertragung Elektrisch
Antrieb 2 x Napier Deltic 18-25
Leistung 3300 PS (2460 kW)
Geschwindigkeit 161 km/h

Insgesamt 22 dieser auf dem *Deltic*-Prototyp von 1955 basierenden Maschinen wurden für die Schnellzüge auf der Ostküsten-Hauptstrecke zwischen London, York, Newcastle und Edinburgh geliefert, wo sie 55 Dampflokomotiven ersetzen sollten. Mit einer Dauergeschwindigkeit von gut 160 km/h ermöglichten sie auf der Strecke ab 1963 schnellere Reisezeiten. Mehrere der 1981 ausgemusterten Loks blieben betriebsfähig erhalten.

TECHNIK

Amtrak am Start

Die halbstaatliche Amtrak übernahm im Mai 1971 den Reisezug-Fernverkehr in den USA. Zuvor hatte der US-Kongress entschieden, eine Grundversorgung aufrechtzuerhalten, nachdem viele US-Bahngesellschaften nur noch Güterverkehr betrieben. Anfangs nutzte Amtrak übernommenes Rollmaterial, führte jedoch bald neue Diesel- und Elektrozüge ein, darunter auch in Frankreich gebaute Turboliner.

Turbozug 1973 führte Amtrak für von Chicago ausgehende Leistungen sechs der 200 km/h schnellen Turboliner ein. Angetrieben von ursprünglich für Hubschrauber entwickelten Turboméca-Gasturbinen, konnten die Züge ihr Hochgeschwindigkeitspotenzial nie ausnutzen.

△ **DB Baureihe E 03 (103), 1970**

Achsfolge Co'Co'
Stromversorgung 15 kV AC $16^{2}/_{3}$ Hz, Oberleitung
Leistung 10 429 PS (7780 kW)
Geschwindigkeit 200 km/h

Nach der Erprobung der vier 1965 gelieferten Vorserienlokomotiven bestellte die Deutsche Bundesbahn 145 weitere, geringfügig stärkere Serienmodelle. Von 1970 bis in die 1990er-Jahre beförderte die Baureihe 103 alle hochwertigen Schnellzüge der DB. Einige sind weiterhin im Einsatz, eine für 280 km/h zugelassene 103 fuhr bis 2013 im Hochgeschwindigkeitstestbetrieb.

▽ **SNCF Reihe CC 6500, 1969**

Achsfolge Co'Co'
Stromversorgung 1500 V DC, Oberleitung (21 Loks waren auch für Stromschienenbetrieb ausgerüstet)
Leistung 7909 PS (5900 kW)
Geschwindigkeit 200 km/h

74 der leistungsstarken CC 6500 beschaffte die Société Nationale des Chemins de fer Français bis 1975 für den »Le Capitole« Paris-Toulouse und andere hochwertige Reisezüge. 21 Loks erhielten für die »Maurienne«-Strecke Chambéry-Modane auch einen Stromschienenschleifer.

△ **UAC Turbo Train, 1968**

Achsfolge 3- bis 9-teiliger Gliedertriebzug
Kraftübertragung Drehmomentwandler
Antrieb 4 x Pratt & Whitney Canada ST-6B-Gasturbine
Leistung 1600 PS (1193 kW)
Geschwindigkeit 193 km/h

Der Hubschrauberhersteller United Aircraft Corporation (UAC) erwarb von der Chesapeake & Ohio Railway Patente für schnelle Leichtbau-Gliedertriebzüge, verwendete allerdings Gasturbinen anstelle von Dieselmotoren. Canadian National Rail beschaffte fünf Züge, die USA zwei sowie einen aus Kanada.

▽ **BR HST Reihe 253/254, 1976**

Achsfolge Bo'Bo' (Triebkopf)
Kraftübertragung Elektrisch
Antrieb Paxman Valenta 12RP200L (ursprünglich)
Leistung 2250 PS (1678 kW)
Geschwindigkeit 201 km/h

1973 begann British Rail mit der Erprobung des High-Speed-Train-Prototyps mit zwei Triebköpfen. Von 1976 bis 1982 wurden die Serienmodelle ausgeliefert. Der HST hält mit 238 km/h den 1987 aufgestellten Weltrekord für Dieselschienenfahrzeuge. Viele HST wurden durch neuere Züge ersetzt, einige sind aber noch im Einsatz.

Der »Geschosszug«

Mit der Ausrichtung der Olympischen Sommerspiele 1964 in Tokio konnte Japan der Welt zeigen, welche Fortschritte das Land seit der Niederlage im Zweiten Weltkrieg gemacht hatte. Die Ingenieurkunst der Nation sollte der Tōkaidō-Shinkansen präsentieren, die erste Hochgeschwindigkeitsstrecke der Welt.

Der Bau der 515,4 km langen elektrifizierten Strecke zwischen Tokio und Osaka im Südwesten begann 1959 und war 1964 abgeschlossen. Am 1. Oktober 1964 wurde der Betrieb aufgenommen. Auf der Strecke verkehrten die weltweit schnellsten Züge, die wegen ihrer Geschwindigkeit und der markanten Stirnseite den Spitznamen *Dangan Ressha* (»Geschosszug«) erhielten. Mit 210 km/h Höchstgeschwindigkeit legten sie die Strecke in der Rekordzeit von 3 Stunden 10 Minuten zurück. Die von Anfang an beliebte Verbindung wurde in Stoßzeiten im 3-Minuten-Abstand befahren.

Der Erfolg des ersten Betriebsjahrs mit über 150 Mio. Fahrgästen führte zum Bau weiterer Strecken auf den Inseln Honshū und Kyūshū, das Netz wuchs auf 2388 km. Die Ingenieure optimierten den Oberbau und entwickelten schnellere Zugtypen; selbst die ursprünglichen Züge der 0-Reihe wurden für eine Höchstgeschwindigkeit von 220 km/h umgebaut. 2008 stellte man sie außer Dienst.

Die 16-teilige Shinkansen-Reihe 300 wurde 1992 in Dienst gestellt, sie erreichte eine Höchstgeschwindigkeit von 270 km/h. 2012 musterte man sie aus.

DR 18 201

Dieses Einzelstück der Deutschen Reichsbahn (DR) für die Erprobung von Reisezugwagen bei hohen Geschwindigkeiten ist die schnellste betriebsfähige Dampflokomotive der Welt. Mit Ölfeuerung, einer strömungsgünstigen Verkleidung und riesigen Treibrädern kann die Maschine hohe Geschwindigkeiten nicht nur erreichen, sondern dauerhaft fahren. Bemerkenswert ist dies umso mehr, weil sie gebaut wurde, als sich der Dampfbetrieb dem Ende zuneigte.

EINE REIHE BESONDERER UMSTÄNDE führte zum Bau von 18 201. Auf der Suche nach einer Methode zur Erprobung der für den Export gebauten Reisezugwagen sah die DDR den gangbarsten Weg in der Entwicklung einer schnell fahrenden Dampflokomotive, die für diesen Zweck geeignet war. Für diese Speziallok verwendeten die Ingenieure Teile älterer Maschinen, darunter der Schnellfahrtenderlok 61 002 (die nach dem Ende des Zweiten Weltkriegs in der sowjetischen Zone verblieben war), sowie neue Baugruppen.

Die markantesten Teile anderer Typen waren der Güterloktender und die großen Treibräder der 61 002. Die Teilverkleidung der 18 201 ist dagegen unverkennbar modern. Ungewöhnlich ist das gebremste vordere Drehgestell, das schnelleres Bremsen bei hohen Geschwindigkeiten ermöglichte. Die induktive Zugsicherung (»Indusi«) stoppte Züge, die an »Halt« zeigenden Signalen vorbeifuhren. 18 201 war bei der Versuchs- und Entwicklungsstelle Maschinenwirtschaft (VES-M) Halle (Saale) in Sachsen-Anhalt eingesetzt. Seit 2019 gehört die Lok Wedler Franz Logistik im sächsischen Nossen.

VORDERANSICHT

RÜCKANSICHT (TENDER)

Getrennte deutsche Streckennetze
Nach dem Zweiten Weltkrieg wurden die Eisenbahnen in der BRD zur Deutschen Bundesbahn, die DDR behielt den Traditionsnamen Deutsche Reichsbahn bei. Beide Staatsbahnen gingen 1994 in der Deutschen Bahn auf.

TECHNISCHE DATEN			
Baureihe	18.2 (später 02)	**Einsatz**	1961–heute
Achsfolge	2'C1' (Pacific)	**Zylinder**	3
Herkunft	DDR	**Kesseldruck**	16 bar
Konstrukteur	Deutsche Reichsbahn	**Treibraddurchmesser**	2300 mm
Stückzahl	1	**Geschwindigkeit**	Etwa 182 km/h

Eigener Stil
Die Wölbungen und Schrägen verleihen 18 201 ein elegantes, modernes Aussehen. Ihre Rauchkammertür läuft konisch zu; der schmale »Giesl-Ejektor«, eine besonders wirksame Saugzuganlage, ist in der länglichen Schornsteinverkleidung verborgen.

DAS ÄUSSERE

Zwar ist 18201 einzigartig, doch hat sie Gemeinsamkeiten mit anderen deutschen Dampfloks sowie mit Schnellfahrlokomotiven anderer Länder. Ihr Aussehen bestimmen die grüne Teilverkleidung und die großen, 2300 mm messenden Treibräder, die die hohe Geschwindigkeit ermöglichen. Einige Teile wie die Spitzenleuchten entsprachen nicht dem Standard, andere kamen aus den Beständen der Deutschen Reichsbahn.

1. Nummernschild am Führerhaus **2.** Spitzenleuchte **3.** Kupplungshaken und -bügel **4.** Vorderer Puffer **5.** Vordere Trittstufen **6.** Dampfturbogenerator **7.** Sperrventil **8.** Dampfpfeife **9.** Isolierte Rohrleitungen **10.** Voreilhebel **11.** Kreuzkopf und Gleitbahn **12.** Drehgestellrad **13.** Gekröpfte Treibachse **14.** Vorderes Kuppelrad **15.** Sandstreuer **16.** Klotzbremse **17.** Doppelverbundluftpumpe **18.** Aufstieg zum Führerhaus vorn am Tender **19.** Indusi-Magnet **20.** Federung am Tenderdrehgestell **21.** Signalleuchte an der Tenderrückseite **22.** Öleinfüllstutzen

7

9

20

21

22

23

24

25

26

27

28

29

30

31

32

IM FÜHRERHAUS

Der Heizer der ölgefeuerten 18 201 hat andere Bedienelemente zur Regulierung und Anzeigen zur Kontrolle des Feuers als auf kohlegefeuerten Lokomotiven. Die isolierte Feuertür bleibt geschlossen, wenn die Lokomotive in Betrieb ist, das beschwerliche Schaufeln der Kohle entfällt. Der Lokführer hat auf der rechten Seite alle für den Fahrbetrieb erforderlichen Bedienelemente in Griffweite.

23. Kesselrückwand mit Bedienelementen
24. Schmierpumpe **25.** Lichtschalter **26.** Druckmesser
27. Hahn zum Sandstreuer **28.** Steuerskala zeigt Füllungsgrad der Zylinder an **29.** Heizersitz **30.** Umsteuerung
31. Feuertür **32.** Blick in die Feuerbüchse **33.** Bereich der Tendervorderseite

33

Technik des Übergangs

Diese Zeit brachte für Eisenbahnen auf der ganzen Welt umfassende Veränderungen. Die zunehmende Motorisierung und die Auswirkungen neuer Autobahnen führten zur Aufgabe vieler gering ausgelasteter Bahnstrecken, v. a. in Westeuropa. In Osteuropa hielten sich Nebenbahnen dagegen noch. Während Rohstoffe wie Kohle oder Eisenerz weiterhin die Bahn transportierte, verlagerte sich ein Großteil der Kurzstreckentransporte auf Lkws, nur der Bahntransport intermodaler Container über weite Strecken nahm zu. Viele europäische Städte erweiterten außerdem ihre U-Bahn-Netze oder bauten neue.

△ BR D9500 Reihe 14, 1964

Achsfolge C
Kraftübertragung Hydraulisch
Antrieb Paxman 6YJXL
Leistung 650 PS (485 kW)
Geschwindigkeit 64 km/h

Als die British-Railways-Werkstätte Swindon die ab 1964 gebauten 56 Maschinen dieser Reihe auslieferte, schrumpfte die Nachfrage nach Nahgüterzügen, für die sie vorgesehen waren, erheblich. Daher wurden viele Loks bereits nach drei Jahren ausgemustert. Die meisten erlebten im Anschluss längere Einsatzzeiten bei britischen oder europäischen Industriebahnen.

◁ Sowjetische Reihe ВЛ10, 1963

Achsfolge Bo'Bo'+Bo'Bo'
Stromversorgung 3000 V DC, Oberleitung
Leistung 6166 PS (4600 kW)
Geschwindigkeit 100 km/h

Die in Tiflis (heute Georgien) gebaute achtachsige Doppel-Elektrolokomotive WL10 war die erste moderne Gleichstromlokomotive für die Sowjetischen Eisenbahnen. Der mechanische Teil ist baugleich zur ebenfalls 1963 eingeführten WL80 für 25 kV Wechselstrom. Bis zum Produktionsende in den 1980er-Jahren entstanden Tausende Loks beider Reihen.

△ DR VT 2.09 (171/172), 1962

Achsfolge 1A
Kraftübertragung Mechanisch/hydromechanisch
Antrieb 6 KVD 18 S/HRW
Leistung 180 PS (134 kW)
Geschwindigkeit 90 km/h

Der für die ländlichen Nebenbahnen der DDR entworfene Schienenbus erhielt den Spitznamen »Ferkeltaxe«, denn mitunter fuhren Ferkel als Gepäck mit. Auf den ersten Prototyp von 1957 folgte 1962 bis 1969 der Serienbau. 2004 wurden die letzten der 159 Motor-, 89 Steuer- und 70 Beiwagen aus dem Plandienst genommen.

WISSENSWERTES

Gleisinstandhaltung

Die Streckengänger wurden bei ihren täglichen Kontrollen ab den 1960er-Jahren durch Motordraisinen unterstützt oder verdrängt, die Werkzeuge und Gerät rasch zu Baustellen befördern konnten. Zur selben Zeit verbreitete sich in Europa und den USA die Ultraschallprüfung der Schienen durch spezielle Testfahrzeuge, die – häufig nachts – die Strecken planmäßig abfuhren.

Platz für zwei Mann und Werkzeug bot diese zweiachsige Draisine, die man in der DDR für kleine Reparaturen einsetzte.

▷ DR V 60 (106/105), 1961

Achsfolge D
Kraftübertragung Hydraulisch
Antrieb 12 KVD 18/21
Leistung 650 PS (485 kW)
Geschwindigkeit 60 km/h

Die leistungsstarke V 60 sollte bei der Deutschen Reichsbahn Dampfloks im Rangier- und Nahgüterzugdienst ersetzen. Sie profitierte von den mit den Wehrmachtsdieselloks der Reihe V 36 gemachten Fortschritten, hatte anders als diese aber vier durch Kuppelstangen verbundene Achsen. Die Maschinen wurden für die DR und andere Staats- und Industriebahnen des Ostblocks sowie darüber hinaus gebaut.

TECHNIK

Akkulokomotiven

In vielen europäischen Ländern verwendete man Akkulokomotiven zum Rangieren von Fahrzeugen in Bahnbetriebswerken. Somit konnten z. B. Elektrolokomotiven auch ohne (gefährliche) Oberleitung zu den Wartungsbereichen gelangen. Außerdem war dieses Verfahren billiger und schneller, als eine Diesellokomotive zu starten, um sie wenige Hundert Meter zu bewegen. Auch heute verwendet man dafür noch Akkuloks.

Akkuschleppfahrzeug (ASF) Über 500 dieser Fahrzeuge wurden von 1966 bis 1990 in der DDR gebaut. Einige der bei der DR und in der Industrie eingesetzten Schlepper sind noch in Betrieb.

△ **Preston Docks Sentinel, 1968**

Achsfolge B
Kraftübertragung Hydraulisch
Antrieb Rolls-Royce C8SFL
Leistung 325 PS (242 kW)
Geschwindigkeit 29 km/h

Die Sentinel-Typen sollten Dampfloks in großen Industrieunternehmen ablösen, die eigene Eisenbahnen betrieben. Sie waren innovativ und leicht bedienbar, hatten einen über die ganze Breite gehenden Mittelführerstand und sichere Standplätze für die Rangierer. Mehrere Sentinel sind bei britischen Museumsbahnen erhalten geblieben.

△ **LT Victoria Line, 1969**

Achsfolge 4-teilige Züge, werden immer paarweise eingesetzt
Stromversorgung 630 V DC, 2 Stromschienen (+ und –)
Leistung 1137 PS (848 kW)
Geschwindigkeit 40 km/h

Bei ihrer Eröffnung 1969 war die Victoria-Linie die erste komplett neu gebaute Röhren-U-Bahn in London seit 60 Jahren. Mit den neuen Zügen führte London Transport den automatisierten Fahrbetrieb ein: Der Zug fuhr selbsttätig, der »Fahrer« öffnete und schloss normalerweise in den Stationen nur die Türen.

▽ **DR V 300 (132), 1973**

Achsfolge Co'Co'
Kraftübertragung Elektrisch
Antrieb Kolomna 5D49
Leistung 3000 PS (2237 kW)
Geschwindigkeit 120 km/h

Auf der sowjetischen TE109 basierend und in Woroschilowgrad (heute Luhansk, Ukraine) gebaut, war diese Baureihe mit 709 Stück die am stärksten vertretene DR-Lok ihrer Klasse. Die meisten wurden ausgemustert, einige sind bei privaten deutschen Güterbahnen noch im Einsatz.

Legendäre Strecken

Indian Pacific

Erst seit dem 23. Februar 1970 gibt es endlich eine den ganzen australischen Kontinent durchquerende, ohne Umsteigen befahrbare Verbindung für Reisezüge zwischen Sydney am Pazifischen Ozean und Perth am Indischen Ozean.

Tage sparen
Ein altes Plakat des australischen Künstlers James Northfield bewirbt die Vorteile einer Reise mit der neu gebauten Transaustralischen Eisenbahn.

Der *Indian Pacific* in Broken Hill
Eine 4000 PS (2984 kW) starke dieselelektrische Lok der Reihe NR macht mit dem *Indian Pacific* Halt in Broken Hill, dem Zentrum der weltgrößten Silber-, Blei- und Zinkvorkommen.

DIE ERSTE TRANSKONTINENTALE STRECKE durch Australien wurde erst möglich, nachdem man die im 19. und frühen 20. Jh. entstandene willkürliche Mischung aus Breitspur-, Normalspur- und Kapspurstrecken vereinheitlicht hatte.

Die Regierung von New South Wales eröffnete 1855 die erste Normalspurstrecke des Staats von Sydney an der Ostküste in das nahe liegende Granville. Diese Strecke verlängerte man nach und nach mit einer Reihe steiler Spitzkehren über die Blue Mountains, bis sie 1877 das gut 320 km von Sydney entfernte Orange erreichte. Von dort entstand zwischen 1885 und 1927 schrittweise die Normalspurstrecke zur Bergbaustadt Broken Hill durch dünn besiedeltes, trockenes Land. Westwärts von Broken Hill reichte die 1888 eröffnete, mit Kapspur (1067 mm) gebaute Silverton Tramway bis nach Cockburn. Dort traf sie auf die in derselben Spurweite ausgeführte, aus Port Pirie kommende Strecke der South Australian Railways, einen Abzweig ihrer Strecke Adelaide–Port Augusta.

Perth an der Westküste war bereits seit 1897 über eine kapspurige Bahnstrecke mit der Goldgräberstadt Kalgoorlie verbunden. Zwischen Kalgoorlie und Port Augusta bestand in Südaustralien jedoch noch eine gut 1600 km breite Lücke durch eine nahezu unbewohnte, wasserlose Wüste.

1901 schlug die Regierung des gerade gebildeten Commonwealth of Australia eine Eisenbahn vor, die den isolierten Westen anbinden sollte. Die 1917 eröffnete, 1693 km lange Transaustralische Eisenbahn durch die als Nullarbor (»kein Baum«) bezeichnete Ebene wurde in der Normalspur 1435 mm ausgeführt, stieß jedoch an beiden End-

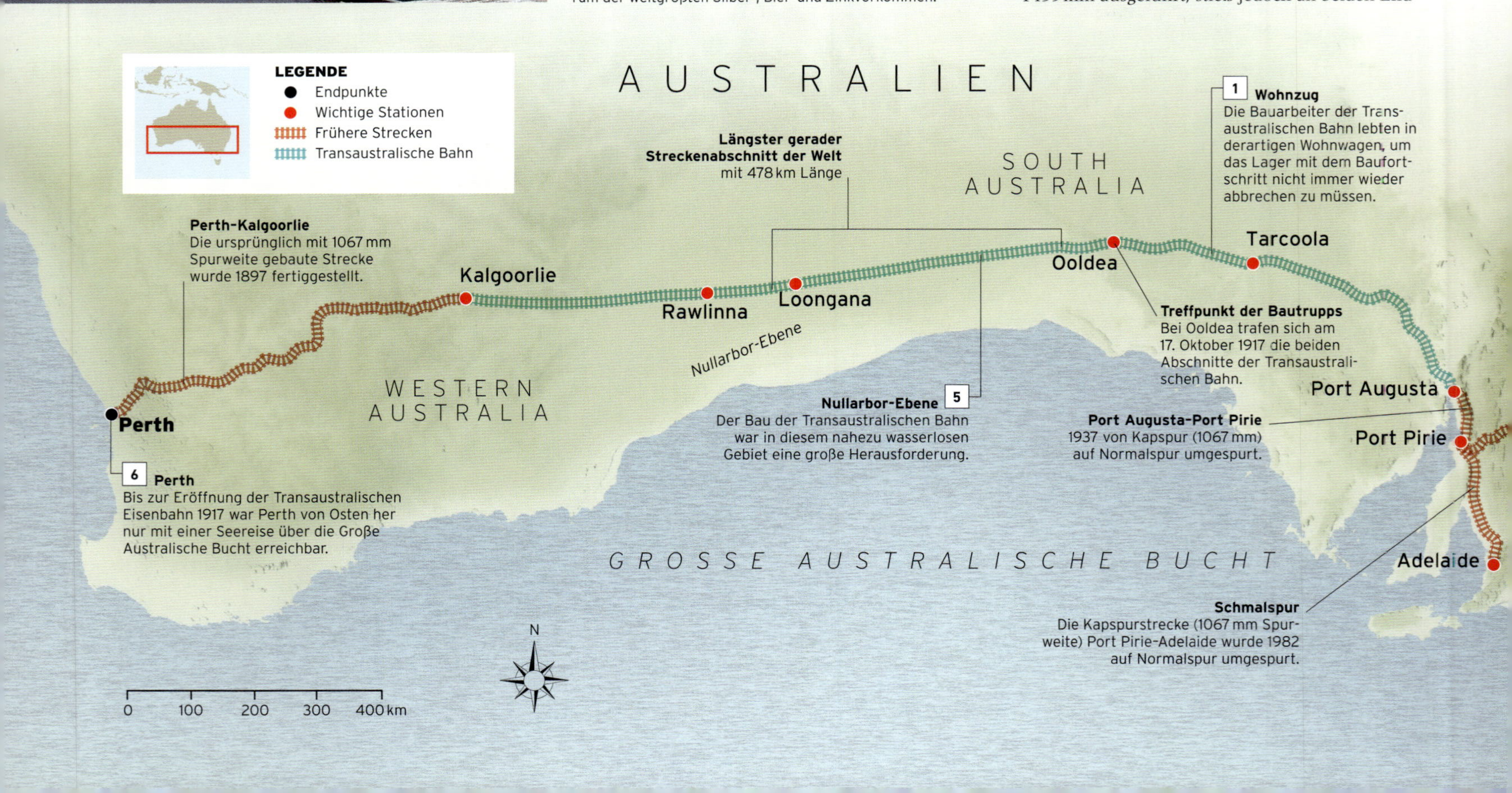

punkten auf Schmalspurstrecken. Da es auf diesem Streckenabschnitt keine natürlichen Wasserquellen gab, mussten Dampfzüge ihre gesamten Vorräte mitführen, die mehr als die Hälfte der Zuglast ausmachten. 1951 wurden Dieselloks in Dienst gestellt.

Die Vereinheitlichung der Bahnstrecke in Normalspur erfolgte schrittweise: Die Strecke Port Augusta-Port Pirie spurte man 1937 um, die 602 km von Perth nach Kalgoorlie 1969. Zwischen Port Pirie und Broken Hill wurde 1970 umgespurt: Der *Indian Pacific* konnte erstmals von Sydney aus durchfahren. Der heutige Luxuszug absolviert die vier Tage dauernde Reise zweimal pro Woche, er hält im historischen Broken Hill und bietet das Erlebnis des unzugänglichen Australiens.

Seit 1982 wird der *Indian Pacific* über Adelaide geführt, nachdem die Strecke südlich von Port Pirie in Normalspur umgespurt wurde. Damit verlängert sich die gesamte Fahrstrecke des Zugs auf 4352 km.

Durch die Nullarbor
Zwei Diesselloks der Reihe NR ziehen den *Indian Pacific* durch die trockene Nullarbor-Ebene über die längste geradeaus verlaufende Eisenbahnstrecke der Welt.

AUF EINEN BLICK

DATEN

1917 Fertigstellung der normalspurigen Transaustralischen Eisenbahn, die im Osten und Westen an schmalspurige Strecken anschließt

1970 Fertigstellung der durchgängig normalspurigen Verbindung zwischen Sydney und Perth. Erste Fahrt des *Indian Pacific* am 23. Februar

ZUG

Lokomotiven bei der Eröffnung Commonwealth Railways Reihe CL, 3000 PS (2238 kW), dieselelektrisch, Co'Co', Baujahre 1970–1972

Heute verwendete Lokomotiven Reihe NR, 4000 PS (2984 kW), dieselelektrisch, Co'Co', Baujahre 1996–1998

Wagen Bis zu 23 m lange klimatisierte Wagen aus nicht rostendem Stahl, darunter Schlaf-, Speise-, Generator- und Gepäckwagen sowie Autotransporter. Drei Klassen: Platinum, Gold und Red

REISE

Ursprüngliche Reise Sydney–Perth 3961 km in 75 Stunden

Sydney–Perth über Adelaide 4352 km in 65 Stunden: 4 Tage, 3 Nächte

STRECKE

Spurweite 1435 mm (Normalspur)

Längste gerade Strecke Weltweit längster Streckenabschnitt ohne Kurve, 478 km

Höchster Punkt Bell, Blue Mountains mit 1069 m

DURCH DEN KONTINENT

Auf seiner 65-stündigen Fahrt durch New South Wales, South und Western Australia passiert der *Indian Pacific* drei der in den 1890er-Jahren eingeführten Zeitzonen. Perth liegt im Sommer zwei Stunden hinter Sydney, im Winter drei.

1

2

3

4

5

6

Stilvoll reisen

In den 1960er- und 1970er-Jahren beschafften Eisenbahnen weltweit zahlreiche neue Reisezugwagen. Einerseits waren sie gezwungen, für Intercity-Verbindungen mehr Komfort und höhere Geschwindigkeit anzubieten, andererseits mussten sie einfach veraltetes Rollmaterial ersetzen. Stahl ersetzte als vorherrschender Werkstoff für Wagenkästen häufig Holzaufbauten aus der Dampflokzeit. In vielen Ländern entstanden dabei anstelle von herkömmlichen, mit Lokomotiven bespannten Wagenzügen immer mehr Gliederzüge mit Elektro- und Dieselantrieb.

◁ Cravens-Typ, 1963

Bauart Großraumwagen 2. Klasse
Kapazität 64 Personen
Bauweise Stahl
Gesellschaft CIÉ (Irische Verkehrsgesellschaft)

58 dieser Wagen montierte die Hauptwerkstätte Inchicore in Dublin zwischen 1963 und 1967 für die Irische Eisenbahn aus Teilen, die von Cravens im britischen Sheffield stammten. Mit Dampfheizung und Saugluftbremse ausgerüstet, fuhren die Wagen in den 1960er-Jahren im Schnellzugdienst. Einige blieben erhalten.

△ Talgo III, 1964

Bauart Express-Gliederzug
Kapazität 21 Personen (pro Wagen)
Bauweise Nicht rostender Stahl
Gesellschaft RENFE (Spanische Eisenbahnen)

In den 1950er-Jahren entwickelte die spanische Firma Talgo Gliederzüge aus betrieblich nicht trennbaren, kurzen Wagen auf »einachsigen« Losradsätzen. Die dritte Version Talgo III war als erste international einsetzbar: Einige Züge waren spurwechselfähig und konnten vom spanischen auf das französische Netz übergehen.

△ Penn Central/Amtrak Metroliner, 1969

Bauart Snackbar-Wagen (angetrieben)
Achsfolge 2-teiliger Elektrotriebzug
Stromversorgung 11 kV AC 25 Hz, 11 kV AC 60 Hz und 25 kV AC 60 Hz, Oberleitung
Leistung 1020 PS (761 KW)
Geschwindigkeit 200 km/h

1969 bauten Budd und andere Hersteller finanziert von der US-Regierung 61 Metroliner-Triebwagen für Penn Central Transportation. 1971 gingen die Wagen an Amtrak über. Die für 240 km/h ausgelegten Metroliner wurden nie mit dieser Geschwindigkeit eingesetzt, die meisten musterte Amtrak in den 1980er-Jahren aus.

△ DR Reko-Wagen, 1967

Bauart Großraumwagen 2. Klasse
Kapazität 64 Personen
Bauweise Stahl
Gesellschaft Deutsche Reichsbahn

Um ihren Wagenpark zu modernisieren, »rekonstruierte« die DR in den 1950er- und 1960er-Jahren Wagen mit neuen Aufbauten auf alten brauchbaren Fahrgestellen. Anfangs kürzere zwei- und dreiachsige Wagen, ab 1967 dann auch 18,7 m lange Drehgestellwagen.

△ Eurofima, 1973

Bauart Großraumwagen 1. und 2. Klasse
Kapazität 54 (1. Kl.) oder 66 (2. Kl.)
Bauweise Stahl
Gesellschaft SBB (Schweizerische Bundesbahnen) und andere

Nach der Erprobung von zehn Prototypen beschafften sechs westeuropäische Bahnverwaltungen gemeinsam 500 neue standardisierte Schnellzugwagen für den internationalen Verkehr. Die Entwicklung koordinierte die in der Schweiz ansässige Eurofima, eine Gesellschaft zur Finanzierung von Eisenbahnmaterial.

▽ BR Mark 3B Pullman, 1975

Bauart Großraumwagen 1. Klasse
Kapazität 48 Personen
Bauweise Stahl
Gesellschaft British Rail

Die ersten für 200 km/h zugelassenen Mark-3-Wagen kamen 1975 auf. Ihre selbsttragende Stahl-Schalenbauweise verlieh ihnen hohe Festigkeit. British Rail beschaffte Mark 3 für den High Speed Train (HST) sowie für 175 km/h zugelassene Mark 3A und 3B für mit Elektrolokomotiven bespannte Züge.

△ BR Mark 3 Schlafwagen, 1979

Bauart Schlafwagen
Kapazität 26 Kojen in 13 Abteilen
Bauweise Stahl
Gesellschaft British Rail

Als Ersatz für den überalterten Wagenpark bestellte British Rail 1976 den Prototyp eines neuen Schlafwagens, stornierte den Auftrag aber nach dem tödlichen Feuer in Mark-1-Schlafwagen eines Nachtzugs 1978 bei Taunton. 1979 bestellte BR 236 Exemplare einer neuen Version mit Sicherheitssystemen.

▷ Amtrak Superliner, 1978

Bauart Doppelstock-Fernzugwagen
Kapazität Max. 74 Personen, in Schlafwagen weniger
Bauweise Nicht rostender Stahl
Gesellschaft Amtrak

Die ab 1978 gefertigten Superliner-Fernzugwagen basierten auf ursprünglich 1956 für die Atchison, Topeka & Santa Fe Railway gebauten Wagen, die Amtrak 1971 übernommen hatte. Fast 500 entstanden in den folgenden 20 Jahren in unterschiedlichen Ausführungen (als Schlaf-, Sitz-, Speise- und Aussichtswagen).

Danger
Overhead
live wires
Class 92 A
Weight tonnes 126
Brake force tonnes 53
ETH index :
ac 180
dc 108
RA 7
Max speed km/h 140
Braked Weight :
Goods tonnes 65
Passenger tonnes 94
Cab 1
Side B

1980-1999
NEUE WEGE

UNION PACIFIC
3818
3818
3818
UNION PACIFIC
3138
3138

NEUE WEGE

Der Hochgeschwindigkeitsverkehr wurde international, als immer mehr Länder dem japanischen Vorbild folgend separate Schnellfahrstrecken bauten. In Europa eröffnete Frankreich 1981 zwischen Paris und Lyon die erste Strecke des Train à Grande Vitesse (TGV), 1991 nahm in Deutschland der InterCityExpress (ICE) den Planbetrieb auf. In Großbritannien lag der Schwerpunkt dagegen auf der Modernisierung des bestehenden Netzes statt auf dem Bau neuer Strecken.

Mit der Renaissance des Nahverkehrs entwickelten sich neue Straßenbahnsysteme. Karlsruhe führte mit dem »Tram-Train« ein neues Konzept ein: Die Fahrzeuge können in der Stadt als Straßenbahnen und im Regionalverkehr auf Eisenbahnstrecken fahren. Parallel zur neuen Bahntechnik ließ der an der Vergangenheit orientierte Wunsch, an das »goldene Zeitalter« der Bahnreisen anzuknüpfen, klassische Luxuszüge wie den *Venice Simplon-Orient Express* und den indischen *Palace on Wheels* entstehen.

Das Ende des Kalten Kriegs brachte Änderungen für Europas Eisenbahnen mit sich, nicht zuletzt in Deutschland. Nach der Vereinigung von BRD und DDR 1990 wurden Strecken wieder eröffnet, die die frühere Grenze zerschnitten hatte, neue Strecken wurden gebaut, aus DB und DR wurde 1994 die Deutsche Bahn AG.

Noch viel radikaler war die Umstrukturierung in Großbritannien, nachdem das dortige Parlament 1993 für die Privatisierung gestimmt hatte. In den folgenden Jahren wurde die staatseigene British Rail zerschlagen; neue Firmen übernahmen einzelne Strecken, setzten ihre eigenen Entwicklungspläne um und führten wieder eine Vielfalt von Zügen ein.

1994 wurde ein weiteres Wunderwerk der Ingenieurkunst eröffnet: Der Kanaltunnel verband erstmals Frankreich und Großbritannien. Der unter der Straße von Dover gebaute Tunnel war die Verwirklichung eines Traums, der bis ins 19. Jh. zurückreichte.

△ **Unter dem Kanal**
Am 14. November 1994 nahm der Eurostar den Betrieb zwischen London-Waterloo International, Paris Gare du Nord und Bruxelles Midi auf.

◁ **Ein Güterzug der Union Pacific** schlängelt sich durch die USA.

Wichtige Ereignisse

▷ **1981** Frankreich führt mit dem Train à Grande Vitesse (TGV) den Hochgeschwindigkeitsverkehr in Europa ein. Er steigert den Geschwindigkeitsrekord auf 380 km/h.

△ **Hochgeschwindigkeitszüge in Frankreich**
Der TGV PSE ist ein Hochgeschwindigkeitszug für die Verbindung Paris-Südostfrankreich. Anfangs waren die Züge in Orange und Silbergrau gehalten.

▷ **1991** Fertigstellung der Baikal-Amur-Magistrale (BAM) in Russland, einer parallel zur klassischen Transsibirischen Eisenbahn verlaufenden Hauptstrecke

▷ **1991** In Deutschland nimmt der InterCityExpress (ICE) den Betrieb auf.

▷ **1992** Karlsruhe setzt die ersten »Tram-Trains« ein. Die Fahrzeuge können auf Straßenbahn- und Eisenbahnstrecken fahren.

▷ **1993** Großbritannien entscheidet sich für die Privatisierung der Eisenbahnen. In den folgenden Jahren wird das Staatsunternehmen zerschlagen.

▷ **1994** In Deutschland werden die Deutsche Bundesbahn (West) und die Deutsche Reichsbahn (Ost) zur Deutschen Bahn AG vereinigt.

▷ **1994** Eröffnung des Kanaltunnels, der Großbritannien und Frankreich unter der Straße von Dover verbindet

▷ **1995** In der Inneren Mongolei wird die Ji-Tong-Eisenbahn eröffnet. Als weltweit letzte mit Dampf betriebene Hauptstrecke wird sie erst 2005 vollständig auf Dieselbetrieb umgestellt.

Weltweiter Schnellverkehr

Mit Geschwindigkeiten, die auf bestehenden Strecken bisher nicht möglich gewesen waren, hatte der 1964 in Japan eingeführte Shinkansen die Epoche des Hochgeschwindigkeitsverkehrs (HGV) eingeläutet. In Europa war Frankreich führend mit dem Bau eines ganzen Netzes von Schnellfahrstrecken für den Train à Grande Vitesse (TGV), dessen erster Teil 1981 zwischen Paris und Lyon eröffnet wurde. Die erste spanische HGV-Strecke Alta Velocidad Española (AVE) ging 1992 zwischen Madrid und Sevilla in Betrieb. Großbritannien hinkte mit seinem viktorianischen Streckennetz hinterher; trotz der Eröffnung des Kanaltunnels 1994 wurde die erste separate Schnellfahrstrecke HS1, die die HGV-Verbindung London–Paris komplettierte, erst 2007 fertiggestellt.

▷ Sowjetischer ЭР200, 1984

Achsfolge 2 zweiachsige Drehgestelle pro Wagen

Stromversorgung 3 kV DC, Oberleitung

Leistung 6-Wagen-Zug: 5150 PS (3840 kW); 14-Wagen-Zug: 15 448 PS (11 520 kW)

Geschwindigkeit 200 km/h

Der erste von der Waggonfabrik Riga gebaute Hochgeschwindigkeitszug ЭР200 wurde 1984 in Dienst gestellt. Als selbsttragende Aluminiumkonstruktion ausgeführt, war er damals der erste Gleichstromtriebzug mit Widerstandsbremse. Spätere Versionen waren auf der Hauptstrecke Moskau-St. Petersburg im Einsatz. ЭР200-105 steht im Moskauer Eisenbahnmuseum.

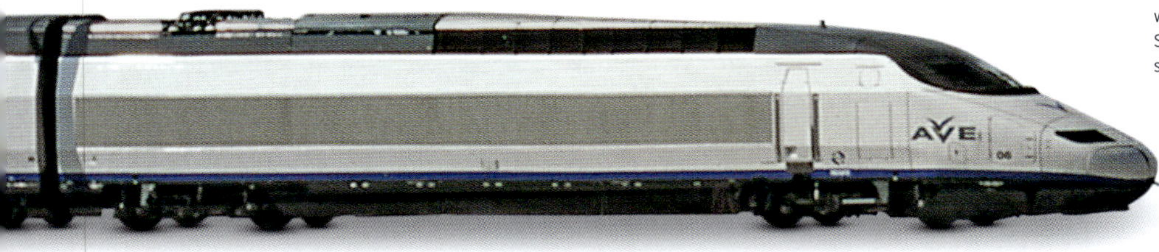

△ AVE S-100, 1992

Achsfolge 2 zweiachsige Drehgestelle pro Wagen

Stromversorgung 3 kV DC, Oberleitung; 25 kV AC 50 Hz, Oberleitung

Leistung 11 796 PS (8800 kW)

Geschwindigkeit 300 km/h

Das von der spanischen Renfe Operadora betriebene Hochgeschwindigkeitsnetz Alta Velocidad Española (AVE) ist das längste derartige Netz Europas und nach dem chinesischen das zweitlängste der Welt. Auf der ersten Strecke zwischen Madrid und Sevilla nahmen 1992 die Zweisystemtriebzüge S-100 von Alstom den Betrieb auf.

▷ Thalys PBKA, 1996

Achsfolge 2 Triebköpfe + 8 Mittelwagen

Stromversorgung 3 kV DC, 25 kV AC 50 Hz, 15 kV AC $16\frac{2}{3}$ Hz, 1,5 kV DC, alle aus Oberleitung gespeist

Leistung 4933 PS–11 800 PS (3680 kW–8800 kW)

Geschwindigkeit 300 km/h

Der von GEC-Alstom in Frankreich gebaute, 1996 eingeführte Thalys PBKA für den internationalen Hochgeschwindigkeitsverkehr kann unter vier unterschiedlichen Stromsystemen in Frankreich, Belgien, den Niederlanden, Deutschland und der Schweiz betrieben werden. Die 17 Garnituren fahren zwischen Paris, Brüssel, Köln und Amsterdam (PBKA).

TECHNIK

Transrapid-Prototyp

Diese in Deutschland entwickelte Hochgeschwindigkeits-Einschienenbahn hat weder Räder, Getriebe oder Achsen noch eine Stromversorgung über Schienen oder Oberleitung. Vielmehr »schwebt« sie aufgrund der magnetischen Anziehungskräfte zwischen linear angeordneten elektromagnetischen Spulen über ihrem Fahrweg. Auf einem Patent von 1934 beruhend, begannen die Planungen 1969; 1987 wurde die Versuchsstrecke fertiggestellt. Die neueste Version Maglev 09 kann über 480 km/h erreichen. Die bisher einzige kommerzielle Strecke wurde 2002 in China zwischen Schanghai und seinem internationalen Flughafen Pudong eröffnet.

Revolutionäre Technik Der zweiteilige Transrapid ist hier Ende der 1980er-Jahre auf der früheren Versuchsstrecke im niedersächsischen Emsland unterwegs.

▷ Eurostar Reihe 373/1, 1993

Achsfolge 2 zweiachsige Drehgestelle pro Wagen

Stromversorgung 25 kV AC 50 Hz, Oberleitung; 3 kV DC, Oberleitung; 1,5 kV DC, Oberleitung; 750 V DC, Stromschiene (nicht benutzt)

Leistung 4600 PS–16 360 PS (3432 kW–12 200 kW)

Geschwindigkeit 300 km/h

Die 1993 eingeführten Mehrsystemzüge der Reihe 373/1 werden von Eurostar für den Hochgeschwindigkeitsverkehr durch den Kanaltunnel zwischen London, Paris und Brüssel eingesetzt. Bis zur Fertigstellung der HS1-Strecke 2007 fuhren die Züge in Großbritannien im Stromschienenbetrieb bis in den Bahnhof London-Waterloo.

▷ SNCF LGV Sud-Est TGV, 1981

Achsfolge 2 zweiachsige Drehgestelle pro Wagen
Stromversorgung 1,5 kV DC, Oberleitung; 25 kV AC 50 Hz, Oberleitung
Leistung 4157 PS–9115 PS (3100 kW–6800 kW)
Geschwindigkeit 300 km/h

Ursprünglich sollten Gasturbinen den französischen Train à Grande Vitesse (TGV) antreiben, nach der Ölkrise von 1973 sah man für die ersten Prototypen jedoch elektrischen Antrieb vor. Der erste der von Alsthom gebauten Zweisystem-Hochgeschwindigkeitszüge nahm 1981 auf der LGV (Ligne à Grande Vitesse) Sud-Est zwischen Paris und Lyon den Betrieb auf.

▷ SJ X2, 1989

Achsfolge 2 zweiachsige Drehgestelle pro Wagen
Stromversorgung 15 kV AC 16 ²/₃ Hz, Oberleitung
Leistung 4370 PS (3260 kW)
Geschwindigkeit 200 km/h

Der mit Neigetechnik ausgestattete X2 aus geriffeltem nicht rostenden Stahl befährt die bestehenden Strecken der Schwedischen Staatsbahn (Statens Järnvägar, SJ) und erreichte bei Versuchsfahrten 276 km/h. Ein Zug wurde nach China exportiert, weitere zu Testzwecken an Amtrak in den USA sowie an Countrylink in Australien verliehen.

▷ DB ICE 1 (401/801-804), 1991

Achsfolge 2 zweiachsige Drehgestelle pro Wagen
Stromversorgung 15 kV AC 16 ²/₃ Hz, Oberleitung
Leistung 6437 PS (4800 kW) pro Triebkopf
Geschwindigkeit 280 km/h

Der 1991 eingeführte InterCityExpress 1 war der erste in Serie gebaute Hochgeschwindigkeitszug Deutschlands, der planmäßig eingesetzt wurde. Die 59 vorhandenen Züge bestehen aus zwei Triebköpfen und 12 bis 14 Mittelwagen, ein 12-Wagen-Zug bietet 743 Sitzplätze.

Bau großer Strecken
Eurostar

London-St Pancras 1
Eurostar-Endpunkt war nach der Eröffnung 1994 zunächst London-Waterloo, nach der Fertigstellung der HS1-Strecke 2007 dann der umgebaute Bahnhof St Pancras International.

Der moderne Hochgeschwindigkeitsverkehr zwischen London, Paris und Brüssel begann 1994 mit der Eröffnung des Kanaltunnels. Auf dem englischen Teilstück mussten die modernen Eurostar-Züge jedoch bis zur Fertigstellung der HS1-Strecke 2007 noch ein Streckennetz aus der Zeit Königin Victorias befahren.

DIE IDEE EINES TUNNELS unter dem Ärmelkanal zwischen Großbritannien und Frankreich war nicht neu. Im 19. und frühen 20. Jh. hatte es diverse Vorschläge gegeben, die jedoch an der britischen Sorge vor einer militärischen Invasion gescheitert waren – obwohl ein Konzept von 1929 die Möglichkeit vorsah, den Tunnel bei Gefahr zu fluten.

Erst in den 1960er Jahren stimmten Frankreich und Großbritannien einem neuzeitlichen Projekt zu. Die 1974 begonnenen Arbeiten stellte man innerhalb eines Jahres wieder ein, als die Briten sich angesichts rasch steigender Kosten und einer schrumpfenden Wirtschaft zurückzogen. 1988 begann schließlich ein 1986 gebildetes privates Konsortium britischer und französischer Banken und Baufirmen von beiden Seiten aus mit dem Bau. Zwei Jahre später trafen die beiden Enden des Servicetunnels unter dem Kanal aufeinander.

Der 1994 eröffnete »Eurotunnel« erstreckt sich über 50,5 km zwischen Folkstone in England und Coquelles in der Nähe von Calais in Frankreich. Er besteht aus zwei eingleisigen Bahntunneln und einem dazwischenliegenden Servicetunnel, durch den im Notfall die Evakuierung erfolgen kann. Im Servicetunnel verläuft kein Gleis, sondern ein Fahrweg für die Elektrofahrzeuge der Wartungsteams.

Für die neue Eurostar-Verbindung zwischen Paris und London war auf beiden Seiten eine Anbindung durch Hochgeschwindigkeitsstrecken vorgesehen. Als Erste eröffneten die Franzosen 1993 die 333 km lange elektrifizierte Schnellfahrstrecke LGV Nord, die den Pariser Gare du Nord über Lille an den Kanaltunnel anschließt. Belgien folgte 1997 mit der 88 km langen HSL 1 zwischen Brüssel-Südbahnhof und der LGV Nord.

In England fuhren die Eurostar-Züge dagegen zunächst erheblich langsamer auf vorhandenen Gleisen von Folkestone in Kent bis zum betriebsamen Kopfbahnhof London-Waterloo, wo man besondere Fernbahnsteige errichtet hatte. Am 14. November 1994 nahm man den Betrieb nach Paris und Brüssel auf. Doch erst 13 Jahre später, am 14. November 2007, wurde die 108 km lange Schnellfahrstrecke HS1 (High Speed One) zwischen Folkestone und dem neu umgebauten Londoner Bahnhof St Pancras International eröffnet. Damit verkürzte sich die Reisezeit zwischen London und Brüssel auf 1 Stunde 51 Minuten. Die Fahrt nach Paris war mit 2 Stunden 15 Minuten über vier Stunden schneller, als sie früher mit der Fähre über den Ärmelkanal gedauert hatte.

Eurostar in St Pancras International
St Pancras wurde 2007 anstelle von Waterloo der internationale Londoner Bahnhof, als die Schnellfahrstrecke HS1 vom Eurotunnel in die Stadt eröffnet wurde.

PLAKAT FÜR DIE VERBINDUNG LONDON-PARIS VON 1929

Geschwindigkeitsbeschränkung
Die TGV-Reihe 373 000 (britische Reihe 373) kann auf freier Strecke hohe Geschwindigkeiten erreichen, darf allerdings im Eurotunnel nur 160 km/h fahren.

AUF EINEN BLICK

DATEN

1988 Februar: Beginn der Bauarbeiten am Eurotunnel

1990 Dezember: Die von England und Frankreich aus gebauten Tunnel treffen aufeinander.

1993 Juni: Der erste Eurostar-Testzug fährt von Frankreich durch den Tunnel nach England.

ZUG

Garnitur *Inter-Capital* (31 Garnituren gebaut, 27 im Dienst): 18 Reisezugwagen, 750 Plätze, 394 m lang

Garnitur *North of London* oder *Regional* (7 Garnituren gebaut, wurden von der SNCF langfristig gemietet): 14 Reisezugwagen, 558 Plätze, 320 m lang

Garnitur *Nightstar* War als internationale Verbindung über London hinaus vorgesehen. 1999 aufgegeben. Alle 139 Wagen an Via Rail in Kanada verkauft

Lokomotiven Aktuell 27 Eurostar-Elektrotriebzüge im Einsatz; Reihe 373 (Großbritannien) bzw. TGV 373 000 (Frankreich). 2 Triebköpfe pro Zug. Seit 2015 wird die Reihe e320 (374) eingesetzt.

Wagen Drei Klassen: Business Premier, Standard Premier, Standard

Geschwindigkeit 300 km/h auf Schnellfahrstrecken, 160 km/h im Eurotunnel

REISE

London St Pancras-Paris Gare du Nord
492 km in 2 Stunden 15 Minuten (ab 2007)

London St Pancras-Bruxelles-Midi/Brussel-Zuid
373 km in 1 Stunde 51 Minuten (ab 2007)

STRECKE

Spurweite 1435 mm (Normalspur), eingerichtet für das größere kontinentaleuropäische Lichtraumprofil

Kanaltunnel Mit 50,5 km Länge einer der längsten Eisenbahntunnel der Welt, mit 37,9 km längster unterseeischer Tunnel der Welt

Brücken Medway-Viadukt (England), 1,3 km

Tiefster Punkt 76 m unter dem Meeresboden

GEMEINSAMES WERK

Über 13 000 Ingenieure, Techniker und Arbeiter haben mit elf Tunnelbohrmaschinen die Verbindung unter dem Meer geschaffen. Die Auslastung des Tunnels nimmt seit 1994 stetig zu, zwischen London, Paris und Brüssel benutzen ihn inzwischen mehr Reisende als alle Fluglinien zusammen.

1

2

3

4

5

Diesellokomotiven der nächsten Generation

Anfang der 1980er-Jahre hatte die erste selbst entwickelte Generation dieselelektrischer Lokomotiven in Europa und Nordamerika das Ende ihrer Nutzungsdauer erreicht. Die US-Motorenbauer General Electric und die EMD-Sparte von General Motors begannen, mit ihren erfolgreichen leistungsstärkeren und effizienten Güterzugtypen den Betrieb auf beiden Kontinenten zu dominieren. Die Loks sind heute noch im Einsatz. Großbritannien stellte den Diesellokbau dagegen völlig ein, 1987 rollte als Letzte die dieselelektrische Nr. 58050 der BR-Reihe 58 aus der Montagehalle der berühmten Werkstätte Doncaster.

△ BR Reihe 58, 1984

Achsfolge Co'Co'
Kraftübertragung Elektrisch
Antrieb Ruston Paxman 12-Zyl.-Dieselmotor
Leistung 3300 PS (2460 kW)
Geschwindigkeit 129 km/h

Beim Bau dieser 50 dieselelektrischen Loks für den schweren Güterzugdienst zwischen 1983 und 1987 dachte British Rail Engineering Ltd in Doncaster optimistisch auch an den Exportmarkt. Die Reihe 58 war in Großbritannien nur bis 2002 im Einsatz. Mehr als 30 Maschinen wurden jedoch anschließend in den Niederlanden, in Frankreich und Spanien weiterverwendet.

△ Amtrak GE Genesis, 1992

Achsfolge Bo'Bo'
Kraftübertragung Elektrisch
Antrieb General Electric V12 oder V16, aufgeladener Viertaktdieselmotor
Leistung 4250 PS (3170 kW)
Geschwindigkeit 177 km/h

321 dieser relativ niedrigen und leichten dieselelektrischen Loks baute General Electric Transportation Systems zwischen 1992 und 2001. Sie beförderten die meisten der schnellen Amtrak-Fernzüge in den USA und in Kanada. Eine Zweisystemversion kann auf innerstädtischen Strecken wie in New York die 750-V-DC-Stromschiene nutzen.

△ IÉ Reihe 201, 1994

Achsfolge Co'Co'
Kraftübertragung Elektrisch
Antrieb EMD V12-Zweitaktdiesel
Leistung 3200 PS (2386 kW)
Geschwindigkeit 164 km/h

1994/95 baute General Motors in Ontario, Kanada, 32 dieser dieselelektrischen Loks für die irische Iarnród Éireann und zwei weitere für Northern Ireland Railways. Sie sind nach irischen Flüssen benannt und ziehen Schnellzüge auf der Strecke Dublin-Cork bzw. den *Enterprise* zwischen Dublin und Belfast.

▷ UP GM EMD Reihe SD60, 1984

Achsfolge Co'Co'
Kraftübertragung Elektrisch
Antrieb EMD V16-Zweitaktdiesel
Leistung 3800 PS (2834 kW)
Geschwindigkeit 105 km/h

1984 führte General Motors die dieselelektrische EMD-Reihe SD60 für den schweren Güterzugdienst ein. Bis Produktionsende 1995 entstanden 1140 Maschinen für Eisenbahnen in den USA, für die Canadian National Railways und für Brasilien. Die Union Pacific Railroad beschaffte 85 SD60 (hier gezeigt) sowie 281 der Version SD60M.

◁ BR GM EMD Reihe 66, 1998

Achsfolge	Co'Co'
Kraftübertragung	Elektrisch
Antrieb	EMD V12-Zweitaktdiesel
Leistung	3000 PS (2238 kW)
Geschwindigkeit	120 km/h

446 dieser dieselelektrischen Güterzugloks baute Electro-Motive Diesel in den USA zwischen 1998 und 2008 für diverse britische Bahngesellschaften. Insgesamt mehr als 650 dieser erfolgreichen Maschinen beschafften mehrere europäische Güterverkehrsunternehmen sowie die Ägyptischen Staatsbahnen.

▷ DWA-Triebwagen Baureihe 670, 1996

Achsfolge	1'A'
Kraftübertragung	Hydromechanisch
Antrieb	MTU 6 V 183 TD 13 Dieselmotor
Leistung	335 PS (250 kW)
Geschwindigkeit	100 km/h

Auf den Prototyp von 1994 folgend lieferte die Deutsche Waggonbau AG (DWA) 1996 sechs dieser Doppelstock-Triebwagen mit Teilen aus dem Omnibusbau an die DB. Die meisten sind inzwischen abgestellt, nur einer ist noch im Einsatz.

◁ ADtranz DE-AC33C, 1996

Achsfolge	Co'Co'
Kraftübertragung	Elektrisch
Antrieb	General Electric V12-Dieselmotor
Leistung	3300 PS (2462 kW)
Geschwindigkeit	120 km/h

Dieser leistungsstarke Typ des deutschen Herstellers ADtranz (heute Bombardier) mit General-Electric-Dieselmotor ist als »Blauer Tiger« bekannt. Elf der von 1996 bis 2004 gebauten Loks, darunter die gezeigte 250 001-5, sind in Deutschland verleast, 30 kauften die Pakistan Railways, 20 die Keretapi Tanah Melayu in Malaysia.

▷ HSB Triebwagen »Halberstadt«, 1998

Achsfolge	B'2
Kraftübertragung	Hydraulisch
Antrieb	Cummins 6-Zyl.-Diesel, 10 800 cm³
Leistung	Etwa 375 PS (280 kW)
Geschwindigkeit	50 km/h

Vier dieser Fahrzeuge mit 1000 mm Spurweite entstanden 1999 im damaligen Werk Halberstadt der Deutschen Bahn für die Harzer Schmalspurbahnen. Auf schwach ausgelasteten HSB-Strecken sind sie noch im Einsatz.

Neue Elektrolokomotiven

Mit dem Ende des Dampfbetriebs in Westeuropa in den 1950er- und 1960er-Jahren ging die Elektrifizierung weiter Teile des Kontinents einher. Auch der in den 1970er-Jahren stark ansteigende Ölpreis veranlasste die Staatsbahnen, von den übereilt eingeführten Dieselloks auf elektrische Zugförderung umzustellen. Allerdings unterschieden sich die nationalen Bahnstromversorgungen erheblich. Daher kam in den 1990er-Jahren mit dem zunehmend internationalen Güterverkehr auch eine neue Generation elektrischer Mehrsystemloks auf.

▷ ČSD Reihe 363, 1980

Achsfolge Bo'Bo'
Stromversorgung 25 kV AC 50 Hz, Oberleitung; 3 kV DC, Oberleitung
Leistung 4102–4666 PS (3060–3480 kW)
Geschwindigkeit 120 km/h

Den Prototyp der Zweisystemlok ES 499.1 (heute Reihe 363) baute Škoda für die Tschechoslowakischen Staatsbahnen ČSD. Als erster Mehrsystemtyp weltweit hatte er eine Leistungsthyristor-Pulssteuerung, die ihm beim Beschleunigen ein markantes Geräusch in drei Frequenzen verlieh.

◁ DR Baureihe 243, 1982

Achsfolge Bo'Bo'
Stromversorgung 15 kV AC 16 2/3 Hz, Oberleitung
Leistung 4958 PS (3721 kW)
Geschwindigkeit 120 km/h

Mehr als 600 dieser Mehrzwecklokomotiven baute LEW Hennigsdorf zwischen 1982 und 1991 für die Deutsche Reichsbahn der DDR. Bei der DR ursprünglich als Baureihe 243 bezeichnet, wurden sie nach der Wende im Nummernschema der Deutschen Bahn zur Baureihe 143.

TECHNIK

Glacier Express

Benannt nach dem Gletscher (»Glacier«) der Rhone, den er am Furkapass berührt, wurde der Glacier Express zwischen St. Moritz und Zermatt in der Schweiz am 25. Juni 1930 eingeführt. Ursprünglich wurde er von drei Gesellschaften auf Meterspur betrieben: von der Brig-Visp-Zermatt Bahn (BVZ), der Furka-Oberalp-Bahn (FO) und der Rhätischen Bahn (RhB). Zwei Strecken waren bereits von Anfang an elektrifiziert, auf dem FO-Abschnitt waren bis zur Elektrifizierung 1942 Dampflokomotiven im Einsatz. Der »langsamste Schnellzug der Welt« fährt täglich und benötigt 7,5 Stunden für die 291 km lange Strecke, die zum Großteil als Zahnradbahn ausgeführt ist. 2008 wurden weite Teile der Strecke der Albula- und Berninabahn zum UNESCO-Welterbe erklärt.

Landschaftlich schöne Strecke Im atemberaubenden Alpenpanorama fährt der Zug über 291 Brücken, durch 91 Tunnel und gewinnt über zahlreiche Kehrschleifen Höhe.

△ PKP Reihe EP09, 1986

Achsfolge Bo'Bo'
Stromversorgung 3 kV DC, Oberleitung
Leistung 3914 PS (2920 kW)
Geschwindigkeit 160 km/h

Insgesamt 47 dieser Schnellzuglokomotiven baute Pafawag in Breslau zwischen 1986 und 1997 für die Polnischen Staatsbahnen PKP. Sie wurden ab 1988 in Dienst gestellt und befördern Züge auf den von Warschau und Krakau ausgehenden Hauptstrecken.

△ SNCF Reihe BB 26 000, 1988

Achsfolge B'B'
Stromversorgung 25 kV AC 50 Hz, Oberleitung; 1,5 kV DC, Oberleitung
Leistung 7500 PS (5600 kW)
Geschwindigkeit 200 km/h

Zwischen 1988 und 1998 beschafften die Französischen Staatsbahnen SNCF 234 dieser Zweisystem-Mehrzweckloks. Weitere 60 Lokomotiven für drei verschiedene Stromsysteme, die zwischen 1996 und 2001 gebaut wurden, bezeichnete die SNCF als Reihe BB 36 000.

△ **BR Reihe 91, 1988**

Achsfolge Bo'Bo'

Stromversorgung 25 kV AC, Oberleitung

Leistung 6480 PS (4832 kW)

Geschwindigkeit 225 km/h

Die 31 zwischen 1988 und 1991 an British Rail gelieferten Schnellzuglokomotiven der Reihe 91 entstanden in der Werkstätte Crewe. Sie sind für 225 km/h ausgelegt, werden aber im Wendezugbetrieb vor Schnellzügen auf der Ostküsten-Hauptstrecke, ausgehend von London King's Cross, nur mit 200 km/h eingesetzt.

△ **FS Reihe ETR 500, 1992**

Achsfolge 2 zweiachsige Triebdrehgestelle pro Triebkopf

Stromversorgung 3 kV DC, Oberleitung

Leistung 11 796 PS (8800 kW) (gesamter Zug)

Geschwindigkeit 250 km/h

Nach vierjähriger Erprobung führten die Italienischen Staatsbahnen (FS) zwischen 1992 und 1996 30 elektrische Hochgeschwindigkeits-Einspannungstriebzüge der Reihe ETR 500 ein. Ein Triebkopfprototyp erreichte, gekuppelt mit einer E444-Lokomotive, 1988 auf der Schnellfahrstrecke »Direttissima« zwischen Florenz und Rom 319 km/h.

◁ **SBB Cargo Siemens ES64F4, 2004**

Achsfolge Bo'Bo'

Stromversorgung 15 kV AC 16,7 Hz; 25 kV AC 50 Hz; 1,5 kV DC; 3 kV DC; alle mit Oberleitung

Leistung 8700 PS (6400 kW)

Geschwindigkeit 140 km/h

Seit Mitte der 1990er-Jahre führen viele europäische Bahngesellschaften verstärkt Mehrsystemlokomotiven für den grenzüberschreitenden Verkehr ein. Der Eurosprinter (ES) von Siemens in der gezeigten Güterzugversion (F = Freight) kann mit vier verschiedenen Bahnstromsystemen betrieben werden.

▽ **BR Reihe 92, 1993**

Achsfolge Co'Co'

Stromversorgung 25 kV AC, Oberleitung; 750 V DC, Stromschiene

Leistung 5360–6760 PS (3998–5041 kW)

Geschwindigkeit 140 km/h

Die 46 Zweisystemlokomotiven der Reihe 92 wurden für den Güterzugdienst durch den Kanaltunnel zwischen Großbritannien und Frankreich beschafft. Gebaut wurden sie zwischen 1993 und 1996 von Brush Traction und ABB Traction im Brush-Werk im britischen Loughborough. Einige sind in Großbritannien und auf dem europäischen Kontinent weiterhin im Einsatz.

▷ **Amtrak Reihe HHP-8, 1999**

Achsfolge Bo'Bo'

Stromversorgung 12,5 kV AC 25 Hz/12,5 kV AC 60 Hz/25 kV AC 60 Hz, Oberleitung

Leistung 8000 PS (5968 kW)

Geschwindigkeit 200 km/h

15 dieser Schnellzuglokomotiven lieferten Bombardier und Alstom 1999 an Amtrak. Bis zur endgültigen Ausmusterung 2014 setzte Amtrak sie vor den Zügen im sogenannten Nordostkorridor zwischen Washington, D. C., und Boston ein.

Palace on Wheels

Wie ein Maharadscha durch einige der eindrucksvollsten Regionen Indiens zu reisen ist eine der luxuriösesten Bahnreisen der Welt. Der *Palace on Wheels*, einer der Top-5-Luxuszüge der Welt, wird aus den prächtigen persönlichen Wagen der Herrscher von Rajasthan und Gujarat, den Nizams von Hyderabad und den Vizekönigen von Indien gebildet. Die Originalwagen waren von 1917 bis zum Austritt Indiens aus dem britischen Empire 1947 in Betrieb.

DIE REICH VERZIERTEN »königlichen« Originalwagen mit ihrer Ausstattung aus antiker Seide wurden für die normalen indischen Reisezüge als unpassend angesehen und ausgemustert. 1982 stellten jedoch Indian Railways und die Tourismusorganisation von Rajasthan auf Meterspur einen neuen Luxuszug in Dienst, dessen elegante elfenbeinfarbige Wagen dem großartigen Dekor einer früheren Epoche nacheiferten. Von einer Dampflokomotive gezogen, startete der »Palast auf Rädern« am 26. Januar, dem indischen Tag der Republik, zu seiner Eröffnungsfahrt.

In den 1990er-Jahren erfand man den Zug ein weiteres Mal neu, als die Eisenbahn auf Breitspur umgespurt wurde. Die Zugabteile wurden durch moderne, klimatisierte Kabinen mit angeschlossenem Bad ersetzt, wobei jeder Salonwagen nach einer der königlichen Provinzen von Rajasthan benannt wurde; die Inneneinrichtung spiegelte in Gemälden, Möbeln und Kunsthandwerk die Geschichte der Region wider. Der noch heute im Dienst stehende Zug besteht aus 14 Salonwagen, einem Küchenwagen, zwei Restaurants, einer Bar mit Lounge und vier Dienstwagen. Um das Erlebnis noch herrschaftlicher zu machen, stehen den Gästen rund um die Uhr Bedienstete (»Khidmatgars«) zur Verfügung.

Die einwöchige Reise im »Palast auf Rädern« ist zu einer Attraktion für Touristen aus der ganzen Welt geworden. Die Fahrt mit 80 Fahrgästen beginnt in Neu-Delhi und führt zu den wichtigsten Orten im »Goldenen Dreieck« Nordwestindiens, darunter UNESCO-Welterbestätten und Safariparks, zum Taj Mahal und zurück nach Neu-Delhi.

DAMPFLOKOMOTIVE

DIESELLOKOMOTIVE

Streben nach Königlichem
Der *Palace on Wheels* ist eine spektakuläre Neuschöpfung der königlichen und offiziellen Züge, die in den 1920er- und 1930er-Jahren auf der indischen Meterspur verkehrten. Heute werden sie meistens von einer Diesellok gezogen.

TECHNISCHE DATEN	
Herkunft	Indien
Einsatz	1982–heute
Wagen	14 Salonwagen
Kapazität	Etwa 80 Fahrgäste
Route	Rajasthan und das Goldene Dreieck (Delhi-Jaipur-Agra)

Einmalige Reise
Die einwöchige Fahrt mit dem nostalgischen *Palace on Wheels* durch Nordwestindien führt die Fahrgäste zu einigen der bei Touristen beliebtesten Orte im Goldenen Dreieck.

SALONWAGEN »KISHANGARH«

Eines Königs würdig
Die beiden Restaurants an Bord des *Palace on Wheels* heißen *Maharaja* (hier abgebildet) und *Maharani*. Ein original königlicher Salonspeisewagen von 1889 befindet sich im National Rail Museum in Delhi.

SALONWAGEN »JAIPUR« UND SCHLAFZIMMER

Der Salonwagen »Jaipur« ist in den Farben des früheren Rajputenstaats Jaipur gehalten, dessen Wappen die Außenseiten des Wagens ziert. Die Decke ist mit den in der Region berühmten Rollenmalereien der »Phad«-Technik verziert und stellt religiöse Feste wie Teej, Holi, Gangaur und Diwali dar. Jeder Salonwagen hat vier Abteile (Schlafzimmer) mit eigenem Badezimmer. Eine kleine Pantry und eine Lounge tragen zum Komfort bei.

1. Metallschild mit geprägtem Wagennamen **2.** »Phad« (Rollenmalerei) an der Decke stellt in Rajasthan übliche Feste dar **3.** Deckenleuchte aus Glas mit vergoldeter Fassung **4.** Salon mit Polstersofas und Deckenmalerei **5.** Metallbeschlag an der Tür **6.** Seitengang entlang des Wagens **7.** Schlafzimmer (Coupé) **8.** Spiegel im Schlafzimmer **9.** Schalter und Bedienelemente für Licht und Musik **10.** Jedes Schlafzimmer hat ein eigenes modernes Bad

4

1

2

3

11

12

13

14

5

7

6

8

10

9

15

16

17

18

19

20

BAR IM PALACE ON WHEELS

Die Lounge-Bar soll mit Verzierungen, die auf die Rajputenzeit zurückgehen, einen zeitgenössischen königlichen Stil widerspiegeln. Mit Holz, Marmor und Messingbeschlägen verkörpert der Barbereich die Ästhetik jener Zeit. Die Vorderseite des Tresens zieren Abbildungen antiker Krüge, die einige der Schankgefäße darstellen, die die Maharadschas benutzt haben mögen.

11. Innenansicht des Bar- und Loungewagens **12.** Bartresen mit Marmorplatte **13.** Darstellungen antiker Krüge aus Marmor mit Goldeinlegearbeiten am Bartresen **14.** Kette der Notbremse **15.** Kronleuchter **16.** Pfauenmotiv aus farbigem Glas **17.** »Jaali« (Gitterwerk aus Teakholz) **18.** Sessel mit metallbeschlagenem Gestell im »Patra«-Stil **19.** Polstersofa mit Polsterung aus Rohseide **20.** Reich verzierter Elefantenkopf – ein Zeichen des Wohlstands – als Abschluss der Armlehne

RESTAURANT »MAHARANI«

Der Rajasthan-Stil setzt sich bei der Inneneinrichtung des Speiseraums »Maharani« (»Königin«) fort: Teppiche und Vorhänge mit Blumenmustern, an den Wänden gerahmte Kunstwerke aus der Zeit der Moguln. Am opulentesten ausgefallen ist wohl die Decke mit Teakholztäfelung und Spiegeln.

1. Luxuriöser Speiseraum mit verspiegelter Decke **2.** Mogulkunst aus Marmor, eingefärbt mit Pflanzenfarben, an der Wagenwand **3.** Mit Blumenmustern aus Seidenfäden bestickte Vorhänge **4.** Buntglasfenster mit Baummotiv in der Restauranttür **5.** Vertäfelter Seitengang **6.** Küche am Ende des Restaurantwagens

2

3

4

5

1

6

7

8

9

10

11

RESTAURANT »MAHARAJA«

»Maharadscha« bedeutet in Hindi »König«, daher mutet dieser Wagen im Vergleich zu »Maharani« eher maskulin an. Vorhänge in königlichem Blau zieren das elegante, von Mahagoni bestimmte Dekor. Die Tische sind für je vier Personen gedeckt. Beide Restaurants servieren Gerichte aus verschiedenen Regionen, wobei der Schwerpunkt auf Rajasthan liegt.

7. Namensschild über der Tür **8.** Lüftungsöffnung in der zentralen Deckentäfelung **9.** Wandleuchte mit Schirm aus bemaltem Glas **10.** Samtvorhang mit Goldstickerei (»Zari«) **11.** Mit Mahagoni getäfelter Speiseraum

ROYAL SPA

Kürzlich hat der *Palace on Wheels* sein Luxusangebot zeitgemäß mit einem Wagen ausgeweitet, der mit modernster Ausstattung in einer entspannten, neuzeitlichen Umgebung ganz auf das Wohlbefinden ausgerichtet ist. Während der Fahrt zum nächsten Besuchsziel kann man eine Massage genießen oder sich mit diversen anderen Behandlungen neu beleben lassen.

12. Seitengang im »Royal Spa« **13.** Massageraum mit zwei Liegen **14.** Kippbarer Stuhl und Waschbecken **15.** Pediküreschale mit Rosenblättern

13

12

14
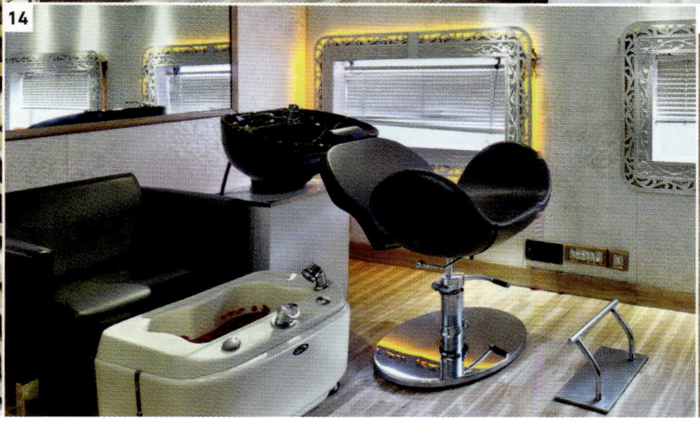

15
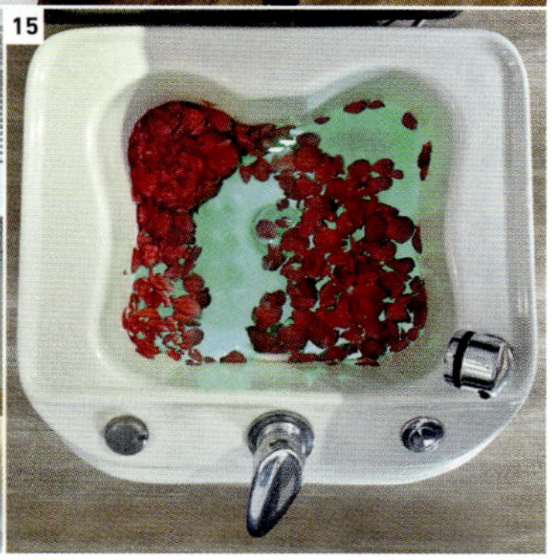

GENERATORWAGEN UND ZUGBEGLEITERABTEIL

Der Generatorwagen und das Dienstabteil der Zugbegleiter befinden sich im vorderen Zugteil, weit von der »Palastumgebung« der Fahrgäste entfernt. Der Generator erzeugt den nötigen elektrischen Strom für Beleuchtung, Geräte, Küchen- und Barausstattung. Die Zugbegleiter überwachen in ihrem Abteil die verschiedensten Anzeigen, um eine reibungslose und für die Fahrgäste komfortable Reise zu gewährleisten.

16. Schalttafel der Energieversorgung im Generatorwagen **17.** Zugbegleiterabteil **18.** Handbremse **19.** Temperaturüberwachung **20.** Lüftungssteuerung **21.** Druckluftbremse

16

17
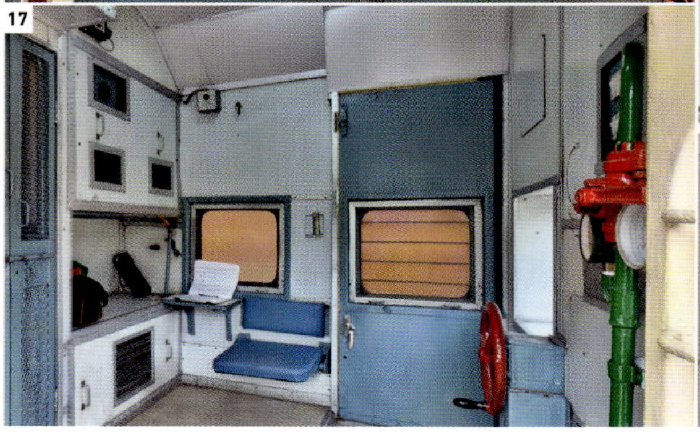

18

19

20

21

Innerstädtische Bahnen

Während frühe innerstädtische Bahnen wie die Metropolitan Railway in London und die Hochbahn in Chicago ursprünglich dampfbetrieben waren, beförderten Ende der 1930er-Jahre elektrische Bahnen wie die U-Bahnen in Budapest, Moskau, Berlin und London Massen von Pendlern zwischen ihren Wohnungen am Stadtrand und ihren Arbeitsplätzen in der Innenstadt. In den sich Ende des 20. Jh. weiter ausdehnenden Großstädten entstanden moderne, elektrisch angetriebene Schnellbahnsysteme wie Straßenbahnen, S- und U-Bahnen, um – teilweise im automatischen, fahrerlosen Betrieb – täglich Millionen von Fahrgästen über kurze Entfernungen schnell zu transportieren.

▷ Vancouver SkyTrain RTS ICTS Mark I, 1985

Achsfolge Doppeltriebwagen
Stromversorgung 750 V DC, Stromschiene
Leistung 888 PS (640 kW) pro Doppeltriebwagen
Geschwindigkeit 80 km/h

Der SkyTrain mit 69 km Streckenlänge bedient den Großraum Vancouver. Auf der Expo- und der Millennium-Linie werden die automatisierten Züge aus zwei bis sechs Wagen von linearen Induktionsmotoren angetrieben. Der abgebildete vierteilige Zug der Bauart ICTS (Intermediate Capacity Transit System) Mark I wurde von der Urban Transportation Development Corporation in Ontario gebaut.

△ SDTI Duewag U2-Triebwagen, 1980/81

Achsfolge 6-achsiger Zweirichtungs-Gelenktriebwagen
Stromversorgung 600 V DC, Oberleitung
Leistung 408 PS (300 kW)
Geschwindigkeit 80 km/h

Die 1981 in Kalifornien eröffnete Stadtbahn San Diego Trolley mit drei Linien und 53 Stationen setzte anfangs Gelenktriebwagen des Typs U2 ein, die Duewag in Deutschland basierend auf dem für Frankfurt/Main gebauten Typ lieferte. Derartige Fahrzeuge sind auch in Edmonton und Calgary in Kanada im Einsatz.

△ Berliner U-Bahn-Zug Typ F, 1973–1993

Achsfolge Doppeltriebwagen
Stromversorgung 750 V DC, Stromschiene
Leistung 734 PS (540 kW) pro Doppeltriebwagen
Geschwindigkeit 70 km/h

Die erste Linie der Berliner Untergrundbahn wurde 1902 eröffnet, heute bedient das 155 km lange Streckennetz mit neun Linien 175 Stationen. Während des Kalten Kriegs war das Netz zwischen West- und Ostberlin geteilt. Das Gesamtnetz besteht aus älteren Kleinprofil- und neueren Großprofilstrecken, auf Letzteren fährt der gezeigte Zugtyp F mit zwei, drei oder vier Doppeltriebwagen.

△ T&W Metro, 1980

Achsfolge 2-teiliger, 6-achsiger Gelenktriebwagen
Stromversorgung 1500 V DC, Oberleitung
Leistung 410 PS (302 kW)
Geschwindigkeit 80 km/h

Die Tyne & Wear Metro im Großraum Newcastle-upon-Tyne in Nordostengland vereint auf 74 km Streckenlänge Merkmale von U-Bahn, Stadtbahn und regionaler Eisenbahn. Zwischen 1978 und 1981 wurden von Metro Cammell 90 zweiteilige Gelenktriebwagen gebaut. Sie werden nach und nach durch neue Züge von Stadler ersetzt.

▽ Wiener Straßenbahn ULF, 1998

Achsfolge 3 oder 5 Mittelmodule
Stromversorgung 600 V DC, Oberleitung
Leistung 483–643 PS (360–480 kW)
Geschwindigkeit 70 km/h

Die von einem Konsortium aus Siemens (Deutschland) und Elin (Österreich) gebauten ULF-Wagen (Ultra Low Floor, »Niedrigstflur«) fahren seit 1998 in Wien und seit 2008 in Oradea, Rumänien. Der an den Türen nur 18 cm hoch liegende Fußboden erleichtert das Einsteigen mit Rollstühlen oder Kinderwagen.

▽ Luas Alstom Citadis, 1997

Achsfolge 5-, 7- und 9-teilige Gelenktriebwagen (mit 8 bzw. 10 Achsen)
Stromversorgung 750 V DC, Oberleitung
Leistung 979 PS (720 kW)
Geschwindigkeit 70 km/h

Citadis ist eine weltweit eingesetzte Familie von Niederflurstraßenbahnen, die Alstom in Frankreich und Spanien baut. Auf dem 44,5 km langen Netz des »Luas« in Dublin fährt die Version 401 auf der Roten Linie, die Versionen 402 und 502 auf der Grünen Linie. Die neunteiligen Citadis 502 sind die längsten.

△ SMRT North-South Line C151, 1987

Achsfolge 6-teilige Züge
Stromversorgung 750 V DC, Stromschiene; 1500 V DC, Oberleitung
Leistung 2937 PS (2160 kW)
Geschwindigkeit 80 km/h

Die 1987 eröffnete Nord-Süd-Linie war die erste des SMRT-Systems (Singapore Mass Rapid Transit). Seitdem wurde es auf 150 km mit fünf Linien und 106 Stationen erweitert. Die sechsteiligen Zugtypen C151 (hier gezeigt), C151A und C751B fahren im automatisierten Betrieb und werden über eine Stromschiene versorgt, der vollautomatisch betriebene fahrerlose Typ C751A über die Oberleitung.

▽ Gatwick ADtranz C-100, 1987

Achsfolge 2-teilige Züge auf Gummirädern
Stromversorgung 600 V AC
Leistung 101 PS (75 kW) pro Wagen
Geschwindigkeit 80 km/h

Dieser auf einer aufgeständerten Fahrbahn geführte, ohne Fahrer vollautomatisch fahrende »People-Mover« ging 1987 in Betrieb. Die Züge verbinden über rund 1,2 km das Nord- und Südterminal des Flughafens London Gatwick. Ähnliche Systeme sind auf Flughäfen und in Städten auf der ganzen Welt im Einsatz.

AND STATUS PANEL
HAZARD WARNING
SIGNAL
STEWARD PANEL ACTIVATED
OPEN DOORS
DOOR RELEASE
DOOR RELEASE
Position
Destination
Time
Speed
Mute
Axles
FTR Exam.
Traction
Serv Chk
Key Code
Fault
Journey
Announce
AUX ON
AUX OFF
ADD
AC

Nach 2000
EISENBAHN NEU BELEBT

EISENBAHN NEU BELEBT

Als Alternative zum Straßenverkehr hat die Eisenbahn wieder neue Priorität erhalten. Neue, energiesparende Lokomotiven wurden eingeführt, die Erprobung immer höherer Geschwindigkeiten geht weiter. 2003 erreichte ein experimenteller Magnetschwebezug in Japan 581 km/h. Der erste kommerziell eingesetzte Hochgeschwindigkeits-Magnetschwebezug nahm 2004 in Schanghai den Fahrgastbetrieb auf. Zwei Jahre später brach die Eröffnung der Eisenbahn nach Lhasa in Tibet einen ganz anderen Rekord: Normale Züge fahren in bisher nicht erreichte Höhen von über 5000 m, für die Fahrgäste stehen dazu Sauerstoffmasken bereit. 2007 stellte ein modifizierter TGV in Frankreich mit 574,8 km/h einen neuen Geschwindigkeitsrekord für konventionelle Züge auf.

Auf der ganzen Welt entstanden weitere Schnellfahrstrecken. China hat mit über 38 000 km das bisher längste Hochgeschwindigkeitsnetz geschaffen, Spanien seit 1992 das längste in Europa mit gut 3400 km (Statista, Stand 1.7.2021). In den USA steigerte der *Acela Express* die höchste Geschwindigkeit auf 240 km/h, Großbritannien schloss London mit einer eigenen Schnellfahrstrecke an den Kanaltunnel an.

Dabei ist Fortschritt nicht immer gleichbedeutend mit Geschwindigkeit. Auch U- und Stadtbahnen haben sich weiter verbreitet, und ihre Betreiber setzen verstärkt auf Automatisierung. Gegen Ende des ersten Jahrzehnts des 21. Jh. wurde die Dubai Metro mit 75 km die längste vollautomatisch betriebene Strecke der Welt. Auch in europäischen Großstädten verkehren mittlerweile selbstfahrende Metros – in Lille, Paris, London, Kopenhagen, Budapest oder Barcelona sind täglich Tausende Fahrgäste mit autonomen U-Bahnen unterwegs. Nürnberg nahm bereits 2008 als erste Stadt Deutschlands zwei vollautomatische U-Bahn-Linien in Betrieb, gefolgt von Hamburg im Jahr 2022.

Das Bahnreisen hat sich als luxuriöse Alternative zu beengten Flugzeugen und verstopften Straßen neu erfunden – als Fahrgast kann man stilvoll durch sich ständig verändernde Landschaften reisen. Über 200 Jahre nach ihren Anfängen ist die Epoche der Eisenbahn alles andere als vorüber.

△ **Luxusreise im Orient-Express**
Der livrierte Gepäckträger auf dem modernen Plakat für den Venice Simplon-Orient-Express deutet die Rückkehr zum luxuriösen Reisen früherer Tage an.

◁ **Ein »Geschosszug«** rauscht in Tokio durch einen Bezirk mit Bürohochhäusern.

Wichtige Ereignisse

▷ **2000** In den USA wird der *Acela Express* eingeführt. Er erreicht bis zu 240 km/h.

▷ **2003** Eröffnung des ersten Teilstücks des Channel Tunnel Rail Link. 2007 erreicht die High Speed One (HS1) genannte Schnellfahrstrecke London.

▷ **2003** In Japan erreicht ein experimenteller Magnetschwebezug mit 581 km/h einen neuen Rekord für bemannte Züge.

▷ **2004** In Schanghai geht die erste Hochgeschwindigkeits-Magnetschwebebahn der Welt in regulären Betrieb.

△ **Transrapidzug in Schanghai**
Die einzige öffentlich betriebene Magnetschwebebahn verkehrt zwischen Schanghai und seinem internationalen Flughafen Pudong. Sie erreicht 431 km/h.

▷ **2006** Betriebsaufnahme der höchsten konventionellen Bahnstrecke der Welt. Die Strecke nach Tibet erreicht 5072 m über Meereshöhe.

▷ **2007** In Frankreich stellt ein modifizierter TGV mit 574,8 km/h einen neuen Weltrekord für Züge mit dem konventionellen Rad-Schiene-System auf.

▷ **2007** China tritt mit einer eigenen Schnellfahrstrecke in das Hochgeschwindigkeitszeitalter ein.

▷ **2009** Eröffnung des ersten Abschnitts der Dubai Metro, ein weiterer folgt 2010. Mit 75 km ist sie die längste vollautomatische Metro der Welt.

▷ **2018** Die Schnellfahrstrecke Beijing-Hongkong ist mit rund 2230 km eine der längsten der Welt. Sie wurde ab 2005 in vier Teilabschnitten gebaut und ist für 350 km/h ausgelegt. Die gesamte Reise dauert nur etwa neun Stunden.

Universell einsetzbar

Anfang des 21. Jh. veränderte sich das Verhältnis zwischen Lokomotivbauern und ihren Kunden: Die Bahngesellschaften schrieben nicht mehr genau vor, was die Hersteller bauen sollten; vielmehr begannen diese, den Betreibern auf universellen »Plattformen« basierende Produktpaletten anzubieten, ähnlich wie in der Automobil- oder Flugzeugindustrie. So werden Pendler in Kalifornien jetzt in ähnlichen Zügen befördert wie in Berlin oder Athen. In Europa sind grenzüberschreitend einsetzbare Lokomotiven verbreitet, die sich mit verschiedenen Fahrdrahtspannungen und Signalsystemen verwenden lassen.

△ Siemens EuroSprinter ES64 U2/U4, 2000

Achsfolge Bo'Bo'
Stromversorgung 1,5 kV/3 kV DC und 15 kV/25 kV AC, Oberleitung
Leistung 8579 PS (6400 kW)
Geschwindigkeit 230 km/h

Die EuroSprinter-Typenfamilie führte Siemens auf große Aufträge der DB in Deutschland und der ÖBB in Österreich hin ein. Die Reihe umfasst vier Formen des Lokkastens und zahlreiche Ausstattungsvarianten. Am flexibelsten ist die in mehreren Ländern einsetzbare ES64 U4 (EuroSprinter 6400 kW Universal 4-System).

△ Siemens Desiro Classic, 2000

Achsfolge 2-teiliger Dieseltriebzug
Kraftübertragung Hydromechanisch
Antrieb 2 x MTU 1800 6R
Leistung 845 PS (630 kW)
Geschwindigkeit 120 km/h

Von 1998 bis 2008 hat Siemens über 600 Züge des ersten, zweiteiligen Typs Desiro Classic verkauft. Sie werden in ganz Europa im Regionalverkehr eingesetzt, weitere wurden nach Südkalifornien geliefert. Elektrische Desiro-Versionen wurden u. a. für Bulgarien, Griechenland und Slowenien sowie für Großbritannien gebaut.

▽ Voith Gravita, 2008

Achsfolge B'B'
Kraftübertragung Hydraulisch
Antrieb MTU 8 V 4000 R43
Leistung 1341 PS (1000 kW)
Geschwindigkeit 100 km/h

Die Lokomotivfamilie Gravita entwickelte der bisherige Getriebelieferant Voith für den Güterzugdienst auf Nebenbahnen. Die Deutsche Bahn (DB) beschaffte 130 Exemplare in zwei Versionen: 99 Gravita 10 BB sowie 31 der leistungsstärkeren 15L BB.

▷ **Siemens Desiro RUS, 2013**

Achsfolge 5-teiliger Elektrotriebzug
Stromversorgung 3 kV DC und 25 kV AC 50 Hz, Oberleitung
Leistung 3418 PS (2550 kW)
Geschwindigkeit 160 km/h

Elektrische Desiro-Züge fahren u. a. in Großbritannien, Slowenien, Griechenland und Thailand. Die Russischen Eisenbahnen (RŽD) bestellten zunächst 38 Desiro RUS für die Olympischen Winterspiele 2014 in Sotschi. Die als »Lastotschka« (»Schwalbe«) bekannten Züge wurden im Siemens-Werk Krefeld gebaut.

◁ **Bombardier ALP-45DP, 2012**

Achsfolge Bo'Bo'
Kraftübertragung Elektrisch
Antrieb 2 x Caterpillar 3512C
Stromversorgung 25 kV und 12,5 kV AC, Oberleitung
Leistung Diesel: 4200 PS (3135 kW), elektrisch: 5362 PS (4000 kW)
Geschwindigkeit Diesel: 150 km/h, elektrisch: 200 km/h

Diese Zweikraftlokomotiven ermöglichen in Nordamerika den direkten Übergang von elektrifizierten Hauptstrecken auf nicht elektrifizierte Regionalstrecken; Lokwechsel oder Umsteigen entfallen. Die Lok kann während der Fahrt von elektrischem auf Dieselbetrieb umschalten und umgekehrt. Bombardier lieferte 46 an New Jersey Transit und die Agence Métropolitaine de Transport im kanadischen Montreal.

▷ **Voith Maxima, 2006**

Achsfolge C'C'
Kraftübertragung Hydraulisch
Antrieb ABC 16V DZC
Leistung 4826 PS (3600 kW)
Geschwindigkeit 120 km/h

Die für den Güterzugdienst vorgesehene stärkste einmotorige dieselhydraulische Lokomotive stellte Voith 2006 vor. Etwa 20 der Maxima 40 CC sowie der schwächer motorisierten 30 CC gingen v. a. an deutsche Güterverkehrsunternehmen. Ein tschechischer Lizenzbau als Legios General kam nicht zustande.

△ **Vossloh Eurolight, 2010**

Achsfolge Bo'Bo'
Kraftübertragung Elektrisch
Antrieb Caterpillar C175-16
Leistung 3753 PS (2800 kW)
Geschwindigkeit 200 km/h

Mit der Eurolight versucht Vossloh España (heute Stadler Rail Valencia), maximale Leistung bei minimalem Achsdruck zu erzielen. Die Lok ist auch auf ländlichen Nebenstrecken einsetzbar, die oft nicht für schwere Züge ausgelegt sind. Mit leichtem Motor und Lokkasten ließ sich das Gewicht auf unter 79 t senken.

△ **Vossloh G6, 2008**

Achsfolge C
Kraftübertragung Hydraulisch
Antrieb Cummins QSK-23-L
Leistung 900 PS (671 kW)
Geschwindigkeit 80 km/h

Die dieselhydraulische G6 produzierte Vossloh in Kiel im früheren Werk der MaK (Maschinenbau Kiel). G6 wurden v. a. an deutsche Industriebahnen verkauft. Die Verkehrsbetriebe Peine-Salzgitter (VPS), die ein weiträumiges Streckennetz für die Stahlindustrie im Raum Peine und Salzgitter betreiben, beschafften 40 G6 als Ersatz für 43 ältere Dieselrangierlokomotiven.

△ **Alstom Prima II, 2010**

Achsfolge Bo'Bo'
Stromversorgung 3 kV DC und 25 kV AC, Oberleitung
Leistung 5630 PS (4200 kW)
Geschwindigkeit 200 km/h

Den Prototyp der Prima II entwickelte Alstom 2008, 20 Stück gingen nach Marokko zur ONCF. Die Loks befördern auf den elektrifizierten Strecken Reise- und Güterzüge. 2012 präsentierte Alstom in Stendal als neue Generation die dreiachsige Prima H3, eine Hybrid-Rangierlokomotive mit Diesel- und Batterieantrieb.

Clan Line & Belmond British Pullman

Die 1948 gebaute Nr. 35 028 *Clan Line* der Reihe »Merchant Navy« beförderte bis 1967 Schnellzüge auf Hauptstrecken. Seit ihrer Wiederinbetriebnahme 1974 hat sie Sonderzüge auf britischen Hauptstrecken gezogen, außerdem befördert sie regelmäßig den *Belmond British Pullman*. Die Lok wurde inzwischen viermal komplett überholt.

DIE VON OLIVER BULLEID KONSTRUIERTEN 30 Pacific-Lokomotiven der »Handelsmarine-Klasse« baute die Southern Railway ab 1941 in ihrer Werkstätte Eastleigh. Benannt wurden sie nach den im Hafen Southampton aktiven Reedereien. *Clan Line* war in der Region Süd der gerade verstaatlichten British Railways im Einsatz und wurde 1959 in ihre heutige Form umgebaut. Im Juli 1967 wurde sie an die Merchant Navy Locomotive Preservation Society verkauft, die *Clan Line* später mit dem Zug *Belmond British Pullman* kombinierte.

Die Wagen dieses Zugs bildeten früher einige der berühmtesten britischen Zugverbindungen wie den *Brighton Belle* und den *Queen of Scots*. Nach ihrer Außerdienststellung in den 1960er- und 1970er-Jahren verfielen zahlreiche Wagen. 1977 begann James B. Sherwood, die historischen Schlaf-, Salon- und Speisewagen aufzukaufen und aufzuarbeiten, um den legendären Orient-Express wieder aufleben zu lassen. Insgesamt kaufte er 35 Wagen.

VORDERANSICHT

RÜCKANSICHT (TENDER)

Kohlenkasten wurde bei der Überholung 1995 vergrößert

Tenderseite ist oben zurückgesetzt für bessere Sicht des Personals bei Rückwärtsfahrt

Führerstand wurde von Bulleid nach Beratung mit Personal entworfen

Namensschild am Kessel

BR-Windleitbleche kamen beim Umbau 1959 hinzu

Elegante Lokomotive
Clan Line wird betriebsfähig erhalten und darf britische Hauptstrecken befahren. Nach dem Umbau der Reihe in den 1950er-Jahren hat keine Lok mehr ihre frühere »windschlüpfige« Verkleidung.

TECHNISCHE DATEN DER LOKOMOTIVE			
Baureihe	Merchant Navy	**Einsatz**	1948–heute (*Clan Line*)
Achsfolge	2'C1' (Pacific)	**Zylinder**	3
Herkunft	Großbritannien	**Kesseldruck**	19,3 bar
Konstrukteur/Hersteller	Bulleid/Eastleigh	**Treibraddurchmesser**	1880 mm
Stückzahl	30 Merchant Navy	**Geschwindigkeit**	167 km/h

TECHNISCHE DATEN DER WAGEN	
Herkunft	Großbritannien
Einsatz	Unterschiedlich
Wagen	11
Kapazität	20–26 Plätze
Route	Unterschiedlich

Griffstangen beiderseits der Türen

Jeder Wagen läuft auf zwei Zweiachsdrehgestellen

Wagenname auf beiden Seiten

Pullman-Wappen auf den Wagenseiten

Paläste auf Rädern
Die Wagen des *Belmond British Pullman* befahren das britische Teilstück des berühmten Venice-Simplon-Orient Express. Seit der Aufarbeitung entsprechen sie strengen Sicherheitsstandards, haben aber ihr klassisches Aussehen behalten.

Stilvolles Reisen
In ihrem »ersten Leben« beförderte *Clan Line* die prestigeträchtigen schweren Züge zu den Fährhäfen wie den *Golden Arrow* und den *Night Ferry*. Heute zieht sie die eleganten Wagen des *Belmond British Pullman*, der einem rollenden Feinschmeckerrestaurant gleicht.

Das spätere BR-Logo
Das als »Frettchen mit Dartscheibe« bekannte Logo verwendeten British Railways ab 1956 auf Dampflokomotiven.

DAS ÄUSSERE DER LOKOMOTIVE

Die Loks der »Merchant Navy Class« besaßen ursprünglich eine glatte, windschlüpfige, auch die Zylinder umschließende Verkleidung. Sie behinderte allerdings die Sicht des Personals, ferner erzeugte die glatte Oberseite bei schneller Fahrt einen Sog, der den Rauch in den Sichtbereich herabzog. Die Loks wurden »Fleischdosen« genannt, weil ihre Form an die aus den USA importierten Konservendosen mit Fleisch erinnerte. Mitte der 1950er-Jahre baute man die Maschinen um, sie sahen jetzt konventioneller aus, die Verkleidung wich einer normalen Kesselverkleidung. *Clan Line* wurde im Malachitgrün der Southern Railway mit der Beschriftung der British Railways in Dienst gestellt.

1. Loknummer und Leistungsklasse am Führerhaus **2.** Spitzenschild (bei Beförderung des *Belmond British Pullman*) **3.** Elektrische Spitzenleuchte **4.** Kupplungshaken und -bügel **5.** Vorderer Puffer **6.** Rechtes Zylindersicherheitsventil und Zylinderentwässerungsrohre **7.** Vordere Laufachse **8.** Walschaerts-Steuerung: Gleitbahn, Kreuzkopf, Kolbenstange und Schieberschubstange **9.** Schmiervorrichtungen **10.** Dampfpfeife **11.** Namensschild **12.** Treibachse und hintere Kuppelachse **13.** Kesselspeisepumpe (mit Frischdampf betrieben) **14.** Speisewasserzulaufrohre zu den Rückschlagventilen **15.** Achslagergehäuse am Tender **16.** Klotzbremse am Treibrad

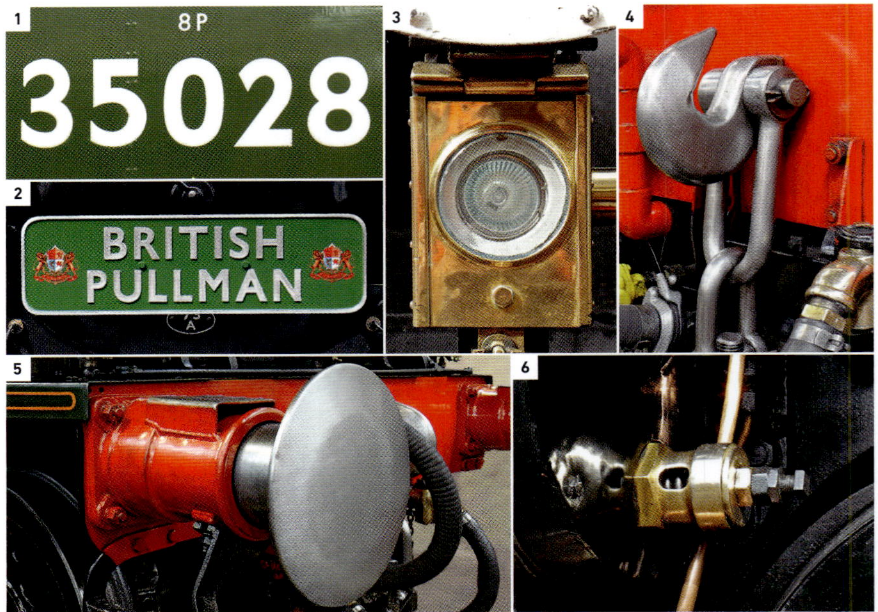

17

18

19

20

21

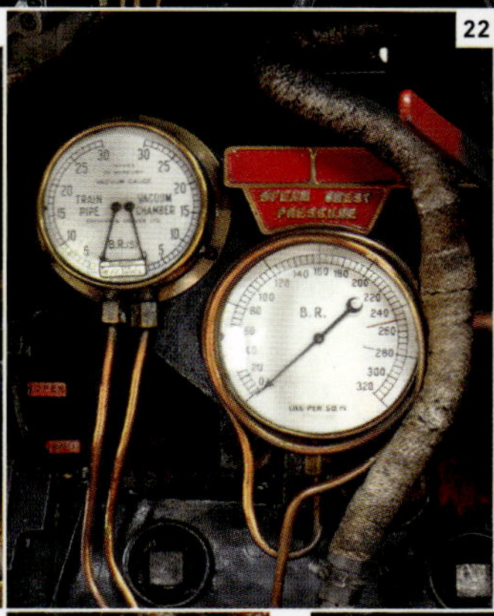

22

23

24

25

26

27

28

29

30

31

IM FÜHRERHAUS

Die »Merchant Navy Class« war dafür bekannt, eines der sichersten Führerhäuser zu haben. Luftlöcher in der Feuertür sollten Verpuffungen verhindern; über Hebel konnten Lokführer und Heizer die Bläser betätigen, ohne vor das Feuerloch treten zu müssen.

17. Gesamteindruck **18.** Feuertür und Kesselrückwand **19.** Rauchkammer mit Funkenfänger am unteren Schornsteinende **20.** Handkurbel der Umsteuerung **21.** Hebel für Luftsauger der Saugluftbremse und Dampfbremse **22.** Vakuummesser der Saugluftbremse (links) und Schieberkastendruckmesser (rechts) **23.** Geschwindigkeitsmesser **24.** Hahn zum Sandstreuer **25.** Reglerhebel (rechts) **26.** »Sonnenblumen«-Anzeiger des Zugbeeinflussungssystems AWS **27.** Anzeiger für Kesselwasserstand **28.** Luftpumpendampfventil zum Luftpresser der Druckluftbremse (moderne Ergänzung) **29.** Anzeiger für Tenderwasserstand **30.** Ventile auf der Heizerseite (von links nach rechts): Betätigung der Aschkastenklappen, Ventile für Aschkasten- und Kohlenspritze, Dampf- und Speisepumpenventile **31.** Kohlenkasten im Tender fasst 7,5 t Kohle

DAS ÄUSSERE DES PULLMAN-WAGENS »LUCILLE«

Lucille wurde 1928 als 1.-Klasse-Salonwagen für den Pullman-Zug *Queen of Scots* gebaut und später im *Bournemouth Belle* eingesetzt. 1986 kam der Wagen in den Bestand des Zugs *British Pullman*. Zu altem Glanz vollständig wieder aufgearbeitet, tragen die Wagenseiten stolz den Namen des Wagens und das Pullman-Wappen auf glänzendem Umbrabraun und Creme.

1. Mit Folie auf der Seite aufgebrachtes Pullman-Wappen **2.** In Goldbuchstaben aufgemalter Wagenname **3.** Goldfarbige Ornamente im unteren Bereich der Wagenseiten **4.** Goldfarbige Ornamente unterhalb des Dachanschlusses **5.** Drehgestell **6.** Schild mit Eigentümerdaten **7.** Messingleuchte über der Außentür **8.** Verzierter Türgriff **9.** Außentür **10.** Technische Daten an der Stirnseite

1

11

2

3

4

5

19

6

9

10

25

7

24

8

DAS INNERE DES PULLMAN-WAGENS »LUCILLE«

Ein auffälliges Merkmal dieses Speisewagens 1. Klasse aus den 1920er-Jahren ist die Holztäfelung mit Schellackpolitur an Wänden und Raumteilern. Die markanten Einlegearbeiten auf den Seitenwänden fertigte damals Albert Dunn an, sie zeigen griechische Gefäße auf gefärbtem grünen Stechpalmenholz. Bei der Restaurierung der Täfelung verwendete die Familie Dunn das ursprüngliche grüne Furnier. Weitere Anklänge an die Epoche sind die Art-déco-Lampenschirme und Messingbeschläge, ebenso die Vorhänge an den Fenstern neben jedem Tisch. Luxuriöse, gut gepolsterte Stühle bieten bis zu 24 Fahrgästen Platz; die Bedienungen tragen Uniformen im Stil jener Zeit.

11. *Lucille* ist bereit für die Gäste **12.** Wappen und Namensschild über dem Durchgang **13.** Wagenname in Goldbuchstaben über der Tür **14.** Deckenleuchte mit Glasschirm in Tulpenform **15.** Lüftungsöffnung aus Messing **16.** Lautsprechergitter **17.** Mit Schellack überzogene Holztäfelung, antike griechische Gefäße darstellend **18.** »Spot«-artige Wandleuchte aus Messing mit Glasschirm in Tulpenform **19.** Bestickter Schonbezug aus Spitze auf der Kopfstütze **20.** In die Holztäfelung eingearbeitete Spiegel **21.** Kette der Notbremse **22.** Platznummern aus Messing **23.** Fensterverriegelung **24.** Innerer Türgriff **25.** Privatabteil für vier Personen **26.** Über den Gang erreichbares WC am Wagenende

PULLMAN-WAGEN »CYGNUS«

Die Fertigstellung des 1938 entworfenen *Cygnus* verzögerte sich durch den Zweiten Weltkrieg. Der mit australischem Walnussholz getäfelte Wagen war Mitgliedern des Königshauses oder Staatsgästen vorbehalten. Zusammen mit *Perseus* gehörte er 1965 zum Bestattungszug von Winston Churchill.

1. Ausstattung mit Einzelsitzen **2.** Pullman-Wappen auf dem Teppich im Eingangsbereich **3.** Mosaikboden des WCs stellt einen Schwan dar (*Cygnus*, lat. »Schwan«) **4.** Waschbeckenverkleidung aus Marmor, darüber Holztäfelung **5.** Dekoratives WC-Fenster aus Kathedralglas

2

3

1

4

5

PULLMAN-WAGEN »GWEN«

Berühmt ist der ursprünglich im *Brighton Belle* eingesetzte *Gwen*, weil er 1948 gemeinsam mit dem Schwesterwagen *Mona* Königin Elizabeth (die spätere Königinmutter) nach Brighton brachte. Nach der Ausmusterung kaufte der Venice Simplon-Orient-Express (VSOE) *Gwen* 1988 und arbeitete den Wagen für den *Belmond British Pullman* auf.

6. Wappen und Namensschild über dem Durchgang **7.** Dekorative Holzeinlegearbeit **8.** Trennwände mit eingelassenen Spiegeln teilen den Raum **9.** Blick entlang des Mittelgangs **10.** Küche am Wagenende ist vom Gang aus erreichbar

6

7

8

9

10

PULLMAN-WAGEN »VERA«

Der ursprünglich im *Southern Belle* und *Brighton Belle* eingesetzte *Vera* wurde bei einem Bombenangriff 1940 schwer beschädigt. Sieben Jahre später stellte man ihn gemeinsam mit *Audrey* in einem fünfteiligen Zug wieder in Dienst. Nach der Ausmusterung diente *Vera* als Sommerhaus in Suffolk, bis ihn der Venice Simplon-Orient-Express (VSOE) 1985 erwarb. *Vera* ist für die polierte Innentäfelung aus wertvollem Sandelholz und Mahagoni berühmt. Der Polsterbezug der Stühle ist eine Kopie des Originalgewebes aus den 1930er-Jahren.

11. Wappen und Namensschild über dem Durchgang **12.** Täfelung mit Einlegearbeit **13.** Gesamteindruck **14.** Beleuchtete Platznummer **15.** Wandleuchte aus geätztem Glas mit Sonnenmotiv **16.** Detail der Gepäckablage aus Messing **17.** Viersitziges Abteil

PULLMAN-WAGEN »ZENA«

1929 als 1.-Klasse-Salonwagen für die *Ocean Liner*-Züge der Great Western Railway nach Plymouth gebaut, beförderte *Zena* im Lauf seiner Karriere 1950 sogar den französischen Präsidenten Auriol bei einem Staatsbesuch. Die schöne Täfelung aus Sandelholz ist mit komplizierten Motiven eingelegt.

18. Wappen und Namensschild über dem Durchgang **19.** Art-déco-Motiv in der Holztäfelung **20.** Blick durch den einsatzbereiten Wagen

Schnellverkehr der neuen Generation

Bis zum Jahr 2000 hatten sich die Zuggeschwindigkeiten erheblich erhöht, seit man in den 1960er- bis 1980er-Jahren die ersten schnellen Shinkansen- und TGV-Züge eingeführt hatte. Neue Schnellfahrstrecken wurden für 330 km/h ausgelegt, mehrere Länder führten neue Zuggenerationen ein. In Deutschland und Japan entwickelte man Pläne für Intercity-Strecken für Magnetschwebezüge; angesichts der hohen Baukosten wurden derartige Strecken aber bisher nicht verwirklicht. In den USA nahm man auf Teilstücken bestehender Strecken den Betrieb mit 240 km/h auf.

△ Trenitalia ETR 500, 2000

Achsfolge 13-teiliger Zug, davon zwei Triebköpfe

Stromversorgung 3 kV DC, 25 kV AC 50 Hz, Oberleitung

Leistung 11 800 PS (8800 kW)

Geschwindigkeit 340 km/h

Diese Triebzüge basieren auf einer früheren ETR-500-Version, die Mitte der 1990er-Jahre für das 3-kV-Gleichstromnetz der Italienischen Eisenbahn (Trenitalia) entstand. Die neuere Mehrsystemversion des ETR 500 kann auch die nach 2000 zwischen Neapel und Rom sowie Florenz und Mailand eröffneten neuen, mit 25 kV Wechselstrom gespeisten Hochgeschwindigkeitsstrecken befahren. Aktuell fahren die Züge in Italien mit 300 km/h.

△ DB ICE 3 (403, 406), 2000

Achsfolge 8-teiliger Hochgeschwindigkeitstriebzug

Stromversorgung 15 kV AC 16,7 Hz, 25 kV AC 50 Hz, 3 kV DC, 1,5 kV DC, Oberleitung

Leistung 10 720 PS (8000 kW)

Geschwindigkeit 330 km/h

67 ICE 3 wurden ab 2000 in Dienst gestellt, passend zur Eröffnung der für 330 km/h ausgelegten Schnellfahrstrecke Köln-Rhein/Main 2002. Die Züge haben an beiden Enden »Panoramaabteile«, in denen die Fahrgäste durch eine Glastrennwand den Triebfahrzeugführer und die Strecke sehen können. 17 der Züge sind unter vier Stromsystemen international einsetzbar, vier davon beschafften die Niederländischen Eisenbahnen (NS).

▷ SMT/Transrapid, 2004

Achsfolge Magnetschwebezug (ohne Räder)

Stromversorgung Elektromagnetisches Wanderfeld im Fahrweg

Leistung Keine Angabe

Geschwindigkeit 431 km/h

Die erste kommerzielle Magnetschwebebahn fuhr ab 1984 am britischen Flughafen Birmingham. Japanische und deutsche Firmen führten in den 1990er-Jahren die Entwicklung von Hochgeschwindigkeits-Magnetschwebezügen an. Das bisher einzige derartige System von Schanghai zum 31 km entfernten internationalen Flughafen Pudong eröffnete man 2004 mit in Deutschland gebauten Zügen.

◁ Chinesische Staatsbahn CRH2A, 2007

Achsfolge 8-teiliger Hochgeschwindigkeitstriebzug

Stromversorgung 25 kV AC 50 Hz, Oberleitung

Leistung 6434 PS (4800 kW)

Geschwindigkeit 250 km/h

2004 bestellte China 60 CRH2A bei Kawasaki in Japan, das mit der China Southern Rolling Stock Corp. (CSR) zusammenarbeitete. Die Triebzüge basieren auf dem Shinkansen E2 der Japan Railways (JR) East. Die ersten drei wurden in Japan gefertigt, die verbleibenden bei CSR Sifang montiert. Seit 2008 hat CSR weitere Versionen gebaut, darunter 16-teilige Schlafwagenzüge.

△ **Amtrak Acela, 2000**

Achsfolge 8-teiliger Zug, davon zwei Bo'Bo'-Triebköpfe
Stromversorgung 11 kV AC 25 Hz/12,5 kV AC 60 Hz/25 kV AC 60 Hz, Oberleitung
Leistung 12 330 PS (9200 kW)
Geschwindigkeit 266 km/h

Nach der Erprobung mehrerer europäischer Hochgeschwindigkeitszüge in den 1990er-Jahren beschaffte Amtrak den Acela, der US-Normen für das Crashverhalten entspricht. Mit Neigetechnik kann er Kurven schneller durchfahren. Aktuell fahren die Züge mit 240 km/h, eine höhere Geschwindigkeit lässt der Oberbau auf der Strecke Washington, D.C.–Boston nicht zu.

▽ **RŽD *Sapsan*, 2009**

Achsfolge 10-teiliger Hochgeschwindigkeitstriebzug
Stromversorgung 25 kV AC 50 Hz, 3 kV DC, Oberleitung
Leistung 10 720 PS (8000 kW)
Geschwindigkeit 250 km/h

2009–2011 baute Siemens acht 10-teilige Hochgeschwindigkeitszüge Velaro RUS für die russische Breitspur von 1520 mm. Die Russischen Eisenbahnen (RŽD) betreiben die Züge unter dem Namen *Sapsan* (»Wanderfalke«, der schnellste Vogel) zwischen Moskau und St. Petersburg bzw. Nischni Nowgorod. Über zwei zusätzliche Verträge sind 21 weitere Züge dazugekommen.

△ **JR Shinkansen N700, 2007**

Achsfolge 16-teiliger Hochgeschwindigkeitstriebzug
Stromversorgung 25 kV AC 60 Hz, Oberleitung
Leistung 22 900 PS (17 080 kW)
Geschwindigkeit 300 km/h

Der N700 kann schneller beschleunigen als alle Züge, die er auf der Tōkaidō-Shinkansen-Strecke zwischen Tokio und Hakata ablöste. Rund 200 dieser 8- und 16-teiligen Hochgeschwindigkeitszüge wurden gebaut, bevor ab 2020 das Nachfolgemodell N700S in Dienst gestellt wurde.

WISSENSWERTES

Essen auf Rädern

Sorgfältig kreierte Mahlzeiten zum Mitnehmen in Einwegverpackungen heißen im Japanischen »Bentō«. Früher bestanden Bentō-Verpackungen aus Holz oder Metall, heute sind sie aus verschiedenen Werkstoffen und haben oft neuartige Formen. Als »Ekiben« werden Mahlzeiten in Bentō-Boxen bezeichnet, die in ganz Japan in Bahnhofskiosken für den Verzehr im Zug verkauft werden.

Bentō-Boxen
In Boxen in der Form japanischer Züge verpackte Ekiben sind inzwischen Sammlerobjekte. Diese ist dem Shinkansen N700 nachempfunden.

Spektakuläre Bahnhöfe

Weltweit gehören Bahnhöfe zu den hervorragendsten Beispielen für Architektur und Design. Ob mit zeitgenössischem oder klassischem Aussehen: Die Architektur der berühmtesten Bahnhöfe verbindet erfolgreich Form und Funktion, um bei jedem Reisenden, der sie benutzt, einen unauslöschlichen Eindruck zu hinterlassen.

1. Das Tsuzumi-Tor des Bahnhofs Kanazawa in Japan (2005) kombiniert das Aussehen traditioneller Shinto-Tempel mit den Schnüren japanischer Trommeln. **2. Die Station »Danggogae« in Seoul** (1993) ist der nördliche Endpunkt der U-Bahnlinie 4 in der Hauptstadt Südkoreas. **3. Die Metrostation »Financial Centre« in Dubai** (2009) erinnert mit ihrem schalenartigen Design an den anfänglichen Wohlstand der Stadt aus der Perlentaucherei.
4. Die Station »Komsomolskaja« in Moskau (1952) auf der Metro-Ringlinie »Kolzewaja« ist mit Kronleuchtern, barocken Details und Mosaiken mit Szenen aus der russischen Geschichte prachtvoll ausgestattet. **5. Der Kopfbahnhof Haydarpaşa in Istanbul** (1908) im klassizistischen Stil ist an drei Seiten von Wasser umgeben. Er ist der geschäftigste Bahnhof der Türkei.
6. Tanggula in Tibet (2006) ist mit 5068 m über Meereshöhe der höchstgelegene Bahnhof der Welt. **7. Den Kopfbahnhof Chhatrapati Shivaji in Mumbai** (1888) im neugotischen Stil führt die UNESCO als Welterbe. **8. Den Berliner Hauptbahnhof** (2006), einen Neubau aus Glas und Stahl mit zwei Bahnsteigebenen, frequentieren täglich 350 000 Reisende. **9. St Pancras International in London** (1868) wurde 2007 nach umfassender Renovierung und Erweiterung wieder eröffnet. Das eindrucksvolle viktorianische Dach behielt man bei.
10. Liège-Guillemins in Lüttich (2009) hat keine Außenwände, sondern einen alle fünf Bahnsteige überspannenden Baldachin. Der Bahnhof ist Knotenpunkt der westeuropäischen Hochgeschwindigkeitslinien. **11. Das Grand Central Terminal in New York** (1913) hat 44 Bahnsteige – mehr als jeder andere Bahnhof weltweit. Die historisierende Beaux-arts-Architektur umfasst Treppen aus Botticino-Marmor und die einen Sternenhimmel darstellende Decke. **12. Die Union Station in Los Angeles** (1939) ähnelt von außen einer Kirche, wird aber als einer der geschäftigsten Bahnhöfe an der US-Westküste täglich von über 60 000 Reisenden frequentiert. **13. Der Bahnhof Ushuaia in Feuerland** (1910) diente zunächst dem Gefangenentransport in ein argentinisches Straflager. Er wurde 1947 geschlossen, 1994 nach umfangreicher Renovierung wieder eröffnet und ist seitdem eine beliebte Touristenattraktion.

1

2

3

4

6

7

8

9

10

11

5

12

13

Immer schneller

Viele etablierte Betreiber von Hochgeschwindigkeitszügen vergrößerten ihre Flotten, die Eröffnung neuer Strecken ermöglichte weitere schnelle Verbindungen v. a. von Frankreich nach Deutschland, der Schweiz und Spanien. In Frankreich stellte 2007 der TGV V150, ein von Alstom modifizierter Testzug, mit 574,8 km/h einen neuen Weltrekord auf. In Japan waren die wichtigsten Bahngesellschaften schon ab 1987 privatisiert worden. 2012 nahm in Italien mit NTV der weltweit erste private Betreiber von Hochgeschwindigkeitszügen mit brandneuen Triebzügen den Betrieb auf. Staatlich betriebene Bahngesellschaften dominieren jedoch auch weiterhin.

△ NTV AGV ETR 575, 2012

Achsfolge 11-teiliger Hochgeschwindigkeits-Gliedertriebzug
Stromversorgung 3 kV DC, 25 kV AC 50 Hz, Oberleitung
Leistung 10 190 PS (7600 kW)
Geschwindigkeit 300 km/h

Die private italienische Bahngesellschaft Nuovo Trasporto Viaggiatori (»Neuer Passagiertransport«) nahm 2012 den Hochgeschwindigkeitsverkehr zwischen Neapel, Rom und Turin auf. Die 25 bei Alstom gebauten Triebzüge des Typs Automotrice à Grande Vitesse (AGV) bieten 450 Fahrgästen drei unterschiedliche Wagenklassen.

△ Reihe 390 Pendolino, 2002

Achsfolge 9- oder 11-teiliger Triebzug mit Neigetechnik
Stromversorgung 25 kV AC 50 Hz, Oberleitung
Leistung 7979 PS (5950 kW)
Geschwindigkeit 200 km/h

Mit den Pendolino-Hochgeschwindigkeitszügen mit Neigetechnik hat Virgin Trains Fahrten auf der Westküsten-Hauptstrecke zwischen London, Birmingham, Manchester und Glasgow ab 2002 beschleunigt. Die Züge können Kurven schneller durchfahren, verkürzen damit die Fahrzeit und erhöhen die Streckenkapazität.

▽ Reihe 395 Javelin, 2009

Achsfolge 6-teiliger Triebzug
Stromversorgung 25 kV AC 50 Hz, Oberleitung; 750 V DC, Stromschiene
Leistung 4506 PS (3360 kW)
Geschwindigkeit 225 km/h

Die von Hitachi in Kasado, Japan, gebauten Javelin-Züge setzt Southeastern (SE Trains) seit 2009 auf der britischen Schnellfahrstrecke HS1 (High Speed One) ein. Mit Shinkansen-Technik ausgerüstet, haben sie die Fahrzeiten zwischen Städten in Kent und London teilweise auf weniger als die Hälfte verkürzt.

WISSENSWERTES

Wiederaufleben der Dampfzüge

Großbritannien ist weltweit führend beim Erhalt von Streckendampflokomotiven, viele wurden seit den 1950er-Jahren betriebsfähig aufgearbeitet. Der erfolgreiche Erhalt hat Freiwillige dazu veranlasst, nicht mehr existierende Typen von Grund auf neu zu bauen. So entschloss sich 1990 eine Gruppe zum Nachbau einer Lok der in den 1960er-Jahren verschrotteten Peppercorn-Reihe A1. Der Neubau beruht auf dem Original, verfügt aber über einige moderne Merkmale. Seit 2009 befördert die auf Hauptstrecken zugelassene Lok Sonderzüge in ganz Großbritannien. Inzwischen sind dort weitere derartige Projekte im Gange.

Peppercorn-Reihe A1 Nr. 60 163 *Tornado*, 2008
Sie ist die erste seit 1960 neu gebaute britische Streckendampflok.

△ **PKP IC Reihe ED250, 2014**

Achsfolge	7-teiliger Hochgeschwindigkeitstriebzug
Stromversorgung	15 kV AC 16,7 Hz, 25 kV AC 50 Hz, 3 kV DC, Oberleitung
Leistung	7373 PS (5500 kW)
Geschwindigkeit	250 km/h

Die polnische Fernverkehrsgesellschaft Polskie Koleje Państwowe Intercity (PKP IC) bestellte 20 ED250 bei Alstom. Sie basieren auf dem zuerst für China und Italien gebauten Typ »Neuer Pendolino«, verfügen jedoch nicht über Neigetechnik. Seit Ende 2014 ersetzen sie die älteren lokbespannten Züge auf der Strecke Gdingen/Danzig-Warschau-Krakau/Kattowitz.

△ **SNCF TGV POS, 2006**

Achsfolge	10-teiliger Hochgeschwindigkeitstriebzug, davon zwei Triebköpfe
Stromversorgung	15 kV AC 16,7 Hz, 25 kV AC 50 Hz, 1,5 kV DC, Oberleitung
Leistung	12 440 PS (9280 kW)
Geschwindigkeit	320 km/h

Seit 2006 setzt die Französische Staatsbahn SNCF den TGV POS (Paris-Ostfrankreich-Süddeutschland) auf der neuen Schnellfahrstrecke LGV Est ein, die Paris mit dem Elsass verbindet. Von dort werden die mehrsystemfähigen TGV POS als durchgehende Verbindungen nach München und Frankfurt/Main in Deutschland sowie nach Zürich und Genf in der Schweiz weitergeführt.

◁ **SNCF TGV Euroduplex, 2011**

Achsfolge	10-teiliger Hochgeschwindigkeitstriebzug, davon zwei Triebköpfe
Stromversorgung	15 kV AC 16,7 Hz, 25 kV AC 50 Hz, 1,5 kV DC, Oberleitung
Leistung	12 440 PS (9280 kW)
Geschwindigkeit	320 km/h

122 Züge dieser dritten Generation des doppelstöckigen TGV hat die Französische Staatsbahn SNCF bis 2022 erhalten. Sie sind mehrsystemfähig und werden im grenzüberschreitenden Verkehr von Frankreich nach Deutschland, Luxemburg und Spanien eingesetzt. Ab 2018 wurden auch in Marokko 14 Euroduplex in Dienst gestellt – als erste Hochgeschwindigkeitszüge auf dem afrikanischen Kontinent.

▷ **SNCF TGV V150, 2007**

Achsfolge	5-teiliger TGV
Stromversorgung	31 kV AC 50 Hz, Oberleitung
Leistung	26 284 PS (19 600 kW)
Geschwindigkeit	574,8 km/h

Dieser Testzug bestand aus zwei neuen TGV-POS-Triebköpfen und drei angetriebenen Mittelwagen, alle Fahrzeuge hatten Spezialradsätze mit größerem Durchmesser. Für die Testfahrten auf der neuen LGV Est Européenne wurde zur Leistungssteigerung die Fahrdrahtspannung erhöht. Mit 574,8 km/h – 9,65 km/min – wurde das gesteckte Ziel sogar übertroffen.

Javelin Nr. 395 017

Die von dem japanischen Hersteller Hitachi gebaute Reihe 395 Javelin (»Speer«) basiert auf der Technik der Shinkansen-Züge. Der Triebzug mit nicht angetriebenen Endwagen kann unter Oberleitung fahren, verwendet auf konventionellen Strecken in Südostengland jedoch einen Stromabnehmer für Stromschienen. Javelin-Züge haben einige Fahrzeiten um rund 50 % verkürzt, bei den Olympischen Sommerspielen 2012 in London erbrachten sie entscheidende Beförderungsleistungen.

DIE IM NOVEMBER 2007 fertiggestellte Schnellfahrstrecke High Speed One (HS1) zwischen London und dem Kanaltunnel befährt neben internationalen Zügen auch die Reihe 395, die Südostengland im Binnenverkehr bedient. Sie ist zwar langsamer als die bis zu 300 km/h schnellen Eurostar-Züge, beschleunigt aber schneller, weil die Züge kürzer und leichter sind.

Der Javelin verfügt über vier Zugsicherungssysteme. Auf der HS1 werden die beiden französischen verwendet: Transmission Voie Machine (TVM430) überträgt Signale über das Gleis in den Führerstand, Contrôle de Vitesse par Balise (KVB) überwacht die Fahrgeschwindigkeit vom Bahnhof St Pancras International in London aus. Auf konventionellen britischen Strecken weisen Automatic Warning System (AWS) und Train Protection and Warning System (TPWS) den Triebfahrzeugführer auf die Signalstellung hin und halten den Zug an, wenn er ein »Halt« zeigendes Signal überfährt.

VORDERANSICHT (DPT2)

VORDERANSICHT (DPT1) - GELBE ZUSATZFLÄCHEN MARKIEREN ERLEICHTERTEN ZUGANG

TECHNISCHE DATEN			
Baureihe	395	**Einsatz**	2009–heute
Achsfolge	6-teiliger Triebzug	**Bahngesellschaft**	Southeastern
Herkunft	Japan	**Stromversorgung**	25 kV AC 50 Hz, Oberleitung; 750 V DC, Stromschiene
Hersteller	Hitachi in Kasado	**Leistung**	4506 PS (3360 kW)
Stückzahl	29 der Reihe 395	**Geschwindigkeit**	225 km/h

Internationaler Designer
Die Gestaltung des Javelin, die dem deutschen ICE 3 und einigen Versionen des japanischen Shinkansen ähnelt, stammt von dem deutschen Designer Alexander Neumeister, der auch chinesische und russische Hochgeschwindigkeitszüge entworfen hat.

Schiebetüren werden automatisch betätigt

Sicherheitsmarkierung warnt Bahnpersonal vor Oberleitungen

Elektrische Ausrüstung einschließlich Heizung und Klimaanlage

Name ehrt einen von 24 britischen Athleten der Londoner Olympiade 2012

Schleifer für Stromschienenbetrieb

Olympischer Zug
Die Pendelzüge, die 2012 Millionen von Besuchern über die HS1 und den Bahnhof Stratford International zum Londoner Olympiapark brachten, wurden »Javelin« genannt. Der Name hat sich gehalten.

DAS ÄUSSERE

Die dunkelblaue Farbgebung der Aluminiumwagenkästen ist den Javelin-Zügen vorbehalten. Jeder Wagen hat pro Seite zwei breite einteilige Schiebetüren, die zur besseren Kenntlichmachung heller lackiert sind. Die beiden antriebslosen Steuerwagen an den Enden sind mit den Stromabnehmern für den Oberleitungsbetrieb und mit Stromschienenschleifern ausgerüstet.

1. Unterschrift einer Olympionikin auf der Wagenseite **2.** Spitzenleuchte (oben) und Schlussleuchte (unten) **3.** Kupplung und Horn hinter der geöffneten Bugklappe **4.** Äußerer Türgriff zum Öffnen im Notfall **5.** Griff der Führerstandtür **6.** Führerstandtür **7.** Southeastern-Logo auf der Wagenseite **8.** Widerstand der elektrischen Widerstandsbremse auf dem Dach **9.** Stromabnehmer für Oberleitung **10.** Vakuumschalter **11.** Sicherung für Stromschienenschleifer **12.** Achse und Erdung **13.** Rad mit Bremsscheibe

1

2

3

4
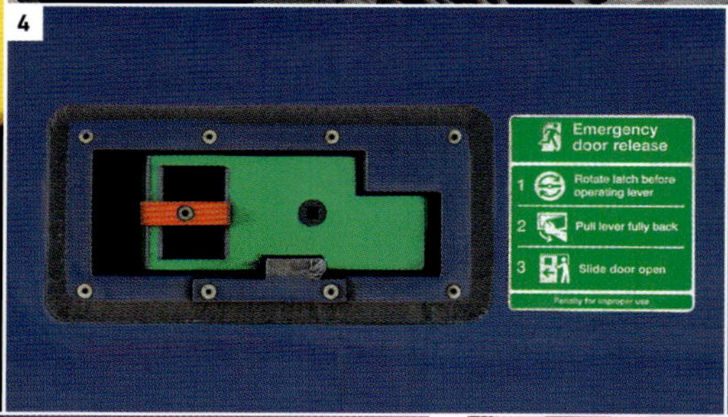

5

6

7

8
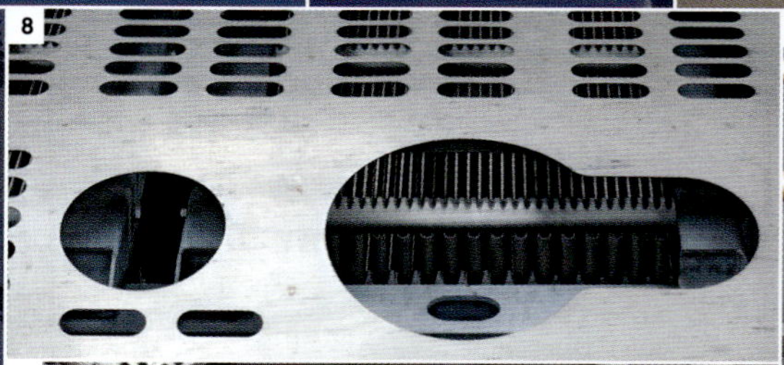

9

10

DER FÜHRERSTAND

Der Arbeitsplatz des Triebfahrzeugführers ist mit dem vor dem Führerpult mittig angeordneten Einzelsitz typisch für moderne Hochgeschwindigkeitszüge. Rechts sind die Monitore für die Überwachung der Fahrgasträume angeordnet, links liegt das Train Management System (TMS), über das man u.a. zwischen Stromschienen- und Oberleitungsbetrieb umschalten kann.

14. Sitz des Triebfahrzeugführers und Bedienelemente **15.** Steuer- und Diagnosesystem TMS (Train Management System) **16.** Kombinierter Fahr-/Bremshebel **17.** Monitore der Überwachungskameras **18.** Not-Aus-Schalter **19.** Hauptschalter (Schlüsselschalter) **20.** Zweiter Sitz für einen Begleiter **21.** Erdungsstange und rote Flagge für den Notfall **22.** Sicherungskasten **23.** Schalttafel an der Führerstandrückseite **24.** Zentrale Bedientafel der Türsteuerung

14

15
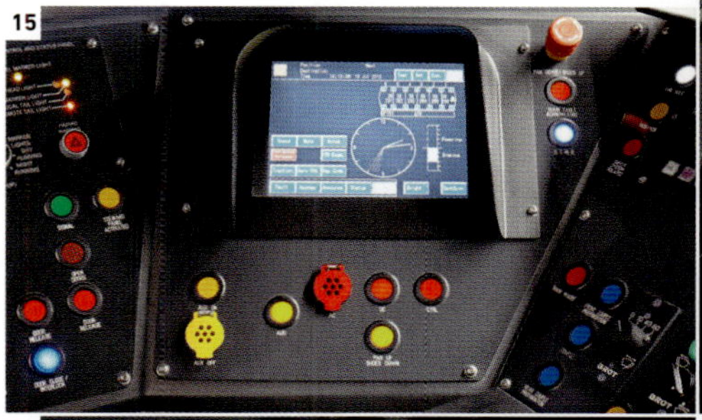

16
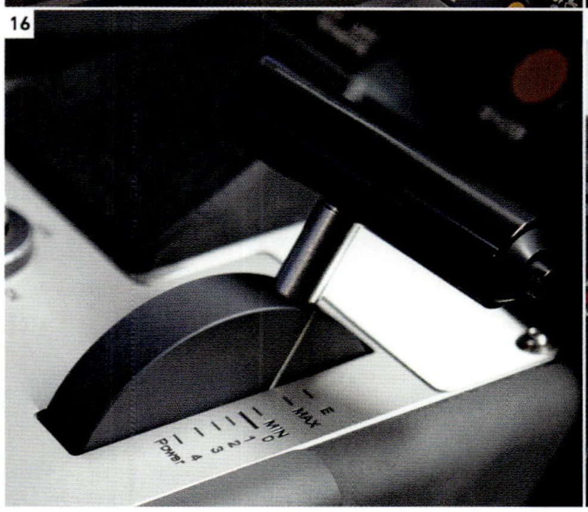

17
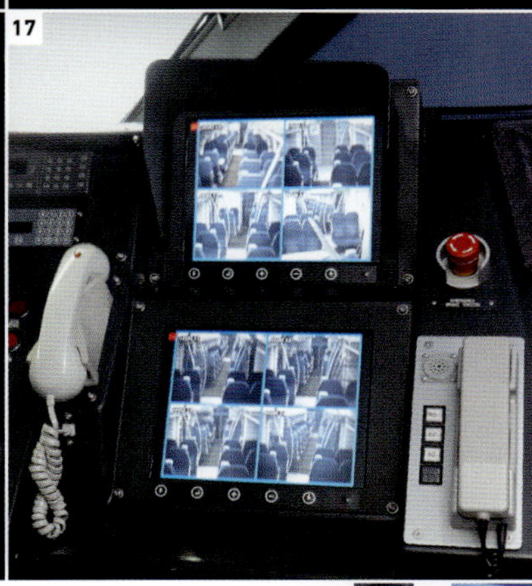

18
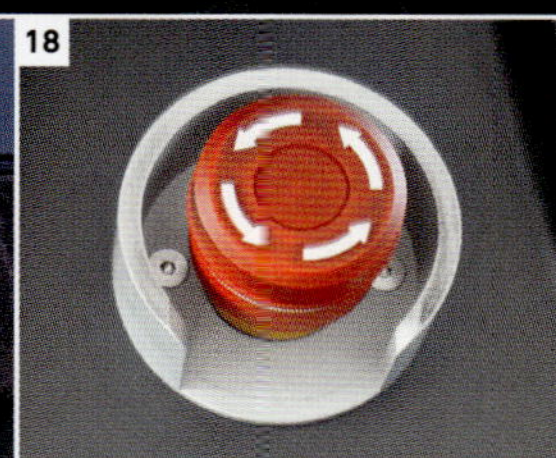

19

20

11

12

13

21

22
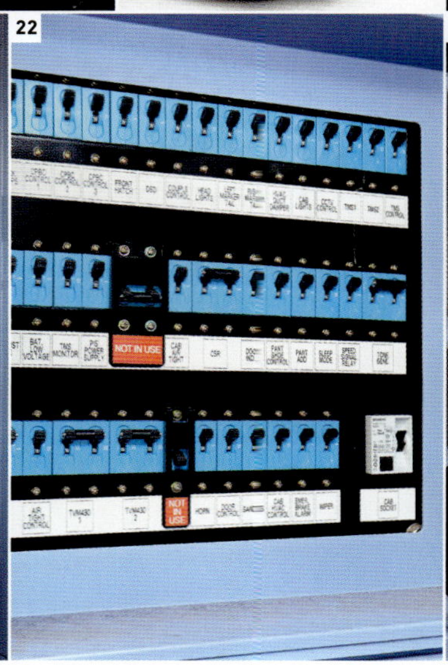

23
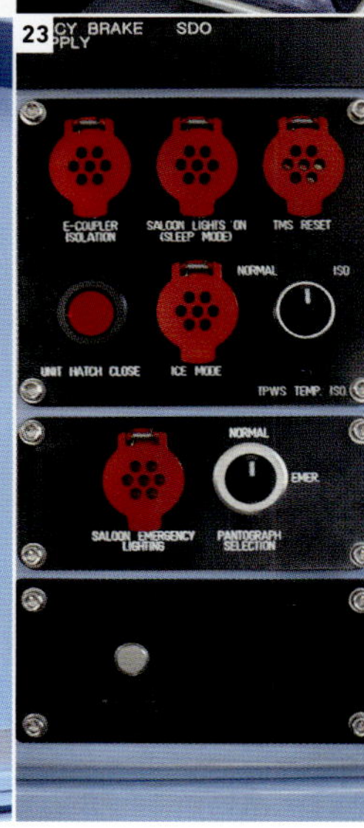

24

DIE WAGENINNENRÄUME

Die Reihe 395 wurde v. a. für die Anforderungen von Pendlern entwickelt, die typischerweise nicht länger als eine Stunde damit unterwegs sind. Der Zug hat keine 1. Klasse, die Fahrkarten sind jedoch teurer als die für langsamere konventionelle Züge. Der Mittelgang verläuft durch alle sechs Wagen des Zugs; wenn zwei Züge zusammengekuppelt werden, ist es allerdings nicht möglich, von einem Zugteil in den anderen zu wechseln.

Das Blau und Grau des Innenraums ist auf die dunkelblaue Außenfarbe abgestimmt. Jeder Zug bietet in Großräumen 340 größtenteils gleich ausgerichtete Plätze in 2+2-Anordnung, weitere zwölf Klappsitze befinden sich in den Eingangsbereichen. Eine der jeweils zwei Toiletten pro Zug ist behindertengerecht eingerichtet. Zur Fahrgastinformation dienen digitale Anzeigen sowie ein Lautsprechersystem.

25. Gesamteindruck **26.** Vierer-Sitzgruppe mit Tisch **27.** Gepäckablage über den Sitzen **28.** Verstellbare Armlehne **29.** Klapptisch in der Rückenlehne **30.** Gepäckablage **31.** Übergang zum nächsten Wagen **32.** Taster zum Öffnen der Übergangstür **33.** Anzeige des Fahrgastinformationssystems (FIS) **34.** Behindertengerechtes WC **35.** Hinweis auf Steckdose unter dem Sitz **36.** Hinweis auf Notfallmeldesystem **37.** Handgriff am Sitz für Fahrgäste im Gang **38.** Stellfläche für Rollstühle **39.** Taster zum Öffnen/Schließen der Außentüren durch Fahrgäste

25

26

27
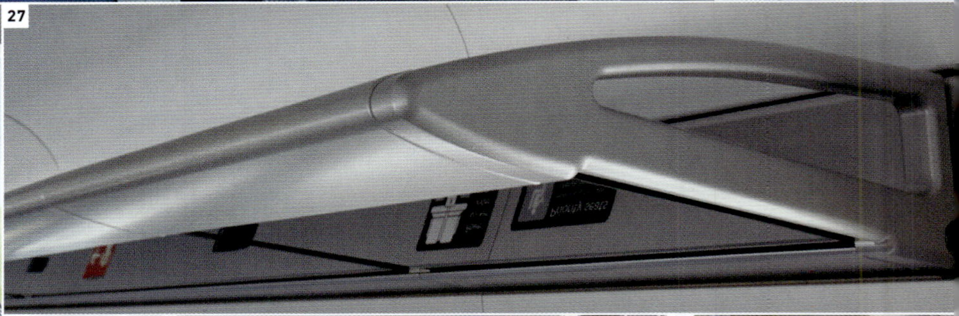

28

29

30

31

32

33

34

35
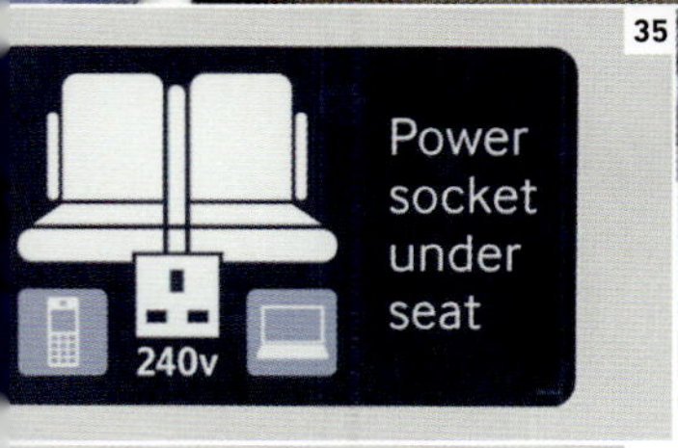

36

37

38

39

Dubai Metro

Der ständig zunehmende Straßenverkehr und eine wachsende Bevölkerung, die 2022 die 3,5-Millionen-Marke erreichte, veranlassten Dubai zum Bau der ersten Metro in den Vereinigten Arabischen Emiraten. Im Mai 2005 erging an Dubai Rail Link (DURL), ein Konsortium von Firmen aus Frankreich, Japan, der Türkei und den USA, ein entsprechender Auftrag im Wert von 3,4 Mrd. US-Dollar. Zwei Strecken waren geplant: eine Rote und eine kürzere Grüne Linie. 2006 begann der Bau der Roten Linie mit Stationen im Stadtzentrum.

Die Eröffnung am 9. September 2009 verfolgten mehr als 110 000 Menschen. Die fünfteiligen Züge können bis zu 643 Fahrgäste befördern, sie sind in drei Klassen unterteilt und bieten besondere Abteile für Frauen und Kinder. Am eindrucksvollsten ist der vollautomatische Betrieb der Züge. Aus diesen Anfängen entstand bis 2012 das mit 75 km längste fahrerlose Bahnsystem der Welt.

EXPANSIONSPLÄNE

Im April 2010 wurde die Rote Linie vollständig eröffnet, bis dahin hatten bereits über 11 Mio. Fahrgäste den ersten Streckenabschnitt genutzt. Die Grüne Linie wurde im September 2011 eröffnet. Der Erfolg ließ Pläne zur Erweiterung des Netzes und zum Bau weiterer Strecken entstehen, die die Dubai Metro bis 2030 auf 421 km Länge und insgesamt 197 Stationen ausdehnen würden. 2021 wurde die Rote Linie um 15 km verlängert.

Die fahrerlosen Züge der Roten Linie fahren auf Viadukten über den Straßen Dubais oder im Tunnel. Zur Stromversorgung dient eine Stromschiene.

0506390655
5015

Züge für das 21. Jahrhundert

Weltweit steigen die Investitionen in Eisenbahnen, angetrieben von gleichfalls steigenden Fahrgastzahlen in weiter expandierenden Großstädten mit ihren zunehmend verstopften Straßen sowie von der Notwendigkeit, den CO_2-Ausstoß zu reduzieren. Ältere, lokbespannte Züge werden dabei durch moderne Triebzüge ersetzt. Güter- und Reisezugbetreiber streben außerdem eine Senkung der Wartungs- und Energiekosten an; viele moderne Züge können die beim Bremsen erzeugte elektrische Energie ins Netz zurückspeisen.

◁ Bombardier Omneo Régio2N, 2010

Achsfolge 6- bis 10-teiliger Gliedertriebzug
Stromversorgung 25 kV AC 50 Hz, 1,5 kV DC, Oberleitung
Leistung 4291 PS (3200 kW)
Geschwindigkeit 160 km/h

Der Omneo besteht als weltweit erster Gliedertriebzug aus Doppelstockwagen mit einstöckigen Steuerwagen an beiden Enden. Zwischen den Doppelstockwagen befinden sich kurze einstöckige Einstiegssektionen. Ein Zug kann aus sechs bis zehn Wagen (81–135 m Länge) bestehen. Die Französische Staatsbahn SNCF schloss einen 8 Mrd. Euro umfassenden Rahmenvertrag über bis zu 860 Züge, die bis 2025 zu liefern sind.

△ Siemens ACS-64 Amtrak Cities Sprinter, 2014

Achsfolge Bo'Bo'
Stromversorgung 12 kV AC 25 Hz/12,5 kV AC 60 Hz/25 kV AC 60 Hz, Oberleitung
Leistung 8579 PS (6400 kW)
Geschwindigkeit 201 km/h

Die im Werk Sacramento, Kalifornien, gebauten 70 ACS-64 sind seit 2014 im Einsatz. Amtrak ersetzt damit die bisher im wichtigen Nordostkorridor Washington, D.C.–New York–Boston eingesetzten Elektrolokomotiven. Auch die Nahverkehrsgesellschaft SEPTA in Philadelphia erhielt 15 Exemplare.

◁ Bombardier Zefiro 380, 2012

Achsfolge 8-teiliger Triebzug
Stromversorgung 25 kV AC 50 Hz, Oberleitung
Leistung 13 454 PS (10 037 kW)
Geschwindigkeit 380 km/h

Diese Version des noch von Bombardier entwickelten und jetzt von Alstom gebauten Zefiro ist für bis zu 380 km/h ausgelegt. Die Chinesischen Eisenbahnen haben 85 erhalten. 360 km/h schnelle Züge wurden an Trenitalia in Italien geliefert. Gemeinsam mit Hitachi entwickelt Alstom eine Variante für die britische Schnellfahrstrecke HS2.

▷ Siemens Vectron, 2013

Achsfolge Bo'Bo'
Stromversorgung 3 kV DC, Oberleitung
Leistung 6974 PS (5200 kW)
Geschwindigkeit 160 km/h

Die Lokomotivfamilie Vectron hat Siemens als Nachfolgerin des Typs EuroSprinter entwickelt. Den ersten größeren Auftrag über 23 Vectron in Gleichstromausführung platzierte der polnische Güterverkehrsbetreiber DB Schenker Rail Polska, die erste dieser Lokomotiven wurde 2013 in Dienst gestellt. Es folgten Aufträge aus weiteren Ländern, darunter aus Finnland für eine Breitspurversion (1524 mm).

Entwicklungen im Stadtverkehr

Der Bedarf an öffentlichem Nahverkehr – ob als U-Bahn unter der Stadt oder als Straßenbahn neben anderen Fahrzeugen – hat in den letzten Jahrzehnten erheblich zugenommen. Das stärkste Wachstum verzeichnen Asien und der Mittlere Osten, wo seit 1990 neue Systeme entstanden sind. Ein Herausforderung für die etablierten Betreiber ist es, auf über 100 Jahre alten Netzen wie in London, Paris und Berlin durch höhere Leistung und ausgeklügelte Leitsysteme mehr Kapazität zu schaffen.

▷ Vossloh Kiepe Generation 15, 2015

Achsfolge 3-teiliger Gelenktriebwagen
Stromversorgung 750 V DC, Stromschiene neben der Fahrschiene
Leistung 408 PS (300 kW)
Geschwindigkeit 60 km/h

Die Wuppertaler Schwebebahn ist eigentlich eine Einschienenbahn: Sie fährt unter einem stählernen Traggerüst hängend, das größtenteils über dem Fluss Wupper verläuft. Das 1901 eröffnete technische Denkmal nutzen täglich Tausende von Fahrgästen. Ab 2015 lieferte Vossloh Kiepe als Teil einer umfassenden Modernisierung 31 neue Triebwagen.

TECHNIK

Effizienter Güterverkehr

Die großen nordamerikanischen Klasse-1-Bahnen haben ihre Effizienz und Produktivität seit den 1980er-Jahren beträchtlich gesteigert. Mit längeren, schwereren Zügen und modernen, leistungsstarken Lokomotiven liegen die Betriebskosten pro Container weit unter denen des Straßentransports. In Nordamerika, Australien und Indien werden Container doppelstöckig transportiert. Die weltweit schwersten Züge betreibt die brasilianische Bergbaufirma Vale auf der 892 km langen Carajás-Bahn: 42 300-t-Eisenerzzüge mit 330 Wagen fahren bis zu 24-mal am Tag zum Hafen Ponta da Madeira.

BNSF-Güterzug, Cajon Pass, Kalifornien Mit je zwei modernen GE Evolution Series ES44DC vorn und hinten kann ein derartiger Zug bis zu 4,3 km lang sein. Je nach Streckenverlauf bremsen die Loks den talfahrenden Zug im Gefälle oder ziehen ihn über Steigungen.

△ Stadler Citylink Tram-Train, 2016

Achsfolge 3-teiliger Gelenktriebwagen
Stromversorgung 600 V und 750 V DC, Oberleitung; zusätzlich 2 Dieselmotoren
Leistung Elektrisch: 777 PS (580 kW); Diesel: 1046 PS (780 kW)
Geschwindigkeit 100 km/h

Tram-Trains, die auf Regionalstrecken ebenso fahren können wie in Stadtzentren, werden zunehmend beliebter. Der Citylink (wie der gezeigte für Chemnitz) ist in Deutschland, Österreich, Ungarn, Spanien, Mexiko und Großbritannien im Einsatz, Hunderte weitere sind bestellt.

▽ Siemens IC4, 2016

Achsfolge 7, 12- oder 13-teiliger Hochgeschwindigkeitstriebzug
Stromversorgung 15 kV AC 16,7 Hz
Leistung 13 ?71 PS (9900 kW)
Geschwindigkeit 250 bzw. 265 km/h

Die ICE 4 der DB wurden ab Ende 2016 in Dienst gestellt, bis zu 300 sollten ursprünglich gebaut werden. Die Züge können aus 7, 12 oder 13 Wagen bestehen, die lange Version ist als »XXL-ICE« bekannt. Die 7-teilige Version ist für 250 km/h zugelassen, die anderen für 265 km/h.

△ Siemens S200 Calgary Transit C-Train System, 2015

Achsfolge 2-teiliger Gelenktriebwagen
Stromversorgung 600 V DC, Oberleitung
Leistung 777 PS (580 kW)
Geschwindigkeit 80 km/h

Seit 1981 die erste Stadtbahnstrecke in Calgary, Kanada, eröffnete, ist das Netz beständig gewachsen und befördert heute rund 240 000 Fahrgäste täglich. Um die Kapazität zu erhöhen und einige der ältesten Fahrzeuge zu ersetzen, wurden 2015–2020 69 neue S200 in Dienst gestellt. Calgary Transit plant, den Wagenpark in den nächsten Jahrzehnten auf knapp 400 Fahrzeuge fast zu verdoppeln.

▷ Siemens Inspiro London Underground, 2025

Achsfolge 9-teiliger U-Bahnzug
Stromversorgung 630/750 V DC 2 Stromschienen
Leistung 3400 PS (2500 kW)
Geschwindigkeit 100 km/h

Die Fahrgastzahlen der Londoner U-Bahn sind stark gestiegen. Ein Erneuerungsprogramm sieht vor, 250 neue, möglicherweise automatisch und fahrerlos betriebene Züge zwischen 2020 und 2035 in Dienst zu stellen. Drei Firmen entwickeln Konzepte, hier gezeigt ist der Vorschlag von Siemens.

Fahrtrichtung Zukunft

Technische Fortschritte und der Drang zu weniger klimaschädlichen Transportmitteln geben der Eisenbahn weiterhin Auftrieb. Hochgeschwindigkeitszüge befördern heute Reisende über Strecken, auf denen das früher undenkbar gewesen wäre, und lassen Reisezeiten dabei beträchtlich schrumpfen.

Neu entwickelte Züge beschleunigen Reisen auf einigen der ältesten Eisenbahnstrecken der Welt – und beweisen damit, dass die Infrastruktur, die die frühen Pioniere im 19. Jh. geschaffen haben, noch immer eine Schlüsselrolle spielt.

◁ **Siemens Charger, 2017**

Achsfolge Bo'Bo'

Kraftübertragung Elektrisch

Leistung 4200 PS (3100 kW) (ALC-42)

Geschwindigkeit 200 km/h

Über 350 Stück dieser nordamerikanischen Siemens-Diesellok haben Bahngesellschaften bereits im Einsatz oder bestellt, darunter Amtrak in den USA und ViaRail in Kanada. Die Charger beruht auf der europäischen Vectron sowie auf der ACS-64 desselben Herstellers. Zu den verschiedenen Varianten gehören die 2022 von Amtrak in Dienst gestellte ALC-42 und andere mit stromlinienförmiger Stirnseite.

▽ **Hitachi Reihe 800, 2017**

Achsfolge 5- oder 9-teiliger Triebzug

Stromversorgung 25 kV AC 50 Hz (oder mit Dieselantrieb)

Leistung 3635 PS (2712 kW) (5-teilig) oder 6060 PS (4520 kW) (9-teilig) elektrisch angetrieben

Geschwindigkeit 200 km/h

Die Reihe 800 von Hitachi soll ältere britische Fernverkehrszüge wie z. B. den High Speed Train HST ersetzen. Als »Zweikraftfahrzeug« kann der Zug unter Oberleitung elektrisch fahren sowie mit Dieselantrieb auf nicht elektrifizierten Strecken. Die Züge werden auf zwei Hauptstrecken eingesetzt: entlang der Ostküste (als »Azuma«) und auf der Great-Western-Strecke (als »Intercity Express Train«).

◁ **Talgo 350 SRO, 2018**

Achsfolge 15-teiliger Hochgeschwindigkeitstriebzug

Stromversorgung 25 kV AC 50 Hz

Leistung 10 728 PS (8000 kW)

Geschwindigkeit 300 km/h

Der auf dem AVE S-102 für die spanische Bahngesellschaft Renfe basierende Talgo 350 SRO verfügt über Modifizierungen für die harte Wüstenumgebung in Saudi-Arabien. Dazu gehören eine spezielle Isolierung und Filter sowie eine Blaseinrichtung, um Sand von der Schiene zu entfernen. Der Zug befährt die 2018 eröffnete Schnellfahrstrecke Haramain zwischen Mekka und Medina. Bisher wurden 36 Züge gebaut.

△ **SBB RABe 501, 2019**

Achsfolge 11-teiliger Hochgeschwindigkeitstriebzug
Stromversorgung 15 kV AC 16,7 Hz, 25 kV AC 50 Hz, 3 kV DC
Leistung 6300 PS (4720 kW)
Geschwindigkeit 250 km/h

Der 2019 in Dienst gestellt »Giruno« (Bussard) wird auf internationalen Verbindungen nach Italien durch den 57 km langen Gotthard-Basistunnel eingesetzt, der 2016 eröffnet wurde. Die bisher bestellten 29 Züge hatte Stadler bis 2021 ausgeliefert. Jeder der 11-teiligen Züge kann über 400 Personen befördern, zwei Züge lassen sich in Doppeltraktion betreiben.

WISSENSWERTES

Lösungen für Innenstädte

Weltweit bemühen sich Großstädte, Transportkapazitäten zu erweitern. Eine Lösung ist, Schienenverkehr verstärkt in den Untergrund zu verlegen, neben Stadt- und U-Bahnen auch Hauptbahnen. Beispiele sind der City-Tunnel in Leipzig und die 2022 eröffnete Elizabeth Line (Crossrail) in London. Auch in Berlin, Hamburg, Frankfurt (Main) und München sind Bahntunnel unter der Innenstadt geplant oder im Bau.

City-Tunnel Leipzig Der aus zwei Röhren bestehende, 3,6 km lange Tunnel wurde 2013 eröffnet und führt Regionalzüge unter der größten Stadt Sachsens hindurch.

△ **Indian Railways Vande Bharat Express, 2019**

Achsfolge 16-teiliger Elektrotriebzug
Stromversorgung 25 kV AC 50 Hz
Leistung 12 000 PS (8948 kW)
Geschwindigkeit 160 km/h

Der für 160 Km/h zugelassene Vande Bharat (»Train 18«) hat bei Testfahrten höhere Geschwindigkeiten erreicht. Er wird in Chennai mit größtenteils im Land hergestellten Komponenten gebaut. Anfangs befuhren die Züge zwei von der Hauptstadt Neu-Delhi ausgehende Strecken, weitere Verbindungen, auch mit Schlafwagen, sind geplant. Daher könnten Hunderte dieser Züge gebaut werden.

◁ **Alstom Amtrak Avelia Liberty, 2023**

Achsfolge 11-teiliger Elektrotriebzug
Stromversorgung 25 kV AC 50 Hz
Leistung 9400 PS (7000 kW)
Geschwindigkeit 260 km/h

Eine neue Generation von Zügen mit Neigetechnik soll 2023 auf der von Amtrak betriebenen Acela-Strecke Boston-Washington, D.C., den Betrieb aufnehmen. Die im Bundesstaat New York von Alstom gebauten Züge beruhen auf dem für die französische SNCF entwickelten Avelia Horizon. Es sollen 28 Züge als Ersatz für die bisherigen geliefert werden. Der Avelia Liberty soll im Normalbetrieb mit 260 km/h fahren, könnte aber bis zu 350 km/h erreichen.

SO FUNKTIONIEREN EISENBAHNEN
LOKOMOTIVEN,
GLEISE, SIGNALE

9
BRANCH
SWITCH
OPEN
CLOSED
14
10
MAIN
SWITCH

Gleise

Auf den seit dem späten Mittelalter verbreiteten Grubenbahnen und ähnlichen Anlagen genügten für die von Menschen geschobenen oder von Pferden gezogenen »Hunde«, Karren und Wagen noch hölzerne Schienen; die erheblich schwereren Dampflokomotiven des 19. Jh. benötigten dagegen bereits solche aus Eisen. Die gusseisernen Schienen der allerersten »Eisenbahnen« wurden dabei schon in den 1820er-Jahren durch stabilere aus Schmiedeeisen abgelöst, bevor der noch haltbarere Stahl verwendet wurde. Die ersten Schienen aus dem neuen Werkstoff Stahl verlegte man 1857 im englischen Bahnhof Derby. Schienen, Schwellen und Bettung (z. B. Schotter) werden gemeinsam als »Oberbau« bezeichnet. Die »Spurweite«, also der Abstand zwischen den Innenseiten der Schienen, sowie die Ausrichtung der Schienen werden beim Bau und auch danach ständig überwacht, um sicherzustellen, dass sie auf geraden Streckenabschnitten und in Kurven die vorgeschriebenen engen Toleranzen einhalten.

AUFBAU DES BAHNKÖRPERS

Der »Oberbau« aus Schienen, Schwellen und Bettung benötigt einen geeigneten »Unterbau«, der den für einen problemlosen Zugbetrieb erforderlichen gleichmäßigen Höhenverlauf des Gleises sicherstellen muss. Dazu wird das »Planum« entsprechend eingeebnet und häufig mit einer Schicht Sand abgedeckt. Darauf wird die Bettung aufgebracht, in die die Schwellen gelegt werden. Schotter ist dafür wegen seiner guten Wasserabführung nach wie vor weitverbreitet.

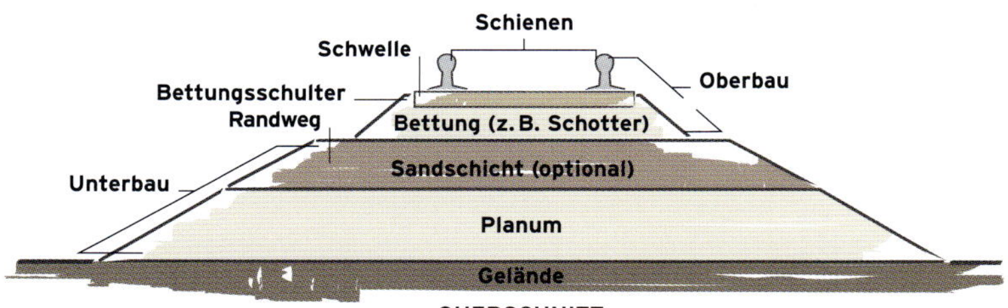

QUERSCHNITT

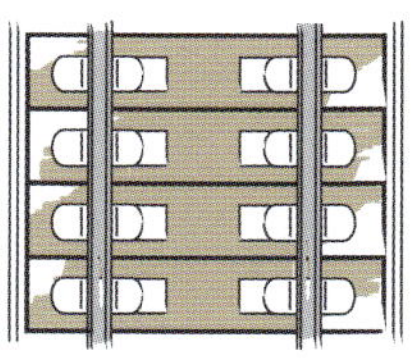

Feste Fahrbahn
Die feste Fahrbahn aus Beton oder Betonfertigteilen ist zwar teurer als eine Schotterbettung, jedoch im Unterhalt günstiger.

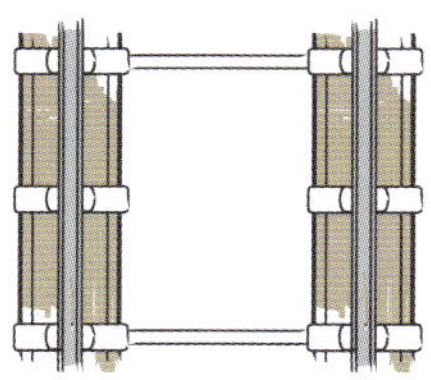

Gleis mit Längsschwellen
Hier verlaufen die Schwellen unter den Schienen parallel zu diesen und werden in Querrichtung mit Spurhaltern verbunden.

BEFESTIGUNG DER SCHIENEN

Die meisten Bahngleise bestehen heute aus Breitfußschienen (»Vignolschienen«) aus Stahl, die auf Holz- oder Betonschwellen befestigt sind. Stahlschienen sind stabiler und nutzen sich nicht so schnell ab wie die früheren Typen aus Guss- oder Schmiedeeisen. Doppelkopfschienen haben oben und unten dieselbe Form und können umgedreht werden, wenn eine Seite abgenutzt ist.

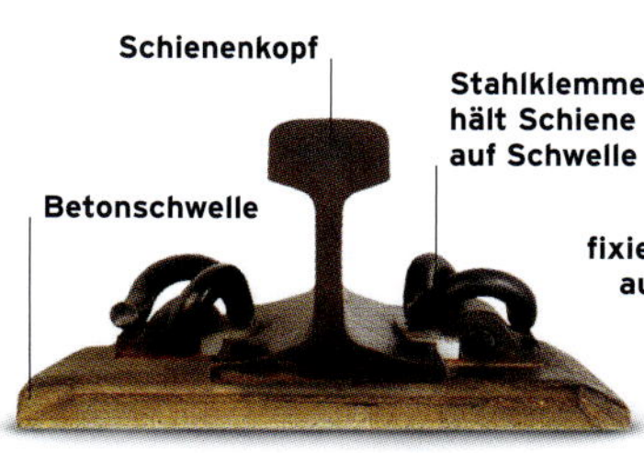

BREITFUSSSCHIENE

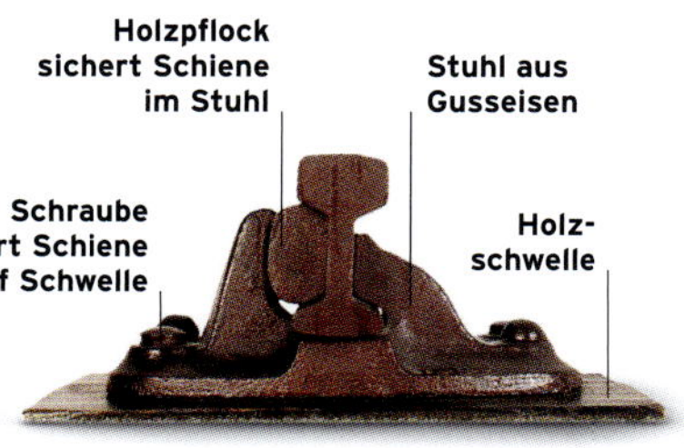

DOPPELKOPFSCHIENE

SPURWEITE

Als Spurweite bezeichnet man den Abstand zwischen den Innenseiten der Schienen eines Gleises. Eine Ausnahme ist Italien, wo man früher von Schienenmitte zu Schienenmitte maß (siehe unten). Die ersten Bahnbauer wählten die Spurweite gemäß ihren eigenen Vorstellungen und Anforderungen aus: Eine breitere Spur sollte den Zügen bei schneller Fahrt oder Seitenwind mehr Stabilität und Laufruhe verleihen, Schmalspurgleise benötigten weniger Platz und waren billiger zu bauen. Als einzelne Strecken zu Netzen zusammenwuchsen, wurde die Standardisierung entscheidend.

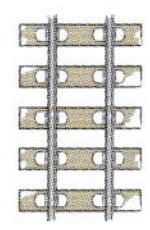

Zwei Fuß
(610 mm) Bereich ab 597 mm. Industrie- und Militärbahnen weltweit. In Deutschland sind 600 mm gebräuchlich.

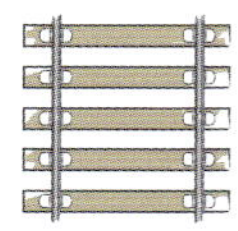

Russisch
(1524 mm) Länder der früheren Sowjetunion. Zweithäufigste Spur nach Normalspur.

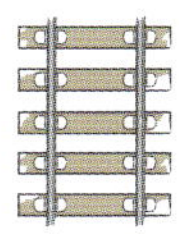

Italienische Meterspur
(950 mm) Italien, Sardinien und Sizilien. Entspricht 1000 mm zwischen Schienenmitten.

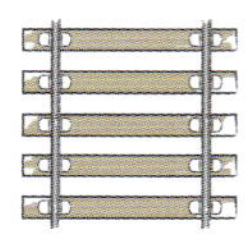

Irisch
(1600 mm) Irland, Australien. In Baden und Neuseeland im 19. Jh. verwendet.

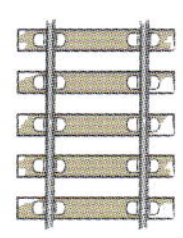

Meterspur
(1000 mm) Berg- und Straßenbahnen weltweit, einige Stadtbahnen.

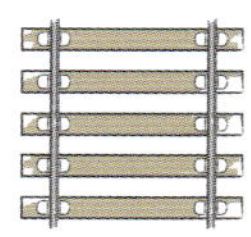

Iberisch
(1668 mm) Ermöglicht den Übergang zwischen dem spanischen und dem portugiesischen Netz.

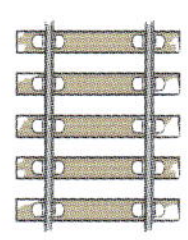

Kapspur
(1067 mm) 1873 in der Kapkolonie (Südafrika) eingeführt. Afrika, Japan, weltweit.

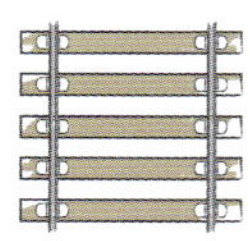

Indisch
(1676 mm) V. a. in Indien und Pakistan. Die breiteste derzeit genutzte Spur weltweit.

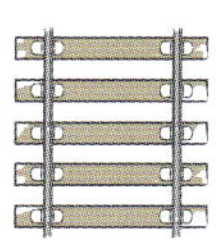

Schottisch
(1372 mm) Frühe schottische Bahnen, darunter Monkland und Kirkintilloch.

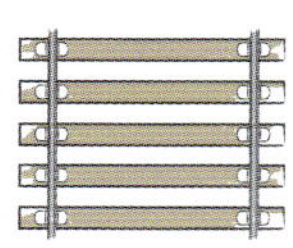

Brunel
(2140 mm) Von Isambard Brunel 1838 auf der GWR eingeführt (bis 1892 genutzt).

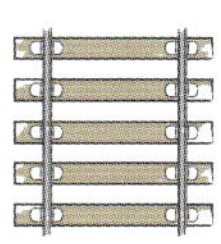

Normalspur
(1435 mm) 60 % der Bahnen weltweit, darunter USA und die meisten in Europa.

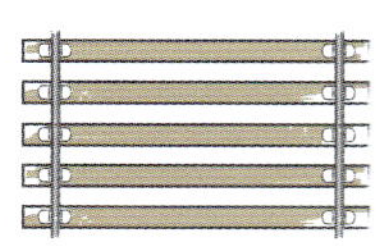

Breitspurbahn
(3000 mm) In NS-Deutschland für den Fernverkehr vorgeschlagen, aber nie gebaut.

Räder und Radsätze

Die Räder führen das Schienenfahrzeug und ermöglichen es ihm, Gleisbogen zu folgen. Der Raddurchmesser nimmt zur Fahrzeugmitte hin leicht zu und geht schließlich in den »Spurkranz« über, der das Entgleisen verhindert. Normalerweise berührt er die Schiene nicht, das Gewicht des Fahrzeugs tragen allein die konischen Laufflächen der Räder. Sie ermöglichen den Rädern innerhalb der Toleranzen ein seitliches Verschieben auf den Schienenköpfen. Das Rad auf der Bogenaußenseite hat den längeren Weg und rollt auf einer Linie näher am Spurkranz, das Rad auf der Innenseite rollt auf einem kleineren Raddurchmesser.

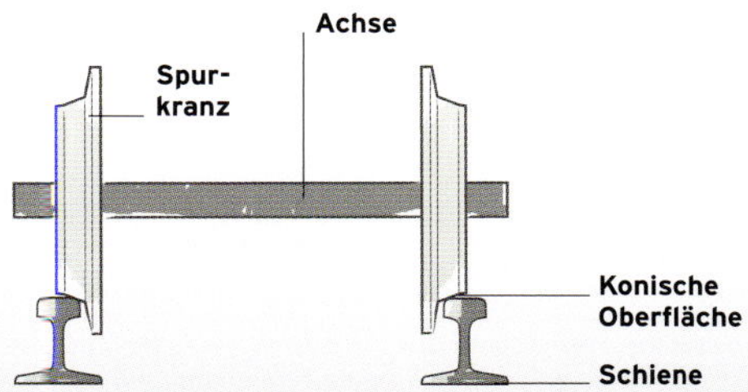

Rad mit Spurkranz
Den Spurkranz erfand der englische Ingenieur William Jessop 1789, um dem Rad auf der Schiene mehr Halt zu geben. So ließen sich Entgleisungen vermeiden.

ACHSFOLGE VON DAMPFLOKOMOTIVEN

Die immer größeren und schwereren Dampflokomotiven erhielten mehr Achsen, um das Gewicht gleichmäßiger zu verteilen und die Zugkraft zu erhöhen. Zur Angabe der Achsfolge entwarf der Ingenieur Frederick M. Whyte 1900 ein Ziffernsystem für die Anzahl der *Räder*. Danach war eine Lokomotive mit zwei führenden Achsen, zwei angetriebenen Achsen und einer nachlaufenden Achse eine 4-4-2. Logisch ließ sich das System auf Gelenklokomotiven ausweiten, die Kurven besser durchfahren können. Die Whyte-Schreibweise verwenden viele Länder für Dampflokomotiven. Das in Deutschland übliche UIC-System, mit dem sich auch andere Triebfahrzeugarten beschreiben lassen, zählt dagegen *Achsen*.

ACHSFOLGE	WHYTE	UIC
	0-2-2	A1
	2-2-0	1A (»Planet«)
	2-2-2	1A1
	4-2-0	2'A (»Norris«)
	0-4-0	B
	4-4-0	2'B (»American«)
	4-4-2	2'B1' (»Atlantic«)
	2-6-0	1'C (»Mogul«)
	2-6-2	1'C1' (»Prairie«)
	4-6-0	2'C
	4-6-2	2'C1' (»Pacific«)
	4-6-4	2'C2' (»Hudson«)
	2-8-0	1'D (»Consolidation«)
	2-8-2	1'D1' (»Mikado«)
	2-8-4	1'D2' (»Berkshire«)
	4-8-4	2'D2' (»Northern«)
	2-10-4	1'E2' (»Selkirk«)
	0-4-4-0	B'B oder B'B'
	2-6-6-2	(1'C)C1'
	2-6-6-6	(1'C)C3' (»Allegheny«)
	4-6-6-4	(2'C)C2' (»Challenger«)
	2-8-8-4	(1'D)D2'
	4-6-4+4-6-4	(2'C2')(2'C2')

BREMSEN

Die Bremsen der ersten Züge funktionierten wie die von Pferdewagen: Hebel pressten einen Bremsklotz gegen die Lauffläche des Rads. Das System war nicht sehr sicher und nutzte sich außerdem schnell ab. Die Scheibenbremsen moderner Züge ähneln denen im Auto: Eine Bremszange presst von beiden Seiten Bremsbeläge aus Verbundwerkstoff auf die auf der Achse sitzende Bremsscheibe.

KLOTZBREMSE

SCHEIBEN-BREMSE

Druckluftbremse
In den 1870er-Jahren entstanden zwei verschiedene Bremssysteme: Saugluftbremsen (Vakuumbremsen) und Druckluftbremsen. Es zeigte sich, dass die Druckluftbremse gegenüber der Saugluftbremse nur die halbe Zeit brauchte, um einen 80 km/h schnellen Zug mit 15 Wagen zum Stehen zu bringen. Der Bremsweg der Westinghouse-Druckluftbremse betrug 237 m, der der Saugluftbremse 450 m. Die Druckluftbremse ist heute weltweit das Standardsystem.

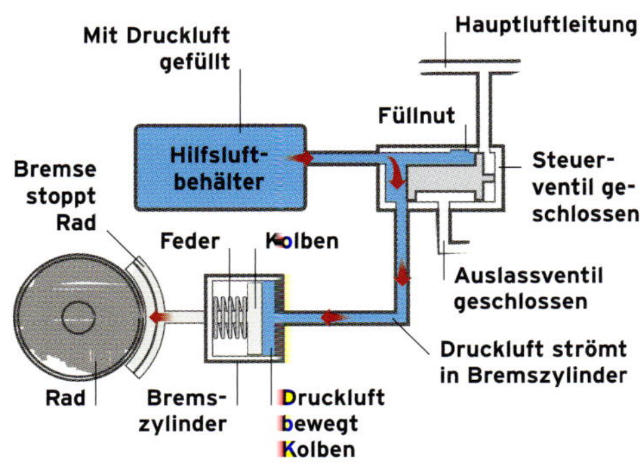

Bremse angelegt
Der Luftpresser füllt das System über die Hauptluftleitung (HLL) mit Druckluft. Wenn der Lokführer das Bremsventil betätigt, sinkt der Druck in der HLL. Aus den Hilfsluftbehältern gelangt Druckluft in die Bremszylinder, drückt dort auf die Kolben und bewirkt, dass die Bremsklötze auf die Räder gepresst werden.

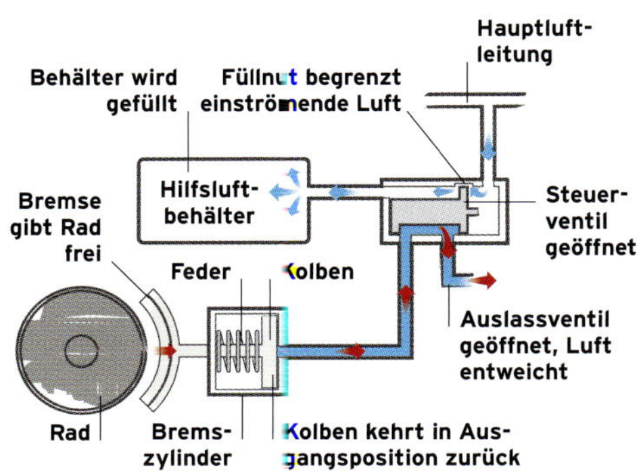

Bremse gelöst
Wenn der Lokführer die Bremse löst, werden die Hilfsluftbehälter über die HLL wieder gefüllt. Die Steuerventile lassen die Luft aus den Bremszylindern entweichen. Die Federn in den Bremszylindern drücken die Kolben zurück, die Bremsklötze lösen sich von den Rädern.

Signale

In den Anfangstagen der Eisenbahnen gab es nur wenige Züge, für Signalsysteme bestand kein Bedarf. Die Züge fuhren auf eingleisigen Strecken hin und her, der Fahrplan sorgte dafür, dass sie sich nicht zu nahe kamen. Als die Streckennetze dichter wurden, führten die noch auf individuellen Ortszeiten beruhenden Fahrpläne zur Verwirrung, die Signalisierung wurde erforderlich, um Unfälle zu vermeiden. (Einheitliche Standardzeiten wurden erst Ende des 19. Jh. eingeführt.) In den 1830er-Jahren entstanden aus den Handlampen des Personals besser sichtbare mechanische Signale an der Strecke. In manchen Ländern dauerte es jedoch viele Jahrzehnte, bis die Form und Bedeutung dieser Signale netzübergreifend standardisiert wurde.

Signallampe
Die Lampen der Zugbegleiter, Bremser oder des Bahnhofspersonals konnten mit verschiedenfarbigen Gläsern rot, grün oder weiß leuchten.

FRÜHE SIGNALSYSTEME

Die ersten Streckensignale gab es in verschiedensten Ausführungen, sie nutzten aber wie die Signallampen bisher Rot mit der Bedeutung »Halt«. Da es seit Langem international als Farbe für Gefahr anerkannt war, war Rot naheliegend. Auch Grün für »Fahrt« hatte man bereits mit den Signallampen verwendet; es war für den Lokführer schwer mit Rot oder mit anderen wahrgenommenen Lichtern zu verwechseln. Gelb, das sich wiederum von den anderen beiden unterschied, führte man später als Farbe für »Achtung« ein. Formsignale wurden zur am weitesten verbreiteten Ausführung von Streckensignalen und sind heute noch in Gebrauch.

KUGEL-TOKENS VON INDISCHEN BAHNEN

Token-Signalisierung
Der Besitz dieses Objekts (Token) stellte sicher, dass jeweils nur ein Zug einen eingleisigen »Block« (Streckenabschnitt) befahren konnte. Das Zugpersonal erhielt das Objekt von einem Blockwärter und gab es nach Passieren des Abschnitts an den nächsten Blockwärter ab. Mit automatisierten Systemen führte man später die maschinelle Übergabe ein.

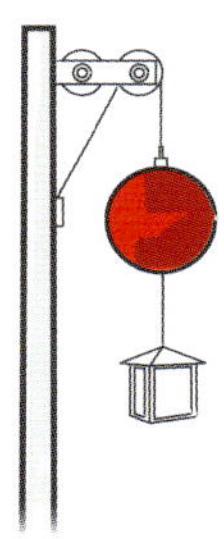

Kugelsignal
Dies war das am weitesten verbreitete Signal bei frühen US-Bahnen. Die hochgezogene (später: die herabgelassene) Kugel bedeutete »Fahrt frei«.

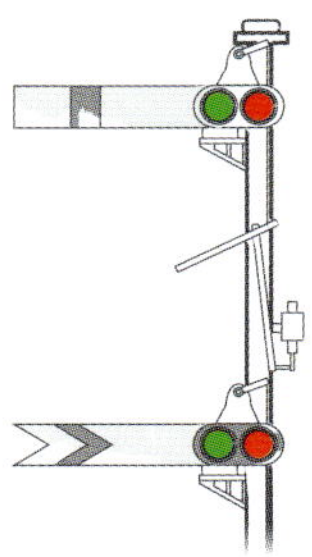

Flügelsignal
Diese ab den 1850er-Jahren bis heute verwendete britische Ausführung zeigt mit horizontalem Flügel »Halt« an, mit abgewinkeltem oder vertikalem Flügel »Fahrt«.

Wood-Schwenksignal
Die ab den 1830er-Jahren verwendeten Schwenksignale zeigten »Halt«/»Fahrt« mithilfe eines drehbaren Bretts an. Stand das Brett parallel zur Strecke, war diese frei.

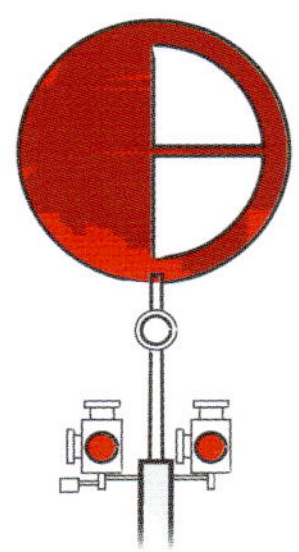

Rotierendes Scheibensignal
Ähnlich wie die Flügelsignale zeigte die Scheibe durch vertikales Rotieren »Halt« und »Fahrt« an. Die rot angestrichene Scheibe bestand üblicherweise aus Holz.

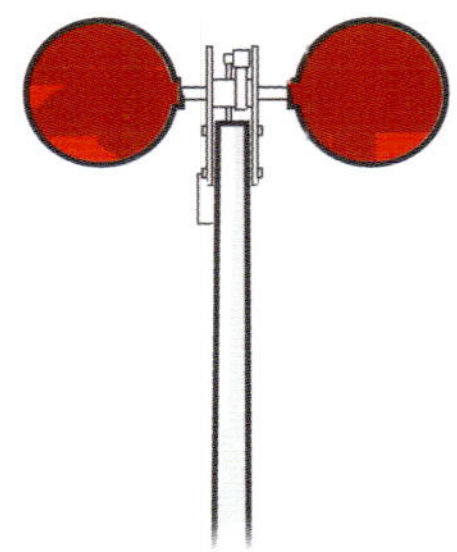

Doppelscheibensignal
Wie das Schwenksignal rotierte es auf einem Holz- oder Stahlmast. Beide Signale wurden bald abgeschafft, weil die »Fahrt«-Stellung schlecht zu erkennen war.

BLOCKBETRIEB

Aus Sicherheitsgründen sind Bahnstrecken in Abschnitte eingeteilt, die jeweils nur von einem Zug befahren werden dürfen. Signale sichern jeweils einen Streckenabschnitt (»Block«) und liefern dem Lokführer alle erforderlichen Informationen, damit er vor einem Gefahrenpunkt anhalten kann. Moderne Lokomotiven bremsen automatisch, wenn der Lokführer an einem »Halt« zeigenden Signal vorbeifährt. Ab den 1920er-Jahren wurden Lichtsignale für elektrische Beleuchtung entwickelt, die heute die Formsignale weitgehend abgelöst haben. Weil Züge einen sehr langen Bremsweg haben, kündigt ein Vorsignal dem Lokführer die Stellung des folgenden Hauptsignals an.

FORMSIGNALE

Die ab den 1840er-Jahren eingeführten Formhauptsignale bestehen aus einem oder zwei schwenkbaren »Flügeln« und einer »Blende« mit farbigen Linsen. Wird ein Flügel verstellt, bewegt sich die Blende vor der Lichtquelle (anfangs Öllampen) und zeigt die entsprechende Lichtfarbe als Nachtsignal. Zu dem hier gezeigten Hauptsignal gehört jeweils ein im Bremswegabstand davor stehendes Vorsignal, das dem Lokführer die zu erwartende Stellung des Hauptsignals angibt. Das Formvorsignal besteht aus einer um eine waagerechte Achse klappbaren runden gelben Scheibe mit schwarzem Ring und weißem Rand. Die senkrecht gestellte Scheibe kündigt »Halt erwarten« (Vr 0) an, die waagerecht liegende Scheibe »Fahrt erwarten« (Vr 1).

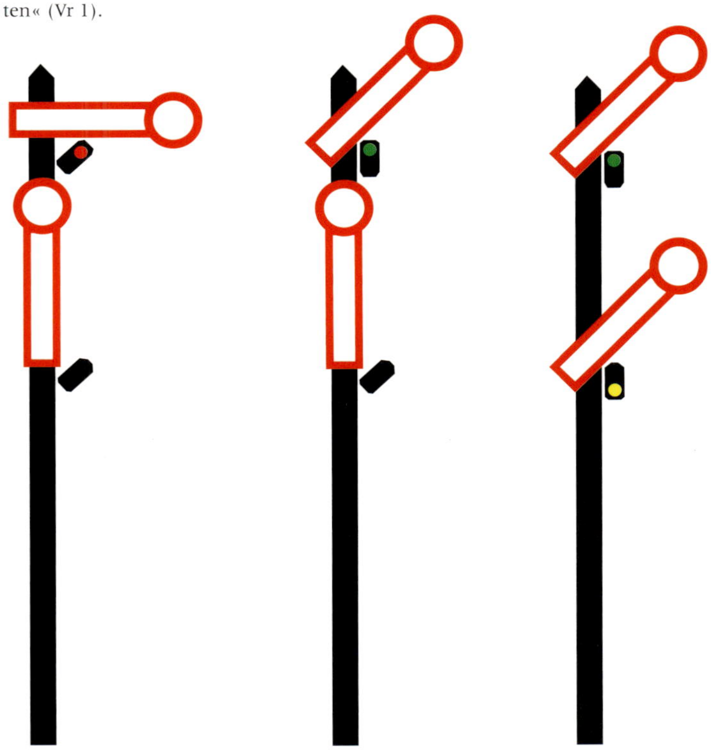

Halt (Hp 0) Der horizontal stehende obere Flügel bedeutet »Halt«. Falls ein zweiter Flügel vorhanden ist, steht er vertikal vor dem Mast. (»Hp« in der Kurzform des Signalbegriffs steht für »Hauptsignal«.)

Fahrt (Hp 1) Der schräg nach oben stehende obere Flügel gibt den nächsten Streckenabschnitt frei. Der Zug darf mit der für die Strecke vorgeschriebenen Höchstgeschwindigkeit fahren.

Langsamfahrt (Hp 2) Der Zug darf nur mit verminderter Geschwindigkeit (in der Regel 40 km/h) fahren, z. B. weil er hinter dem Signal durch eine Weiche aus der geraden Fahrtrichtung abgelenkt wird.

TECHNIK

Telegraf

Der Telegraf veränderte das Eisenbahnsignalwesen grundlegend: Erstmals ließen sich den Zügen Nachrichten vorausschicken. Das erfolgreichste System hatte Samuel Morse 1835 erfunden.

Sein Mitarbeiter Alfred Vail schlug statt des ersten Pendelapparats eine Hebelvorrichtung vor, um einen Code aus Punkten und Strichen zu drucken – den späteren Morsecode. Das 1840 patentierte System wurde bei Eisenbahnen und für den öffentlichen Betrieb eingeführt. Tausende Kilometer Telegrafenleitungen wurden entlang der Bahnstrecken gebaut und verbanden ab Oktober 1861 die Ost- und Westküste der USA.

Morsetaster, 1875 Der Morsetelegraf arbeitete mit einem elektrischen Strom, der durch Ein- oder Ausschalten Punkte und Striche sendete.

WEICHEN

Weichen sind eine Schlüsselkomponente jeder Eisenbahn. Das von dem englischen Ingenieur Charles Fox 1832 erfundene einfachste System bestand aus einer von einem Hebel bewegten Stellstange. Sie verschob Schienenstücke, die den Zug von einem Gleis weg auf ein abzweigendes führten. Ursprünglich stellten Weichenwärter die Weichen, heute geschieht dies in der Regel aus der Ferne elektrisch.

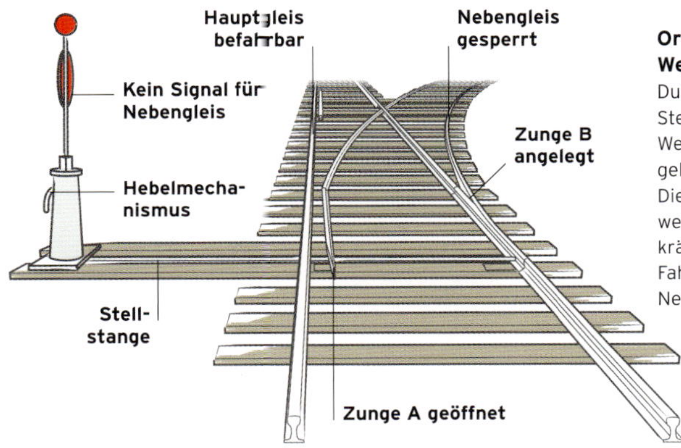

Ortsgestellte Weiche Durch Ziehen an der Stellstange wird die Weichenzunge A angelegt und B geöffnet. Die Räder des Zugs werden durch die Spurkränze aus der geraden Fahrtrichtung auf das Nebengleis abgelenkt.

Moderne Weichen Moderne Weichensysteme werden heute elektronisch gesteuert und ermöglichen dadurch komplexere Zugfahrten über viel befahrene Weichenstraßen.

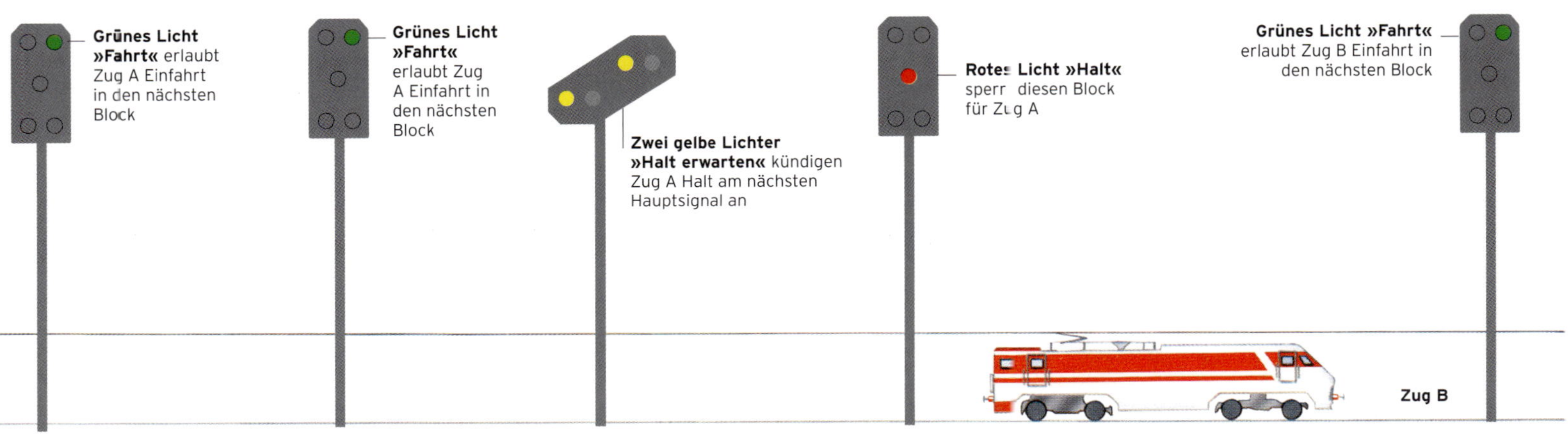

Stellwerk Radstock North

Bevor es automatisierte Zentralstellwerke gab, regelten Weichenwärter von lokalen Stellwerken aus den Verkehr. Radstock North war für die Züge auf der alten Nord-Somerset-Strecke der Great Western Railway zuständig und wurde im Museum Didcot als typisches britisches Stellwerk der 1930er-Jahre restauriert.

OB BEIM STELLEN und Überwachen von Signalen oder dem Einrichten von Fahrstraßen: Stellwerke waren die zentralen Punkte des Transportsystems Eisenbahn. Sie gewährleisteten, dass Züge den Fahrplänen entsprechend auf den richtigen Strecken sicher verkehren konnten, und boten den Wärtern außerdem eine warme und trockene Arbeitsumgebung. Anfangs wurden Signale noch durch Handzeichen oder mit der Ausgabe von Tokens (z. B. in Form von Holz- oder Metallstäben) gegeben, später wurde das Signalwesen mit Hebelvorrichtungen in neben dem Gleis stehenden Stellwerken mechanisiert. Vom erhöhten Bedienraum aus hatten die Wärter eine gute Sicht auf die Strecke, im unteren Teil des Gebäudes war meistens die umfangreiche Mechanik untergebracht. Mit dem Aufkommen der zentralisierten elektronischen Signaltechnik sind die zahlreichen traditionellen Stellwerke entlang der Strecke größtenteils verschwunden.

DAS INNERE

Das eigentliche Stellwerk besteht aus einer Vielzahl von Hebeln, die in der Hebelbank auf dem Boden aufgereiht sind. Die Hebel sind je nach Funktion farbig gekennzeichnet. Mit dem großen Rad wird die Schranke am Bahnübergang betätigt, die Apparate über den Hebeln zeigen an, ob bestimmte Streckenabschnitte frei sind. Der Schlüssel-Token-Apparat stellt sicher, dass auf einer Strecke nicht zwei Züge auf Kollisionskurs sind.

1. Gesamteindruck des Bedienraums **2.** Token-Apparate für Nebenstrecke (links) und Hauptstrecke (rechts) **3.** Gestell mit Blockapparaten und Telegrafenausrüstung **4.** Nahaufnahme der Dreilagen-Blockapparate **5.** Stellhebel: rot für Signale, blau für Verschlüsse und Schranken, schwarz für Weichen **6.** Großes Handrad und Hebel für Bahnübergang **7.** Hebel für Fußgängerschranken **8.** Hebelgriffe mit Handfalle (Sperrvorrichtung) **9.** Messingschild gibt das vom Hebel gestellte Signal an **10.** Plan der von Radstock North überwachten Signale und Einrichtungen **11.** Klingeltaster zum Übertragen codierter Meldungen zum nächsten Stellwerk **12.** Signalhebel **13.** Elektrischer Schlüssel-Token-Apparat für eingleisige Strecke **14.** Ringe zur Übergabe von Tokens an Lokführer im vorbeifahrenden Zug **15.** GWR-Uhr **16.** Lampe für den Betrieb bei Nacht **17.** Kohleofen

1

2

3

4

5

6

7

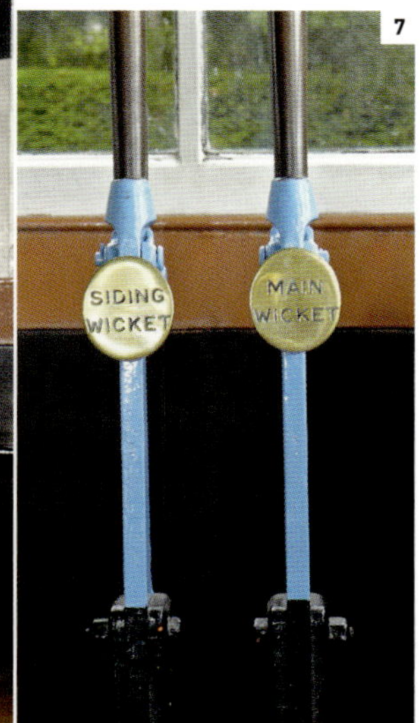

12

8

9

10

11

13

14

15

16

17

DAS ÄUSSERE

Das Stellwerk unmittelbar neben Bahnübergang und Strecke ist mit Letzterer über einen komplexen Verschlussmechanismus verbunden. Jeder Hebel im Inneren wirkt auf eine Reihe von Rollen, Ketten, Drehzapfen und Stangen, die entweder ein Signal oder eine Weiche stellen oder die Schranke öffnen oder schließen.

Dampflokomotiven

Dampf war als potenzielle Energiequelle seit Langem bekannt, bereits im 1. Jh. n. Chr. beschrieb Heron von Alexandria dampfgetriebene Apparate. Doch erst zu Beginn des industriellen Zeitalters ließ sich die Dampfkraft effektiv nutzen. 1712 entwickelte der englische Eisenwarenhändler und Erfinder Thomas Newcomen eine dampfgetriebene Pumpe zum Entwässern von Bergwerken. Derartige stationäre Maschinen wurden mobil, als ein anderer englischer Ingenieur, Richard Trevithick, mit »Hochdruck«-Dampfmaschinen zu experimentieren begann. Sie waren klein genug, um auf Räder gesetzt zu werden; erstmals ließ sich Dampf für die Fortbewegung nutzen. Trevithicks erstes Gefährt rollte noch auf der Straße, doch 1803 baute er für die Eisenhütte Pen-y-darren eine Dampflokomotive, die auf eisernen Schienen fuhr. Innerhalb von 30 Jahren war die Eisenbahnrevolution im Gange, die Massen erhielten ein Transportmittel. Über 100 Jahre lang sollte Dampf die Eisenbahnen der Welt antreiben.

DAMPFERZEUGUNG

Zum Erzeugen von Dampf strömen heiße Rauchgase aus der Feuerbüchse durch Rohre, die durch den mit Wasser gefüllten Kessel verlaufen. Die heißen »Heizrohre« bringen das sie umgebende Wasser zum Sieden, der Dampf sammelt sich an der Oberseite des Kessels. Ein Ventil regelt, in welcher Menge dieser »Nassdampf« in das Reglerrohr einströmt. In Überhitzerrohrsätzen wird die Temperatur weiter erhöht, damit der Dampf mit noch mehr Energie in die Zylinder gelangt, wo er expandiert und die Kolben antreibt. Der Abdampf entweicht über das Blasrohr in den Schornstein und trägt dazu bei, heiße Rauchgase in die Heizrohre zu saugen.

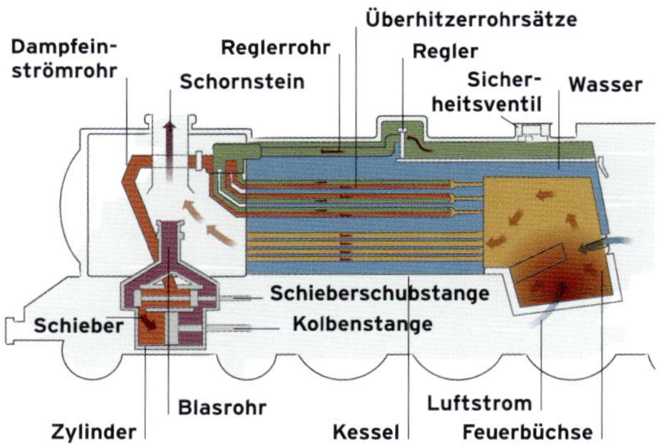

Legende
- Abdampf
- Nassdampf
- Heißdampf
- Heiße Rauchgase

Beschicken des Feuers
Der Heizer schaufelt Kohle in die Feuerbüchse. Das Feuer wurde schon Stunden vor Fahrtantritt entzündet, um die Temperatur langsam zu erhöhen und Schäden am Kessel zu vermeiden.

BAUGRUPPEN EINER DAMPFLOKOMOTIVE

Die Grundprinzipien der Dampfkraft blieben während des gesamten Dampfzeitalters gleich, die Lokomotiven wurden allerdings immer raffinierter. Hatten die ersten Dampfmaschinen z. B. nur ein Heizrohr, so hatte Stephensons *Rocket* schon 25 und spätere Lokomotiven 150 oder mehr. Je nach Aufgabe – Rangieren, Güter- oder Schnellzüge – musste die Lokomotive ihre Kraft verschieden entfalten, mit mehr Zylindern oder mehr Treibrädern. Aber die Grundlagen blieben im Wesentlichen gleich.

DAMPFMASCHINE UND TRIEBWERK

Im Kessel wird Wasser erhitzt und verdampft, dieser Nassdampf wird überhitzt und mit hohem Druck durch die Einströmrohre zu den Zylindern geleitet. Der durch Schieber oder Ventile eingelassene Dampf übt im Zylinder Druck auf den Kolben aus. Über Stangen und Zapfen wird der Treibradsatz in Bewegung gesetzt, aus der linearen Kolbenbewegung wird eine Drehbewegung.

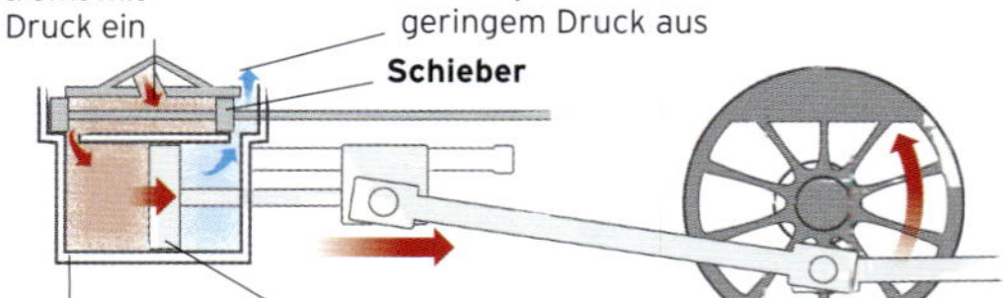

1 Hinbewegung Dampf unter hohem Druck strömt über den Schieber in den vorderen Zylinderteil, expandiert dort und drückt auf den Kolben. Das Rad macht eine halbe Umdrehung.

FÜHRERSTAND

Die meisten Dampflokomotiven hatten zwei Mann Personal: Lokführer und Heizer. Der Lokführer steuerte die Lokomotive mit Regler (einer Art »Gashebel«), Steuerung und Bremse. Er überwachte seine Anzeigen und regulierte anhand der Signale an der Strecke die Fahrgeschwindigkeit. Der dem Lokführer untergeordnete Heizer hatte v. a. für eine ausreichende Dampferzeugung zu sorgen. Er beschickte das Feuer und achtete auf den Wasserstand im Kessel, mit der Speisepumpe füllte er den Kessel mit Wasser aus dem Tender auf. Außerdem unterstützte er den Lokführer bei der Beobachtung der Strecke und der Signale, besonders in Kurven.

LOKOMOTIVE

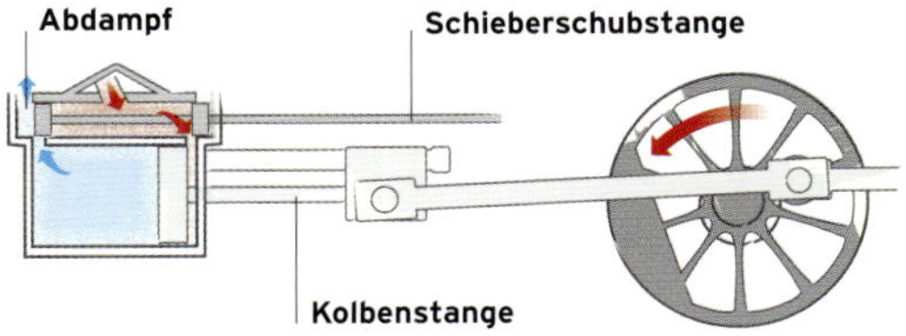

2 Ausströmen Über Stangen ist das Rad mit dem Schieber verbunden. Dieser öffnet und lässt den expandierten Dampf mit geringerem Druck ausströmen.

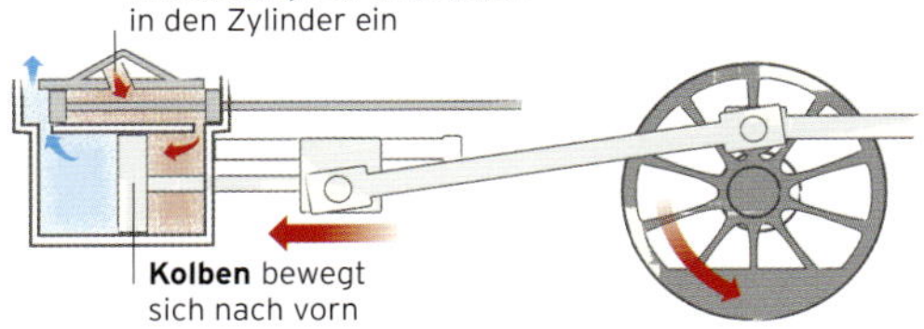

3 Herbewegung Die Schieberbewegung ermöglicht auch das Einströmen von Dampf unter hohem Druck in den hinteren Zylinderteil, der Kolben wird nach vorn gedrückt.

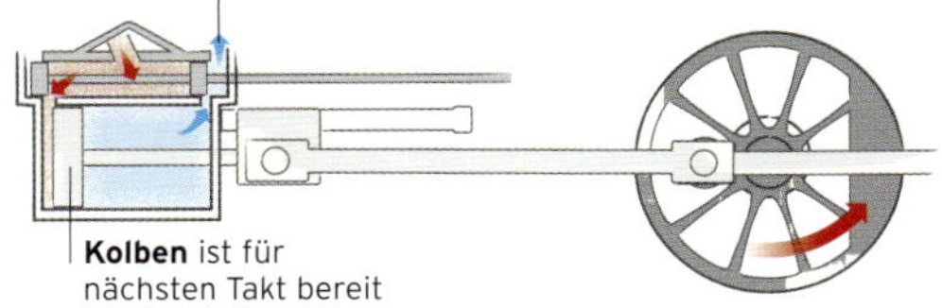

4 Ausströmen Nach einer weiteren halben Radumdrehung lässt der Schieber den Abdampf ausströmen und Frischdampf einströmen. Der Zyklus beginnt von vorn.

Diesellokomotiven

Den ersten Verbrennungsmotor mit Selbstzündung stellte der deutsche Ingenieur Rudolf Diesel 1893 vor, eine zuverlässig arbeitende Ausführung 1897. In einem Dieselmotor wird angesaugte Luft im Zylinder verdichtet, dadurch steigen Druck und Temperatur, eingespritzter Dieselkraftstoff verbrennt spontan. Die dabei entstehende Kraft wirkt über den Kolben auf die Kurbelwelle. Von dort erfolgt die Übertragung auf die Räder auf unterschiedliche Weise (elektrisch, mechanisch oder hydraulisch). Dieselmotoren können sehr leistungsstark sein: Auf Schiffen können sie über 50 000 PS erreichen, in Lokomotiven typischerweise 2500–4500 PS. Die in den 1930er- und 1940er-Jahren eingeführten ersten Diesellokomotiven waren mit weniger Personal und daher billiger zu betreiben als Dampflokomotiven. Heute sind Diesellokomotiven weltweit im Einsatz, besonders auf weniger frequentierten Strecken, deren Elektrifizierung nicht wirtschaftlich wäre.

DIESELELEKTRISCHE TRIEBFAHRZEUGE

Die meisten Diesellokomotiven sowie einige Dieseltriebwagen verfügen heute über eine elektrische Kraftübertragung. Dabei treibt der Dieselmotor einen Generator (heute häufig einen Wechselstromgenerator) an, der die von der Kurbelwelle bereitgestellte mechanische Energie in elektrische umwandelt. Damit werden die elektrischen Fahrmotoren gespeist, die die Radsätze der Lokomotive oder des Triebzugs antreiben. Anders als Elektrolokomotiven sind dieselelektrische Lokomotiven also nicht von einer externen Stromversorgung über Oberleitung oder Stromschiene abhängig, sondern führen ihr »Kraftwerk« gleichsam mit.

Früher erzeugten die Generatoren dieselelektrischer Lokomotiven Gleichstrom (DC, engl. »direct current«), technische Entwicklungen in den 1960er-Jahren ermöglichten jedoch den Einsatz zuverlässigerer auf Wechselstrom (AC, engl. »alternating current«) basierender Antriebe. Dabei wurde der von einem Wechselstromgenerator erzeugte Strom durch Gleichrichter in Gleichstrom für die Fahrmotoren umgewandelt. Weitere Fortschritte in der Wechselrichtertechnik in den 1980er- und 1990er-Jahren ermöglichten schließlich die direkte Speisung der Fahrmotoren mit dreiphasigem Wechselstrom (Drehstrom).

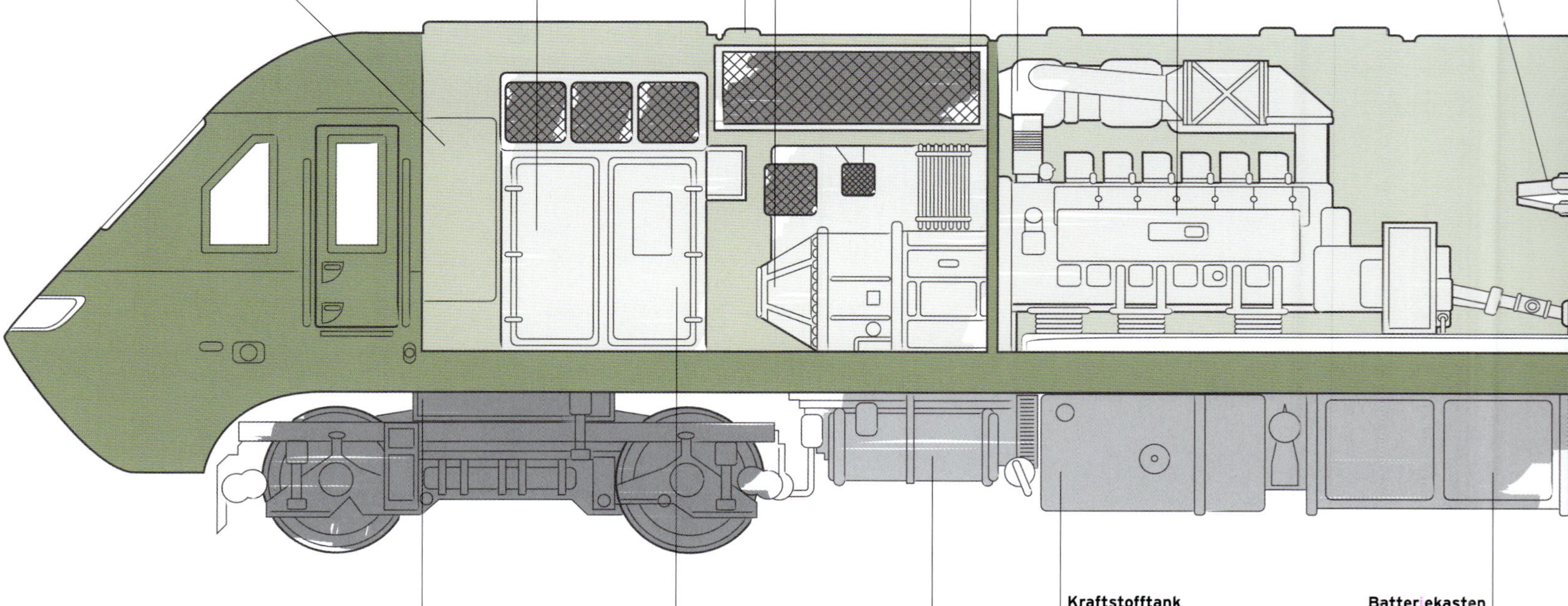

DIESELMECHANISCHE TYPEN

Bei der mechanischen Kraftübertragung besteht zwischen dem Dieselmotor und den Rädern eine direkte mechanische Verbindung. Dafür gibt es zwei Bauformen. Beim direkten Antrieb ist der Motor über Antriebswellen, Differenziale und Getriebe mit den Radsätzen verbunden. Eine andere Möglichkeit ist der Antrieb über Blindwelle und Kuppelstangen, der für Lokomotiven ohne Drehgestelle geeignet ist. Über die Kuppelstangen wird die Antriebskraft des Motors gleichmäßig auf alle angetriebenen Radsätze verteilt, die mit ihrem Achsdruck zum Reibungsgewicht beitragen.

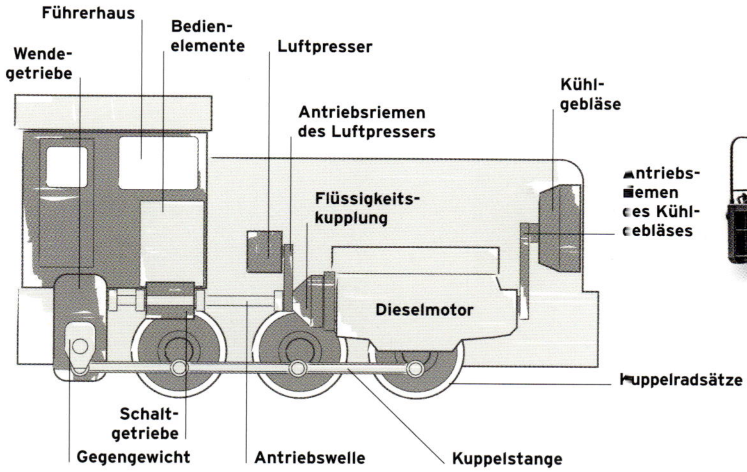

RANGIERLOKOMOTIVE
Diese kleinen Lokomotiven holen z. B. Reisezüge von Abstellgleisen und stellen sie in Bahnhöfen zum Einsteigen bereit. Andere Typen stellen Güterzüge zusammen, bevor eine Streckenlokomotive sie übernimmt. Für viele Rangierloks reicht eine mechanische Kraftübertragung, weil sie nicht sehr schnell fahren.

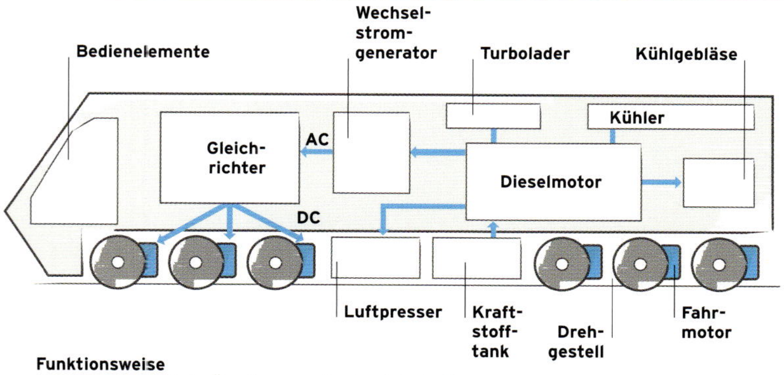

Funktionsweise
Das Schema zeigt die Übertragung der Antriebskraft des Dieselmotors über Wechselstromgenerator und Gleichrichter zu den Fahrmotoren an den Radsätzen.

DIESELHYDRAULISCHE TRIEBFAHRZEUGE

Triebfahrzeuge mit hydraulischer Kraftübertragung ähneln dieselmechanischen Lokomotiven und Triebzügen, können aber anders als die meisten dieselmechanischen Typen mit sehr viel leistungsstärkeren Motoren auch hohe Geschwindigkeiten erreichen. Der Grund ist, dass sie statt eines Getriebes einen Drehmomentwandler haben: eine mit einer zähflüssigen Substanz gefüllte Strömungsmaschine, die mit Pumpen- und Turbinenrad die Antriebskraft des Dieselmotors in Abhängigkeit von seiner Drehzahl und Leistung übertragen kann. Deutsche Konstrukteure bevorzugten diese Kraftübertragung seit dem Zweiten Weltkrieg und bauten dieselhydraulische Lokomotiven in großen Stückzahlen, auch für den Export nach Asien und in die USA.

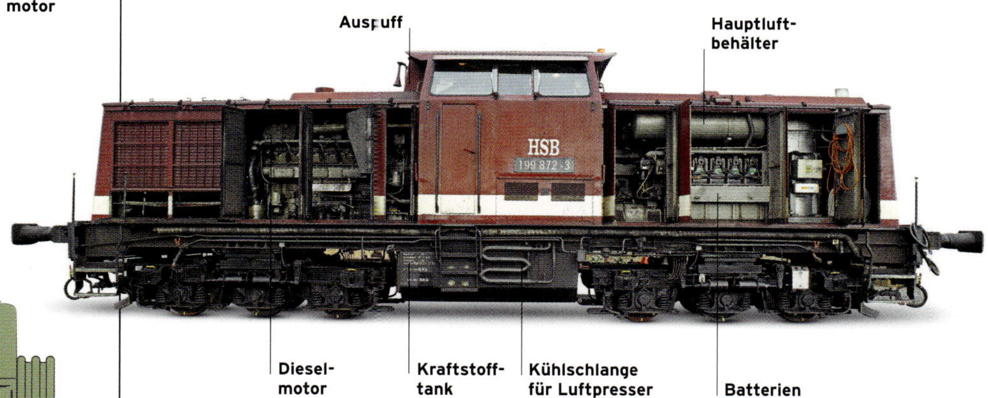

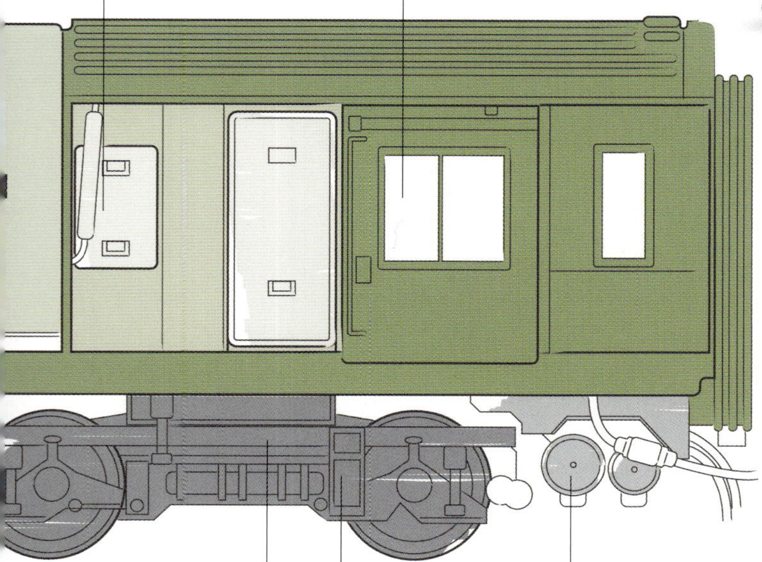

Fahrmotorlüfter
Gebläse zum Kühlen der Fahrmotoren auf dieser Fahrzeugseite

Gepäckraum
Bereich im hinteren Teil des Triebkopfs für die Gepäckbeförderung

Drehgestell
Auf Hochgeschwindigkeitsbetrieb ausgelegt

Fahrmotor
Einer pro Achse, treibt die Lok mit der vom Wechselstromgenerator erzeugten elektrischen Energie an

Hauptluftbehälter
Enthalten Druckluft für die Bremse und andere Zwecke

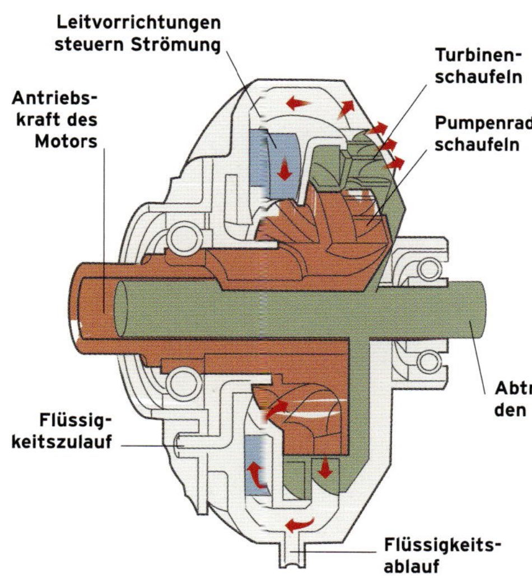

Drehmomentwandler
Eine Flüssigkeit »verbindet« die rotierenden Baugruppen im Wandler. Die Schaufeln des durch die Antriebskraft des Dieselmotors rotierenden Pumpenrads drücken die Flüssigkeit auf die Schaufeln der Turbine, versetzen auch diese in Rotation und übertragen damit das Drehmoment in Richtung der Räder. Beim Anfahren benötigt die Lokomotive mehr Drehmoment, zum Beibehalten einer konstanten Geschwindigkeit weniger.

Legende
- Pumpenrad (antreibend)
- Turbine (angetrieben)
- Feste Leitschaufeln
- Strömungsrichtung

Elektrolokomotiven

Ursprünglich entwickelte man elektrische Lokomotiven in Europa als effizientere Alternative zu Dampf- und frühen Diesellokomotiven. Die erste Elektrolokomotive drehte bereits 1879 auf einer Ausstellung in Berlin ihre Runden. Beschleunigt wurde der Übergang zur elektrischen Zugförderung durch den zunehmenden Bau von Bahntunneln, v.a. in Städten. 1890 wurde in London die erste Untergrundbahn mit elektrischen Lokomotiven eröffnet, die bald zum Vorbild für andere U-Bahnen wurde, besonders nach der Einführung der Mehrfachsteuerung 1897. In den USA wurde im Raum Baltimore erstmals ein 6,4 km langer Abschnitt Hauptstrecke der Baltimore & Ohio Railroad elektrifiziert, allerdings blieb die Elektrifizierung auf viel befahrene Strecken in städtischen Gebieten beschränkt. Die Einführung des Wechselstroms ermöglichte schließlich die Beförderung längerer und schwererer Züge durch Elektroloks und erhöhte gleichzeitig deren Geschwindigkeit und Effizienz.

ELEKTRISCHE TRIEBFAHRZEUGE

Wie bei dieselelektrischen treiben auch bei elektrischen Triebfahrzeugen Elektromotoren die Räder an; die elektrische Energie wird jedoch extern in stationären Kraftwerken erzeugt. Der Strom wird mit Stromabnehmern aus der Oberleitung oder von einer Stromschiene entnommen. Da sie kein »Kraftwerk« mitführen müssen, haben Elektrolokomotiven ein günstigeres spezifisches Leistungsgewicht und eine bessere Beschleunigung als dieselelektrische Typen, außerdem sind sie leiser und schneller als dieselgetriebene Züge. Damit sind elektrische Züge ideal für städtische Linien mit vielen Zwischenhalten geeignet. Den Weltrekord für einen konventionellen Zug stellte 2007 ein Elektrotriebzug auf: Ein modifizierter französischer TGV erreichte 574,8 km/h.

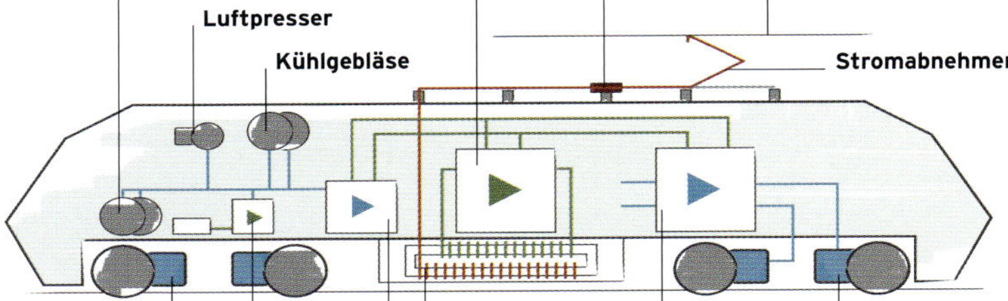

Funktionsweise
In der oben gezeigten Drehstromlokomotive wandeln Transformatoren und Gleichrichter den Wechselstrom aus der Oberleitung in Gleichstrom geringerer Spannung um. Wechselrichter konvertieren ihn mit derselben Spannung zurück zu Wechselstrom für die Fahrmotoren.

Legende
- Wechselstrom aus der Oberleitung (Hochspannung)
- Gleichstrom (Niederspannung)
- Wechselstrom (Niederspannung)

Baugruppen einer Elektrolokomotive
Bei einer aus der Oberleitung gespeisten E-Lok fließt der Strom über den Dachstromabnehmer zum Transformator. Dort wird er auf die Spannung heruntertransformiert, die für die an den einzelnen Achsen sitzenden Fahrmotoren geeignet ist.

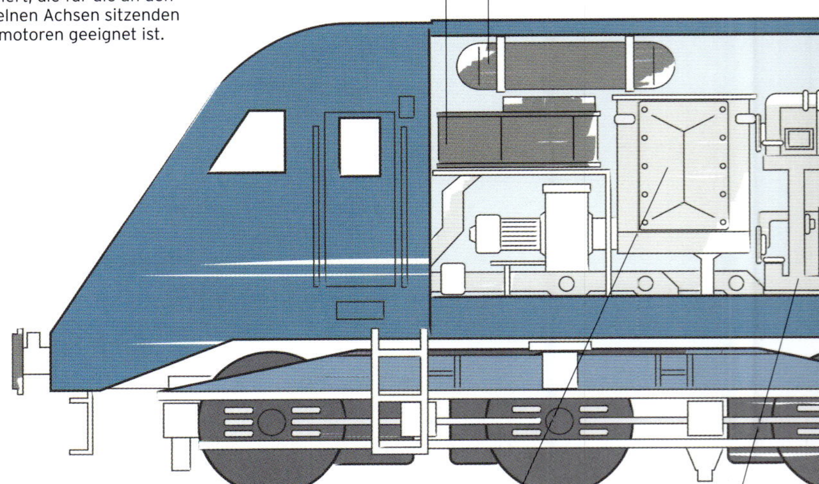

STROMSCHIENE

Bei vielen U-Bahn- und Stadtbahnsystemen erfolgt die Stromversorgung über eine Stromschiene, da sie leichter zu installieren ist als eine Oberleitung und zudem relativ effizient ist. Zur Stromabnahme dient ein am Zug angebrachter Schleifer. Der Vorteil des Systems besteht darin, dass viele Züge es gleichzeitig nutzen können und den Schleifer abnehmen, wenn sie keine Energie brauchen. Der durch die Stromschiene geleitete Starkstrom ist für Menschen und Tiere, die damit in Berührung kommen, potenziell gefährlich. Entsprechende Schutzmaßnahmen v.a. in Stationen und Depots minimieren das Risiko.

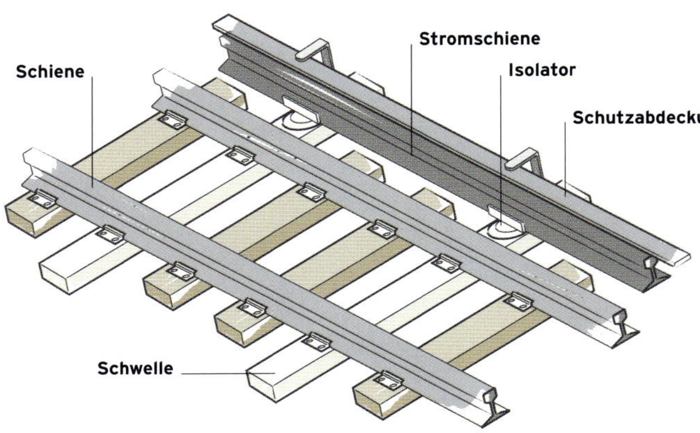

Anordnung der Stromschiene
Die Stromschiene liegt als »dritte Schiene« parallel zu den Fahrschienen auf Isolatoren, die an den Schwellen befestigt sind.

OBERLEITUNGEN

Über Oberleitung versorgte elektrische Triebfahrzeuge entnehmen den Strom mit einem Stromabnehmer, für den es verschiedene Bauformen gibt, z. B. Einholm-, Scheren-, Bügel- und Stangenstromabnehmer. Der Stromabnehmer liegt an der unteren Leitung an, dem »Fahrdraht«. Dieser besteht in der Regel aus Kupfer oder Aluminium, ist für mehrere Tausend Ampere ausgelegt, muss seine Lage über dem Gleis beibehalten und jeder Art von Wetter standhalten. Die Mechanik der Oberleitung ist nicht ganz so einfach, wie sie scheint. Die mechanische Spannung muss konstant sein; in Kurven muss die Oberleitung z. B. längs und gleichzeitig seitlich gespannt bleiben. Der Fahrdraht wird absichtlich im Zickzack geführt, um zu verhindern, dass sich Rillen in die Schleifstücke der Stromabnehmer einkerben.

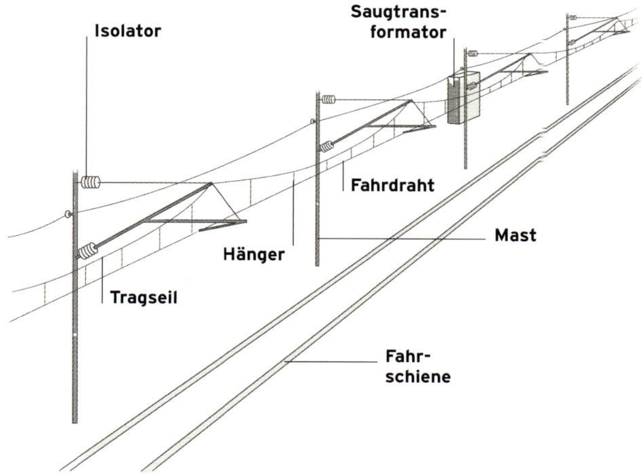

Stromabnehmer
Der Stromabnehmer wird durch eine Feder oder eine Druckluftvorrichtung an den Fahrdraht gedrückt. Die Schleifstücke sind so geformt, dass sie sich während der Fahrt nicht am Fahrdraht verhaken können.

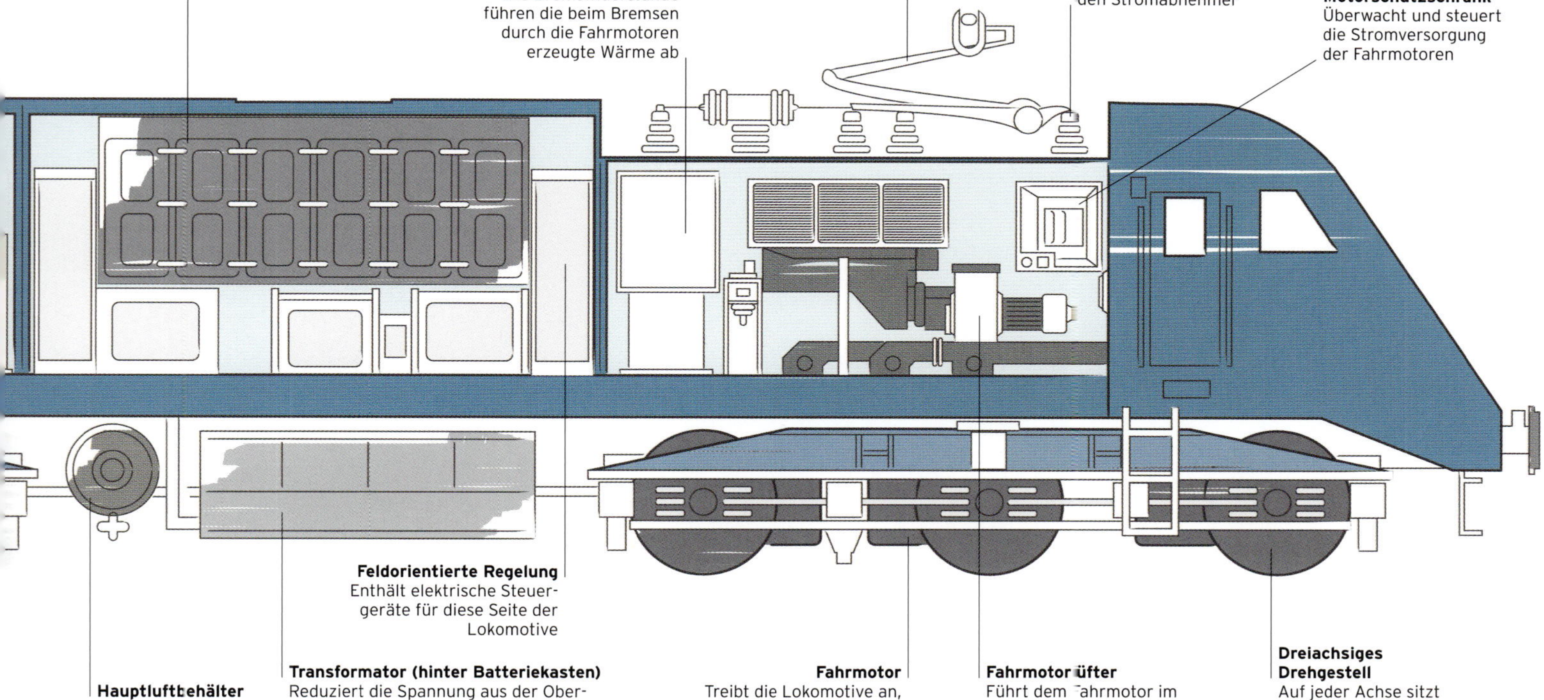

Hauptschaltschrank
Wandelt mit Thyristorschaltungen Wechselstrom in Gleichstrom für den Zwischenstromkreis um

Widerstandsbremse
Die Bremswiderstände führen die beim Bremsen durch die Fahrmotoren erzeugte Wärme ab

Stromabnehmer
Liegt mit einem Schleifstück aus Kohlenstoff an der Oberleitung an

Isolator
Schützt Lokomotive und Personal vor dem unter Hochspannung stehenden Stromabnehmer

Motorschützschrank
Überwacht und steuert die Stromversorgung der Fahrmotoren

Feldorientierte Regelung
Enthält elektrische Steuergeräte für diese Seite der Lokomotive

Hauptluftbehälter
Versorgt die Druckluftbremse

Transformator (hinter Batteriekasten)
Reduziert die Spannung aus der Oberleitung auf den für die Fahrmotoren geeigneten Wert

Fahrmotor
Treibt die Lokomotive an, sitzt jeweils mit Getriebe auf der Achse

Fahrmotorlüfter
Führt dem Fahrmotor im darunter liegenden Drehgestell Kühlluft zu

Dreiachsiges Drehgestell
Auf jeder Achse sitzt ein Fahrmotor

Kontakt des Schleifschuhs
Die Fahrzeuge haben einen »Schuh«, der den Strom aus der Stromschiene entnimmt. Am einfachsten ist das Bestreichen der nicht abgedeckten Stromschiene von oben. Allerdings kann sich bereits sehr wenig Schnee oder Eis als hinderlich erweisen. Seitliches Bestreichen bietet hier besseren Schutz. Am besten geeignet ist jedoch das Bestreichen der Stromschiene von unten, das vom Wetter nicht beeinflusst wird und vor unbeabsichtigter Berührung schützt.

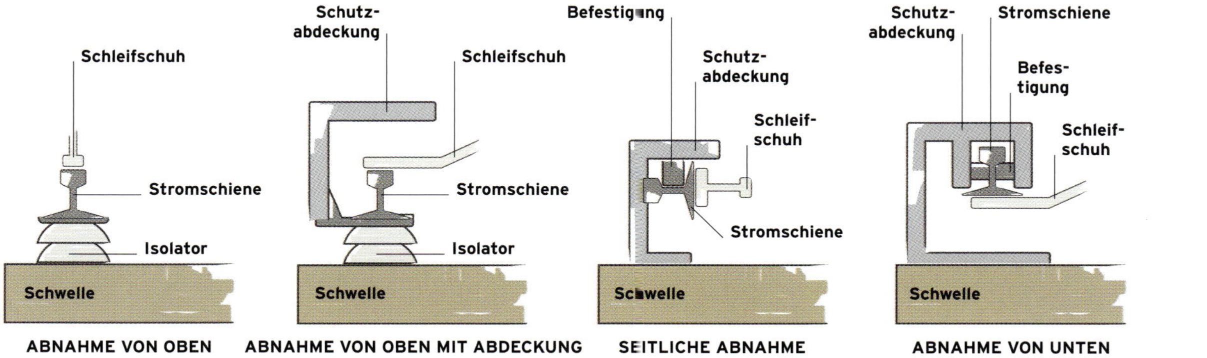

Glossar

Abdampf
Der verbrauchte, expandierte Dampf einer Dampflokomotive.

Abgase
Die Verbrennungsgase einer Diesellokomotive.

Achsbüchse
Ein Metallgehäuse für ein Lager, in dem sich das Ende einer Achse dreht.

Achsdruck
Der Anteil am Gesamtgewicht eines Fahrzeugs, den eine bestimmte Achse trägt. Gleise sind auf einen maximal zulässigen Achsdruck ausgelegt.

Achsfolge
Ein Verfahren zur Klassifizierung von Lokomotiven nach der Anordnung der Räder. Für Dampflokomotiven ist in vielen Ländern das Whyte-System verbreitet, bei Diesel- und Elektrolokomotiven und -triebwagen werden die angetriebenen und nicht angetriebenen Achsen gezählt. Nicht angetriebene Achsen, z. B. führende und nachlaufende Achsen, erhalten eine Ziffer, angetriebene Achsen den entsprechenden Buchstaben. *Siehe auch* **Bo'Bo', Co'Co', UIC-System** *und* **Whyte-System.**

Aschkasten
Unter der Feuerbüchse einer Dampflokomotive angebracht, sammelt Asche und Schlacke, die durch den Rost der Feuerbüchse fallen.

Atlantic
Eine Dampflokomotive mit der Achsfolge 2'B1' (4-4-2): zwei führende Laufachsen, zwei Kuppelachsen und eine nachlaufende Achse. Erstmals 1880 verwendet, auch als »Milwaukee« bezeichnet nach der Milwaukee Road, die diesen Typ für Schnellzüge einsetzte.

Aufladung
Eine Methode, um mehr Luft in die Zylinder von Dieselmotoren zu leiten, indem mit einem Turbolader Luft mit erhöhtem Druck durch die Einlassventile gepresst wird.

Ausgesetztes Fahrzeug
Ein in Großbritannien früher übliches Verfahren zum Aussetzen von Wagen aus einem fahrenden Schnellzug an einem Bahnhof (»Slip Coach«). Der Wagen rollte kontrolliert aus, die Fahrgäste konnten aussteigen, ohne dass der Zug an dem Bahnhof halten musste.

Ausweichgleis
Eine Stelle auf einer eingleisigen Strecke, an der zwei in entgegengesetzte Richtungen fahrende Züge einander passieren können.

Bahnbetriebswerk
Das Depot, in dem Triebfahrzeuge abgestellt, repariert und gewartet werden, wenn sie nicht im Einsatz sind.

Bahnhof
Bahnhöfe haben in der Regel mehr als ein Gleis und mindestens eine Weiche. Als Personen-, Güter-, Rangier- und Abstellbahnhöfe können sie ganz unterschiedliche Aufgaben und Größen haben.

Bahnübergang
Höhengleiche Kreuzung einer Eisenbahnstrecke mit einer Straße oder einem Weg.

Barrenrahmen
Ein 1838 von Edward Bury entwickelter leichter Rahmen für Lokomotiven, der aus schmiedeeisernen Barren statt aus mit Blechen beplankten Holzbalken bestand. Wurde in den USA Standard.

Baureihe
Eine Gruppe von Lokomotiven, die nach einem gemeinsamen Entwurf gebaut wurden.

Begleitwagen
Ein Wagen, von dem aus z. B. Bahnarbeiter den Zustand der Strecke überwachten. Wurde in der Regel am Zugschluss mitgeführt.

Beiwagen
Ein nicht angetriebener Reisezugwagen in einem Triebzug, der von den Fahrzeugen angetrieben wird, mit denen er im Zugverband gekuppelt ist.

Bettung
Die Schicht aus Schotter, Kies oder Beton, in der die Schwellen eines Gleises liegen. *Siehe auch* **Unterbau, Sandeinlage, Planum.**

Blasrohr
Ein Rohr, das Abdampf aus den Zylindern in den Schornstein einer Dampflokomotive leitet. Dadurch entsteht ein Unterdruck, der den Luftstrom durch die Feuerbüchse verstärkt und das Feuer anfacht.

Block
Im Signalwesen ein Streckenabschnitt zwischen zwei Hauptsignalen. Wenn das erste Signal auf »Halt« steht, kann kein Zug in den Block einfahren.

Bo'Bo'
Eine verbreitete Achsfolge, die ein Triebfahrzeug mit zwei Zweiachsdrehgestellen beschreibt, bei dem jede Achse einzeln angetrieben ist. *Siehe auch* **Co'Co', Achsfolge.**

Breitfußschiene
Auch »Vignolschiene«. Heutige Standardform der Schiene mit T-förmigem Querschnitt und breiter, flacher Auflage.

Breitspur
Alle Spurweiten, bei denen die Schienen weiter als das Standardmaß von 1435 mm voneinander entfernt sind, z. B. die britische Spurweite 2140 mm von Isambard Kingdom Brunel.

Bremse
Ein Triebfahrzeug hat zwei Bremsen: eine für den ganzen Zug und eine separate, die nur auf das eigene Fahrzeug wirkt. Bremsen können Druckluft, Saugluft (Vakuum) oder Dampf als Arbeitsmedium nutzen. *Siehe auch* **Druckluftbremse, Saugluftbremse.**

Bremsgestänge
Das System aus Stangen und Hebeln, das die Bremsklötze an den einzelnen Rädern mechanisch mit den Bremszylindern verbindet.

Bremsklotz
Der Klotz aus Reibwerkstoff, der beim Anlegen der Bremse gegen den Radreifen gepresst wird, um den Zug zu verzögern.

Bremswagen
Ein Eisenbahnwagen am Zugschluss, der Güterzügen (u. U. mit nicht durchgehender Bremse) mehr Bremskraft verleiht. Arbeitsplatz und Unterkunft der Zugbegleiter. In den USA »Caboose« genannt.

Bunker
Großer Kohlebehälter in einem Bahnbetriebswerk zur Versorgung von Dampflokomotiven.

Caboose ***siehe*** **Bremswagen**

Co'Co'
Ein Triebfahrzeug mit Elektro- oder Dieselantrieb und zwei Dreiachsdrehgestellen, bei dem jede Achse einzeln angetrieben ist. *Siehe auch* **Bo'Bo', Achsfolge.**

Consolidation
Eine Dampflokomotive mit der Achsfolge 1'D (2-8-0) mit einer Vorlaufachse und vier Kuppelachsen. In den 1860er-Jahren eingeführt, war sie in den USA und in Europa im Güterzugdienst beliebt.

Container
Ein genormter Frachtbehälter aus Metall, der mit Zollverschluss auf dafür eingerichteten Eisenbahnwagen, Lastwagen und Schiffen transportiert werden kann.

Damm
Aufgeschüttete, erhöhte Streckenführung durch eine Senke in der Landschaft, um der Strecke eine flache Steigung zu ermöglichen.

Dampfdom
Ein Raum auf der Oberseite des Dampflokomotivkessels, in dem sich Nassdampf sammelt, bevor er zum Überhitzen geleitet wird.

Dampfkraft
Die Fortbewegung mit Dampfkraft beruht auf dem Prinzip, dass über seinen Siedepunkt erhitztes Wasser zu Dampf wird und in dieser Form das 1700-fache Volumen einnimmt. Findet diese Expansion in einem geschlossenen Gefäß wie einem Kessel statt, wird der Dampfdruck zu einer Energiequelle.

Dampfstrahlpumpe
Ein Gerät, das gegen den im Kessel einer Dampflokomotive herrschenden Druck Wasser in den Kessel speist.

Dieselelektrisch
Art der Kraftübertragung in einem Triebfahrzeug. Die im Verbrennungsmotor erzeugte mechanische Antriebskraft wird durch einen Generator in elektrische Energie umgewandelt, mit der die Fahrmotoren gespeist werden.

Dieselhydraulisch
Art der Kraftübertragung in einem Triebfahrzeug. Die im Verbrennungsmotor erzeugte mechanische Antriebskraft wird durch einen Drehmomentwandler geleitet, der sie entsprechend der Drehzahl und Leistung des Motors an die Räder überträgt.

Dieselmechanisch
Art der Kraftübertragung in einem Triebfahrzeug. Die im Verbrennungsmotor erzeugte mechanische Antriebskraft wird über Antriebswellen, Getriebe und Differenziale ohne Umwandlung zu den Rädern übertragen.

Dieselmotor
Anders als bei Ottomotoren entzündet sich der Kraftstoff nicht durch eine Zündkerze, sondern durch die Wärme der verdichteten Luft. Bei einer Lokomotive kann die Kraftübertragung zu den Rädern mechanisch, elektrisch oder hydraulisch erfolgen *Siehe auch* **Kompressionszündung.**

Doppelkopfschiene
Eine in Großbritannien entwickelte Schienenart, deren obere Hälfte spiegelverkehrt zur unteren geformt ist. Die Schienen sollten dadurch länger nutzbar sein: War eine Seite abgefahren, konnte man die Schiene umdrehen und weiterverwenden.

Doppeltraktion
Der Einsatz von zwei Lokomotiven an der Zugspitze. Mit Mehrfachsteuerung können sie vom vorderen Führerstand aus bedient werden.

Drehgestell
Ein Rahmen mit zwei oder mehr Achsen unter einem Schienenfahrzeug, der sich gegenüber dem Hauptrahmen bewegen kann. Ermöglicht bessere Kurvenläufigkeit.

Drehscheibe
Eine Einrichtung zum Umdrehen von Fahrzeugen, v. a. Dampflokomotiven, die vorwärts oft schneller fahren konnten als rückwärts.

Drehstrom ***siehe*** **Dreiphasensystem**

Dreiphasensystem
Ein System für die stetige, schwankungsfreie Versorgung der Fahrmotoren mit Wechselstrom (AC), auch »Drehstrom« genannt. Damit lassen sich höhere Zugkräfte erzielen.

Druckluftbremse
Ein Bremssystem, das verdichtete Luft als Arbeitsmedium nutzt. Zum Anlegen der Bremse drückt verdichtete Luft in einem Zylinder auf einen Kolben, der den Bremsklotz gegen das Rad drückt.

Dynamisches Bremsen
In elektrischen und dieselelektrischen Triebfahrzeugen lassen sich die elektrischen Fahrmotoren als Generatoren einsetzen, die als Bremsen wirken, um den Zug zu verzögern. Die dabei erzeugte Energie kann als Wärme abgegeben werden (Widerstandsbremse) oder auch in das Netz zurückgespeist werden (regenerative Bremse, Nutzbremse).

Einschienenbahn
Eine auf einer »Schiene« (einem speziellen Fahrweg) häufig aufgeständert im innerstädtischen Bereich fahrende Bahn.

Einschnitt
Ein durch eine Anhöhe gegrabener Trog, der einer Bahnstrecke eine flache Steigung ermöglicht.

Einströmrohr
Das Rohr, das vom Dampfsammelkasten zum Schieberkasten im Zylinderblock führt.

Eisenbahnzeit
Vor der Einführung von Eisenbahnfahrplänen hatten die meisten Orte ihre eigene Ortszeit. In den 1840er-Jahren begannen Bahngesellschaften, standardisierte Zeiten einzuführen, um Verwirrungen durch die Ortszeiten zu vermeiden.

Elektrische Triebfahrzeuge
Alle Lokomotiven, Triebwagen und Triebzüge, die elektrische Energie für den Antrieb aus einer externen Quelle entweder über Oberleitung oder Stromschiene beziehen.

Fahrmotor
Ein Elektromotor, der in der Regel eine Achse antreibt. Wird in dieselelektrischen und elektrischen Triebfahrzeugen eingesetzt.

Farbgebung
Die markanten Farben, Abzeichen und anderen optischen Designmerkmale eines Eisenbahnfahrzeugs.

Feuerbüchse
Der Teil im hinteren Kesselbereich einer Dampflokomotive, in dem das Feuer brennt. Der Brennstoff gelangt über den Führerstand in die Feuerbüchse, die erzeugte Wärme wird durch Heizrohre durch den Kessel geleitet.

Feuerloch
Die Öffnung in der Feuerbüchse einer Dampflokomotive, durch die der Heizer Kohle oder einen anderen Brennstoff zuführt.

Formsignale
Mechanisch betätigte Signale, z. B. in Form von Flügelsignalen. Die Flügelstellung zeigt die Signalbegriffe »Halt«, »Fahrt« oder »Langsamfahrt« an.

Führende Radsätze
Die vor den Treib- und Kuppelradsätzen einer Dampflokomotive laufenden nicht angetriebenen Radsätze, die einen Teil des Gewichts aufnehmen.

Führerstand
Der Ort in einem Triebfahrzeug, an dem der Triebfahrzeugführer arbeitet.

Garratt-Lokomotive
Eine Gelenkdampflokomotive, bei der der zentrale Rahmen mit Kessel und Führerhaus auf den beiden Triebgestellen an den Enden aufliegt.

Gasturbine
Ein einem Düsentriebwerk ähnelnder Verbrennungsmotor, der mit heißen, unter hohem Druck stehenden Gasen nur Rotationsbewegungen erzeugt. Kann zum Antrieb eines Generators in einer Gasturbinen-Elektrolok (GTEL) geeignet sein.

Gedeckter Güterwagen
Mit ebenem Boden, Schiebetüren und Dach für den Transport nässeempfindlicher Güter.

Gelenklokomotive
Eine Lokomotive (häufig eine Dampflokomotive) mit zwei oder mehr Antriebseinheiten, die drehbar im Rahmen gelagert sind und sich unabhängig voneinander bewegen können. Ermöglicht trotz des langen Radstands gute Kurvenläufigkeit.

Generator
Ein elektromechanisches Gerät, das mechanische Energie in elektrische Energie, speziell in Gleichstrom (DC) umwandelt.

Gleichrichter
Eine elektrische Schaltung in einem dieselelektrischen oder elektrischen Triebfahrzeug, die Wechselstrom (AC) in Gleichstrom (DC) umwandelt. Sie werden auch an der Strecke zum Gleichrichten des Fahrstroms verwendet.

Gleichstrom (DC)
Ein elektrischer Strom, der immer in dieselbe Richtung fließt. Hinsichtlich Transformierung und Übertragung bietet Wechselstrom (AC) gegenüber Gleichstrom erhebliche Vorteile.

Gleis
Die dauerhafte Verbindung aus Schienen, Schwellen, Befestigungen, Bettung und dem darunter liegenden Material, die gemeinsam die »Fahrbahn« für die Räder der Fahrzeuge bilden.

Gleiskreuzung
Höhengleiche Kreuzung mehrerer Eisenbahnstrecken.

Gleitbahn
Bei Dampflokomotiven führen die Gleitbahnen gemeinsam mit dem Kreuzkopf die Bewegung der Kolbenstange.

Gliederzug
Ein Zug aus miteinander verbundenen Wagen, die sich auf gemeinsamen Drehgestellen abstützen.

Gradiente
Der Höhenverlauf der Strecke, ihre Längsneigung.

Gresley-Steuerung
Die Ventilsteuerung des mittleren Zylinders einer Dreizylinderdampflokomotive durch Hebel, die von der Steuerung der anderen beiden Zylinder angetrieben werden. Von Sir Herbert Nigel Gresley für die Lokomotiven der Great Northern und London and North Eastern Railway (LNER) in Großbritannien entwickelt.

Güter
Die von Güterzügen beförderte Ladung. Sie kann aus beliebigen Rohstoffen, Fertig- oder Halbfertigwaren bestehen.

Güterwagen
Allgemeine Bezeichnung für ein Fahrzeug für den Gütertransport. Für bestimmte Zwecke gibt es vielfältige Spezialausführungen.

Haftreibung
Die Haftung zwischen den Rädern des Triebfahrzeugs und den Schienen, die sich aus dem Achsdruck ergibt. Sie ist v. a. beim Anfahren von Bedeutung.

Handhebeldraisine
Ein kleines, offenes Schienenfahrzeug, das durch Muskelkraft mit einer Art Pumpbewegung angetrieben wird.

Hauptstrecke
Eine wichtige Bahnstrecke, die oft zwei oder mehr große Städte verbindet.

Heißdampf
Dampf, der auf dem Weg vom Kessel zu den Zylindern den Überhitzer durchlaufen hat. Dadurch sind Temperatur und Druck weiter gestiegen, verbliebene Wassertröpfchen sind verdampft, der Dampf ist trocken und energiereicher.

Heißläufer
Bezeichnung für ein Achslager, das sich aufgrund ungenügender Schmierung oder Überlastung überhitzt hat.

Heizer
Das Mitglied des Dampflokpersonals, das für die Beschickung des Feuers und den Kesselwasserstand verantwortlich ist.

Heizrohre
Von der Feuerbüchse einer Dampflokomotive durch den Kessel in die Rauchkammer führende Rohre. Durch die Heizrohre geleitete heiße Gase erhitzen das die Rohre umgebende Wasser.

Heusinger-Steuerung ***siehe*** **Walschaerts-Steuerung**

Hochbahn
Eine auf erhöhten Gleisen betriebene innerstädtische Bahn. Beispiele sind Teile der U-Bahn in New York, Paris, Berlin und Hamburg.

Intermodaler Container
Bezeichnet einen Behälter, der von einem Transportmittel auf ein anderes umgeladen werden kann, z. B. vom Zug auf einen Lkw oder ein Schiff.

Jakobs-Drehgestell
Das von dem deutschen Eisenbahningenieur Wilhelm Jakobs entwickelte Drehgestell wird in Gliederzügen und Straßenbahn-Gelenktriebwagen verwendet. Es wird zwischen zwei Wagenteilen eingebaut, die sich beide darauf abstützen.

Kehrschleife
Eine Streckenführung, bei der sich die Strecke auf einer höheren oder tieferen Ebene selbst über- oder unterquert, z. B. um auf einen Berg zu führen.

Kennlicht
Besonders in den USA übliches Licht, das anderen Lokführern den Status des Zugs signalisierte. Grünes Licht gab einen planmäßigen Zug an, weißes einen Sonderzug. Rotes Licht am letzten Wagen markierte den Zugschluss. Die Zugschlussmarkierung ist weltweit noch gebräuchlich.

Kessel
Der Teil einer Dampfmaschine, in dem Dampf erzeugt wird und zirkuliert. Der Kessel ist mit Wasser gefüllt, das in der Regel durch Heizrohre erhitzt wird, durch die heiße Rauchgase strömen. Der Heizer stellt sicher, dass der Kessel ausreichend, d. h. fast vollständig mit Wasser gefüllt ist.

Klasse 1, Bahngesellschaft der
In den USA eine Bahngesellschaft, die mit ihrem Betrieb pro Jahr mindestens 250 Mio. US-Dollar Umsatz erzielt.

Klingeltaster
Ein Taster zum Senden von Klingelzeichen zwischen Weichen- oder Stellwerkswärtern. *Siehe auch* **Läutwerkssignalisierung**.

Kohlenkasten
Der Teil einer Tenderdampflokomotive oder des Schlepptenders, in dem der Kohlevorrat untergebracht ist. Den Rest des Schlepptenders nimmt der Wasserkasten ein.

Kolben
Das zylindrische Bauteil, das sich in jedem Zylinder einer Dampf- oder Diesellokomotive hin und her bewegt. Die Kolbenbewegung liefert mechanische Kraft, die auf verschiedene Weise an die Räder übertragen wird.

Kolbenstange
Die Stange, die den Kolben in einem Zylinder einer Dampflokomotive mit dem Kreuzkopf verbindet.

Kompressionszündung
Die Nutzung von bei der Verdichtung entstehender Wärme zum Entzünden und Verbrennen von Kraftstoff in einem Verbrennungsmotor. Der Vorgang ist aus dem Dieselmotor bekannt und kommt ohne Zündkerze aus. *Siehe auch* **Dieselmotor.**

Kraftübertragung
Bei einer Diesellokomotive die Art und Weise, auf die die Antriebskraft vom Dieselmotor auf die Räder übertragen wird: elektrisch, hydraulisch oder mechanisch.

Kreuzkopf
Der Verbindungspunkt von Kolben- und Treibstange, der zusammen mit den Gleitbahnen die Kolbenstange bei ihrer linearen Bewegung in den Zylinder hinein- und aus diesem herausführt.

Kriegslokomotive
Während des Zweiten Weltkriegs zu Tausenden gebaute Güterzugdampflokomotiven in vereinfachter und leicht zu wartender Ausführung. Für extreme Witterungen geeignet.

Kuhfänger ***siehe*** **Schienenräumer**

Kulissensteuerung
Eine von der Firma Stephenson 1842 erfundene Steuerungsart.

Kuppelstange
Verbindet die Treib- und Kuppelräder auf einer Seite einer Dampflokomotive. Dadurch wird die Antriebskraft verteilt und die Gefahr des Durchdrehens der Räder (»Schleudern«) verringert.

Kupplung
Der Mechanismus zum Verbinden mehrerer Eisenbahnfahrzeuge. Ist (bis auf wenige Ausnahmen) im gesamten Netz normiert, um beliebige Fahrzeuge miteinander kuppeln zu können.

Kurbel
Der Teil am Treib- bzw. Kuppelrad einer Dampflokomotive, an dem die Treib- bzw. Kuppelstange angreift und die Antriebskraft des Zylinders überträgt.

Kurbelwelle
Die Welle, die in einem Verbrennungsmotor die lineare Auf- und Abbewegung der Kolben in eine Drehbewegung umwandelt, die für den Antrieb der Räder erforderlich ist.

Laufblech
Die um den Kessel einer Dampflokomotive herum führende Trittmöglichkeit für Wartungsarbeiten.

Laufwerk
Die an der Bewegung eines Schienenfahrzeugs beteiligte Baugruppe aus Radsätzen, Achslagern, Achslagergehäusen und Federn.

Läutwerkssignalisierung
Ein Code aus Klingelzeichen, mit dem Weichen- oder Stellwerkswärter angenommene und abgegebene Züge beschreiben.

Lichtraumprofil
Die Maße, die ein Eisenbahnfahrzeug nicht überschreiten darf, um Kollisionen mit Objekten und Bauten an der Strecke zu vermeiden. Verschiedene Länder haben unterschiedliche Lichtraumprofile.

Lokomotive
Ein Fahrzeug zum Ziehen von Zügen. Dampf- und Diesellokomotiven führen die Mittel zum Erzeugen ihrer Antriebskraft mit, bei Elektrolokomotiven muss Strom aus einer externen Quelle zugeführt werden.

Lore
Ein kleiner Güterwagen, v.a. für Schüttgut.

Luftfederung
Ein modernes Federungssystem, das die Lage des Fahrzeugs durch den Druck von Gas oder Luft reguliert.

Magnetschwebezug
Ein Zug, der durch elektromagnetische Kräfte über seinem Fahrweg schwebt und daran entlangbewegt wird. Er erzeugt so gut wie keine Reibung und ist bei schneller Fahrt sehr leise.

Meterspur
Ein Gleis, bei dem die Innenseiten der Schienen 1000 mm auseinanderliegen.

Metro
Eine international gebräuchliche Bezeichnung für Untergrundbahnen. Die meisten Systeme haben jedoch eigene Namen, z.B. London Underground, Métro Paris, New York Subway.

Nachlaufende Radsätze
Die hinter den Treib- und Kuppelradsätzen einer Dampflokomotive laufenden nicht angetriebenen Radsätze, die einen Teil des Gewichts aufnehmen.

Nassdampf
Im Kessel erzeugter Dampf, der nicht überhitzt ist und noch Wassertröpfchen enthält.

Nebengleis
Ein neben dem Durchfahrgleis verlaufendes Gleis, z.B. zum Abstellen von Rollmaterial.

Nebenstrecke
Eine Strecke, die von einer Hauptstrecke abzweigt und kleinere Ortschaften bedient.

Neigetechnik
Ein damit ausgerüsteter Zug kann sich »in die Kurve legen« und sie schneller durchfahren, ohne dass die Reisenden Komforteinbußen spüren.

Normalspur
Gleise mit der Spurweite 1435 mm, der am weitesten verbreiteten Spurweite der Welt. Sie geht auf Robert Stephenson zurück, der sie für die erste Fernstrecke zwischen zwei Großstädten verwendete.

Oberbau
Der obere Teil eines Bahnkörpers: die Gesamtheit aus Schienen, Schwellen und Bettung.

Oberleitung
Das über dem Gleis hängende Leitungssystem zur Versorgung elektrischer Triebfahrzeuge. Wichtigste Bestandteile sind der eigentliche Fahrdraht, an dem der Stromabnehmer anliegt, und das Tragseil. Einfachoberleitungen (z.B. für Straßenbahnen) kommen ohne Tragseil aus.

Offener Güterwagen
Ein oben offener Güterwagen für den Transport von Schüttgut wie Erz oder Kohle.

Ölfeuerung
Ein Verfahren zur Feuerung einer Dampflokomotive mit Öl statt mit Kohle.

Pacific
Eine Dampflokomotive mit der Achsfolge 2'C1' (4-6-2): zwei führende Laufachsen, drei Kuppelachsen und eine nachlaufende Achse. Pacifics waren in der ersten Hälfte des 20. Jh. als Schnellzuglokomotiven weitverbreitet.

Pendelzug
Eine Zugverbindung, die zwischen zwei Bahnhöfen oft ohne Zwischenhalt verkehrt. Eine verbreitete Anwendung sind Verbindungen zwischen einem Flughafen und dem Stadtzentrum.

Planum
Der vorbereitete, geebnete Untergrund, der dem darauf aufgebauten Oberbau eine gleichmäßige Gradiente (Neigung) verleihen soll. *Siehe auch* **Bettung, Sandeinlage, Unterbau.**

Prellbock
Eine Vorrichtung am Ende eines Gleises, die verhindert, dass ein Fahrzeug weiterrollt.

PS (Pferdestärke)
Eine immer noch gebräuchliche Einheit für die Leistung von Maschinen. Heute ist die international empfohlene SI-Einheit für die Leistung das Kilowatt (kW), dabei gilt: 1 kW = 1,36 PS bzw. 1 PS = 0,74 kW.

Puffer
Eine Vorrichtung, die Stöße zwischen Eisenbahnfahrzeugen mildert.

Pullman-Wagen
Reisezugwagen der Luxusklasse. Sie wurden 1865 in den USA von George Pullman ursprünglich als Schlafwagen für Fernzüge eingeführt.

Radsatz
Die Einheit aus den beiden Rädern und der sie verbindenden Achse.

Rangierbahnhof
Ein Ort, an dem Güterzüge zusammengestellt oder Wagen von einem Zug in einen anderen mit anderem Ziel überstellt werden.

Rangierlokomotive
Eine kleinere Lokomotive z.B. für das Zusammenstellen von Zügen im Rangierbahnhof.

Rauchkammer
Der vordere Teil eines Dampflokomotivkessels, in dem die Einströmrohre zu den Zylindern, das Blasrohr und der Schornstein liegen und wo die Enden der Heizrohre münden. Hier sammelt sich durch die Heizrohre gesaugte Asche (»Lösche«).

Regeneratives Bremsen *siehe* Dynamisches Bremsen

Regler
Ein Hebel im Führerstand, mit dem der Lokführer einer Dampflokomotive die Dampfmenge bestimmt, die in die Zylinder gelangt.

Reisezug
Oberbegriff für verschiedene Arten von Zügen für die Beförderung von Reisenden (im Gegensatz zum Güterzug).

Reisezugwagen
Allgemeine Bezeichnung für Wagen verschiedener Bauart, die Reisende befördern.

ROD
Railway Operating Division der britischen Royal Engineers, die im Ersten Weltkrieg Eisenbahnen an den verschiedenen Fronten betrieben.

Röhrenkessel
Ein Lokomotivkessel mit mehreren Rohren, der den Dampflokomotivbau revolutionierte. Stephensons *Rocket* war die erste derartige Lokomotive: Sie hatte 25 Kupferrohre statt eines einzelnen oder zweier Rauchrohre.

Rollmaterial
Bei Bahngesellschaften übliche Bezeichnung für die Gesamtheit ihrer Fahrzeuge.

Rost
Das Gitter aus Roststäben unten in der Feuerbüchse, auf dem das Feuer brennt. Durch die Gitteröffnungen strömt Luft zum Anfachen des Feuers.

Salonwagen
Ein luxuriöser Reisezugwagen für die private oder öffentliche Benutzung.

Sandeinlage
Eine optionale Sand- oder Kiesschicht im Aufbau des Bahnkörpers, die die Bettung (z.B. Schotter) trägt. *Siehe auch* **Bettung, Unterbau, Planum.**

Sanden
Das Aufbringen von Sand zwischen Radreifen und Schiene, um die Reibung zu erhöhen und das Schleudern der Räder zu verhindern. Der Sandkasten sitzt bei Dampflokomotiven oft auf dem Kessel.

Sandkasten *siehe* Sanden

Satteltank
Der auf dem Kessel aufliegende Wassertank einer Tenderlokomotive.

Saugluftbremse
Eine Bremse, die durch ein partielles Vakuum gelöst und durch Einströmen von Luft angelegt wird. In Großbritannien verwendete man lange Saugluftbremsen, weil sie anders als Druckluftbremsen keine separate Luftpumpe benötigen.

Saugluftpumpe
Teil des Saugluftbremssystems. Erzeugt in der Luftleitung ein Vakuum, durch das die Bremsen gelöst werden.

Schaffner
Ein Mitglied des Zugpersonals, das u.a. für die Kontrolle der Fahrkarten verantwortlich ist.

Schauglas
Ein vertikales Glasrohr im Führerstand einer Dampflokomotive, das den Wasserstand im Kessel und um die Feuerbüchse herum anzeigt.

Schiebelokomotive
Eine zusätzliche Lokomotive, die einem schweren Zug über einen steilen Streckenabschnitt hilft.

Schieber
Bei einer Dampflokomotive steuern Schieber (oder Ventile) das Ein- und Ausströmen von Dampf in die und aus den Zylindern. Bei Dieselmotoren steuern Ventile das Einspritzen des Kraftstoffs und das Ausstoßen der Abgase.

Schieberkasten
Der Teil des Zylinderblocks einer Dampflokomotive, in dem der Schieber das Ein- und Ausströmen von Dampf in den bzw. aus dem Zylinder steuert.

Schiebersteuerung
Das Gestänge, das die Schieber einer Dampflokomotive verbindet und ihre Bewegung steuert.

Schienenräumer
Eine schräge Platte oder ein Gitter an der Vorderseite einer Lokomotive, um Hindernisse vom Gleis zu räumen. In den USA auch als »Kuhfänger« bekannt.

Schlafwagen
Ein Reisezugwagen mit Betten, in dem Reisende unterwegs schlafen können. Die ersten Schlafwagen kamen in den 1830er-Jahren in den USA auf.

Schleifschuh
Der Stromabnehmer an einem elektrischen Triebfahrzeug zur Stromabnahme von einer parallel zum Gleis verlaufenden Stromschiene.

Schlepptender
Ein fest an eine Dampflokomotive gekuppelter Wagen für die Brennstoff- und Wasservorräte.

Schmalspur
Alle Spurweiten, die kleiner als die Normalspur von 1435 mm sind.

Schnellzug
Ein Reisezug, der nur an größeren Unterwegsbahnhöfen hält, um den Zielbahnhof schneller zu erreichen.

Schornstein
Die Öffnung oben in der Rauchkammer einer Dampflokomotive, durch die Rauchgase und Abdampf ausgestoßen werden.

Schuh *siehe* Schleifschuh

Schwelle
Das aus Holz, Beton oder Stahl bestehende Verbindungsstück, auf dem die Schienen eines Gleises liegen. Die ersten Eisenbahnen verwendeten auch Steinblöcke.

Sicherheitsventile
Überdruckventile im Kessel von Dampflokomotiven, die sich automatisch öffnen, wenn der Kesseldruck einen oberen Grenzwert überschreitet.

Signal
Eine genau festgelegte, mechanisch oder elektrisch betätigte Vorrichtung mit Flügeln oder Lichtern, die dem Triebfahrzeugführer angibt, ob er halten, fahren oder langsam fahren soll.

Signalisierungs-Token
Ein in alten Signalisierungssystemen verwendetes Objekt. Vor der Einfahrt in einen »Block« erhielt das Zugpersonal das Objekt vom Blockwärter, nach dem Passieren des Blocks gab es das Objekt an den Wärter am

anderen Ende. Somit wurde sichergestellt, dass sich immer nur ein Zug in dem Block befinden konnte.

Spritzschutz
Eine halbrunde Abdeckung über dem oberen Teil von Treibrädern mit großem Durchmesser. Häufig verwendet, wenn das Rad über das Laufblech nach oben ragt.

Spurkranz
Die »Lippe« an der zur Fahrzeugmitte liegenden Kante eines Rads, die das Rad an der Schiene entlangführt.

Spurweite
Der Abstand zwischen den Innenseiten der Fahrschienen eines Gleises. Unterschiedliche Länder und Bahnen verwenden unterschiedliche Spurweiten.

Stadtbahn
Eine typischerweise im innerstädtischen Verkehr betriebene Bahn, in der Regel auf eigenem Gleisbett. Fließender Übergang zu Straßenbahn einerseits und U-Bahn andererseits.

Standseilbahn
Mit Zugseilen oder -ketten an Steigungen auf Bodenschienen betriebene Bahnen, z. B. Berg- oder Materialbahnen.

Stehender Zylinder
Bei frühen Lokomotiven verwendet, z. B. bei Stephensons *Locomotion No. 1*, später bei speziellen Rangier- und Schmalspurlokomotiven.

Stellwerk
Der Ort, von dem aus sichere Zugfahrten mithilfe von Signalen und Blockstrecken überwacht und gesteuert werden.

Stellwerkswärter
Eine Person, die die Weichen und Signale in einem bestimmten Streckenabschnitt von einem Stellwerk aus bedient.

Stoker
Eine mechanische Einrichtung zur Rostbeschickung, die dem Heizer einer Dampflokomotive die Arbeit erleichtert.

Stromabnehmer
Eine Vorrichtung auf dem Dach eines elektrischen Triebfahrzeugs, die elektrische Energie aus der Oberleitung entnimmt.

Stromlinienform
Die »windschlüpfige« Verkleidung von Lokomotiven oder Zügen, um ihren Luftwiderstand zu reduzieren.

Stromschiene
Ein System zur Energieversorgung elektrischer Triebfahrzeuge über eine parallel zum Gleis verlaufende »dritte Schiene«. Der Strom wird mit einem am Fahrzeug angebrachten Schleifschuh abgenommen.

Subway *siehe* **Metro**

Telegraf (elektrischer)
Ein in den 1830er-Jahren entwickeltes Kommunikationssystem, das mit elektrischen Impulsen Nachrichten per Draht übermitteln konnte. Es wurde zum weltweiten Standard für die Eisenbahnkommunikation.

Tenderlokomotive
Eine Dampflokomotive, die alle Brennstoff- und Wasservorräte im Hauptrahmen statt in einem Schlepptender mitführt. Das Wasser befindet sich oft in seitlichen Wasserkästen neben oder in einem Satteltank auf dem Kessel.

Token *siehe* **Signalisierungs-Token**

Traktion
Bei der Eisenbahn eine Kraft, die abhängig von der Reibung zwischen Rad und Schiene eine Bewegung erzeugt. *Siehe auch* **Haftreibung.**

Treibräder
Die Räder eines Triebfahrzeugs, die *direkt* (z. B. von einer Treibstange) angetrieben werden.

Treibstange
Bei einer Dampflokomotive die Stange, die die Kolbenstange mit dem Treibzapfen am Treibrad verbindet. Bei einigen frühen Elektrolokomotiven die Verbindung zwischen Kurbelwelle/Blindwelle und Treibrad.

Treibstangenlager
Der Ansatz der Treibstange am Treibrad. Er ist größer als der Ansatz am Kreuzkopf, weil er stärker belastet wird.

Treibzapfen
Bei Dampflokomotiven der Zapfen am Treibrad, an dem die Treibstange ansetzt und das Rad in Drehbewegung versetzt.

Triebfahrzeug
Oberbegriff für alle Schienenfahrzeuge mit Antrieb (Lokomotiven, Triebwagen) unabhängig von der Antriebsart.

Triebwagen
Ein angetriebener Reisezugwagen, bei dem der Motor in der Regel unterflur eingebaut ist.

Triebwerk
Im Zusammenhang mit Eisenbahnen die Bezeichnung für die Gesamtheit aus Kolbenstangen, Treibstangen, Kuppelstangen und Stangenantrieb (Schieber-/Ventilsteuerung) einer Dampflokomotive.

Triebzug
Bezeichnung für mehrere miteinander gekuppelte Trieb-, Bei- und/oder Steuerwagen mit Elektro- oder Dieselantrieb, die als Zugverband verkehren.

Übergang
Eine flexible Vorrichtung an den Stirnseiten von Reisezugwagen, die den Zugang zum nächsten Wagen ermöglicht.

Überhitzung *siehe* **Heißdampf**

Überhöhung
Das Maß (oft in Millimetern angegeben), in dem eine der beiden Schienen (v. a. an der Kurvenaußenseite) höher liegt als die andere.

UIC-System
Internationales Klassifizierungssystem der Achsfolge von Lokomotiven und Triebfahrzeugen nach der Anzahl der führenden, angetriebenen und nachlaufenden Achsen. So entspricht die Achsfolge 2'B zwei führenden Laufachsen, zwei Kuppelachsen und keiner nachlaufenden Achse.

Umsteigebahnhof
Ein Bahnhof, auf dem Reisende in Züge umsteigen können, die eine andere Strecke befahren.

Umsteuerung
Ein Mechanismus mit einem Handrad oder Hebel, mit dem der Lokführer einer Dampflokomotive die Fahrtrichtung bestimmt.

Underground *siehe* **Metro**

Unterbau
Der untere Teil des Bahnkörpers, auf dem Bettung, Schwellen und Schienen liegen. *Siehe auch* **Bettung, Sandeinlage, Planum.**

USATC
United States Army Transportation Corps. In den USA für das USATC gebaute Lokomotiven wurden im Zweiten Weltkrieg zur Verwendung bei den Alliierten nach Europa verschifft.

Vakuumbremse *siehe* **Saugluftbremse**

Verbundlokomotive
Eine Dampflokomotive mit Hoch- und Niederdruckzylinder(n), wobei der Dampf zuerst im Hochdruckzylinder teilweise expandiert, dann im Niederdruckzylinder vollständig.

Vignolschiene *siehe* **Breitfußschiene**

Wagenklasse
Das Komfortniveau und der Service in einem bestimmten Reisezugwagen oder Reisezug, z. B. 1. Klasse, 2. Klasse.

Walschaerts-Steuerung
Eine Form der Kulissensteuerung, die sich 1844 der belgische Ingenieur Egide Walschaerts patentieren ließ. Einfacher zu warten und leichter als die Stephenson-Steuerung, war sie in Europa weitverbreitet. In Deutschland ist sie als »Heusinger-Steuerung« bekannt. Ab 1876 wurde sie auch in den USA häufig verwendet.

Wasserkran
Ein hohler Mast mit Ausleger, der mit einer Wasserversorgung verbunden ist. Er dient zum Füllen der Wasserkästen von Dampflokomotiven. Schwenkbare Wasserkräne können Lokomotiven auf zwei benachbarten Gleisen versorgen.

Wechselrichter
Eine elektrische Schaltung in einem dieselelektrischen oder elektrischen Triebfahrzeug, die Gleichstrom (DC) in Wechselstrom (AC) umwandelt.

Wechselstrom (AC)
Ein elektrischer Strom, der seine Richtung in regelmäßigen Abständen rasch ändert. Die Änderungsrate pro Sekunde ist die Frequenz, sie wird in Hertz (Hz) angegeben. *Siehe auch* **Gleichstrom (DC).**

Wechselstromgenerator
Ein elektromechanisches Gerät, das mechanische Energie in elektrische Energie in Form von Wechselstrom (AC) umwandelt. In dieselelektrischen und elektrischen Lokomotiven verwendet.

Weiche
Ein beweglicher Mechanismus im Gleis, der es einem Zug ermöglicht, auf ein anderes, abzweigendes Gleis zu wechseln.

Westinghouse-Bremse
Eine weitverbreitete, in den 1870er-Jahren von dem US-Ingenieur George Westinghouse erfundene automatische Druckluftbremse. In den USA verbindlich eingeführt, wurde sie weltweit weiterentwickelt.

Whyte-System
Eine Klassifizierung der Achsfolge von Dampflokomotiven nach der Anzahl der führenden, angetriebenen und nachlaufenden Räder. So entspricht die Achsfolge 4-4-0 zwei führenden Laufachsen, zwei Kuppelachsen und keiner nachlaufenden Achse. Entspricht im UIC-System 2'B.

Widerstandsbremse *siehe* **Dynamisches Bremsen**

Windleitbleche
An der Rauchkammer von Dampflokomotiven angebrachte Bleche, die den aus dem Schornstein ausgestoßenen Rauch und Abdampf vom Führerhaus weg nach oben führten.

Zahnradbahn
Eine mit einer zusätzlichen Zahnstange ausgerüstete Bahn. Ein Zahnrad am Triebfahrzeug greift in die Stange ein, dadurch lassen sich weitaus steilere Steigungen bewältigen als im Reibungsbetrieb.

Zug
Mehrere gekuppelte Reisezug- oder Güterzugfahrzeuge, die als Verband gemeinsam auf der Strecke verkehren. Züge können lokbespannt sein oder über einen eigenen Antrieb verfügen.

Zugbegleiter
Mitglied des Zugpersonals, das je nach Land, Bahngesellschaft und Epoche unterschiedliche Aufgaben hatte bzw. haben kann, z. B. Bremser, Schaffner, Gepäckschaffner.

Zugkraft
Ein Maß für das Leistungsvermögen eines Triebfahrzeugs: die Kraft, die es aufbringen kann, um einen Zug aus dem Stillstand zu bewegen. Diese Kraft wird basierend auf derjenigen Kraft ermittelt, die das Triebfahrzeug auf die Schienen ausübt. *Siehe auch* **Traktion.**

Zugkraftmesswagen
Mit Messeinrichtungen ausgerüsteter Wagen, der Zugkraft und andere Leistungsmerkmale einer Lokomotive bei Versuchsfahrten ermittelt.

Zugsammelschiene
Eine durch den ganzen Zug verlaufende Starkstromleitung, z. B. in einem elektrischen Triebzug zur Verteilung der Energie vom Stromabnehmer zu anderen Wagen.

Zugschlussleuchte
Die Leuchte, die den Zugschluss markiert. In Großbritannien ist ein Zug ohne rote Zugschlussleuchte unvollständig. *Siehe auch* **Kennlicht.**

Zweigleisige Strecke
Eine Eisenbahnstrecke mit zwei Richtungsgleisen. In Deutschland wird in der Regel rechts gefahren.

Zylinder
Ein geschlossener Raum, in dem sich ein Kolben hin und her bewegt und eine mechanische Antriebskraft erzeugt, die auf die Räder übertragen wird. Bei einer Dampflokomotive wird der Kolben durch den Dampfdruck angetrieben.

Register

Bei allgemeinen Verweisen sind die Seitenzahlen *kursiv* gesetzt, bei Haupteinträgen **fett**.

M

N

O

P

Dank

Dorling Kindersley dankt dem Fachberater Tony Streeter für seine Zeit, Unterstützung und Hilfe bei der Entstehung dieses Buchs.

Tony Streeter, Journalist und Redakteur für Eisenbahngeschichte und -technik, war lange Zeit Herausgeber des *Steam Railway Magazine*. Er reiste mit und schrieb über Eisenbahnen in Russland, China, Indien, Kanada sowie West- und Osteuropa.

Tony Streeter dankt den vielen Menschen, die das Buch unterstützten, darunter: Pip Dunn, Peter Johnson, Anthony Coulls, Tim Bryan, Bernd Seiler, Richard Croucher, Paul Chancellor, Brian Stephenson, Marek Ciesielski, Robin Garn, Jacques Daffis, Uwe Hüttner und Peter Weißhahn.

Der Verlag dankt folgenden Personen für ihre Hilfe: Steve Crozier bei Butterfly Creative Solutions für Bildbearbeitung; Simon Mumford für Erstellung von Karten; Phil Gamble für Illustrationen; Sonia Charbonnier für technische Unterstützung; Nicola Hodgson für Textbeiträge; Tejaswita Payal, Suparna Sengupta, Sreshtha Bhattacharya, Hina Jain und Neha Pande von DK Delhi für Redaktionsassistenz; Neha Sharma, Shruti Singhal und Upasana Sharma von DK Delhi für Designassistenz; Harish Aggarwal, Suhita Dharamjit und Priyanka Sharma Saddi von DK Delhi für Umschlagassistenz; Deepak Negi von DK Delhi für Bildassistenz; Joanna Chisholm für das Korrektorat; Helen Peters für das Register.
Ein besonderer Dank richtet sich an Keith Fender and Julian Holland für ihre Textbeiträge und wertvolle Unterstützung.

Der Verlag dankt außerdem folgenden Museen, Firmen und Personen für den Zugang zu ihren Fahrzeugen für Fotozwecke:

18 201, Dampf-Plus GmbH
Moosglöckchenweg 10, 80995 München, Deutschland
www.zugparty.de
Besonderer Dank an Christian Goldschagg

Adrian Shooter
(Besitzer von DHR B Class No.19)

Ashford Depot
Station Road,
Ashford, TN23 1EZ, GB
Besonderer Dank an Nigel King und Mark Fitzgerald

B&O Railroad Museum
901, West Pratt Street,
Baltimore,
MD 21223, USA
www.borail.org
Besonderer Dank an David Shackelford, Ryan McPherson und Jane Harper

Didcot Railway Centre
Didcot Parkway Station,
Didcot, Oxfordshire,
OX11 7NJ, GB
www.didcotrailwaycentre.org.uk
Besonderer Dank an Roger Orchard, Peter Rance und Frank Dumbleton

Eisenbahnfreunde Traditionsbahnbetriebswerk Staßfurt e.V.
Güstener Weg,
39418 Staßfurt, Deutschland
www.efsft.de
Besonderer Dank an Uwe Hüttner

Ffestiniog & Welsh Highland Railways
Porthmadog,
LL49 9NF, GB
www.festrail.co.uk
Besonderer Dank an Andrew Thomas und Chris Parry

Hitachi Rail Europe Limited
40 Holborn Viaduct,
London, EC1N 2PB, GB
www.hitachirail-eu.com
Besonderer Dank an Daniela Karthaus

HSB, Harzer Schmalspurbahnen
Friedrichstraße 151,
38855, Wernigerode, Deutschland
www.hsb-wr.de
Besonderer Dank an Bernd Seiler

National Railway Museum (NRM York)
Leeman Road,
York, YO26 4XJ, GB
www.nrm.org.uk
Besonderer Dank an Chris Hanley

National Rail Museum
Chanakyapuri,
New Delhi, 110021, Indien
Besonderer Dank an Uday Singh Mina, Direktor

Northern Railway
D.R.M. Office, State Entry Road, New Delhi – 110055, Indien
www.nr.indianrailways.gov.in
Besonderer Dank an Rajesh Kumar, Sr. DME/Power/Delhi

Palace on Wheels
Rajasthan Tourism Development Corporation Ltd.
Ground floor, Bikaner House,
Pandara Road, New Delhi – 110011, Indien
www.rtdc.in
www.thepalaceonwheels.com
Besonderer Dank an Pramod Sharma, General Manager, Rajasthan Tourism Development Corporation Ltd. und Pradeep Bohra, General Manager, Palace on Wheels

Railway Board
Rail Bhavan, 1, Raisina Road,
New Delhi – 110001, Indien
www.indianrailways.gov.in
Besonderer Dank an Seema Sharma, Direktor Information & PR und Siddharth Singh, stellv. Direktor PR

Railway Museum of Pennsylvania, PHMC
P.O. Box 15,
Strasburg,
PA 17579, USA
www.rrmuseumpa.org
Besonderer Dank an Dodie Robbins, Nicholas Zmijewski, Charles Fox und Deborah Reddig

Rewari Steam Loco Shed
Northern Railways, Rewari, Haryana – 123110, Indien
www.rewaristeamloco.com
Besonderer Dank an Shyam Bihari Gautam, Sr. Section Engineer
Ribble Steam Railway Museum
Chain Caul Road,
PR2 2PD, GB
www.ribblesteam.org.uk
Besonderer Dank an Howard Fletcher, Terri Hearty, Jayne Waring und Chris Mills

SCMG Enterprises Limited
The Science Museum,
Exhibition Road,
London, SW7 2DD, GB
Besonderer Dank an Sophia Brothers und Wendy Burford

The Merchant Navy Locomotive Preservation Society Ltd
(Besitzer von 35028 Clan Line)
12 Inglewood Avenue,
Camberley,
Surrey, GU15 1RJ, GB
www.clan-line.org.uk
Besonderer Dank an R.F. Abercrombie, Tim Robbins, Peter Starks und Alan French

Venice Simplon-Orient-Express Limited
Shackleton House,
4, Battle Bridge Lane,
London, SE1 2HP, GB
www.orient-express.com
Besonderer Dank an Andrew Cook, Victoria Christie, Jeff Monk, Julian Clark und Pat Thompson

Virginia Museum of Transportation
303 Norfolk Avenue SW,
Roanoke, VA 24016, US
www.vmt.org
Besonderer Dank an Beverly Fitzpatrick und Fran Ferguson

ZITATNACHWEIS

Der Verlag hat sich bemüht, alle Rechteinhaber ausfindig zu machen. Eventuelle Auslassungen werden wir bei entsprechendem Hinweis gern zu einer späteren Auflage korrigieren. Wenn nicht anders angegeben, wurden die Zitate frei übersetzt.

9 H. M. Stanley, *My early travels and adventures in America and Asia*, London 1895, S. 88. **13** Friedrich List, *Das deutsche National-Transport-System in volks- und staatswirtschaftlicher Beziehung*, Hammerich, Altona und Leipzig 1838, S. 6. **35** Wilhelm Raabe, *Gedanken und Einfälle* (Sämtliche Werke, 3. Serie, Band 6, S. 571), Klemm, Berlin-Grunewald 1913. **61** Charles Mackay, "Railways", *Ballads and Lyrics*, Routledge & Co., London 1859, https://www.poetrynook.com/poem/railways. **95** E. M. Forster, *Howards End*, Kap. 2, 1910. **129** Helmut Graf von Moltke (1936), zit. nach Andreas Knipping, *Die Entdeckung der Züge. Von den Anfängen bis zum Ersten Weltkrieg*, in: Bahn Extra, Nr. 5, Jahrgang 2008, S. 13. **221** Dr. Richard Beeching bei einer Pressekonferenz 1963, zit. nach Gareth David, *Railway Renaissance: Britain's Railways After Beeching*.

BILDNACHWEIS UND FAHRZEUGBESITZER

Abkürzungen:
B&O Railroad Museum (BORM)
Didcot Railway Centre (DRC)
Eisenbahnfreunde Traditionsbahnbetriebswerk Staßfurt e.V. (ETS)
Ffestiniog & Welsh Highland Railways (FWHR)
Harzer Schmalspurbahnen (HSB)
The National Railway Museum, India (NRMI)
The National Railway Museum, York (NRMY)
Railroad Museum of Pennsylvania, PHMC (RMP)
Rewari Steam Loco Shed (RSLS)
Ribble Steam Railway (RSR)
Virginia Museum of Transportation (VMT)

(Legende: o – oben, u – unten, M – Mitte, a – außen, l – links, r – rechts, go – ganz oben)

1 Dorling Kindersley: Gary Ombler/Courtesy of RSR/Science Museum Group. **2–3 Dorling Kindersley:** Gary Ombler/Courtesy of BORM. **4 Dorling Kindersley:** Gary Ombler/Courtesy of NRMY/Science Museum Group. **5 Dorling Kindersley:** Gary Ombler/Courtesy of BORM (ul); Gary Ombler/Courtesy of NRMY/Science Museum Group (ur). **6 Dorling Kindersley:** Gary Ombler/Courtesy of Adrian Shooter (ul); Gary Ombler/Courtesy of DRC (ur). **7 Dorling Kindersley:** Gary Ombler/Courtesy of FWHR (ul); Gary Ombler/Courtesy of The Merchant Navy Locomotive Preservation Society Ltd (ur). **8 Dorling Kindersley:** Gary Ombler/Courtesy of BORM (ul); Gary Ombler/Courtesy of NRMY/Science Museum Group (ur). **9 Dorling Kindersley:** Gary Ombler/Courtesy of VMT (ul); Gary Ombler/Courtesy of Hitachi Rail Europe Ltd (ur). **10–11 Dorling Kindersley:** Gary Ombler/Courtesy of NRMY/Science Museum Group. **12 Getty Images:** (M). **13 Corbis:** Underwood & Underwood (ur). **TopFoto.co.uk:** (Mo). **14 Corbis:** Heritage Images (gol). **Science & Society Picture Library:** Science Museum (ul). **14–15 Getty Images:** SSPL/National Rail Museum. **16 Dorling Kindersley:** Mike Dunning/Courtesy of The Science Museum, London (Ml). **Science & Society Picture Library:** National Railway Museum (gor). **16–17 Dorling Kindersley:** Mike Dunning/Courtesy of NRMY (goM). **SuperStock:** Science and Society (uM). **17 The Bridgeman Art Library:** Science Museum, London, UK (Mu). **Dorling Kindersley:** Mike Dunning/Courtesy of NRMY (ur). **Science Museum, London:** (Mr). **18 Dorling Kindersley:** Mike Dunning/Courtesy of NRMY (uM, Mr). **Getty Images:** Gallo Images (gol). **19 Dorling Kindersley:** Gary Ombler/NRMY/Science & Society Picture Library, London (goM, gor); Gary Ombler/Courtesy of NRMY/Science Museum Group (M). **20–21 Dorling Kindersley:** Gary Ombler/Courtesy of NRMY/Science Museum Group (alle). **22–23 Getty Images:** SSPL/NRM/Pictorial Collection (M). **24 Getty Images:** SSPL/NRM/Pictorial Collection (Mro). **Milepost:** (goM). **Smithsonian Institution, Washington, DC, USA:** (uM, Ml). **25 Alamy Images:** The Art Gallery (Mu). **colour-rail.com:** (goM, ur). **Milepost:** Orion Books/

Blandford/Clifford & Wendy Meadway (Mo, Mlu). **26–27 Corbis:** Michael Nicholson (M). **26 Corbis:** Hulton-Deutsch Collection (gol); Michael Nicholson (agol). **Getty Images:** SSPL/NRM/Pictorial Collection (ul). **28 The Bridgeman Art Library:** Peter Newark American Pictures (Mr); National Railway Museum, York, Uk (gor). **Dorling Kindersley:** Gary Ombler/Courtesy of RMP (u). **29 Baltimore and Ohio Railroad:** (uM). **Dorling Kindersley:** Gary Ombler/Courtesy of BORM (Ml). **Mary Evans Picture Library:** (gor). **TopFoto.co.uk:** ullsteinbild (Mru). **30 Dorling Kindersley:** Gary Ombler/Courtesy of BORM (Ml, u). **31 Baltimore and Ohio Railroad:** (gor). **Dorling Kindersley:** Gary Ombler/Courtesy of BORM (gol, ul, ur). **Masterfile:** (Mlu). **Wikipedia:** Urmelbeauftragter (M). **32–33 Dorling Kindersley:** Gary Ombler/Courtesy of BORM. **34 Corbis:** Philip Gendreau/Bettmann (M). **35 Getty Images:** De Agostini (ur). **36 Corbis:** Bettmann (ur). **Dorling Kindersley:** Gary Ombler/Courtesy of BORM (Ml, ul). **36–37 Dorling Kindersley:** Gary Ombler/Courtesy of BORM. **37 Dorling Kindersley:** Gary Ombler/Courtesy of BORM (go). **Golden Spike National Historic Site Promontory Summit, Utah:** (ul, ur). **38 BORM:** (gol). **Dorling Kindersley:** Gary Ombler/Courtesy of BORM (M, Mr, Mlu, u). **39 Dorling Kindersley:** Gary Ombler/Courtesy of BORM. **40–41 Dorling Kindersley:** Gary Ombler/Courtesy of BORM (alle). **42 Corbis:** Steve Crise/Transtock (gol); David Pollack (Mro). **43 Alamy Images:** Niall McDiarmid (gol); Visions of Americak LLC (ur). **Corbis:** Bettmann (Mru, Mr); (Mro). **Getty Images:** (gor). **44 Mary Evans Picture Library:** (Mlo). **44–45 Dorling Kindersley:** Gary Ombler/Courtesy of FWHR (ul); Mike Dunning/Courtesy of NRMY (uM). **45 The Bridgeman Art Library:** Ironbridge Gorge Museum, Telford, Shropshire, UK (gor). **Brian Stephenson/RAS:** (Mo). **Dorling Kindersley:** Gary Ombler/Courtesy of NRMY/Science Museum Group (Ml); Gary Ombler/Courtesy of DRC (Mr). **46 Dorling Kindersley:** Gary Ombler/Courtesy of the Verkehrshaus der Schweiz, Luzern, Switzerland (M). **Tobias Koehler:** (gor). **Alex Leroy:** (ul). **46–47 Dorling Kindersley:** (uM). **47 Alamy Images:** Didier Zylberyng (goM). **Getty Images:** SSPL (Mro). **Verkehrsmuseum Dresden:** (Ml). **48 Alamy Images:** Pictorial Press Ltd (ul). **Getty Images:** SSPL/Science Museum (gol). **48-49 Corbis:** Hulton-Deutsch Collection (M). **50 Alamy Images:** ImagesEurope (Mu). **Didcot Railway Centre:** (Ml). **50-51 Steam Picture Library:** (goM). **51 Dorling Kindersley:** Gary Ombler/Courtesy of DRC (ul). **Mary Evans Picture Library:** (Mo). **Science & Society Picture Library:** NRM/Pictorial Collection (ur). **Steam Picture Library:** (Mlu). **52 Dorling Kindersley:** Mike Dunning/Courtesy of NRMY (uM). **Getty Images:** (Mlo). **52–53 Dorling Kindersley:** Mike Dunning/Courtesy of NRMY (uM). **Science & Society Picture Library:** NRM/Pictorial Collection (goM). **53 Dorling Kindersley:** Gary Ombler/Courtesy of DRC (M); Gary Ombler/Courtesy of NRMY/Science Museum Group (u). **54–55 Alamy Images:** The Keasbury-Gordon Photograph Archive (M). **56 akg-images:** (gor). **NSW Government State Records:** (Mlo). **57 Dorling Kindersley:** Deepak Aggarwal/Courtesy of NRMI (M). **Mary Evans Picture Library:** (ur). **Danie van der Merwe:** (gol). **58–59 Dorling Kindersley:** Gary Ombler/Courtesy of Adrian Shooter. **60 Science & Society Picture Library:** NRM/Pictorial Collection (M). **61 Alamy Images:** North Wind Picture Archives (Mo). **The Bridgeman Art Library:** British Library, London, UK (ur). **62–63 colour-rail.com:** (goM). **Dorling Kindersley:** Mike Dunning/Courtesy of NRMY (uM). **62 Brian Stephenson/RAS:** (Mlo). **John Whiteley:** (Mru). **63 Edward Gately:** (M). **64 colour-rail.com:** (gor). **Steam Picture Library:** (Ml). **Brian Stephenson/RAS:** (M, Mlu, uM). **65 colour-rail.com:** (Mlu, ur). **Getty Images:** SSPL/National Railway Museum (Mro). **Brian Stephenson/RAS:** (Mr). **TfL from the London Transport Museum collection:** (goM, uM). **66–67 Getty Images:** SSPL (M). **68 Dorling Kindersley:** Gary Ombler/Courtesy of RMP (M, Mr, Mlu, u). **Railroad Museum of Pennsylvania:** (gol). **69 Dorling Kindersley:** Gary Ombler/Courtesy of RMP. **70–71 Dorling Kindersley:** Gary Ombler/Courtesy of RMP (alle). **72-73 akg-images:** Universal Images Group. **74 4Corners:** Damm Stefan (Ml). **Getty Images:** (gor). **75 Canadian Pacific Railway:** Canadian Pacific Archives NS.1960a (Mr); Canadian Pacific Archives NS.12756 (Mru). **Corbis:** Wayne Barrett & Anne McKay/All Canada Photos (gol); Hulton-Deutsch Collection (Mro); Sean Sexton Collection (gor). **Glenbow Museum:** (ur). **76 Dorling Kindersley:** Gary Ombler/Courtesy of the Verkehrshaus der Schweiz, Luzern, Switzerland (M); Gary Ombler/Courtesy of FWHR (ul). **Milepost:** (Mru). **77 Brian Stephenson/RAS:** (gor). **David Wilcock:** (uM). **Dorling Kindersley:** Gary Ombler/Courtesy of NRMY/Science Museum Group (gol); Gary Ombler/Courtesy of FWHR (M, Mu). **78 Dorling Kindersley:** Gary Ombler/Courtesy of FWHR (M, Mr, Mlu, u). **Ffestiniog & Welsh Highland Railways:** Andrew Thomas (gol). **79 Dorling Kindersley:** Gary Ombler/Courtesy of FWHR. **80–81 Dorling Kindersley:** Gary Ombler/Courtesy of FWHR (alle). **82 Dorling Kindersley:** Deepak Aggarwal/Courtesy of NRMI (Ml, ul). **82–83 Dorling Kindersley:** Gary Ombler/Courtesy of Adrian Shooter (go); Gary Ombler/Courtesy of RMP (M). **83 colour-rail.com:** (Mr). **Dorling Kindersley:** Gary Ombler/Courtesy of FWHR (Mo). **Keith Fender:** (Ml). **Milepost:** (ur). **84–89 Dorling Kindersley:** Gary Ombler/Courtesy of Adrian Shooter (alle). **90–91 Getty Images:** Imagno/Hulton Archive (M). **92–93 Dorling Kindersley:** Gary Ombler/Courtesy of NRMY/Science Museum Group. **94 Mary Evans Picture Library:** (M). **95 akg-images:** (ur). **Mary Evans Picture Library:** (Mo). **96 colour-rail.com:** (goM, ul). **Brian Stephenson/RAS:** (M). **97 Milepost:** (Mro, goM, Mu). **Brian Stephenson/RAS:** (ul). **98 TfL from the London Transport Museum collection:** (gor). **David Wilcock:** (Mlo). **Dorling Kindersley:** Gary Ombler/Courtesy of DRC (uM). **98–99 Dorling Kindersley:** Gary Ombler/Courtesy of NRMY/Science Museum Group (u). **99 Milepost:** (gor). **Brian Stephenson/RAS:** (Mr). **David Wilcock:** (Mo). **Dorling Kindersley:** Gary Ombler/Courtesy of DRC (ul, ur). **100 Didcot Railway Centre:** (gol). **Dorling Kindersley:** Gary Ombler/Courtesy of DRC (M, Mr, uM). **101 Dorling Kindersley:** Gary Ombler/Courtesy of DRC (M). **102–103 Dorling Kindersley:** Gary Ombler/Courtesy of DRC (alle). **104 Dorling Kindersley:** Gary Ombler/Courtesy of the DB Museum, Nurnburg, Germany (ur); Gary Ombler/Courtesy of the Musee de Chemin de Fer, Mulhouse (goM). **Getty Images:** ND/Roger Viollet (ul). **Brian Stephenson/RAS:** (Mlo). **104–105 Dorling Kindersley:** Gary Ombler/Courtesy of the Musee de Chemin de Fer, Mulhouse (M). **105 colour-rail.com:** (ul). **Brian Stephenson/RAS:** (ur, gor). **106 Mary Evans Picture Library:** Epic/Tallandier (gol); (ul). **106–107 Mary Evans Picture Library:** (M). **108 Railroad Museum of Pennsylvania:** (gol). **Dorling Kindersley:** Gary Ombler/Courtesy of RMP (M, Mr, Mlu, u). **109–111 Dorling Kindersley:** Gary Ombler/Courtesy of RMP (alle). **112 Milepost:** (goM). **Brian Stephenson/RAS:** Ml). **113 Dorling Kindersley:** Gary Ombler/Courtesy of VMT (gor). **Alamy Images:** John Wingfield (Mu). **Milepost:** (Mr). **114 Virginia Museum of Transportation:** (gol). **Dorling Kindersley:** Gary Ombler/Courtesy of VMT (M, Mr, Mlu, u). **115–117 Dorling Kindersley:** Gary Ombler/Courtesy of VMT (alle). **118–119 Corbis:** J. S. Johnston (M). **120 Dorling Kindersley:** Deepak Aggarwal/Courtesy of NRMI (Ml); Gary Ombler/Courtesy of HSB (M). **Peter Johnson:** (Mr). **Milepost:** (uM). **121 Brian Stephenson/RAS** (gor). **Dorling Kindersley:** Deepak Aggarwal/Courtesy of NRMI (Ml); Gary Ombler/Courtesy of FWHR (Mr); Gary Ombler/Courtesy of RMP (ur). **122 Corbis:** Douglas Kirkland (Mlu). **The Library of Congress, Washington DC:** (gor). **www.5othparallel.com/:** (Ml). **123 Alamy Images:** Horizons WWP (Ml); Andrey Semenov (Mru). **Corbis:** Wolfgang Kaehler (Mu). **Getty Images:** UIG (gor, Mo). **Mary Evans Picture Library:** Illustrated London News (Mr); Imagno (ur, Mro). **124 Stephen Middleton:** (Ml). **Siemens AG, Munich/Berlin:** (gor, Mu). **124–125 Dorling Kindersley:** Mike Dunning/Courtesy of NRMY (uM). **125 Alamy Images:** David Askham (Mr). **Dorling Kindersley:** Gary Ombler/Courtesy of BORM (gol, gor). **126–127 Dorling Kindersley:** Gary Ombler/Courtesy of DRC. **128 Corbis:** David Pollack (M). **129 Dorling Kindersley:** Baltimore and Ohio Railroad (Mo). **Getty Images:** SSPL (ur). **130 Brian Stephenson/RAS:** A.W. Croughton (Ml, goM). **David Wilcock:** (ul) **130-131 Dorling Kindersley:** Gary Ombler/Courtesy of HSB. **131 Milepost:** (Mro). **Brian Stephenson/RAS:** C.R.L. Coles (ur); (goM, Mr). **132–133 Getty Images:** UIG (M). **132 Archives New Zealand:** (Mlo). **134 Dorling Kindersley:** Gary Ombler/Courtesy of RMP (ul). **Getty Images:** SSPL/National Railway Museum (ur). **Milepost:** (gor). **134–135 Dorling Kindersley:** Gary Ombler/Courtesy of DRC. **135 Brian Stephenson/RAS:** F.R. Hebron (gol); T.G. Hepburn (gor). **Dorling Kindersley:** Gary Ombler/Courtesy of DRC (Mr). **136 Didcot Railway Centre:** Bill Turner (gol). **Dorling Kindersley:** Gary Ombler/Courtesy of DRC (M, Mr, Mlu, u). **137–139 Dorling Kindersley:** Gary Ombler/Courtesy of DRC (alle). **140 Corbis:** Chris Hellier (Mr); Claude Salhani/Sygma (Mo). **Getty Images:** Print Collector (ul). **141 Alamy Images:** imageBROKER (ur); peter jordan (Mro). **Corbis:** Wolfgang Kaehler (gor); Rob Tilley (Mr). **Getty Images:** E+ (Mru). **142 Alexander Turnbull Library, National Library Of New Zealand, Te Puna Matauranga o Aotearoa:** (Ml). **colour-rail.com:** (Mlo). **Brian Stephenson/RAS:** (gor). **142–143 Dorling Kindersley:** Gary Ombler/Courtesy of DRC (u). **143 Didcot Railway Centre:** Frank Dumbleton (M). **Dorling Kindersley:** Gary Ombler/Courtesy of DRC (Mro). **Brian Stephenson/RAS:** (Mlo). **144 colour-rail.com:** (Mlo). **Dorling Kindersley:** Gary Ombler/Courtesy of RMP (gor, Mro); Gary Ombler/Courtesy of RSR/Science Museum Group (ul). **144–145 Dorling Kindersley:** Gary Ombler/Courtesy of FWHR (u). **145 David Wilcock:** (M). **Dorling Kindersley:** Gary Ombler/Courtesy of DRC (gol, gor); Deepak Aggarwal/Courtesy of NRMI (ur). **146 Chris Doering:** (Mr). **Dorling Kindersley:** Gary Ombler/Courtesy of RMP (gor); Deepak Aggarwal/Courtesy of RSLS (Mlo); Gary Ombler/Courtesy of DRC (uM). **146–147 Dorling Kindersley:** Gary Ombler/Courtesy of ETS (M); Gary Ombler/Courtesy of RMP (u). **147 Kevin Andrusia:** (gol). **colour-rail.com:** (Mro). **Dorling Kindersley:** Gary Ombler/Courtesy of DRC (Ml).Gary Ombler/Courtesy of RMP (ur). **148 Getty Images:** SSPL/National Railway Museum (gol); SSPL/NRM/Pictorial Collection (ul). **148–149 Getty Images:** SSPL/National Railway Museum (M). **150 Brian Stephenson/RAS:** (gor, Mlu). **150–151 Science & Society Picture Library:** National Railway Museum (M). **151 colour-rail.com:** (gol). **Corbis:** Hulton-Deutsch Collection (ur). **Dorling Kindersley:** Gary Ombler/Courtesy of BORM (gor). **Garn Collection:** Borsig (Mlu). **152 colour-rail.com:** (gol). **Dorling Kindersley:** Gary Ombler/NRMY/Science & Society Picture Library, London (M). **Science & Society Picture Library:** National Railway Museum (Mr). **153 Alamy Images:** i4images rm (gor). **Dorling Kindersley:** Gary Ombler/Courtesy of NRMY/Science Museum Group (gol). **154-155 Dorling Kindersley:** Gary Ombler/Courtesy of NRMY/Science Museum Group (alle). **156 colour-rail.com:** (Mo). **Milepost:** (uM). **156–157 colour-rail.com. 157 Canada Science &Technology Museum:** (gol). **Dorling Kindersley:** Gary Ombler/Courtesy of BORM (Mro); Gary Ombler/Courtesy of RMP (Mru). **PROV:** (gor). **The Library of Congress, Washington DC:** (ur). **158 akg-images:** ullstein bild/ullstein - Jaffø (Mlo). **Dorling Kindersley:** Gary Ombler/Courtesy of the Verkehrshaus der Schweiz, Luzern, Switzerland (gor). **Mary Evans Picture Library:** Sueddeutsche Zeitung Photo (uM, ur). **Steam Picture Library:** (Mu). **158–159 Dorling Kindersley:** Gary Ombler/Courtesy of the Musee de Chemin de Fer, Mulhouse (M). **159 Corbis:** Bettmann (ul). **Dorling Kindersley:** Gary Ombler/Courtesy of RMP (gor). **Brian Stephenson/RAS:** (ur). **160 Dorling Kindersley:** Deepak Aggarwal/Courtesy of NRMI (Ml); Gary Ombler/Courtesy of ETS (Mru); Gary Ombler/Courtesy of HSB (ur). **160–161 Dorling Kindersley:** Gary Ombler/Courtesy of the Verkehrshaus der Schweiz, Luzern, Switzerland. **161 Dorling Kindersley:** Gary Ombler/Courtesy of RMP (gor); Gary Ombler/Courtesy of BORM (ur); Gary Ombler/Courtesy of HSB (Mr). **Keith Fender:** (ul). **Brian Stephenson/RAS:** T.G. Hepburn (Mu). **162 Railroad Museum of Pennsylvania:** (gol). **Dorling Kindersley:** Gary Ombler/Courtesy of RMP (M, Mr, u). **163–165 Dorling Kindersley:** Gary Ombler/Courtesy of RMP (alle). **166–167 Dorling Kindersley:** Gary Ombler/Courtesy of ETS. **168 Corbis:** Swim Ink 2, LLC/Fred Chance (M). **169 Corbis:** Bettmann (Mr); PoodlesRock (Mo). **170 colour-rail.com:** (Mlo). **Brian Stephenson/RAS:** (Ml, Mu). **Wikipedia:** Hans-Peter Scholz (ul). **170–171 Alamy Images:** jozef sedmak (uM). **Dorling Kindersley:** Gary Ombler/Courtesy of ETS (goM). **171 colour-rail.com:** (Mr). **Dorling Kindersley:** Gary Ombler/Courtesy of BORM (gor); Deepak Aggarwal/Courtesy of RSLS (ur). **Getty Images:** SSPL (Mlo). **172 Brian Stephenson/RAS:** (gol). **Dorling Kindersley:** Gary Ombler/Courtesy of ETS

(M, Mr, Mlu, u). **173–175 Dorling Kindersley:** Gary Ombler/Courtesy of ETS (alle). **176–177 Corbis:** Hulton-Deutsch Collection (M). **178 Dorling Kindersley:** Gary Ombler/Courtesy of VMT (gol, Ml). **178–179 Dorling Kindersley:** Gary Ombler/Courtesy of RMP (u). **Ted Ellis:** (goM). **179 Dorling Kindersley:** Gary Ombler/Courtesy of BORM (gor); Gary Ombler/Courtesy of VMT (Mr). **180 Dorling Kindersley:** Gary Ombler/Courtesy of RMP (Ml); Gary Ombler/Courtesy of VMT (ul). **180–181 Dorling Kindersley:** Gary Ombler/Courtesy of BORM (go, M); Gary Ombler/Courtesy of VMT (u). **182 Courtesy of Norfolk & Western Historical Society (NWHS Collection):** (gol). **Dorling Kindersley:** Gary Ombler/Courtesy of VMT (M, Mr, Mlu, u). **183–185 Dorling Kindersley:** Gary Ombler/Courtesy of VMT (alle). **186 Dorling Kindersley:** Gary Ombler/Courtesy of DRC (Ml); Gary Ombler/Courtesy of RSR/Science Museum Group (ul). **186–187 Dorling Kindersley:** Gary Ombler/Courtesy of DRC (go); Gary Ombler/Courtesy of RSR/Science Museum Group (M). **187 colour-rail.com:** (Mro). **Keith Fender:** (ur). **Brian Stephenson/RAS:** (ul, Mu).**188 colour-rail.com:** (gol). **Dorling Kindersley:** Gary Ombler/Courtesy of RSR/Science Museum Group (M, Mr, Mlu, u). **189–191 Dorling Kindersley:** Gary Ombler/Courtesy of RSR/Science Museum Group (alle). **192 colour-rail.com:** (uM). **Milepost:** (Mlu). **192–193 Marek Ciesielski:** (uM). **Keith Fender:** (goM). **193 colour-rail.com:** (Mro). **Dorling Kindersley:** Gary Ombler/Courtesy of the DB Museum, Nurnburg, Germany (gor); Gary Ombler/Courtesy of ETS (ur). **Keith Fender:** (Mlu). **194 The Blue Train:** (Mro, M). **Corbis:** Prisma Bildagentur AG (ul). **195 Alamy Images:** Art Directors & TRIP (gor); Nioreon (Mru); Gabbro (aMro); Pete Titmuss (Mro); Stock Connection Blue (aMru). **Corbis:** Eric Nathan/Loop Images (Mr); Brian A. Vikander (ur). **196 Dorling Kindersley:** Gary Ombler/Courtesy of the Musee de Chemin de Fer, Mulhouse. **Keith Fender:** (Mlo). **Brian Stephenson/RAS:** (gor). **197 colour-rail.com:** (gor, Mr). **Brian Stephenson/RAS:** (ur). **198 Brian Stephenson/RAS:** (gor, Mru, ul). **Dorling Kindersley:** Gary Ombler/Courtesy of RSR/Science Museum Group (Ml). **199 colour-rail.com:** (goc, Mlo). **Milepost:** (uM). **Brian Stephenson/RAS:** (Mro). **200 Virginia Museum of Transportation:** (gol). **Dorling Kindersley:** Gary Ombler/Courtesy of VMT (M, Mr, Mlu, u). **201–203 Dorling Kindersley:** Gary Ombler/Courtesy of VMT (alle). **204 Dorling Kindersley:** Gary Ombler/Courtesy of VMT (gor, Mru); Deepak Aggarwal/Courtesy of RSLS (goM). **Milepost:** (M). **205 Dorling Kindersley:** Deepak Aggarwal/Courtesy of RSLS (gol, M). **Milepost:** (Mru). **206 Aditya Kaushal: https://www.flickr.com/photos/45613074@N06/:** (gol). **Dorling Kindersley:** Deepak Aggarwal/Courtesy of RSLS (M, Mr, Mlu, u). **207–209 Dorling Kindersley:** Deepak Aggarwal/Courtesy of RSLS (alle). **210 Milepost:** (Mro). **Brian Stephenson/RAS:** (Mlo, Mu). **211 Brian Stephenson/RAS:** (gor). **Dorling Kindersley:** Gary Ombler/Courtesy of HSB (Mo); Gary Ombler/Courtesy of FWHR (M). **212 Ffestiniog & Welsh Highland Railways:** Andrew Thomas (gol). **Dorling Kindersley:** Gary Ombler/Courtesy of FWHR (M, Mr, u). **213–215 Dorling Kindersley:** Gary Ombler/Courtesy of FWHR (alle). **216 Dorling Kindersley:** Gary Ombler/Courtesy of DRC (gor, Mlu); Gary Ombler/Courtesy of VMT (Mlo); Gary Ombler/Courtesy of RMP (uM). **216–217 Dorling Kindersley:** Gary Ombler/Courtesy of ETS. **217 Garn Collection:** (goM). **Dorling Kindersley:** Gary Ombler/Courtesy of VMT (Mlo); Gary Ombler/Courtesy of DRC (r, cr); Gary Ombler/Courtesy of BORM (ur). **218–219 Dorling Kindersley:** Gary Ombler/Courtesy of NRMY/Science Museum Group. **220 Getty Images:** SSPL (M). **221 Alamy Images:** Everett Collection Historical (uM). **Getty Images:** Sankei Archive (Mr). **222 Dorling Kindersley:** Gary Ombler/Courtesy of ETS (Ml). **Keith Fender:** (M, Mro, goM). **222–223 Dorling Kindersley:** Gary Ombler/Courtesy of the Museum of Transportation, St Louis, Missouri (uM). **223 Dorling Kindersley:** Gary Ombler/Courtesy of BORM (go, ur). **Keith Fender:** (Mro). **Brian Stephenson/RAS:** (Ml). **224 Harzer Schmalspurbahnen:** (gol). **Dorling Kindersley:** Gary Ombler/Courtesy of HSB (M, Mr, u). **225–227 Dorling Kindersley:** Gary Ombler/Courtesy of HSB (alle). **228 Amtrak:** Amtrak History and Archives (ul). **colour-rail.com:** (gor). **Getty Images:** UIG (Ml). **228–229 Alamy Images:** Craig Yates T (uM). **229 Keith Fender:** (ur). **Roger Lalonde:** (Mr). **Brian Stephenson/RAS:** (Mro). **230–231 Corbis:** José Fuste Raga (M). **232 Roger Bastin:** (gol). **Dorling Kindersley:** Gary Ombler/Courtesy of Dampf-Plus GmbH (M, Mr, Mlu, u). **233–235 Dorling Kindersley:** Gary Ombler/Courtesy of Dampf-Plus GmbH (alle). **236 Keith Fender:** (Mro). **TopFoto.co.uk:** RIA Novosti (Ml). **Dorling Kindersley:** Gary Ombler/Courtesy of RSR/Science Museum Group (gor, Mlo); Gary Ombler/Courtesy of ETS (ul). **237 colour-rail.com:** (Mr). **Dorling Kindersley:** Gary Ombler/Courtesy of ETS (gor, u). **TfL from the London Transport Museum collection:** (Mo). **238 Courtesy of the James Northfield Heritage Art Trust ©. Amanda Slater:** (Ml). **239 Alamy Images:** age fotostock (Mru); Eric Nathan (ur); Robert Harding Picture Library (Mro). **National Railway Museum Australia:** (agor). **Great Southern Rail:** (Mr, Ml). **National Archives of Australia:** (gor). **240 Keith Fender:** (gor, ur). **Charles P Friel:** (Mo). **Mirko Schmidt:** (ul). **240–241 Dorling Kindersley:** Gary Ombler/Courtesy of RMP (M). **241 Keith Fender:** (gol, gor). **Don Oltmann:** (uM). **242–243 Dorling Kindersley:** Gary Ombler/Courtesy of DB Schenker. **244 Michael Rhodes:** (M). **245 Eurostar:** (uM). **Keith Fender:** (Mr). **246 Alamy Images:** Robert Harding Picture Library (ur). **Dorling Kindersley:** Gary Ombler/Courtesy of Transrapid, Lathen, Germany (ul). **246–247 colour-rail.com:** (M). **TopFoto.co.uk:** RIA Novosti (goM). **247 Keith Fender:** (gor, uM). **Milepost:** Brian Solomon (Mro, Mlo). **248 Getty Images:** Tristan Fewings / Getty Images for Eurostar (Mo); Lordprice Collection (M). **Daniel Minaca:** (ul). **249 Alamy Images:** qaphotos.com (Mr, aMr, Mru). **Corbis:** Ian Cumming/Design Pics (gor); PictureNet (ur). **250–251 colour-rail.com:** Bob Sweet (M). **250 colour-rail.com:** Bob Sweet (M). **Keith Fender:** (gor). **Milepost:** (Ml). **251 colour-rail.com:** (gol). **Dorling Kindersley:** Gary Ombler/Courtesy of HSB (Mr).**Keith Fender:** (Mro). **252 Alamy Images:** Prisma Bildagentur AG (ul). **Dorling Kindersley:** Gary Ombler/Courtesy of ETS (Mlo). **Keith Fender:** (gor, Mr). **Milepost:** Brian Solomon (Ml). **252–253 Dorling Kindersley:** Gary Ombler/Courtesy of DB Schenker (u). **253 colour-rail.com:** (gol); Bob Sweet (Mlo). **Keith Fender:** (Mru). **254 Alamy Images:** Caro (M); Indiapicture (Mr). **Dorling Kindersley:** Deepak Aggarwal/Courtesy of Safdarjung Railway Station (Mru, u). **www.palaceonwheels.net:** (gol). **255–259 Dorling Kindersley:** Deepak Aggarwal/Courtesy of Safdarjung Railway Station (alle). **260 Alamy Images:** Gunter Marx (gor). **Keith Fender:** (Ml). **Brian Stephenson/RAS:** (Mr). **260–261 Dorling Kindersley:** Mike Dunning (uM). **Milepost:** Brian Solomon (M). **261 colour-rail.com:** (gol); Bob Sweet (Mr). **Keith Fender:** (Mro). **262–263 Dorling Kindersley:** Gary Ombler/Courtesy of Hitachi Rail Europe Ltd. **264 Alamy Images:** Raga Jose Fuste/Prisma Bildagentur AG (M). **265 Imaginechina:** Ren yuming (Mr). **With thanks to Venice Simplon-Orient Express Limited www.orientexpress.com:** (uM). **266 Keith Fender:** (Mlo uM, gor). **266–267 Craig Walker. 267 Keith Fender:** (ur, Mu). **Siemens AG, München/Berlin:** (goM). **Vossloh AG:** (Mr, ul). **268 Dorling Kindersley:** Gary Ombler/Courtesy of The Merchant Navy Locomotive Preservation Society Ltd (M, Mru); Sharon Spencer/Courtesy of Venice Simplon Orient Express Ltd (uM). **Peter Starks:** (gol, Mro). **269–271 Dorling Kindersley:** Gary Ombler/Courtesy of The Merchant Navy Locomotive Preservation Society Ltd (alle). **272–275 Dorling Kindersley:** Gary Ombler/Courtesy of Venice Simplon Orient Express Ltd (alle). **276 Keith Fender:** (M, gor). **Imaginechina:** Gao yuwen (Mru). **Milepost:** (ul). **277 Alamy Images:** Susan Isakson (goM); Iain Masterton (Mr). **Japan National Tourism Organization:** Awajiya (ur). **Ilya Semenoff:** (ul). **278 Alamy Images:** Richard Bradley (uM). **Corbis:** Franck Guiziou/Hemis (Mlu); Topic Photo Agency (ul). **278–279 Alamy Images:** Axel Schmies/Novarc Images (goM); Neil Setchfield (uM). **279 Alamy Images:** Angelo Cavalli (ur); Paul Springett 06 (gor); Michele and Tom Grimm (uM); Eddie Linssen (Mlu). **Corbis:** Massimo Borchi/Atlantide Phototravel (Mru); Wu Hong/EPA (goM); Jon Hicks (Mo); Ricky Leaver/Loop Images (Mro). **280 Alamy Images:** Avpics (ul). **colour-rail.com:** (M). **Keith Fender:** (gor). **281 Dorling Kindersley:** Gary Ombler/Courtesy of Hitachi Rail Europe Ltd (u). **Keith Fender:** (goM). **Getty Images:** Gamma-Rapho (Mu). **Brian Stephenson/RAS. 282 Alamy Images:** Maurice Savage (gol). **Dorling Kindersley:** Gary Ombler/Courtesy of Hitachi Rail Europe Ltd (M, Mr, u). **283–287 Dorling Kindersley:** Gary Ombler/Courtesy of Hitachi Rail Europe Ltd (alle). **288–289 Alamy Images:** John Kellerman (M). **290 Bombardier Transportation:** (Mlo, M). **Vossloh AG:** (ur). **Chris Wallace:** (gor). **291 Alamy Stock Photo:** PA Images (ur); **Dreamstime.com:** Tupungato (M); **Keith Fender:** (Mlo, Mro). **Siemens AG, München/Berlin:** (Mr, ul). **Vossloh AG:** (goM). **292 Getty Images:** The Asahi Shimbun (M); Planet One Images / Universal Images Group (ul). **Getty Images / iStock:** Laser1987 (goM). **293 Getty Images / iStock:** Rafael_Wiedenmeier (gol). **Getty Images:** Gurpreet Singh / Hindustan Time (M). **Shutterstock.com:** Valerio Pucci (ul). **294–295 Dorling Kindersley:** Gary Ombler/Courtesy of DRC. **296 Dorling Kindersley:** (uM); Mike Dunning/Courtesy of The Science Museum, London (ul). **297 Dorling Kindersley:** Gary Ombler/Courtesy of RMP (Mr/Klotzbremse). **299 Dorling Kindersley:** Mike Dunning/Courtesy of The Science Museum, London (aMl, M, Ml). **Getty Images:** falcon0125 (Mu). **300–301 Dorling Kindersley:** Gary Ombler/Courtesy of DRC (alle). **302 Corbis:** Scott Warren/Aurora Photos (ul). **302–303 Dorling Kindersley:** Mike Dunning/Courtesy of NRMY (M). **303 Dorling Kindersley:** Gary Ombler/Courtesy of NRMY/Science Museum Group (go). **305 Dorling Kindersley:** Gary Ombler/Courtesy of VMT (gor); **Dorling Kindersley:** Gary Ombler/Courtesy of HSB (Mr). **307 Alamy Images:** Maurice Savage (gor)

Alle anderen Abbildungen
© Dorling Kindersley

Umschlagabbildung:
Dorling Kindersley: Gary Ombler/Courtesy of Dampf-Plus GmbH

Abbildungen auf Titelei und im Inhaltsverzeichnis:
S. 1: Deltic Prototyp
S. 2–3: B&O Class B No. 147 *Thatcher Perkins*
S. 4: Rocket
S. 5: B&O Class B No. 147 *Thatcher Perkins* (ul), LNER No. 4468 *Mallard* (ur)
S. 6: DHR B Class No. 19 (ul), King Class No. 6023 *King Edward II* (ur)
S. 7: NG G16 Beyer-Garratt No. 138 (ul), Merchant Navy Class No. 35028 *Clan Line* (ur)
S. 8: B&O Class B No. 147 *Thatcher Perkins* (ul), LNER No. 4468 *Mallard* (ur)
S. 9: N&W GP9 Class No. 521 (ul), Hitachi Javelin No. 395 017 (ur)

Abbildungen der Kapitelanfänge:
S. 10–11, 1804–1838: *Rocket*
S. 32–33, 1839–1869: B&O Class B No. 147 *Thatcher Perkins*
S. 58–59, 1870–1894: DHR B Class No. 19
S. 92–93, 1895–1913: NER Class X1 No. 66 *Aerolite*
S. 126–127, 1914–1939: King Class No. 6023 *King Edward II*
S. 166–167, 1940–1959: DR No. 52.8184-5
S. 218–219, 1960–1979: JR West Shinkansen Serie 0 22-141
S. 242–243, 1980–1999: DB Schenker Class 92 92042
S. 262–263, Ab 2000: Hitachi Javelin No. 395 017
S. 294–295, Funktionsweise von Eisenbahnen: Radstock North Signal Box am Didcot Railway Centre